工学系数学テキストシリーズ

応用数学

第2版

上野 健爾 監修
工学系数学教材研究会 編

APPLIED MATHEMATICS

森北出版

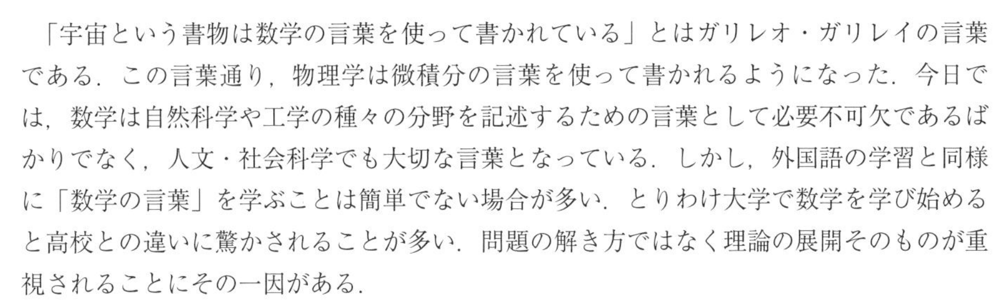

監修の言葉

「宇宙という書物は数学の言葉を使って書かれている」とはガリレオ・ガリレイの言葉である．この言葉通り，物理学は微積分の言葉を使って書かれるようになった．今日では，数学は自然科学や工学の種々の分野を記述するための言葉として必要不可欠であるばかりでなく，人文・社会科学でも大切な言葉となっている．しかし，外国語の学習と同様に「数学の言葉」を学ぶことは簡単でない場合が多い．とりわけ大学で数学を学び始めると高校との違いに驚かされることが多い．問題の解き方ではなく理論の展開そのものが重視されることにその一因がある．

「原論」を著し今日の数学の基本をつくったユークリッドは，王様から幾何学を学ぶ近道はないかと聞かれて「幾何学には王道はない」と答えたという伝説が残されている．しかし一方では，優れた教科書と先生に巡り会えば数学の学習が一段と進むことも多くの例が示している．

本シリーズは学習者が数学の本質を理解し，数学を多くの分野で活用するための基礎をつくることができる教科書を，それのみならず数学そのものを楽しむこともできる教科書をめざして作成されている．企画・立案から執筆まで実際に教壇に立って高校から大学初年級の数学を教えている先生方が一貫して行った．長年，数学の教育に携わった立場から，学習者がつまずきやすい箇所，理解に困難を覚えるところなどに特に留意して，取り扱う内容を吟味し，その配列・構成に意を配っている．本書は特に高校数学から大学数学への移行に十分な注意が払われている．この点は従来の大学数学の教科書と大きく異なり，特筆すべき点である．さらに，図版を多く挿入して理解の手助けになるように心がけている．また，定義やあらかじめ与えられた条件とそこから導かれる命題との違いが明瞭になるように従来の教科書以上に注意が払われている．推論の筋道を明確にすることは，数学を他の分野に応用する場合にも大切なことだからである．それだけでなく，数学そのものの面白さを味わうことができるように記述に工夫がなされている．例題もたくさん取り入れ，それに関連する演習問題も多数収録して，多くの問題を解くことによって本文に記された理論の理解を確実にすることができるように配慮してある．このように，本シリーズは，従来の教科書とは一味も二味も違ったものになっている．

本シリーズが大学生のみならず数学の学習を志す多くの人々に学びがいのある教科書となることを切に願っている．

上野　健爾

まえがき

工学系数学テキストシリーズ『基礎数学』,『微分積分』,『線形代数』,『応用数学』,『確率統計』は，発行から 7 年を経て，このたび改訂の運びとなった．本シリーズは，実際に教壇に立つ経験をもつ教員によって書かれ，これを手に取る学生がその内容を理解しやすいように，教員が教室の中で使いやすいように，細部まで十分な配慮を払った．

改訂にあたっては，従来の方針のとおり，できる限り日常的に用いられる表現を使い，理解を助けるために多くの図版を配置した．また，定義や定理，公式の解説のあとには必ず例または例題をおいて，その理解度を確かめるための問いをおいた．本書を読むにあたっては，実際に問いが解けるかどうか，鉛筆を動かしながら読み進めるようにしてほしい．

本書は十分に教材の厳選を行って編まれたが，改訂版ではさらにそれを進めるとともに，より学びやすいようにいくつかの項目の移動を行った．本書によって数学を習得することは，これから多くのことを学ぶ上で計り知れない力となることであろう．粘り強く読破してくれることを祈ってやまない．

応用数学は，これまでに学んだ微分積分や線形代数の集大成というべきものであり，この理論の上に工学の体系が築かれている．それと同時に，豊かに広がる数学の世界の入り口でもある．本書の内容をしっかりと理解していく体験は，今後，工学や数学を学ぶ上での大きな力となることだろう．

改訂作業においても引き続き，京都大学名誉教授の上野健爾先生にこのシリーズ全体の監修をお引き受けいただけることになった．上野先生には「数学は考える方法を学ぶ学問である」という強い信念から，つねに私たちの進むべき方向を示唆していただいた．ここに心からの感謝を申し上げる．

最後に，本シリーズの改訂の機会を与えてくれた森北出版の森北博巳社長，私たちの無理な要求にいつも快く応えてくれた同出版社の上村紗帆さん，太田陽喬さんに，ここに，紙面を借りて深くお礼を申し上げる．

2023 年 11 月

工学系数学テキストシリーズ 執筆者一同

本書について

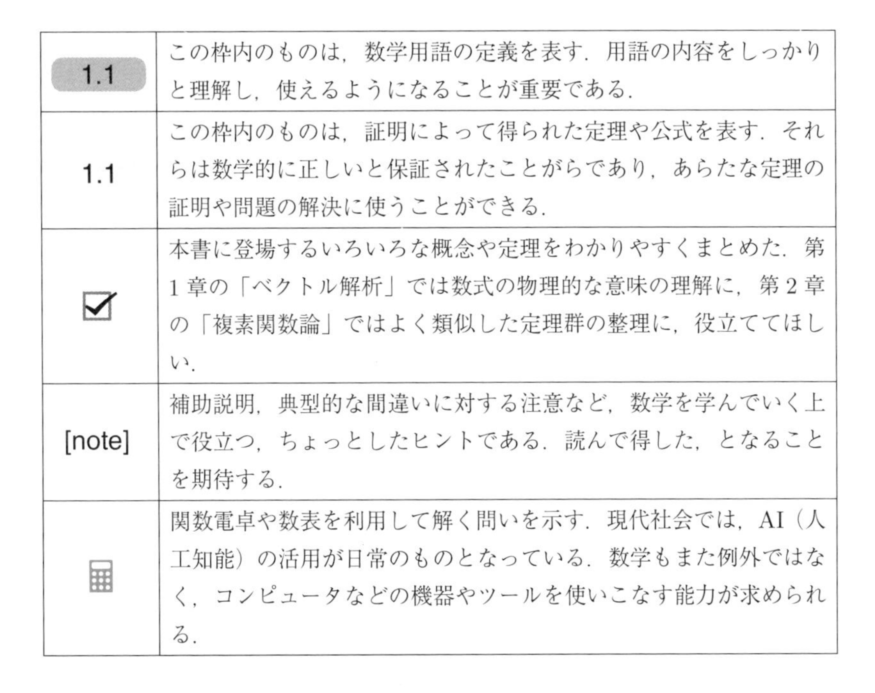

1.1	この枠内のものは，数学用語の定義を表す．用語の内容をしっかりと理解し，使えるようになることが重要である．
1.1	この枠内のものは，証明によって得られた定理や公式を表す．それらは数学的に正しいと保証されたことがらであり，あらたな定理の証明や問題の解決に使うことができる．
	本書に登場するいろいろな概念や定理をわかりやすくまとめた．第1章の「ベクトル解析」では数式の物理的な意味の理解に，第2章の「複素関数論」ではよく類似した定理群の整理に，役立ててほしい．
[note]	補助説明，典型的な間違いに対する注意など，数学を学んでいく上で役立つ，ちょっとしたヒントである．読んで得した，となることを期待する．
	関数電卓や数表を利用して解く問いを示す．現代社会では，AI（人工知能）の活用が日常のものとなっている．数学もまた例外ではなく，コンピュータなどの機器やツールを使いこなす能力が求められる．

内容について

◆いろいろな製品の設計・開発現場では，これまでに学んだ微分積分学や線形代数学を基礎とした，さらに進んだ数学が必要とされている．本書では，そのような数学のうち，多くの分野で必要とされるベクトル解析，複素関数論，微分方程式，ラプラス変換，そしてフーリエ級数・フーリエ変換の 5 つの内容を取り上げた．

これらの内容は，理工系の技術者にとってすべて必須の知識である．しかし，いろいろな事情ですべてを学ぶことが困難な場合や，学ぶ順序が異なる場合があることを考慮し，それぞれの章は独立に読めるよう配慮した．

自分の専門分野における具体的な状況と照らし合わせながら読み進め，その理解を深めてほしい．

◆第 1 章「ベクトル解析」では，まずベクトルの内積と外積について学ぶ．内積は，ベクトルの長さと角によって決まる量で，物理学や工学では内積は「仕事」を表す．外積は，2 つのベクトルが作る平行四辺形の面積に関する量で，内積と組み合わせることによって，この平行四辺形からの「流出量」を表す．

仕事は，ベクトル場の回転と結びつき，線積分を経てストークスの定理へと発展する．一方の流出量は，ベクトル場の発散と結びつき，面積分を経てガウスの発散定理へと発展していく．

◆第 2 章「複素関数論」では，複素数の基本的な計算から始めて，複素数を変数とする関数（複素関数）の微分積分学について学ぶ．複素関数では，コーシーの積分定理をはじめとして，実数を変数とする関数とはかなり異なった理論が展開され，最終的には留数定理とよばれる複素関数の積分定理に到達する．留数定理を実関数の積分に応用することによって，実数の中では計算が困難な積分の値を求めることができる．

◆第 3 章「微分方程式」では，導関数を含む方程式が与えられたとき，その方程式を満たす関数の求め方を学ぶ．そのような方程式は微分方程式とよばれ，力学的な現象を速度や加速度を含む式で表すときに現れる方程式などがその代表例である．力が加速度に比例するというニュートンの運動の第 2 法則も微分方程式で表される．単なる解の求め方だけではなく，具体的な現象に対してどのような微分方程式が成り立ち，その解はどのような特徴をもつのかということも理解することが重要である．

◆第 4 章「ラプラス変換」は，工学一般でよく使われている線形微分方程式を効率よく解くための 1 つの方法である．ここでは，第 3 章で学んだ解法とは違った解法を学ぶ．一般に，微分方程式を代数的な演算に変換して解く計算法は演算子法とよばれるが，関数にある積分計算を行って別の関数に変換するラプラス変換は，工学においてもっとも重要な演算子法といえる．本書では，線形微分方程式の解を線形システムの入力に対する応答とみて，単位ステップ関数やデルタ関数という特殊な入力に対する線形システムの応答についても学習する．

◆第 5 章のフーリエ級数は，周期的な関数を三角関数を項とする無限級数で表すものである．フーリエ級数を用いると，実用的に現れる必ずしも微分可能ではない周期関数を，何回でも微分可能な三角関数を用いて表すことができる．一方，フーリエ変換は，フーリエ級数を複素数で表すことによって，周期をもたない関数にその考え方を拡張させたものである．

これらの理論の応用として，離散フーリエ変換を学ぶ．これは，さまざまな振動現象から観測によって取り出した離散データを解析するためのもので，コンピュータが発達した現代においては，ますますその重要度を増している．

目　次

第4章 ラプラス変換

第5章 フーリエ級数とフーリエ変換

付録A いくつかの補足

ギリシャ文字

大文字	小文字	読み	大文字	小文字	読み
A	α	アルファ	N	ν	ニュー
B	β	ベータ	Ξ	ξ	グザイ（クシィ）
Γ	γ	ガンマ	O	o	オミクロン
Δ	δ	デルタ	Π	π	パイ
E	ϵ, ε	イプシロン	P	ρ	ロー
Z	ζ	ゼータ（ツェータ）	Σ	σ	シグマ
H	η	イータ（エータ）	T	τ	タウ
Θ	θ	シータ	Υ	υ	ウプシロン
I	ι	イオタ	Φ	φ, ϕ	ファイ
K	κ	カッパ	X	χ	カイ
Λ	λ	ラムダ	Ψ	ψ	プサイ（プシィ）
M	μ	ミュー	Ω	ω	オメガ

Chapter 1

ベクトル解析

1 ベクトル

1.1 ベクトルとその内積

ベクトル　ベクトル解析は，速度や加速度などのベクトルに関する微分積分学である．最初に，ベクトルの基本事項についてまとめておく．

本書では，**空間ベクトル**を $\boldsymbol{a}, \boldsymbol{b}$ のように表す．$\boldsymbol{a}$ が点 A を始点，点 B を終点とする有向線分で表されるとき $\boldsymbol{a} = \overrightarrow{\mathrm{AB}}$ とかく．また，1 つの実数で表される量を**スカラー**という．

ベクトル $\boldsymbol{a}$ または $\overrightarrow{\mathrm{AB}}$ の大きさを，それぞれ $|\boldsymbol{a}|$ または $\left|\overrightarrow{\mathrm{AB}}\right|$ と表す．大きさが 1 のベクトルを**単位ベクトル**という．また，大きさが 0 のベクトルを**零**(れい)**ベクトル**といい，$\boldsymbol{0}$ とかく．

2 つのベクトル $\boldsymbol{a}, \boldsymbol{b}$ に対して，$\boldsymbol{a} = t\boldsymbol{b}$ または $\boldsymbol{b} = t\boldsymbol{a}$ となる実数 t があるとき，$\boldsymbol{a}$ と $\boldsymbol{b}$ は互いに**平行**であるといい，$\boldsymbol{a} \parallel \boldsymbol{b}$ と表す．零ベクトルはすべてのベクトルと平行である．

空間の 3 つのベクトル $\boldsymbol{a}, \boldsymbol{b}, \boldsymbol{c}$ を，右図のように，それぞれ右手の親指，人指し指，中指に重ねることができるとき，$\boldsymbol{a}, \boldsymbol{b}, \boldsymbol{c}$ は**右手系**をなすという．本書では，空間の x 軸，y 軸，z 軸の正の方向の単位ベクトル $\boldsymbol{i}, \boldsymbol{j}, \boldsymbol{k}$ が右手系をなすような座標系をとる．$\boldsymbol{i}, \boldsymbol{j}, \boldsymbol{k}$ を空間の**基本ベクトル**という．

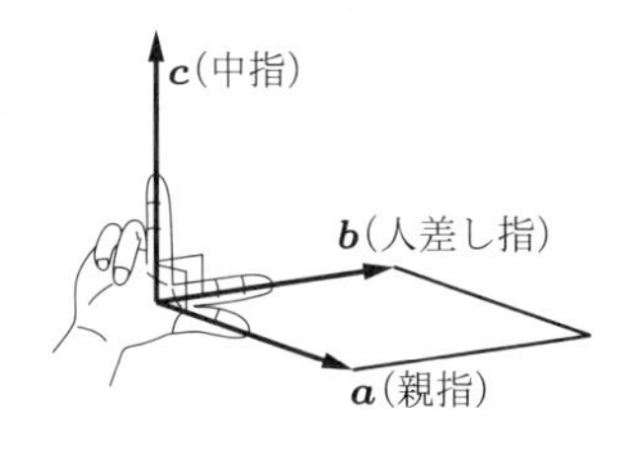

ベクトルの成分表示　原点を O とするとき，空間の点 $\mathrm{A}(a_x, a_y, a_z)$ に対して，ベクトル $\boldsymbol{a} = \overrightarrow{\mathrm{OA}}$ を点 A の**位置ベクトル**という．$\boldsymbol{a}$ は基本ベクトルを用いて

$$\boldsymbol{a} = a_x \boldsymbol{i} + a_y \boldsymbol{j} + a_z \boldsymbol{k} \tag{1.1}$$

と表すことができる．a_x, a_y, a_z をそれぞれ $\boldsymbol{a}$ の $\boldsymbol{x}$ **成分**，$\boldsymbol{y}$ **成分**，$\boldsymbol{z}$ **成分**という．

ベクトル $\boldsymbol{a} = a_x \boldsymbol{i} + a_y \boldsymbol{j} + a_z \boldsymbol{k}$, $\boldsymbol{b} = b_x \boldsymbol{i} + b_y \boldsymbol{j} + b_z \boldsymbol{k}$ および実数 t に対して，

$$\begin{aligned}&\text{(i)}\quad t\boldsymbol{a} = ta_x\boldsymbol{i} + ta_y\boldsymbol{j} + ta_z\boldsymbol{k}\\&\text{(ii)}\quad \boldsymbol{a}\pm\boldsymbol{b} = (a_x\pm b_x)\boldsymbol{i} + (a_y\pm b_y)\boldsymbol{j} + (a_z\pm b_z)\boldsymbol{k}\quad\text{（複号同順）}\end{aligned}\tag{1.2}$$

が成り立つ．また，$\boldsymbol{a} = a_x\boldsymbol{i} + a_y\boldsymbol{j} + a_z\boldsymbol{k}$ の大きさは

$$|\boldsymbol{a}| = \sqrt{{a_x}^2 + {a_y}^2 + {a_z}^2} \tag{1.3}$$

である．零ベクトルでないベクトル $\boldsymbol{a}$ に対して，ベクトル $\dfrac{1}{|\boldsymbol{a}|}\boldsymbol{a}$ は $\boldsymbol{a}$ と同じ向きの単位ベクトルである．

ベクトルの内積　ベクトル $\boldsymbol{a}, \boldsymbol{b}$ の内積 $\boldsymbol{a}\cdot\boldsymbol{b}$ は，次のように定められるスカラーである．$\boldsymbol{a} = \boldsymbol{0}$ または $\boldsymbol{b} = \boldsymbol{0}$ のとき，$\boldsymbol{a}$ と $\boldsymbol{b}$ のなす角は任意とする．

1.1　ベクトルの内積

ベクトル $\boldsymbol{a}$ と $\boldsymbol{b}$ のなす角を θ $(0 \leqq \theta \leqq \pi)$ とするとき，$\boldsymbol{a}, \boldsymbol{b}$ の内積 $\boldsymbol{a}\cdot\boldsymbol{b}$ を，次のように定める．

$$\boldsymbol{a}\cdot\boldsymbol{b} = |\boldsymbol{a}||\boldsymbol{b}|\cos\theta$$

2つのベクトル $\boldsymbol{a}, \boldsymbol{b}$ が $\boldsymbol{a}\cdot\boldsymbol{b} = 0$ を満たすとき，$\boldsymbol{a}$ と $\boldsymbol{b}$ は互いに**垂直**であるといい，$\boldsymbol{a}\perp\boldsymbol{b}$ と表す．零ベクトルはすべてのベクトルと垂直である．

ベクトルの内積について，次の性質が成り立つ．

1.2　内積の性質

$\boldsymbol{a} = a_x\boldsymbol{i} + a_y\boldsymbol{j} + a_z\boldsymbol{k}, \boldsymbol{b} = b_x\boldsymbol{i} + b_y\boldsymbol{j} + b_z\boldsymbol{k}$ の内積 $\boldsymbol{a}\cdot\boldsymbol{b}$ について，

$$\boldsymbol{a}\cdot\boldsymbol{b} = a_xb_x + a_yb_y + a_zb_z$$

が成り立つ．さらに，t を実数とするとき，次のことが成り立つ．

(1)　$\boldsymbol{a}\cdot\boldsymbol{a} = |\boldsymbol{a}|^2$,　とくに　$|\boldsymbol{a}| = 0 \iff \boldsymbol{a} = \boldsymbol{0}$

(2)　$\boldsymbol{a}\cdot\boldsymbol{b} = \boldsymbol{b}\cdot\boldsymbol{a}$

(3)　$\boldsymbol{a}\cdot(\boldsymbol{b}+\boldsymbol{c}) = \boldsymbol{a}\cdot\boldsymbol{b} + \boldsymbol{a}\cdot\boldsymbol{c}$,　$(\boldsymbol{a}+\boldsymbol{b})\cdot\boldsymbol{c} = \boldsymbol{a}\cdot\boldsymbol{c} + \boldsymbol{b}\cdot\boldsymbol{c}$

(4)　$(t\,\boldsymbol{a})\cdot\boldsymbol{b} = \boldsymbol{a}\cdot(t\,\boldsymbol{b}) = t\,(\boldsymbol{a}\cdot\boldsymbol{b})$

(5)　$|\boldsymbol{a}\cdot\boldsymbol{b}| \leqq |\boldsymbol{a}||\boldsymbol{b}|$　（等号は $\boldsymbol{a} /\!/ \boldsymbol{b}$ のときに限って成り立つ）

内積の力学的意味　右図のように，物体が一定の力 $\boldsymbol{a}$ を受けながら点 A から点 B まで移動するとき，この移動に対して力がなす**仕事**は，力の移動方向の成分と移動距離の積として定められる．このとき，$\boldsymbol{a}$ の $\overrightarrow{\mathrm{AB}}$ 方向の成分は $|\boldsymbol{a}|\cos\theta$（$\theta$ は $\boldsymbol{a}$ と $\overrightarrow{\mathrm{AB}}$ のなす角）であるから，移動 $\boldsymbol{x}=\overrightarrow{\mathrm{AB}}$ に対して力 $\boldsymbol{a}$ がなす仕事 W は，

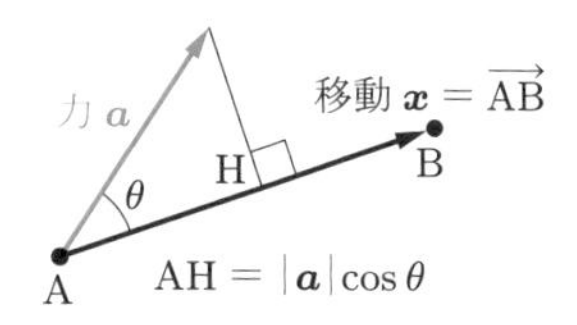

$$W=|\boldsymbol{a}|\cos\theta\cdot|\boldsymbol{x}|=|\boldsymbol{a}||\boldsymbol{x}|\cos\theta=\boldsymbol{a}\cdot\boldsymbol{x} \tag{1.4}$$

となる．力の単位が [N]，距離の単位が [m] であるとき，仕事の単位は [J] である．

問 1.1　力 $\boldsymbol{a}$ の大きさが 20 N，移動距離 AB が 5 m であるとき，次のそれぞれの場合に，移動 $\boldsymbol{x}=\overrightarrow{\mathrm{AB}}$ に対して力 $\boldsymbol{a}$ がなす仕事を求めよ．

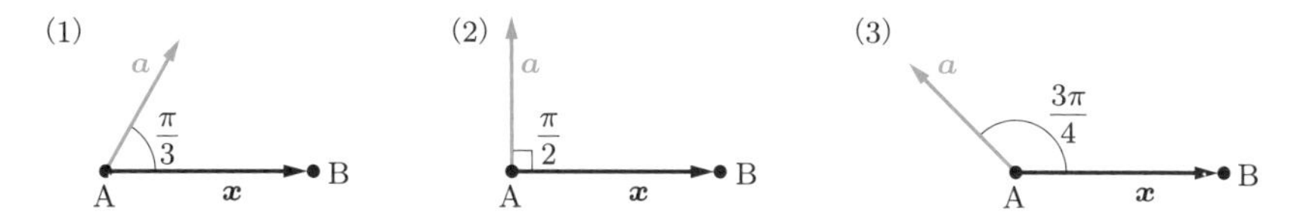

1.2　ベクトルの外積

ベクトルの外積

1.3　ベクトルの外積

$\boldsymbol{a}=a_x\boldsymbol{i}+a_y\boldsymbol{j}+a_z\boldsymbol{k}, \boldsymbol{b}=b_x\boldsymbol{i}+b_y\boldsymbol{j}+b_z\boldsymbol{k}$ に対して，$\boldsymbol{a},\boldsymbol{b}$ の外積 $\boldsymbol{a}\times\boldsymbol{b}$ を次のように定める．

$$\boldsymbol{a}\times\boldsymbol{b}=\begin{vmatrix} a_y & b_y \\ a_z & b_z \end{vmatrix}\boldsymbol{i}-\begin{vmatrix} a_x & b_x \\ a_z & b_z \end{vmatrix}\boldsymbol{j}+\begin{vmatrix} a_x & b_x \\ a_y & b_y \end{vmatrix}\boldsymbol{k}$$

3 次行列式を用いると，外積は次のように，第 1 列について形式的に余因子展開したものとみることができる．

$$\boldsymbol{a}\times\boldsymbol{b}=\begin{vmatrix} \boldsymbol{i} & a_x & b_x \\ \boldsymbol{j} & a_y & b_y \\ \boldsymbol{k} & a_z & b_z \end{vmatrix}=\begin{vmatrix} a_y & b_y \\ a_z & b_z \end{vmatrix}\boldsymbol{i}-\begin{vmatrix} a_x & b_x \\ a_z & b_z \end{vmatrix}\boldsymbol{j}+\begin{vmatrix} a_x & b_x \\ a_y & b_y \end{vmatrix}\boldsymbol{k} \tag{1.5}$$

例 1.1　$\boldsymbol{a} = -\boldsymbol{i} + 2\boldsymbol{j} - 3\boldsymbol{k}, \boldsymbol{b} = 4\boldsymbol{i} - \boldsymbol{j} + 2\boldsymbol{k}$ の外積 $\boldsymbol{a} \times \boldsymbol{b}$ は次のようになる．

$$\boldsymbol{a} \times \boldsymbol{b} = \begin{vmatrix} \boldsymbol{i} & -1 & 4 \\ \boldsymbol{j} & 2 & -1 \\ \boldsymbol{k} & -3 & 2 \end{vmatrix}$$

$$= \begin{vmatrix} 2 & -1 \\ -3 & 2 \end{vmatrix} \boldsymbol{i} - \begin{vmatrix} -1 & 4 \\ -3 & 2 \end{vmatrix} \boldsymbol{j} + \begin{vmatrix} -1 & 4 \\ 2 & -1 \end{vmatrix} \boldsymbol{k} = \boldsymbol{i} - 10\boldsymbol{j} - 7\boldsymbol{k}$$

外積について，次の性質が成り立つ．

1.4　外積の性質 I

ベクトルの外積 $\boldsymbol{a} \times \boldsymbol{b}$ は，次の性質をもつ．

(1)　$\boldsymbol{a} \times \boldsymbol{b}$ は $\boldsymbol{a}, \boldsymbol{b}$ と垂直である．

(2)　$\boldsymbol{a}, \boldsymbol{b}$ が平行でないとき，$\boldsymbol{a}, \boldsymbol{b}, \boldsymbol{a} \times \boldsymbol{b}$ はこの順で右手系をなす．

(3)　$\boldsymbol{a} \times \boldsymbol{b}$ の大きさは $\boldsymbol{a}, \boldsymbol{b}$ が作る平行四辺形の面積である．

証明　ここでは，(1) (3) のみを証明する．

(1)　内積が 0 になることを示せばよい．

$$(\boldsymbol{a} \times \boldsymbol{b}) \cdot \boldsymbol{a} = \left(\begin{vmatrix} a_y & b_y \\ a_z & b_z \end{vmatrix} \boldsymbol{i} - \begin{vmatrix} a_x & b_x \\ a_z & b_z \end{vmatrix} \boldsymbol{j} + \begin{vmatrix} a_x & b_x \\ a_y & b_y \end{vmatrix} \boldsymbol{k} \right) \cdot (a_x \boldsymbol{i} + a_y \boldsymbol{j} + a_z \boldsymbol{k})$$

$$= \begin{vmatrix} a_y & b_y \\ a_z & b_z \end{vmatrix} a_x - \begin{vmatrix} a_x & b_x \\ a_z & b_z \end{vmatrix} a_y + \begin{vmatrix} a_x & b_x \\ a_y & b_y \end{vmatrix} a_z$$

$$= \begin{vmatrix} a_x & a_x & b_x \\ a_y & a_y & b_y \\ a_z & a_z & b_z \end{vmatrix} = 0 \quad \text{[2 つの列が同じ成分]}$$

よって，$\boldsymbol{a}$ と $\boldsymbol{a} \times \boldsymbol{b}$ は直交している．$\boldsymbol{b}$ も同様にして示される．

(3)　外積の定義から

$$|\boldsymbol{a} \times \boldsymbol{b}| = \sqrt{\begin{vmatrix} a_y & b_y \\ a_z & b_z \end{vmatrix}^2 + \begin{vmatrix} a_x & b_x \\ a_z & b_z \end{vmatrix}^2 + \begin{vmatrix} a_x & b_x \\ a_y & b_y \end{vmatrix}^2} \tag{1.6}$$

となる．これは，$\boldsymbol{a}, \boldsymbol{b}$ で作られる平行四辺形の面積である．　**証明終**

[note]　空間のベクトル $\boldsymbol{a}, \boldsymbol{b}, \boldsymbol{c}$ が右手系をなすときは，この順序で成分を並べてできる行列の行列式は正である．とくに，空間の基本ベクトル $\boldsymbol{i}, \boldsymbol{j}, \boldsymbol{k}$ の場合の行列式は 1 である．

行列式を用いた表し方から，次の性質も導かれる．

1.5 外積の性質 II

ベクトル $\boldsymbol{a}, \boldsymbol{b}, \boldsymbol{c}$ および実数 t について，次のことが成り立つ．

(1) $\boldsymbol{a} \times \boldsymbol{b} = -\boldsymbol{b} \times \boldsymbol{a}$,　とくに　$\boldsymbol{a} \times \boldsymbol{a} = \boldsymbol{0}$

(2) $(t\,\boldsymbol{a}) \times \boldsymbol{b} = \boldsymbol{a} \times (t\,\boldsymbol{b}) = t(\boldsymbol{a} \times \boldsymbol{b})$

(3) $\boldsymbol{a} \times (\boldsymbol{b} + \boldsymbol{c}) = \boldsymbol{a} \times \boldsymbol{b} + \boldsymbol{a} \times \boldsymbol{c}$,　$(\boldsymbol{a} + \boldsymbol{b}) \times \boldsymbol{c} = \boldsymbol{a} \times \boldsymbol{c} + \boldsymbol{b} \times \boldsymbol{c}$

例 1.2　基本ベクトル $\boldsymbol{i}, \boldsymbol{j}, \boldsymbol{k}$ はこの順で右手系をなす互いに直交する単位ベクトルで，

$$\boldsymbol{i} \times \boldsymbol{j} = \boldsymbol{k}, \quad \boldsymbol{j} \times \boldsymbol{k} = \boldsymbol{i}, \quad \boldsymbol{k} \times \boldsymbol{i} = \boldsymbol{j} \tag{1.7}$$

である．また，$\boldsymbol{a} \times \boldsymbol{b} = -\boldsymbol{b} \times \boldsymbol{a}$, $\boldsymbol{a} \times \boldsymbol{a} = \boldsymbol{0}$ から，次が成り立つ．

$$\boldsymbol{j} \times \boldsymbol{i} = -\boldsymbol{k}, \quad \boldsymbol{k} \times \boldsymbol{j} = -\boldsymbol{i}, \quad \boldsymbol{i} \times \boldsymbol{k} = -\boldsymbol{j}, \quad \boldsymbol{i} \times \boldsymbol{i} = \boldsymbol{j} \times \boldsymbol{j} = \boldsymbol{k} \times \boldsymbol{k} = \boldsymbol{0}$$

空間の平面図形 F に垂直なベクトルを，F の**法線ベクトル**といい，大きさが 1 の法線ベクトルを**単位法線ベクトル**という．$\boldsymbol{a} \times \boldsymbol{b} \neq \boldsymbol{0}$ のとき，$\boldsymbol{a} \times \boldsymbol{b}$ は $\boldsymbol{a}, \boldsymbol{b}$ が作る平行四辺形の法線ベクトルである．

例題 1.1　外積の応用

$\boldsymbol{a} = -\boldsymbol{i} + 2\boldsymbol{j} - 3\boldsymbol{k}$, $\boldsymbol{b} = 4\boldsymbol{i} - \boldsymbol{j} + 2\boldsymbol{k}$ のとき，次のものを求めよ．

(1) $\boldsymbol{a}, \boldsymbol{b}$ が作る平行四辺形の面積 σ

(2) $\boldsymbol{a}, \boldsymbol{b}$ が作る平行四辺形の単位法線ベクトル $\boldsymbol{v}$

(3) 点 $(1, 2, -3)$ を通り，$\boldsymbol{a}$ と $\boldsymbol{b}$ に平行な平面の方程式

解　例 1.1 から，$\boldsymbol{a} \times \boldsymbol{b} = \boldsymbol{i} - 10\boldsymbol{j} - 7\boldsymbol{k}$ である．

(1) $\sigma = |\boldsymbol{a} \times \boldsymbol{b}| = |\boldsymbol{i} - 10\boldsymbol{j} - 7\boldsymbol{k}| = 5\sqrt{6}$

(2) $\boldsymbol{v} = \pm \dfrac{1}{|\boldsymbol{a} \times \boldsymbol{b}|}\boldsymbol{a} \times \boldsymbol{b} = \pm \dfrac{1}{5\sqrt{6}}(\boldsymbol{i} - 10\boldsymbol{j} - 7\boldsymbol{k})$

(3) $\boldsymbol{a} \times \boldsymbol{b}$ は，$\boldsymbol{a}, \boldsymbol{b}$ に平行な平面の法線ベクトルであるから，求める平面の方程式は，次のようになる．

$$(x - 1) - 10(y - 2) - 7(z + 3) = 0 \quad \text{よって} \quad x - 10y - 7z = 2$$

問1.2　次のベクトル $\boldsymbol{a}, \boldsymbol{b}$ の外積 $\boldsymbol{a} \times \boldsymbol{b}$ を求めよ．また，$\boldsymbol{a}, \boldsymbol{b}$ が作る平行四辺形の面積 σ，単位法線ベクトル $\boldsymbol{v}$，および点 $(2, -1, 1)$ を通り $\boldsymbol{a}$ と $\boldsymbol{b}$ に平行な平面の方程式を求めよ．

(1)　$\boldsymbol{a} = -3\boldsymbol{i} + 2\boldsymbol{j} + 4\boldsymbol{k}$,　$\boldsymbol{b} = 2\boldsymbol{i} - \boldsymbol{j} - \boldsymbol{k}$

(2)　$\boldsymbol{a} = 2\boldsymbol{i} + 3\boldsymbol{j} - 5\boldsymbol{k}$,　$\boldsymbol{b} = -\boldsymbol{i} - 2\boldsymbol{j} + 3\boldsymbol{k}$

スカラー 3 重積　3 つのベクトル $\boldsymbol{a}, \boldsymbol{b}, \boldsymbol{c}$ に対して，

$$\boldsymbol{a} \cdot (\boldsymbol{b} \times \boldsymbol{c}) \tag{1.8}$$

を**スカラー 3 重積**という．

$\boldsymbol{a} = a_x\,\boldsymbol{i} + a_y\,\boldsymbol{j} + a_z\,\boldsymbol{k}$, $\boldsymbol{b} = b_x\,\boldsymbol{i} + b_y\,\boldsymbol{j} + b_z\,\boldsymbol{k}$, $\boldsymbol{c} = c_x\,\boldsymbol{i} + c_y\,\boldsymbol{j} + c_z\,\boldsymbol{k}$ とするとき，スカラー 3 重積 $\boldsymbol{a} \cdot (\boldsymbol{b} \times \boldsymbol{c})$ の値は

$$\boldsymbol{a} \cdot (\boldsymbol{b} \times \boldsymbol{c}) = (a_x\,\boldsymbol{i} + a_y\,\boldsymbol{j} + a_z\,\boldsymbol{k}) \cdot \left(\begin{vmatrix} b_y & c_y \\ b_z & c_z \end{vmatrix} \boldsymbol{i} - \begin{vmatrix} b_x & c_x \\ b_z & c_z \end{vmatrix} \boldsymbol{j} + \begin{vmatrix} b_x & c_x \\ b_y & c_y \end{vmatrix} \boldsymbol{k} \right)$$

$$= a_x \begin{vmatrix} b_y & c_y \\ b_z & c_z \end{vmatrix} - a_y \begin{vmatrix} b_x & c_x \\ b_z & c_z \end{vmatrix} + a_z \begin{vmatrix} b_x & c_x \\ b_y & c_y \end{vmatrix} = \begin{vmatrix} a_x & b_x & c_x \\ a_y & b_y & c_y \\ a_z & b_z & c_z \end{vmatrix} \tag{1.9}$$

となり，行列式で表すことができる．行列式の性質

$$\begin{vmatrix} a_x & b_x & c_x \\ a_y & b_y & c_y \\ a_z & b_z & c_z \end{vmatrix} = \begin{vmatrix} b_x & c_x & a_x \\ b_y & c_y & a_y \\ b_z & c_z & a_z \end{vmatrix} = \begin{vmatrix} c_x & a_x & b_x \\ c_y & a_y & b_y \\ c_z & a_z & b_z \end{vmatrix}$$

から，スカラー 3 重積について次が成り立つ．

$$\boldsymbol{a} \cdot (\boldsymbol{b} \times \boldsymbol{c}) = \boldsymbol{b} \cdot (\boldsymbol{c} \times \boldsymbol{a}) = \boldsymbol{c} \cdot (\boldsymbol{a} \times \boldsymbol{b}) \tag{1.10}$$

スカラー 3 重積の意味　右図のような，ベクトル $\boldsymbol{a}, \boldsymbol{b}, \boldsymbol{c}$ が作る平行六面体を考える．$\boldsymbol{a}$ と $\boldsymbol{b} \times \boldsymbol{c}$ がなす角を θ，$\boldsymbol{b}, \boldsymbol{c}$ が作る平行四辺形の面積を S とすれば，平行六面体の体積は，

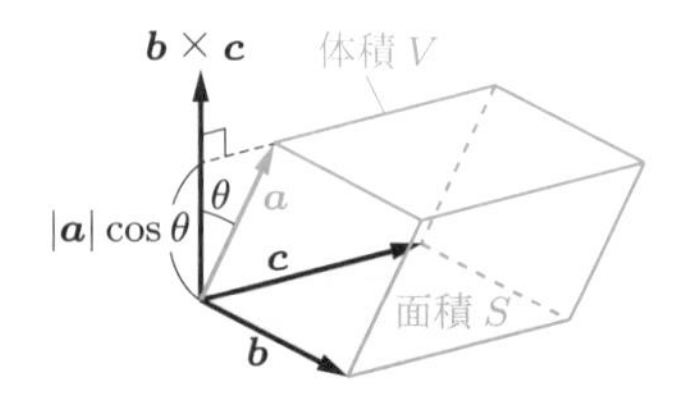

$$\begin{aligned} V &= |S\,|\boldsymbol{a}|\cos\theta| = |\boldsymbol{a}|\,|\boldsymbol{b} \times \boldsymbol{c}|\,|\cos\theta| \\ &= |\boldsymbol{a} \cdot (\boldsymbol{b} \times \boldsymbol{c})| \end{aligned} \tag{1.11}$$

となる．

例 1.3　ベクトル $\boldsymbol{a} = \boldsymbol{i} - 3\boldsymbol{j} + 2\boldsymbol{k}$, $\boldsymbol{b} = -\boldsymbol{i} + 2\boldsymbol{j} - 3\boldsymbol{k}$, $\boldsymbol{c} = 4\boldsymbol{i} - \boldsymbol{j} + 2\boldsymbol{k}$ のスカラー 3 重積 $\boldsymbol{a} \cdot (\boldsymbol{b} \times \boldsymbol{c})$ は，次のようになる．

$$\boldsymbol{a} \cdot (\boldsymbol{b} \times \boldsymbol{c}) = \begin{vmatrix} 1 & -1 & 4 \\ -3 & 2 & -1 \\ 2 & -3 & 2 \end{vmatrix} = 17$$

問 1.3　$\boldsymbol{a} = \boldsymbol{i} + 3\boldsymbol{j} + 4\boldsymbol{k}$, $\boldsymbol{b} = 2\boldsymbol{i} - \boldsymbol{k}$, $\boldsymbol{c} = -\boldsymbol{i} + 2\boldsymbol{j} + 3\boldsymbol{k}$ であるとき，次のスカラー 3 重積を求めよ．

(1)　$\boldsymbol{a} \cdot (\boldsymbol{b} \times \boldsymbol{c})$　　(2)　$\boldsymbol{b} \cdot (\boldsymbol{a} \times \boldsymbol{c})$

流体の流出量　空間にある平面 α 上の，ベクトル $\boldsymbol{u}, \boldsymbol{v}$ が作る平行四辺形を F とする．空間を満たす流体が一定の速度 $\boldsymbol{a}$ で流れているとき，F を通って，単位時間に流れる流体の量は，$\boldsymbol{a}, \boldsymbol{u}, \boldsymbol{v}$ が作る平行六面体の体積 $|\boldsymbol{a} \cdot (\boldsymbol{u} \times \boldsymbol{v})|$ に等しい．

この量が流出量か流入量かを決めるために，平面 α の単位法線ベクトル $\boldsymbol{n}$ を選んで，これを**外向き**と定める．このとき，平面 α に**向きが定められた**という．向きが定められた平面 α に対して，ベクトル $\boldsymbol{a}$ は

$\boldsymbol{a} \cdot \boldsymbol{n} > 0$ ($\boldsymbol{a}$ と $\boldsymbol{n}$ のなす角が鋭角) ならば**外向き**

$\boldsymbol{a} \cdot \boldsymbol{n} < 0$ ($\boldsymbol{a}$ と $\boldsymbol{n}$ のなす角が鈍角) ならば**内向き**

であると定める．また，平面 α 上の図形 F に対して，大きさが F の面積に等しく，F に垂直な外向きのベクトルを F の**面積ベクトル**という．F が $\boldsymbol{u}, \boldsymbol{v}$ の作る平行四辺形であるとき，F の面積ベクトルは $\boldsymbol{S} = \pm \boldsymbol{u} \times \boldsymbol{v}$ (符号は $\boldsymbol{S}$ が外向きであるように選ぶ) である．その上で，単位時間における平行四辺形 F からの流出量 U を

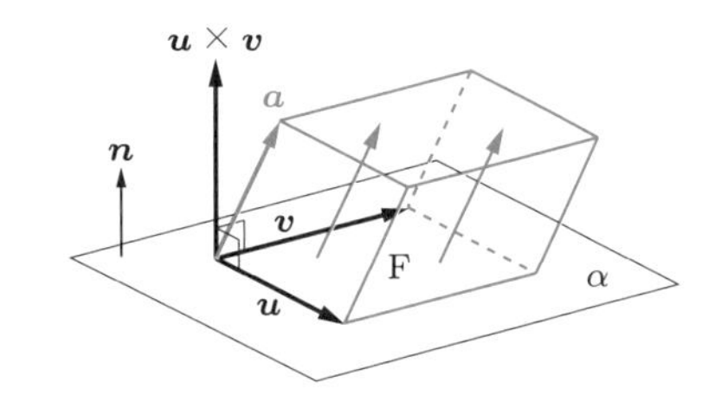

$$U = \boldsymbol{a} \cdot \boldsymbol{S} = \begin{cases} \boldsymbol{a} \cdot (\boldsymbol{u} \times \boldsymbol{v}) & (\boldsymbol{u} \times \boldsymbol{v} \text{ 外向き}) \\ -\boldsymbol{a} \cdot (\boldsymbol{u} \times \boldsymbol{v}) & (\boldsymbol{u} \times \boldsymbol{v} \text{ 内向き}) \end{cases} \tag{1.12}$$

と定める．$\boldsymbol{S}$ は外向きであるから，$\boldsymbol{a}$ が外向きであれば $U > 0$，内向きであれば $U < 0$ である．したがって，内向きのときの流入量は $|U|$ で表される．

例 1.4　速度 $\boldsymbol{a} = 2\boldsymbol{k}$ [m/s] で流れる流体の中に，ベクトル $\boldsymbol{u} = 2\boldsymbol{i} + \boldsymbol{j} - \boldsymbol{k}$, $\boldsymbol{v} = 3\boldsymbol{j} - \boldsymbol{k}$ が作る平行四辺形 F がある．$\boldsymbol{u} \times \boldsymbol{v}$ の向きを F の外向きと定めると，F からの単位時間あたりの流出量 $[\mathrm{m}^3/\mathrm{s}]$ は

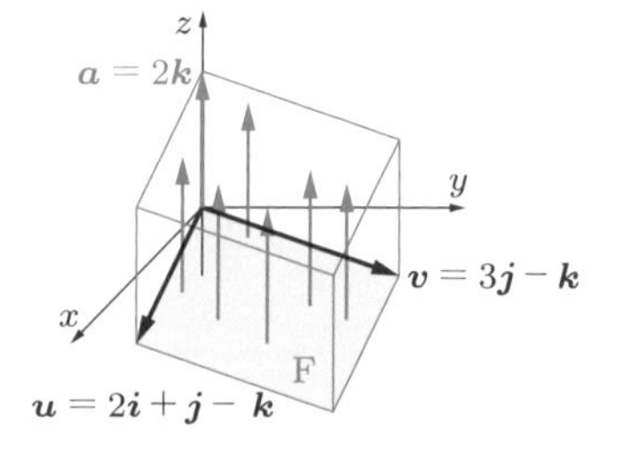

$$U = \boldsymbol{a} \cdot \boldsymbol{S}$$

$$= \boldsymbol{a} \cdot (\boldsymbol{u} \times \boldsymbol{v}) = \begin{vmatrix} 0 & 2 & 0 \\ 0 & 1 & 3 \\ 2 & -1 & -1 \end{vmatrix} = 12 \quad [\mathrm{m}^3/\mathrm{s}]$$

となる．

問 1.4　速度 $\boldsymbol{a} = -5\boldsymbol{i}+6\boldsymbol{j}-7\boldsymbol{k}$ で流れる流体の中に，ベクトル $\boldsymbol{u} = 2\boldsymbol{j}+3\boldsymbol{k}$, $\boldsymbol{v} = -\boldsymbol{j}+4\boldsymbol{k}$ が作る平行四辺形がある．$\boldsymbol{u} \times \boldsymbol{v}$ がこの平行四辺形の外向きのベクトルであるとき，この平行四辺形からの単位時間あたりの流出量 U を求めよ．長さの単位は [m]，速度の単位は [m/s] とせよ．

内積・外積・スカラー 3 重積

長さの単位は [m]，時間の単位は [s]，力の単位は [N] とする．

(1)　力 $\boldsymbol{a}$ が，移動 $\boldsymbol{x}$ に対してなす仕事 W は，内積

$$W = \boldsymbol{a} \cdot \boldsymbol{x} \ [\mathrm{J}]$$

で表される．

(2)　ベクトル $\boldsymbol{u}, \boldsymbol{v}$ が作る平行四辺形に向きが定められているとき，その面積ベクトル $\boldsymbol{S}$ は，外積

$$\boldsymbol{S} = \pm \boldsymbol{u} \times \boldsymbol{v}$$

で表される．符号は $\boldsymbol{u} \times \boldsymbol{v}$ が外向きのとき $+$，内向きのとき $-$ である．

(3)　ベクトル $\boldsymbol{u}, \boldsymbol{v}$ が作る平行四辺形 F に向きが定められているとする．このとき，一定の速度 $\boldsymbol{a}$ [m/s] で流れる流体の，F からの単位時間あたりの流出量 U $[\mathrm{m}^3/\mathrm{s}]$ は，スカラー 3 重積

$$U = \boldsymbol{a} \cdot \boldsymbol{S} = \pm \boldsymbol{a} \cdot (\boldsymbol{u} \times \boldsymbol{v}) \ [\mathrm{m}^3/\mathrm{s}]$$

で表される．符号は (2) と同様に定める．

練習問題 1

[1] ベクトル $\boldsymbol{a} = x\boldsymbol{i} + 2\boldsymbol{j} - 5\boldsymbol{k}$, $\boldsymbol{b} = 2\boldsymbol{i} - 3\boldsymbol{j} - z\boldsymbol{k}$ が平行であるとき，定数 x, z の値を求めよ．

[2] ベクトル $\boldsymbol{a} = x\boldsymbol{i} + y\boldsymbol{j} + 2\boldsymbol{k}$ が，ベクトル $\boldsymbol{b} = 2\boldsymbol{i} + 2\boldsymbol{j} - 3\boldsymbol{k}$ と垂直で大きさが 3 であるとき，定数 x, y の値を求めよ．

[3] 任意のベクトル $\boldsymbol{a}, \boldsymbol{b}$ に対して，次の等式が成り立つことを証明せよ．

(1) $(\boldsymbol{a} - \boldsymbol{b}) \cdot (\boldsymbol{a} + \boldsymbol{b}) = |\boldsymbol{a}|^2 - |\boldsymbol{b}|^2$　　(2) $(\boldsymbol{a} - \boldsymbol{b}) \times (\boldsymbol{a} + \boldsymbol{b}) = 2\boldsymbol{a} \times \boldsymbol{b}$

[4] ベクトル $\boldsymbol{a} = \boldsymbol{i} + \boldsymbol{j} - 2\boldsymbol{k}$, $\boldsymbol{b} = \boldsymbol{i} + \boldsymbol{k}$ のなす角を $\theta\ (0 \leqq \theta \leqq \pi)$ とする．内積 $\boldsymbol{a} \cdot \boldsymbol{b}$ の値および $\cos\theta$ の値を求めよ．また，θ の値を小数第 2 位まで求めよ．

[5] 点 A(1, 1, 0) から点 B(3, 4, 1) への移動 $\overrightarrow{\mathrm{AB}}$ に対して，次のベクトル $\boldsymbol{a}$ で表される力がなす仕事を求めよ．長さの単位は [m]，力の単位は [N] とせよ．

(1) $\boldsymbol{a} = -\boldsymbol{i} + 3\boldsymbol{j} - \boldsymbol{k}$　　(2) $\boldsymbol{a} = 3\boldsymbol{i} - 4\boldsymbol{j} + 2\boldsymbol{k}$

[6] $\boldsymbol{a} = 2\boldsymbol{i} - \boldsymbol{j} + \boldsymbol{k}$, $\boldsymbol{b} = -7\boldsymbol{i} + 3\boldsymbol{j} - 5\boldsymbol{k}$ とするとき，次の問いに答えよ．

(1) 外積 $\boldsymbol{a} \times \boldsymbol{b}$ を求めよ．

(2) $\boldsymbol{a}, \boldsymbol{b}$ が作る平行四辺形の面積 σ を求めよ．

(3) $\boldsymbol{a}, \boldsymbol{b}$ が作る平行四辺形の単位法線ベクトル $\boldsymbol{v}$ を求めよ．

(4) 原点を通り，$\boldsymbol{a}, \boldsymbol{b}$ と平行な平面の方程式を求めよ．

[7] $\boldsymbol{a} = -\boldsymbol{i} + 2\boldsymbol{j} + \boldsymbol{k}$, $\boldsymbol{b} = 2\boldsymbol{i} + \boldsymbol{j} + \boldsymbol{k}$, $\boldsymbol{c} = \boldsymbol{i} - 3\boldsymbol{j} + 3\boldsymbol{k}$ であるとき，次のスカラー 3 重積を求めよ．

(1) $\boldsymbol{a} \cdot (\boldsymbol{b} \times \boldsymbol{c})$　　(2) $\boldsymbol{b} \cdot (\boldsymbol{a} \times \boldsymbol{c})$

[8] 点 O(0, 0, 0), A(1, 1, 0), B(2, 0, −1), C(0, −1, 3) とする．線分 OA, OB, OC を 3 辺とする平行六面体の体積 ω を求めよ．

[9] 向きが定められた平面上の 2 つのベクトル $\boldsymbol{u} = \boldsymbol{i} + 3\boldsymbol{k}$, $\boldsymbol{v} = 2\boldsymbol{j} - \boldsymbol{k}$ が作る平行四辺形を通って，流体が一定の速度 $\boldsymbol{a}$ で流れている．$\boldsymbol{u} \times \boldsymbol{v}$ が外向きのベクトルであるとき，次のそれぞれの場合に，単位時間に流出する流体の量を求めよ．長さの単位は [m]，速度の単位は [m/s] とせよ．

(1) $\boldsymbol{a} = \boldsymbol{i} + \boldsymbol{j}$　　(2) $\boldsymbol{a} = 3\boldsymbol{k}$

2　勾配，発散，回転

2.1　スカラー場とベクトル場

スカラー場　地図に描かれている等高線は，標高が等しい地点を結んでできる曲線である．各地点に対してその点の標高が定まり，標高は1つの実数（スカラー）によって表される．

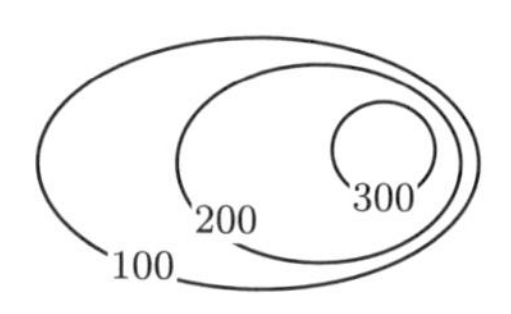

一般に，空間の各点 P に対して1つの実数 φ が定まるとき，この対応 φ を**スカラー場**という．スカラー場が定められた点全体の集合を**スカラー場の定義域**という．スカラー場の定義域に含まれる点 $\mathrm{P}(x, y, z)$ における φ の値を，$\varphi(x, y, z)$ または $\varphi(\mathrm{P})$ と表す．電位分布，密度分布，温度分布などはスカラー場の例である．

スカラー場 φ に対して，その値が一定である点全体が曲面を作るとき，この曲面を φ の**等位面**という．

例 2.1　スカラー場 $\varphi = x^2 + y^2 + z^2$ の値は，点 $\mathrm{P}(x, y, z)$ の原点からの距離 $\sqrt{x^2 + y^2 + z^2}$ だけによって定まる．φ の等位面 $\varphi = k$ は

$$x^2 + y^2 + z^2 = k \quad (k > 0)$$

であり，この曲面は原点を中心にした半径 $\sqrt{k}$ の球面である．

問 2.1　次のスカラー場の等位面 $\varphi = k$ はどのような曲面か．

(1)　$\varphi = x + 2y - 3z$　　(2)　$\varphi = \dfrac{1}{x^2 + y^2 + z^2}$

ベクトル場　風が吹いているとき，各点における空気の流れは，風と同じ方向をもち，風の強さを大きさとするベクトルで表すことができる．

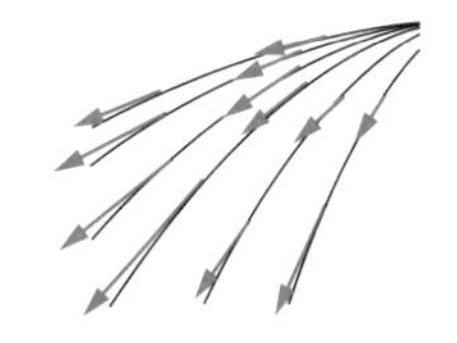

一般に，空間の各点 P に対して1つのベクトル $\boldsymbol{a}$ が定まるとき，この対応 $\boldsymbol{a}$ を**ベクトル場**という．ベクトル場が定められた点全体の集合を**ベクトル場の定義域**という．ベクトル場の定義域に含まれる点 $\mathrm{P}(x, y, z)$ において，ベクトル場 $\boldsymbol{a}$ から定まるベクトルを $\boldsymbol{a}(x, y, z)$ または $\boldsymbol{a}(\mathrm{P})$ と表す．$\boldsymbol{a}(x, y, z)$ は，

$$\boldsymbol{a}(x,y,z) = a_x(x,y,z)\,\boldsymbol{i} + a_y(x,y,z)\,\boldsymbol{j} + a_z(x,y,z)\,\boldsymbol{k} \tag{2.1}$$

と表すことができる. 重力場, 電場, 流体の速度分布などは, ベクトル場の例である.

例 2.2　z 軸に垂直な平面上のベクトル場は, xy 平面上に適当な点をとり, その点におけるベクトルを記入することによって, その状態を推察することができる. 2 つのベクトル場を (1), (2) に青で示す. ● は零ベクトルとなる点である.

(1)　$\boldsymbol{a} = \dfrac{1}{2}(x\,\boldsymbol{i} + y\,\boldsymbol{j})$　　(2)　$\boldsymbol{a} = \dfrac{1}{3}y\,\boldsymbol{i}$

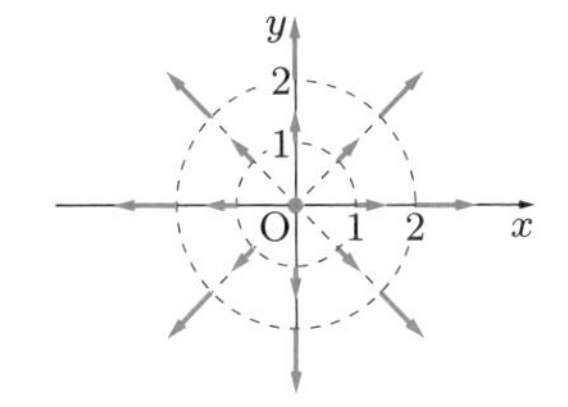

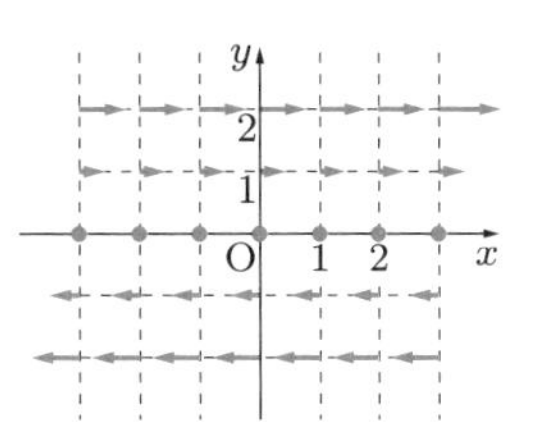

問 2.2　下図の ● で指定された点において, 次のベクトル場 $\boldsymbol{a}$ から定まるベクトルを記入せよ.

(1)　$\boldsymbol{a} = \dfrac{1}{2}x\,\boldsymbol{i}$　　(2)　$\boldsymbol{a} = -y\,\boldsymbol{i} + x\,\boldsymbol{j}$

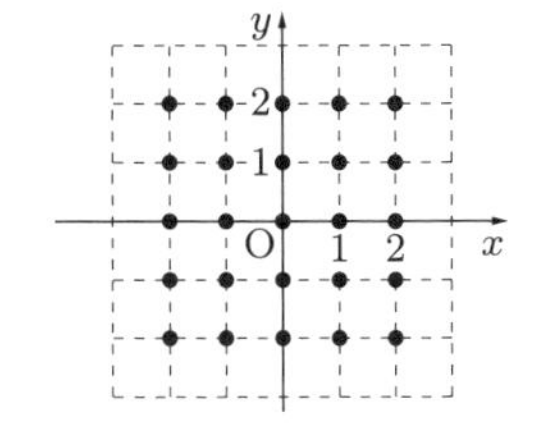

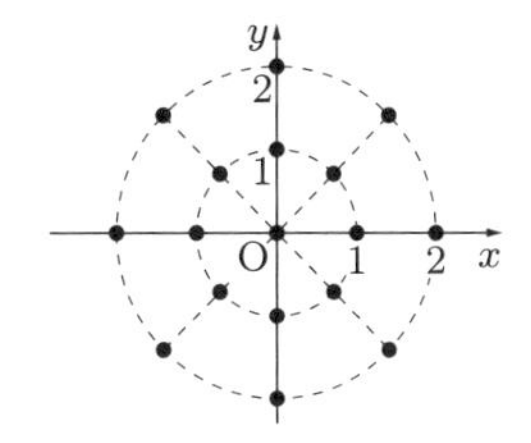

2.2 スカラー場の勾配

スカラー場の勾配　関数 $f(x)$ の導関数 $\dfrac{df}{dx}$ を $\dfrac{d}{dx}f(x)$ とかき直すとき, $\dfrac{d}{dx}$ は直後にある関数を微分するはたらきをするものと考えることができる. これと同じように, ∇ (ナブラ) を

$$\nabla = \boldsymbol{i}\frac{\partial}{\partial x} + \boldsymbol{j}\frac{\partial}{\partial y} + \boldsymbol{k}\frac{\partial}{\partial z} \tag{2.2}$$

とし, これを, 直後にあるスカラー場 φ を微分するはたらきをするものとして,

$$\nabla\varphi = \left(\boldsymbol{i}\frac{\partial}{\partial x} + \boldsymbol{j}\frac{\partial}{\partial y} + \boldsymbol{k}\frac{\partial}{\partial z}\right)\varphi = \boldsymbol{i}\frac{\partial\varphi}{\partial x} + \boldsymbol{j}\frac{\partial\varphi}{\partial y} + \boldsymbol{k}\frac{\partial\varphi}{\partial z}$$

と定める．$\nabla\varphi$ は

$$\nabla\varphi = \frac{\partial\varphi}{\partial x}\boldsymbol{i} + \frac{\partial\varphi}{\partial y}\boldsymbol{j} + \frac{\partial\varphi}{\partial z}\boldsymbol{k} \tag{2.3}$$

と表すこともある．$\nabla\varphi$ はベクトル場である．これをスカラー場 φ の**勾配**といい，$\mathrm{grad}\,\varphi$ と表す．$\dfrac{d}{dx}$, ∇ など微分するはたらきをするものを**微分演算子**という．

2.1　スカラー場の勾配

$$\mathrm{grad}\,\varphi = \nabla\varphi = \boldsymbol{i}\frac{\partial\varphi}{\partial x} + \boldsymbol{j}\frac{\partial\varphi}{\partial y} + \boldsymbol{k}\frac{\partial\varphi}{\partial z}$$

[note]　grad は gradient（グラジエント，勾配）の略である．

例 2.3　スカラー場 $\varphi = xy + z^2$ の勾配は，次のようになる．

$$\begin{aligned}\mathrm{grad}\,\varphi &= \boldsymbol{i}\frac{\partial}{\partial x}(xy+z^2) + \boldsymbol{j}\frac{\partial}{\partial y}(xy+z^2) + \boldsymbol{k}\frac{\partial}{\partial z}(xy+z^2)\\ &= y\,\boldsymbol{i} + x\,\boldsymbol{j} + 2z\,\boldsymbol{k}\end{aligned}$$

問2.3　次のスカラー場 φ の勾配 $\mathrm{grad}\,\varphi$ を求めよ．

(1)　$\varphi = x + 2y$　　(2)　$\varphi = x - y^2 + z^3$　　(3)　$\varphi = y^2 z^3$

勾配の性質　勾配は次の性質を満たす．なお，同じ性質を grad と ∇ を用いて併記した．計算には ∇ を用いたほうが便利である．

2.2　勾配の性質

スカラー場 φ, ψ および定数 c について，次が成り立つ．

(1)　$\mathrm{grad}\,(c\varphi) = c\,\mathrm{grad}\,\varphi$,　　$\nabla(c\varphi) = c\nabla\varphi$

(2)　$\mathrm{grad}(\varphi+\psi) = \mathrm{grad}\,\varphi + \mathrm{grad}\,\psi$,　　$\nabla(\varphi+\psi) = \nabla\varphi + \nabla\psi$

(3)　$\mathrm{grad}(\varphi\psi) = (\mathrm{grad}\,\varphi)\psi + \varphi(\mathrm{grad}\,\psi)$,　　$\nabla(\varphi\psi) = (\nabla\varphi)\psi + \varphi\nabla\psi$

問2.4　定理 2.2 (3) が成り立つことを証明せよ．

勾配と方向微分係数　点 $\mathrm{P}(x_0, y_0, z_0)$ のまわりで，スカラー場 φ の値が変化する様子を調べる．$\boldsymbol{u} = u_x\boldsymbol{i} + u_y\boldsymbol{j} + u_z\boldsymbol{k}$ を単位ベクトルとし，点 P から $\boldsymbol{u}$ 方向に移動した点 $(x_0 + u_xt,\ y_0 + u_yt,\ z_0 + u_zt)$ における φ の値を $\varphi(t)$ とする．合成関数の導関数の公式を用いて，$\varphi(t) = \varphi(x_0 + u_xt,\ y_0 + u_yt,\ z_0 + u_zt)$ を t で微分すれば，

$\boldsymbol{u}$

$(x_0 + u_xt,\ y_0 + u_yt,\ z_0 + u_zt)$

$\mathrm{P}(x_0, y_0, z_0)$

$$\begin{aligned}\frac{d\varphi}{dt} &= \frac{\partial\varphi}{\partial x}\frac{dx}{dt} + \frac{\partial\varphi}{\partial y}\frac{dy}{dt} + \frac{\partial\varphi}{\partial z}\frac{dz}{dt} \\ &= \frac{\partial\varphi}{\partial x}u_x + \frac{\partial\varphi}{\partial y}u_y + \frac{\partial\varphi}{\partial z}u_z \\ &= \left(\frac{\partial\varphi}{\partial x}\boldsymbol{i} + \frac{\partial\varphi}{\partial y}\boldsymbol{j} + \frac{\partial\varphi}{\partial z}\boldsymbol{k}\right)\cdot(u_x\boldsymbol{i} + u_y\boldsymbol{j} + u_z\boldsymbol{k}) \\ &= \operatorname{grad}\varphi\cdot\boldsymbol{u} \qquad \cdots\cdots ①\end{aligned}$$

となる．① の $t = 0$ における値は，

$$\varphi'(0) = \operatorname{grad}\varphi(\mathrm{P})\cdot\boldsymbol{u} \tag{2.4}$$

と表すことができる．この値は，点 P が $\boldsymbol{u}$ 方向に動いたときの φ の値の変化率である．これを点 P におけるスカラー場 φ の $\boldsymbol{u}$ 方向の**方向微分係数**といい，$D_{\boldsymbol{u}}\varphi$ と表す．

最大傾斜方向　方向微分係数 $D_{\boldsymbol{u}}\varphi$ が最大となる単位ベクトル $\boldsymbol{u}$ を求める．いま，$\boldsymbol{u}$ と $\operatorname{grad}\varphi$ のなす角を θ $(0 \leqq \theta \leqq \pi)$ とすれば，$|\boldsymbol{u}| = 1$ であるから，

$$D_{\boldsymbol{u}}\varphi = \operatorname{grad}\varphi\cdot\boldsymbol{u} = |\operatorname{grad}\varphi|\cos\theta \tag{2.5}$$

となる．$\cos\theta$ が最大になるのは $\theta = 0$ のときであるから，$D_{\boldsymbol{u}}\varphi$ が最大となるのは，$\boldsymbol{u}$ が $\operatorname{grad}\varphi$ と同じ向きのときである．すなわち，$\operatorname{grad}\varphi$ の向きは方向微分係数 $D_{\boldsymbol{u}}\varphi$ が最大となる向きであり，これを φ の**最大傾斜方向**という．また，そのとき $D_{\boldsymbol{u}}\varphi = |\operatorname{grad}\varphi|$ となる．

$\boldsymbol{u}$ が φ の等位面に接しているとき，点 P が $\boldsymbol{u}$ 方向に移動するときの φ の変化率は 0 である．このとき，$D_{\boldsymbol{u}}\varphi = \operatorname{grad}\varphi\cdot\boldsymbol{u} = 0$ となるから，$\operatorname{grad}\varphi$ は φ の等位面に垂直である．

以上をまとめると，次のようになる．

2.3　勾配の意味

スカラー場 φ の勾配 $\operatorname{grad}\varphi$ は，次の性質をもつ．

(1)　$\operatorname{grad}\varphi$ の向きは，φ の最大傾斜方向である．

(2)　$\operatorname{grad}\varphi$ の大きさ $|\operatorname{grad}\varphi|$ は，φ の方向微分係数の最大値に等しい．

(3)　$\operatorname{grad}\varphi$ は，φ の等位面と垂直である．

問2.5　c が定数であるとき，スカラー場 $\varphi = c$ の勾配は $\mathbf{0}$ である．これはなぜか．勾配の意味を考えて説明せよ．

例題 2.1　スカラー場の勾配

$\boldsymbol{u}$ を単位ベクトルとし，点 P の座標を $(1, -1, 1)$ とする．スカラー場 $\varphi = xy^2 + xz$ について，次の問いに答えよ．

(1)　φ の勾配 $\operatorname{grad}\varphi$ および $\operatorname{grad}\varphi(\mathrm{P})$ を求めよ．

(2)　$\boldsymbol{u} = \dfrac{1}{2}\left(\boldsymbol{i} + \sqrt{3}\boldsymbol{j}\right)$ とするとき，点 P における φ の $\boldsymbol{u}$ 方向の方向微分係数 $D_{\boldsymbol{u}}\varphi(\mathrm{P})$ を求めよ．

(3)　方向微分係数 $D_{\boldsymbol{u}}\varphi(\mathrm{P})$ が最大となる $\boldsymbol{u}$ を求めよ．

解　(1)　まず，$\operatorname{grad}\varphi$ を計算する．

$$
\begin{aligned}
\operatorname{grad}\varphi &= \nabla\varphi \\
&= \frac{\partial}{\partial x}(xy^2 + xz)\,\boldsymbol{i} + \frac{\partial}{\partial y}(xy^2 + xz)\,\boldsymbol{j} + \frac{\partial}{\partial z}(xy^2 + xz)\,\boldsymbol{k} \\
&= (y^2 + z)\,\boldsymbol{i} + 2xy\,\boldsymbol{j} + x\,\boldsymbol{k}
\end{aligned}
$$

となるから，点 P における値 $\operatorname{grad}\varphi(\mathrm{P})$ は次のようになる．

$$
\operatorname{grad}\varphi(\mathrm{P}) = \{(-1)^2 + 1\}\,\boldsymbol{i} + 2\cdot 1\cdot(-1)\,\boldsymbol{j} + 1\,\boldsymbol{k} = 2\boldsymbol{i} - 2\boldsymbol{j} + \boldsymbol{k}
$$

(2)　$D_{\boldsymbol{u}}\varphi(\mathrm{P}) = \operatorname{grad}\varphi(\mathrm{P})\cdot\boldsymbol{u} = (2\boldsymbol{i} - 2\boldsymbol{j} + \boldsymbol{k})\cdot\dfrac{1}{2}\left(\boldsymbol{i} + \sqrt{3}\boldsymbol{j}\right) = 1 - \sqrt{3}$

(3)　$\operatorname{grad}\varphi(\mathrm{P})$ と同じ方向の単位ベクトルが最大傾斜方向である．$|\operatorname{grad}\varphi(\mathrm{P})| = |2\boldsymbol{i} - 2\boldsymbol{j} + \boldsymbol{k}| = 3$ であるから，

$$
\boldsymbol{u} = \frac{1}{|\operatorname{grad}\varphi(\mathrm{P})|}\operatorname{grad}\varphi(\mathrm{P}) = \frac{1}{3}(2\boldsymbol{i} - 2\boldsymbol{j} + \boldsymbol{k})
$$

のとき，$D_{\boldsymbol{u}}\varphi(\mathrm{P})$ は最大となる．

問2.6 $\boldsymbol{u}$ を単位ベクトル，点 P の座標を $(1,-2,0)$ とする．スカラー場 $\varphi = \dfrac{1}{x^2+y^2}$ について，次の問いに答えよ．

(1) φ の勾配 $\mathrm{grad}\,\varphi$ および $\mathrm{grad}\,\varphi(\mathrm{P})$ を求めよ．

(2) $\boldsymbol{u} = \dfrac{1}{\sqrt{2}}(\boldsymbol{i}+\boldsymbol{j})$ とするとき，点 P における φ の $\boldsymbol{u}$ 方向の方向微分係数 $D_{\boldsymbol{u}}\varphi(\mathrm{P})$ を求めよ．

(3) 方向微分係数 $D_{\boldsymbol{u}}\varphi(\mathrm{P})$ が最大となる単位ベクトル $\boldsymbol{u}$ を求めよ．

2.3 ベクトル場の発散

ベクトル場の発散

2.4 ベクトル場の発散

ベクトル場 $\boldsymbol{a} = a_x\boldsymbol{i} + a_y\boldsymbol{j} + a_z\boldsymbol{k}$ に対して，$\boldsymbol{a}$ の発散 $\mathrm{div}\,\boldsymbol{a}$ を次のように定める．

$$\mathrm{div}\,\boldsymbol{a} = \frac{\partial a_x}{\partial x} + \frac{\partial a_y}{\partial y} + \frac{\partial a_z}{\partial z}$$

発散 $\mathrm{div}\,\boldsymbol{a}$ はスカラー場である．内積を用いると，発散は次のように，∇ と $\boldsymbol{a}$ の形式的な内積をとったものとみることができる．

$$\begin{aligned}\nabla\cdot\boldsymbol{a} &= \left(\boldsymbol{i}\frac{\partial}{\partial x} + \boldsymbol{j}\frac{\partial}{\partial y} + \boldsymbol{k}\frac{\partial}{\partial z}\right)\cdot(a_x\boldsymbol{i} + a_y\boldsymbol{j} + a_z\boldsymbol{k}) \\ &= \frac{\partial a_x}{\partial x} + \frac{\partial a_y}{\partial y} + \frac{\partial a_z}{\partial z} \qquad (2.6)\end{aligned}$$

[note] div は divergence（ダイバージェンス，発散）の略である．

例 2.4 ベクトル場 $\boldsymbol{a} = x^2y\,\boldsymbol{i} + xyz^2\,\boldsymbol{j} + xy^2\,\boldsymbol{k}$ の発散は，次のようになる．

$$\mathrm{div}\,\boldsymbol{a} = \nabla\cdot\boldsymbol{a} = \frac{\partial}{\partial x}(x^2y) + \frac{\partial}{\partial y}(xyz^2) + \frac{\partial}{\partial z}(xy^2) = 2xy + xz^2$$

問2.7 次のベクトル場 $\boldsymbol{a}$ の発散 $\mathrm{div}\,\boldsymbol{a}$ を求めよ．

(1) $\boldsymbol{a} = x\,\boldsymbol{i} + y\,\boldsymbol{j} + z\,\boldsymbol{k}$

(2) $\boldsymbol{a} = z^2\,\boldsymbol{i} + x^2\,\boldsymbol{j} + y^2\,\boldsymbol{k}$

(3) $\boldsymbol{a} = xyz\,\boldsymbol{i} + y^2z\,\boldsymbol{j} + z^3\,\boldsymbol{k}$

発散の性質　発散は次の性質を満たす．勾配の性質と同様に，同じ性質を div と ∇ を用いて併記する．

2.5　発散の性質

ベクトル場 $\boldsymbol{a}$, $\boldsymbol{b}$，スカラー場 φ および定数 c に対して，次の性質が成り立つ．

(1)　$\mathrm{div}(c\,\boldsymbol{a}) = c\,(\mathrm{div}\,\boldsymbol{a})$,　　$\nabla\cdot(c\,\boldsymbol{a}) = c\,(\nabla\cdot\boldsymbol{a})$

(2)　$\mathrm{div}(\boldsymbol{a}+\boldsymbol{b}) = \mathrm{div}\,\boldsymbol{a} + \mathrm{div}\,\boldsymbol{b}$,　　$\nabla\cdot(\boldsymbol{a}+\boldsymbol{b}) = \nabla\cdot\boldsymbol{a} + \nabla\cdot\boldsymbol{b}$

(3)　$\mathrm{div}(\varphi\,\boldsymbol{a}) = (\mathrm{grad}\,\varphi)\cdot\boldsymbol{a} + \varphi\,\mathrm{div}\,\boldsymbol{a}$,　　$\nabla\cdot(\varphi\,\boldsymbol{a}) = (\nabla\varphi)\cdot\boldsymbol{a} + \varphi\nabla\cdot\boldsymbol{a}$

問2.8　定理 2.5(3) が成り立つことを証明せよ．

発散と流出量　流体の中にある微小な立体からの流出量 U を考える．流出量が正であるということは，この立体から流れ出る量が立体に流入する量を上回るということであり，これを「湧き出しがある」という（図1）．また，流出量が負であるということは，流入する量が流れ出る量を上回るということであり，これを「吸い込みがある」という（図2）．このような状況は，各点での流れの速度の差によって生じる．

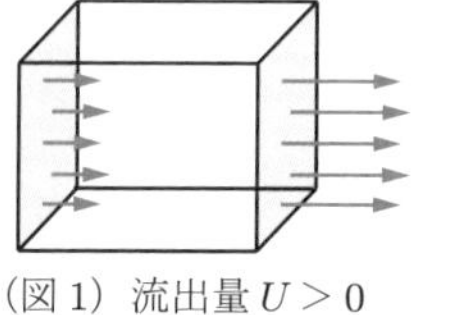

（図1）流出量 $U > 0$

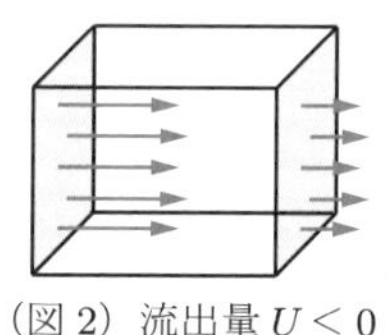

（図2）流出量 $U < 0$

図3の直方体の各辺は座標軸に平行で長さが Δx, Δy, Δz であるとし，その体積を $\Delta\omega$ とすれば $\Delta\omega = \Delta x\Delta y\Delta z$ である．また，直方体の各面は，直方体の外側を向いたベクトルが外向きであるように向きが定められているものとする．流体の速度を表すベクトル場を $\boldsymbol{a} = a_x(x,y,z)\boldsymbol{i} + a_y(x,y,z)\boldsymbol{j} + a_z(x,y,z)\boldsymbol{k}$ とするとき，この直方体からの単位時間あたりの流出量 ΔU を求める．

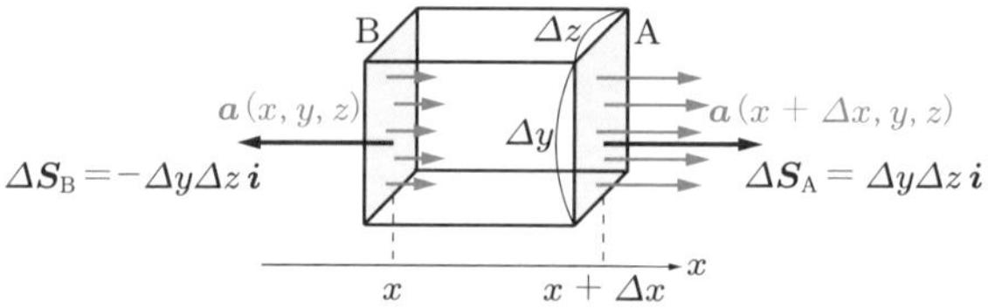

（図3）

図3のように，x 軸に垂直な直方体の面を A, B とするとき，面 A の面積ベクトルは $\boldsymbol{\Delta S}_\mathrm{A} = \Delta y \Delta z\, \boldsymbol{i}$，面 B の面積ベクトルは $\boldsymbol{\Delta S}_\mathrm{B} = -\Delta y \Delta z\, \boldsymbol{i}$ となる．したがって，面 A，面 B からの単位時間あたりの流出量 ΔU_A, ΔU_B は，それぞれ

$$\Delta U_\mathrm{A} = \boldsymbol{a}(x+\Delta x, y, z) \cdot \boldsymbol{\Delta S}_\mathrm{A} = a_x(x+\Delta x, y, z)\Delta y \Delta z$$

$$\Delta U_\mathrm{B} = \boldsymbol{a}(x, y, z) \cdot \boldsymbol{\Delta S}_\mathrm{B} = -a_x(x, y, z)\Delta y \Delta z$$

であり，面 A，面 B から流出量の和 $\Delta U_x = \Delta U_\mathrm{A} + \Delta U_\mathrm{B}$ は，

$$\begin{aligned}\Delta U_x &= \{a_x(x+\Delta x, y, z) - a_x(x, y, z)\}\,\Delta y \Delta z \\ &= \frac{a_x(x+\Delta x, y, z) - a_x(x, y, z)}{\Delta x}\Delta x \Delta y \Delta z \\ &\fallingdotseq \frac{\partial a_x}{\partial x}\,\Delta\omega\end{aligned}$$

となる．同様にして，y 軸，z 軸に垂直な面からの流出量 ΔU_y, ΔU_z についても，

$$\Delta U_y \fallingdotseq \frac{\partial a_y}{\partial y}\,\Delta\omega, \quad \Delta U_z \fallingdotseq \frac{\partial a_z}{\partial z}\,\Delta\omega$$

となる．よって，直方体の全表面からの単位時間あたりの流出量を ΔU とすれば，

$$\begin{aligned}\Delta U &= \Delta U_x + \Delta U_y + \Delta U_z \\ &\fallingdotseq \left(\frac{\partial a_x}{\partial x} + \frac{\partial a_y}{\partial y} + \frac{\partial a_z}{\partial z}\right)\Delta\omega = (\mathrm{div}\,\boldsymbol{a})\,\Delta\omega\end{aligned}$$

が成り立つ．この式で $\Delta\omega \to 0$ の極限をとることによって

$$\mathrm{div}\,\boldsymbol{a} = \lim_{\Delta\omega\to 0}\frac{\Delta U}{\Delta\omega} = \frac{dU}{d\omega} \tag{2.7}$$

が得られる．したがって，$\mathrm{div}\,\boldsymbol{a}$ は，流体の速度が $\boldsymbol{a}$ であるとき，微小な立体から流出する単位時間，単位体積あたりの流出量を表す．

問2.9　a_x, a_y, a_z が定数であるとき，ベクトル場 $\boldsymbol{a} = a_x\,\boldsymbol{i} + a_y\,\boldsymbol{j} + a_z\,\boldsymbol{k}$ の発散は 0 である．これはなぜか．発散の意味を考えて説明せよ．

ラプラシアン　スカラー場 φ に対して，$\mathrm{div}(\mathrm{grad}\,\varphi) = \nabla\cdot\nabla\varphi$ で定められるスカラー場を $\nabla^2\varphi$ で表す．

$$\nabla^2\varphi = \mathrm{div}(\mathrm{grad}\,\varphi) = \frac{\partial^2\varphi}{\partial^2 x} + \frac{\partial^2\varphi}{\partial^2 y} + \frac{\partial^2\varphi}{\partial^2 z} \tag{2.8}$$

である．このとき，∇^2 は

$$\nabla^2 = \frac{\partial^2}{\partial x^2} + \frac{\partial^2}{\partial y^2} + \frac{\partial^2}{\partial z^2} \tag{2.9}$$

という微分演算子である．∇^2 をラプラシアンといい，Δ で表す場合もある．

例 2.5　$\varphi = xy^2z^3$ の勾配は $\mathrm{grad}\,\varphi = y^2z^3\,\boldsymbol{i} + 2xyz^3\,\boldsymbol{j} + 3xy^2z^2\,\boldsymbol{k}$ であるから，φ のラプラシアンは次のようになる．

$$\nabla^2\varphi = \mathrm{div}(\mathrm{grad}\,\varphi) = 2xz^3 + 6xy^2z$$

問2.10　$\varphi = \dfrac{xy}{z}$ のとき，$\nabla^2\varphi$ を求めよ．

2.4 ベクトル場の回転

ベクトル場の回転

2.6　ベクトル場の回転

ベクトル場 $\boldsymbol{a} = a_x\,\boldsymbol{i} + a_y\,\boldsymbol{j} + a_z\,\boldsymbol{k}$ に対して，$\boldsymbol{a}$ の回転 $\mathrm{rot}\,\boldsymbol{a}$ を次のように定める．

$$\mathrm{rot}\,\boldsymbol{a} = \left(\frac{\partial a_z}{\partial y} - \frac{\partial a_y}{\partial z}\right)\boldsymbol{i} - \left(\frac{\partial a_z}{\partial x} - \frac{\partial a_x}{\partial z}\right)\boldsymbol{j} + \left(\frac{\partial a_y}{\partial x} - \frac{\partial a_x}{\partial y}\right)\boldsymbol{k}$$

回転 $\mathrm{rot}\,\boldsymbol{a}$ はベクトル場である．外積を用いると，∇ と $\boldsymbol{a}$ の形式的な外積をとったものとみることができる．

$$\begin{aligned}\nabla \times \boldsymbol{a} &= \begin{vmatrix} \boldsymbol{i} & \dfrac{\partial}{\partial x} & a_x \\ \boldsymbol{j} & \dfrac{\partial}{\partial y} & a_y \\ \boldsymbol{k} & \dfrac{\partial}{\partial z} & a_z \end{vmatrix} \\ &= \boldsymbol{i}\begin{vmatrix} \dfrac{\partial}{\partial y} & a_y \\ \dfrac{\partial}{\partial z} & a_z \end{vmatrix} - \boldsymbol{j}\begin{vmatrix} \dfrac{\partial}{\partial x} & a_x \\ \dfrac{\partial}{\partial z} & a_z \end{vmatrix} + \boldsymbol{k}\begin{vmatrix} \dfrac{\partial}{\partial x} & a_x \\ \dfrac{\partial}{\partial y} & a_y \end{vmatrix} \\ &= \left(\frac{\partial a_z}{\partial y} - \frac{\partial a_y}{\partial z}\right)\boldsymbol{i} - \left(\frac{\partial a_z}{\partial x} - \frac{\partial a_x}{\partial z}\right)\boldsymbol{j} + \left(\frac{\partial a_y}{\partial x} - \frac{\partial a_x}{\partial y}\right)\boldsymbol{k}\end{aligned} \tag{2.10}$$

[note] rot は rotation（ローテーション，回転）の略である．rot $\boldsymbol{a}$ は curl $\boldsymbol{a}$ と表す場合もある．

例 2.6 ベクトル場 $\boldsymbol{a} = x\,\boldsymbol{i} + xy\,\boldsymbol{j} + xyz\,\boldsymbol{k}$ の回転は，次のようになる．

$$
\begin{aligned}
\operatorname{rot}\boldsymbol{a} &= \nabla \times \boldsymbol{a} \\
&= \begin{vmatrix} \boldsymbol{i} & \dfrac{\partial}{\partial x} & x \\ \boldsymbol{j} & \dfrac{\partial}{\partial y} & xy \\ \boldsymbol{k} & \dfrac{\partial}{\partial z} & xyz \end{vmatrix} \\
&= \boldsymbol{i}\begin{vmatrix} \dfrac{\partial}{\partial y} & xy \\ \dfrac{\partial}{\partial z} & xyz \end{vmatrix} - \boldsymbol{j}\begin{vmatrix} \dfrac{\partial}{\partial x} & x \\ \dfrac{\partial}{\partial z} & xyz \end{vmatrix} + \boldsymbol{k}\begin{vmatrix} \dfrac{\partial}{\partial x} & x \\ \dfrac{\partial}{\partial y} & xy \end{vmatrix} = xz\,\boldsymbol{i} - yz\,\boldsymbol{j} + y\,\boldsymbol{k}
\end{aligned}
$$

問2.11 次のベクトル場 $\boldsymbol{a}$ の回転 rot $\boldsymbol{a}$ を求めよ．

(1) $\boldsymbol{a} = y\,\boldsymbol{i} + z\,\boldsymbol{j} + x\,\boldsymbol{k}$ (2) $\boldsymbol{a} = xz\,\boldsymbol{i} + xy\,\boldsymbol{j} + yz\,\boldsymbol{k}$

(3) $\boldsymbol{a} = (y+z)\boldsymbol{i} + (z+x)\boldsymbol{j} + (x+y)\boldsymbol{k}$

回転の性質 回転は次の性質を満たす．ここでも同じ性質を rot と ∇ を用いて併記する．

2.7 回転の性質

ベクトル場 $\boldsymbol{a}$, $\boldsymbol{b}$，スカラー場 φ および定数 c に対して，次の性質が成り立つ．

(1) $\operatorname{rot}(c\,\boldsymbol{a}) = c\,(\operatorname{rot}\boldsymbol{a})$, $\nabla \times (c\,\boldsymbol{a}) = c\,(\nabla \times \boldsymbol{a})$

(2) $\operatorname{rot}(\boldsymbol{a}+\boldsymbol{b}) = \operatorname{rot}\boldsymbol{a} + \operatorname{rot}\boldsymbol{b}$, $\nabla \times (\boldsymbol{a}+\boldsymbol{b}) = \nabla \times \boldsymbol{a} + \nabla \times \boldsymbol{b}$

(3) $\operatorname{rot}(\varphi\,\boldsymbol{a}) = (\operatorname{grad}\varphi) \times \boldsymbol{a} + \varphi\,(\operatorname{rot}\boldsymbol{a})$,
$\nabla \times (\varphi\,\boldsymbol{a}) = (\nabla\varphi) \times \boldsymbol{a} + \varphi\,(\nabla \times \boldsymbol{a})$

(4) $\operatorname{rot}(\operatorname{grad}\varphi) = \boldsymbol{0}$, $\nabla \times (\nabla\varphi) = \boldsymbol{0}$

(5) $\operatorname{div}(\operatorname{rot}\boldsymbol{a}) = 0$, $\nabla \cdot (\nabla \times \boldsymbol{a}) = 0$

問2.12 定理 2.7(3) が成り立つことを証明せよ．

回転と仕事　xy 平面と平行におかれた歯車が，力

$$\boldsymbol{a} = a_x(x, y, z)\,\boldsymbol{i} + a_y(x, y, z)\,\boldsymbol{j}$$

によって回転する場合を考える．x 座標，y 座標の差をそれぞれ Δx, Δy とすると，図 1, 2 のような力の差が生じるときに回転が起こる．

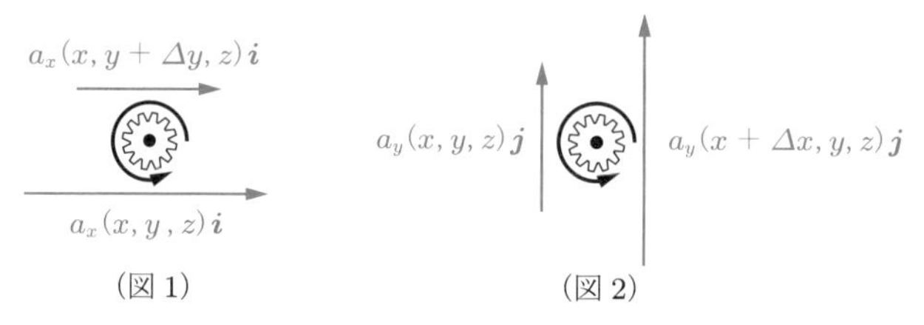

(図 1)　(図 2)

いま，図 3 のような辺の長さ Δx, Δy の微小な長方形 ABCD の周囲に力 $\boldsymbol{a}$ がはたらくとき，A → B → C → D → A の順に 1 周する移動を考える．このとき，力 $\boldsymbol{a}$ によって引き起こされる回転の量を，この移動に対して力 $\boldsymbol{a}$ がなす仕事によって定める．これは，長方形を 1 周するとき，力 $\boldsymbol{a}$ が「どれだけ仕事したか」を示す値である．

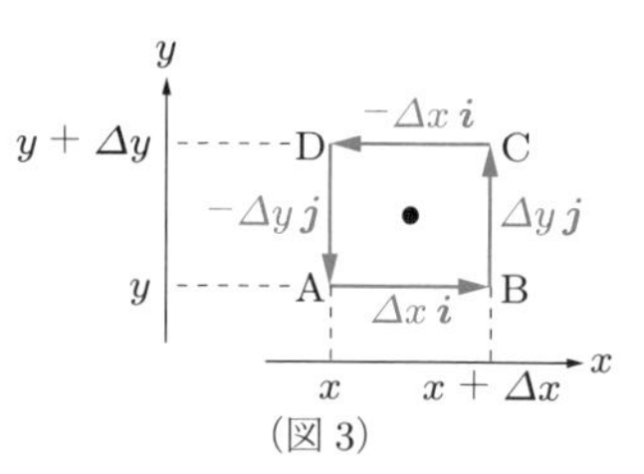

(図 3)

この移動のうち，図 3 の移動 $\overrightarrow{\mathrm{AB}} = \Delta x\,\boldsymbol{i}$, $\overrightarrow{\mathrm{CD}} = -\Delta x\,\boldsymbol{i}$ に対して力 $\boldsymbol{a}$ がなす仕事を，それぞれ ΔW_{AB}, ΔW_{CD} とすれば，

$$\Delta W_{\mathrm{AB}} = \boldsymbol{a}(x, y, z) \cdot (\Delta x\,\boldsymbol{i}) = a_x(x, y, z)\Delta x$$

$$\Delta W_{\mathrm{CD}} = \boldsymbol{a}(x, y+\Delta y, z) \cdot (-\Delta x\,\boldsymbol{i}) = -a_x(x, y+\Delta y, z)\Delta x$$

である．長方形 ABCD の面積を $\Delta\sigma$ とすれば，これらの仕事の和は

$$\begin{aligned}\Delta W_{\mathrm{AB}} + \Delta W_{\mathrm{CD}} &= \{a_x(x, y, z) - a_x(x, y+\Delta y, z)\}\Delta x \\ &= -\frac{a_x(x, y+\Delta y, z) - a_x(x, y, z)}{\Delta y}\Delta x \Delta y \\ &\fallingdotseq -\frac{\partial a_x}{\partial y}\Delta\sigma\end{aligned}$$

となる．同様にして，移動 $\overrightarrow{\mathrm{BC}} = \Delta y\,\boldsymbol{j}$, $\overrightarrow{\mathrm{DA}} = -\Delta y\,\boldsymbol{j}$ に対して力 $\boldsymbol{a}$ がなす仕事をそれぞれ ΔW_{BC}, ΔW_{DA} とすれば，それらの和は

$$\Delta W_{\mathrm{BC}} + \Delta W_{\mathrm{DA}} = \boldsymbol{a}(x+\Delta x, y, z) \cdot (\Delta y\,\boldsymbol{j}) + \boldsymbol{a}(x, y, z) \cdot (-\Delta y\,\boldsymbol{j})$$

$$
\begin{aligned}
&= \{a_y(x+\Delta x, y, z) - a_y(x, y, z)\}\Delta y \\
&= \frac{a_y(x+\Delta x, y, z) - a_y(x, y, z)}{\Delta x}\Delta x \Delta y \\
&\fallingdotseq \frac{\partial a_y}{\partial x}\Delta\sigma
\end{aligned}
$$

となる．したがって，長方形を 1 周する移動に対して $\boldsymbol{a}$ がなす仕事 ΔW は，

$$
\Delta W = \Delta W_{\mathrm{AB}} + \Delta W_{\mathrm{BC}} + \Delta W_{\mathrm{CD}} + \Delta W_{\mathrm{DA}} \fallingdotseq \left(\frac{\partial a_y}{\partial x} - \frac{\partial a_x}{\partial y}\right)\Delta\sigma
$$

となり，この式の (　) の中は $\mathrm{rot}\,\boldsymbol{a}$ の z 成分 $(\mathrm{rot}\,\boldsymbol{a})\cdot\boldsymbol{k}$ である．ここで，長方形 ABCD に z 軸の正の方向が外向きであるように向きを定めると，長方形の面積ベクトルは $\boldsymbol{k}\Delta\sigma$ となるから，これを $\Delta\boldsymbol{S}$ と表すと，

$$
\Delta W \fallingdotseq (\mathrm{rot}\,\boldsymbol{a})\cdot\boldsymbol{k}\Delta\sigma = (\mathrm{rot}\,\boldsymbol{a})\cdot\Delta\boldsymbol{S}
$$

が成り立つ．このように，向きのついた平面図形の周囲を外向きに立って，図形の内部を左手に見ながら 1 周することを，**正の向き**に 1 周するという．一般に，向きが定められた微小な平面図形 F の面積ベクトルを ΔS とすると，F の周囲を正の向きに 1 周する移動に対して，力の場 $\boldsymbol{a}$ がなす仕事 ΔW について

$$
\Delta W \fallingdotseq (\mathrm{rot}\,\boldsymbol{a})\cdot\Delta S \tag{2.11}
$$

が成り立つ．

例 2.7　z 軸を中心とした一定の角速度での回転を表すベクトル場 $\boldsymbol{a}$ は，

$$
\boldsymbol{a} = c(-y\,\boldsymbol{i} + x\,\boldsymbol{j}) \quad (c \text{ は定数})
$$

と表される．各点 P における $\boldsymbol{a}$ の大きさは，点 P の z 軸からの距離の c 倍であり，c は回転の速度を表す（図 1）．

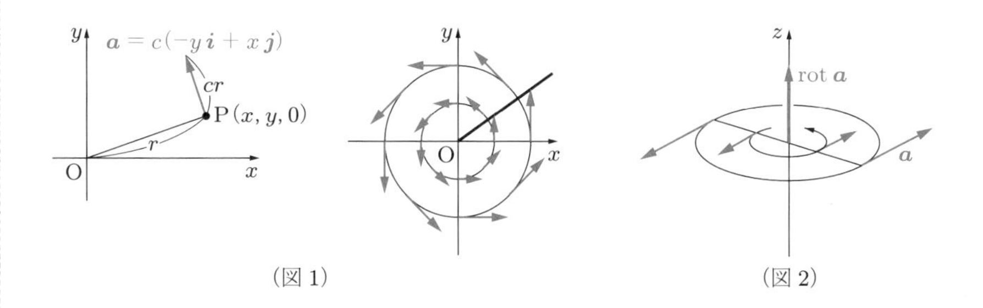

（図 1）　（図 2）

このとき，$\boldsymbol{a}$ の回転 $\mathrm{rot}\,\boldsymbol{a}$ を計算すると，

$$\mathrm{rot}\,\boldsymbol{a} = \begin{vmatrix} \boldsymbol{i} & \dfrac{\partial}{\partial x} & -cy \\ \boldsymbol{j} & \dfrac{\partial}{\partial y} & cx \\ \boldsymbol{k} & \dfrac{\partial}{\partial z} & 0 \end{vmatrix} = 2c\,\boldsymbol{k}$$

となる．したがって，$\mathrm{rot}\,\boldsymbol{a}$ は図 2 のようになる．$\mathrm{rot}\,\boldsymbol{a}$ は，$\boldsymbol{a}$ が引き起こす渦によって右ねじが進む向きをもち，回転の速さを大きさとするベクトルである．

問2.13　$\boldsymbol{a} = x\boldsymbol{i}$ の回転は $\boldsymbol{0}$ である．回転の意味を考えてこれを説明せよ．

勾配・発散・回転

(1)　スカラー場 φ の，単位ベクトル $\boldsymbol{u}$ 方向の方向微分係数を $D_{\boldsymbol{u}}\varphi$ とするとき，次が成り立つ．

$$D_{\boldsymbol{u}}\varphi = \mathrm{grad}\,\varphi \cdot \boldsymbol{u}$$

(2)　速度がベクトル場 $\boldsymbol{a}$ である流体の中にある，微小な立体からの単位時間あたりの流体の流出量を ΔU とする．立体の体積を $\Delta\omega$ とするとき，次が成り立つ．

$$\Delta U \fallingdotseq (\mathrm{div}\,\boldsymbol{a})\,\Delta\omega$$

(3)　向きが定められた微小な平面図形 F の面積ベクトルを $\Delta\boldsymbol{S}$ とする．図形 F の周囲を正の向きに 1 周する移動に対して，力 $\boldsymbol{a}$ がなす仕事を ΔW とするとき，次が成り立つ．

$$\Delta W \fallingdotseq (\mathrm{rot}\,\boldsymbol{a}) \cdot \Delta\boldsymbol{S}$$

練習問題 2

[1] 次のスカラー場 φ の勾配 $\mathrm{grad}\,\varphi$ を求めよ.

(1) $\varphi = x^2y - 3z$　　(2) $\varphi = \log(x^3 + y^3 + z^3)$

[2] スカラー場 $\varphi = x^3y^2z$ の, 点 $\mathrm{P}(1, -1, 2)$ における最大傾斜方向の単位ベクトル $\boldsymbol{u}$ を求めよ.

[3] 次のベクトル場 $\boldsymbol{a}$ の発散 $\mathrm{div}\,\boldsymbol{a}$ を求めよ.

(1) $\boldsymbol{a} = xy\,\boldsymbol{i} + yz\,\boldsymbol{j} + zx\,\boldsymbol{k}$　　(2) $\boldsymbol{a} = e^x\,\boldsymbol{i} + e^{xy}\,\boldsymbol{j} + e^{xyz}\,\boldsymbol{k}$

[4] 次のベクトル場 $\boldsymbol{a}$ の回転 $\mathrm{rot}\,\boldsymbol{a}$ を求めよ.

(1) $\boldsymbol{a} = yz\,\boldsymbol{i} + zx\,\boldsymbol{j} + xy\,\boldsymbol{k}$　　(2) $\boldsymbol{a} = (x+y)\boldsymbol{i} + (y+z)\boldsymbol{j} + (z+x)\boldsymbol{k}$

[5] ベクトル場 $\boldsymbol{a} = xy\,\boldsymbol{i} + yz^2\boldsymbol{j} + zx^3\,\boldsymbol{k}$ について, 次のものを求めよ.

(1) $\mathrm{grad}(\mathrm{div}\,\boldsymbol{a})$　　(2) $\mathrm{rot}(\mathrm{rot}\,\boldsymbol{a})$

[6] 次のスカラー場 φ のラプラシアン $\nabla^2\varphi$ を求めよ.

(1) $\varphi = x^2y^2z^2$　　(2) $\varphi = x^2 + y^2 + z^2$

[7] スカラー場 φ とベクトル場 $\boldsymbol{a}$ に対して, 次の性質が成り立つことを証明せよ.

(1) $\mathrm{rot}(\mathrm{grad}\,\varphi) = \nabla \times (\nabla\varphi) = \boldsymbol{0}$　　(2) $\mathrm{div}(\mathrm{rot}\,\boldsymbol{a}) = \nabla \cdot (\nabla \times \boldsymbol{a}) = 0$

これらの性質を, それぞれ「勾配には回転がない」,「回転には発散がない」という.

[8] 点 (x, y, z) の位置ベクトルを表すベクトル場 $\boldsymbol{r} = x\,\boldsymbol{i} + y\,\boldsymbol{j} + z\,\boldsymbol{k}$ について, $r = |\boldsymbol{r}|$ とするとき, 次の式が成り立つことを証明せよ.

(1) $\nabla r = \dfrac{\boldsymbol{r}}{r}$　　(2) $\nabla \cdot \boldsymbol{r} = 3$　　(3) $\nabla \times \boldsymbol{r} = \boldsymbol{0}$

3　線積分と面積分

3.1　曲線

曲線の媒介変数表示　実数 $t\,(\alpha \leqq t \leqq \beta)$ に対して空間の点 P が定まるとき，点 P の位置ベクトル $\boldsymbol{r}$ の x 成分，y 成分，z 成分は t の関数となり，

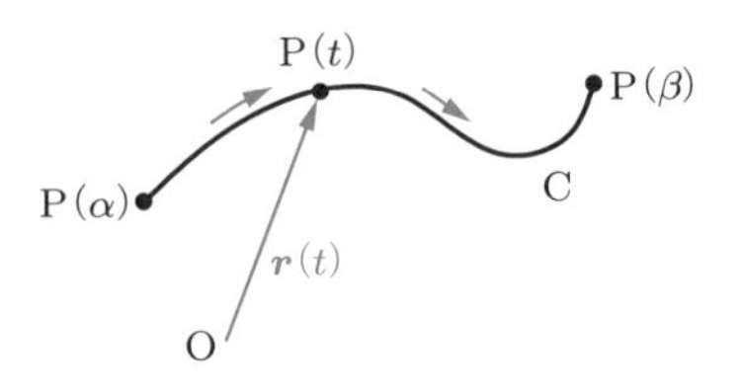

$$\boldsymbol{r} = x(t)\boldsymbol{i} + y(t)\boldsymbol{j} + z(t)\boldsymbol{k} \qquad (3.1)$$

と表すことができる．これを，$\boldsymbol{r} = \boldsymbol{r}(t)$ と表す．

関数 $x(t)$, $y(t)$, $z(t)$ が連続であるとき，点 $\mathrm{P}(x(t), y(t), z(t))$ は空間に曲線 C を描く．このとき，$\boldsymbol{r} = \boldsymbol{r}(t)$ を曲線 C の**媒介変数表示**といい，変数 t を**媒介変数**，$\alpha \leqq t \leqq \beta$ を定義域という．点 $\mathrm{P}(x(t), y(t), z(t))$ を単に $\mathrm{P}(t)$ とかくこともある．$\mathrm{P}(\alpha)$ を**始点**，$\mathrm{P}(\beta)$ を**終点**といい，t の増加にともなって $\mathrm{P}(t)$ が移動する向きを，曲線 C の**向き**という．

例 3.1　いくつかの代表的な曲線の媒介変数表示を示す．

(1)　点 $\mathrm{A}(a_x, a_y, a_z)$ の位置ベクトルを $\boldsymbol{a}$ とするとき，A を通り，ベクトル $\boldsymbol{v} = v_x\boldsymbol{i} + v_y\boldsymbol{j} + v_z\boldsymbol{k}$ と平行な直線は，$\boldsymbol{r} = \boldsymbol{a} + t\boldsymbol{v}$ と表すことができる．これを成分を用いて表すと，

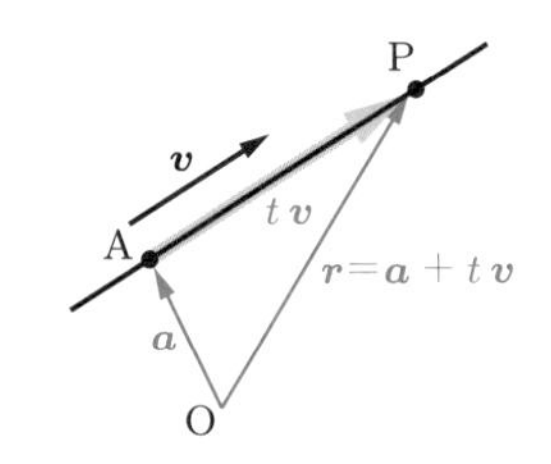

$$\begin{aligned}\boldsymbol{r} &= (a_x\boldsymbol{i} + a_y\boldsymbol{j} + a_z\boldsymbol{k}) + t(v_x\boldsymbol{i} + v_y\boldsymbol{j} + v_z\boldsymbol{k})\\ &= (a_x + v_x t)\boldsymbol{i} + (a_y + v_y t)\boldsymbol{j} + (a_z + v_z t)\boldsymbol{k}\end{aligned}$$

となる．

(2)　xy 平面と平行な平面 $z = c$（c は定数）上の，点 $(0, 0, c)$ を中心とする半径 R の円上の点は，$(R\cos t, R\sin t, c)$ と表される．したがって，この円は

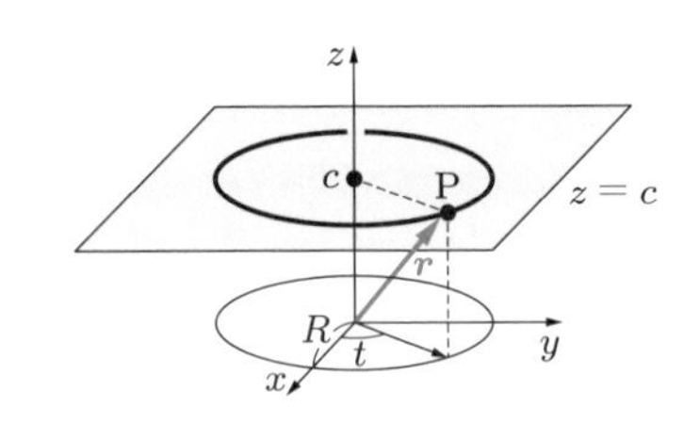

$$\boldsymbol{r} = R\cos t\,\boldsymbol{i} + R\sin t\,\boldsymbol{j} + c\,\boldsymbol{k} \quad (0 \leqq t \leqq 2\pi)$$

と表すことができる．

(3)　(2) の円は z 座標 c が定数である．これに対して，曲線

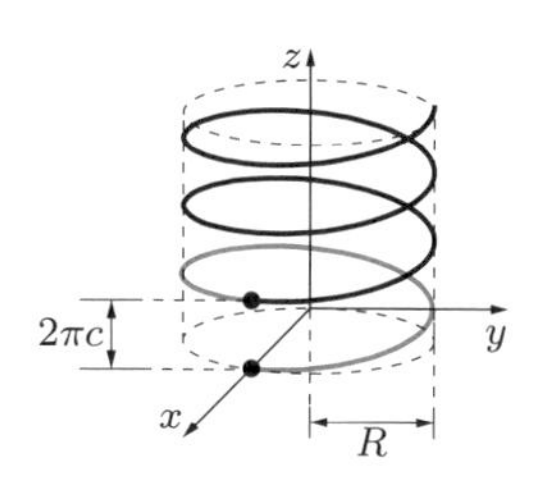

$$\boldsymbol{r} = R\cos t\,\boldsymbol{i} + R\sin t\,\boldsymbol{j} + ct\,\boldsymbol{k}$$

上の点は，t の変化に伴って，z 軸を中心軸とした半径 R の円柱に巻きつきながら，z 座標が一定の割合で変化していく．t が 2π だけ変化する間に z 座標は $2\pi c$ だけ変化（$c > 0$ の場合には上昇）する．この曲線を**常螺旋**（じょうらせん）という．

例 3.2　2 点 $\mathrm{A}(-1, 0, 2)$, $\mathrm{B}(1, 2, 3)$ を通る直線は，点 A を通りベクトル $\overrightarrow{\mathrm{AB}}$ と平行な直線である．よって，この直線は

$$\begin{aligned}\boldsymbol{r} = \overrightarrow{\mathrm{OA}} + t\,\overrightarrow{\mathrm{AB}} &= (-\boldsymbol{i} + 2\boldsymbol{k}) + t(2\boldsymbol{i} + 2\boldsymbol{j} + \boldsymbol{k})\\ &= (-1 + 2t)\,\boldsymbol{i} + 2t\,\boldsymbol{j} + (2 + t)\boldsymbol{k}\end{aligned}$$

と表される．直線上の点 $\mathrm{P}(t)$ は $t = 0$ のとき A，$t = 1$ のとき B であるから，点 A を始点，点 B を終点とする線分は，次のように表される．

$$\boldsymbol{r} = (-1 + 2t)\,\boldsymbol{i} + 2t\,\boldsymbol{j} + (2 + t)\boldsymbol{k} \quad (0 \leqq t \leqq 1)$$

問 3.1　次の曲線の媒介変数表示を求めよ．

(1)　点 $(1, -2, 1)$ を始点，点 $(-1, 3, 1)$ を終点とする線分

(2)　平面 $y = 1$ 上にあり，点 $(0, 1, 0)$ を中心とした半径 5 の円

曲線の接線ベクトル　曲線 $\boldsymbol{r} = x(t)\boldsymbol{i} + y(t)\boldsymbol{j} + z(t)\boldsymbol{k}$ の各成分 $x(t)$, $y(t)$, $z(t)$ が微分可能で，その導関数が連続であるとき，曲線 $\boldsymbol{r} = \boldsymbol{r}(t)$ は**滑らか**であるという．このとき，曲線上の各点 $\mathrm{P}(t)$ で，ベクトル

$$\begin{aligned}&\lim_{\Delta t \to 0} \frac{\boldsymbol{r}(t + \Delta t) - \boldsymbol{r}(t)}{\Delta t}\\ &\quad = \lim_{\Delta t \to 0} \left\{ \frac{x(t + \Delta t) - x(t)}{\Delta t}\,\boldsymbol{i} + \frac{y(t + \Delta t) - y(t)}{\Delta t}\,\boldsymbol{j} + \frac{z(t + \Delta t) - z(t)}{\Delta t}\,\boldsymbol{k} \right\}\\ &\quad = \frac{dx}{dt}\,\boldsymbol{i} + \frac{dy}{dt}\,\boldsymbol{j} + \frac{dz}{dt}\,\boldsymbol{k} \qquad \cdots\cdots ①\end{aligned}$$

が定まる．このベクトルを $\dfrac{d\boldsymbol{r}}{dt}$ と表す．すなわち，$\boldsymbol{r}(t) = x(t)\boldsymbol{i} + y(t)\boldsymbol{j} + z(t)\boldsymbol{k}$ であるとき

$$\frac{d\boldsymbol{r}}{dt} = \frac{dx}{dt}\boldsymbol{i} + \frac{dy}{dt}\boldsymbol{j} + \frac{dz}{dt}\boldsymbol{k} \qquad (3.2)$$

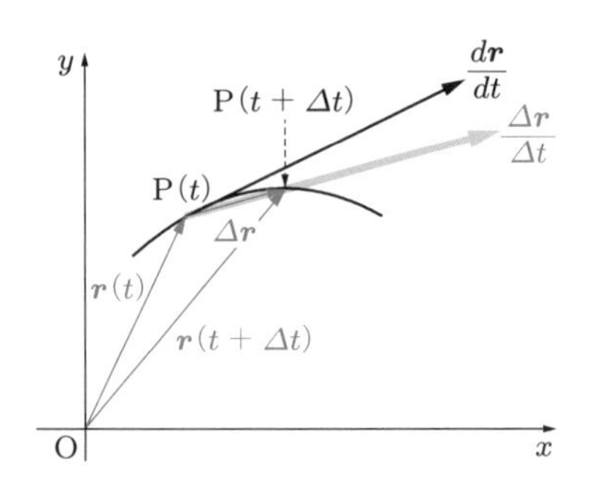

である．ベクトル $\Delta\boldsymbol{r} = \boldsymbol{r}(t+\Delta t) - \boldsymbol{r}(t)$ は，点 P(t) から点 P$(t+\Delta t)$ に向かうベクトルであるから，ベクトル①は点 P(t) において曲線に接するベクトルである．これを曲線の**接線ベクトル**という．

定義から，十分小さな Δt に対して，近似式

$$\boldsymbol{r}(t+\Delta t) - \boldsymbol{r}(t) = \frac{\boldsymbol{r}(t+\Delta t) - \boldsymbol{r}(t)}{\Delta t}\Delta t \fallingdotseq \frac{d\boldsymbol{r}}{dt}\Delta t \qquad (3.3)$$

が成り立つ．

以下，とくに断らない限り，曲線は滑らかであるとし，任意の t に対して $\dfrac{d\boldsymbol{r}}{dt} \neq \boldsymbol{0}$ を満たすものとする．この条件は，t を時刻として，$\boldsymbol{r} = \boldsymbol{r}(t)$ を点の運動と考えたとき，この運動が停止しないことを意味する．

例 3.3　常螺旋（例 3.1(3) 参照）$\boldsymbol{r} = 3\cos t\,\boldsymbol{i} + 3\sin t\,\boldsymbol{j} + 4t\,\boldsymbol{k}$ の接線ベクトルは，

$$\frac{d\boldsymbol{r}}{dt} = (3\cos t)'\boldsymbol{i} + (3\sin t)'\boldsymbol{j} + (4t)'\,\boldsymbol{k} = -3\sin t\,\boldsymbol{i} + 3\cos t\,\boldsymbol{j} + 4\,\boldsymbol{k}$$

である．また，接線ベクトルの大きさは，次のようになり一定である．

$$\left|\frac{d\boldsymbol{r}}{dt}\right| = \sqrt{(-3\sin t)^2 + (3\cos t)^2 + 4^2} = 5$$

問 3.2　次の曲線の接線ベクトルおよび接線ベクトルの大きさを求めよ．

(1)　直線 $\boldsymbol{r} = (2+3t)\boldsymbol{i} + (4-5t)\boldsymbol{j} + (6+7t)\boldsymbol{k}$

(2)　円 $\boldsymbol{r} = \boldsymbol{i} + 6\cos t\,\boldsymbol{j} + 6\sin t\,\boldsymbol{k}$

3.2　線積分

スカラー場の線積分　線積分には，スカラー場の線積分とベクトル場の線積分がある．ここでは，空間にスカラー場 $\varphi(x,y,z)$ が定まっているとき，区間 $[a,b]$ における関数 $f(x)$ の定積分 $\displaystyle\int_a^b f(x)dx$ と同様の考え方で，空間曲線に沿うスカラー場 φ の線積分を考える．

曲線 $\mathrm{C}: \boldsymbol{r} = \boldsymbol{r}(t) = x(t)\boldsymbol{i} + y(t)\boldsymbol{j} + z(t)\boldsymbol{k}$ $(\alpha \leqq t \leqq \beta)$ 上の各点 $\mathrm{P}(t)$ における φ の値を，簡単に $\varphi(t)$ と表す．

定義域 $[\alpha, \beta]$ の分割を

$$\alpha = c_0 < c_1 < c_2 < \cdots < c_n = \beta$$

とし，分割された小区間の幅 Δt_k と小区間に含まれる任意の点 t_k を

$$\Delta t_k = c_k - c_{k-1}, \quad c_{k-1} \leqq t_k \leqq c_k \quad (k = 1, 2, \ldots, n)$$

とする．分点 $t = c_k$ に対応する曲線上の点 $\mathrm{P}(c_k)$ を P_k とするとき，2 つの分点 $\mathrm{P}_{k-1}, \mathrm{P}_k$ を結ぶベクトル $\overrightarrow{\mathrm{P}_{k-1}\mathrm{P}_k}$ を $\Delta \boldsymbol{r}_k$，線分 $\mathrm{P}_{k-1}\mathrm{P}_k$ の長さを Δs_k と表すと，

$$\Delta \boldsymbol{r}_k = \boldsymbol{r}(c_k) - \boldsymbol{r}(c_{k-1}), \quad \Delta s_k = |\,\Delta \boldsymbol{r}_k\,| \quad (k = 1, 2, \ldots, n)$$

である．

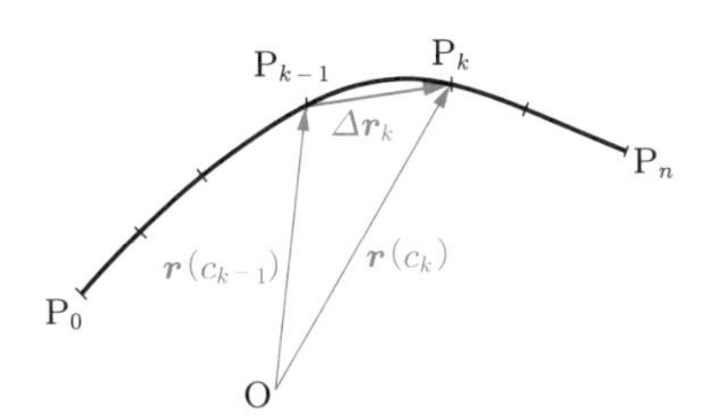

このとき，φ の値 $\varphi(t_k)$ と線分の長さ Δs_k の積の総和 $\displaystyle\sum_{k=1}^{n} \varphi(t_k)\Delta s_k$ の，$n \to \infty$ として分割を限りなく細かくしたときの極限値

$$\lim_{n\to\infty} \sum_{k=1}^{n} \varphi(t_k)\Delta s_k \tag{3.4}$$

が存在するならば，この極限値を**曲線 C に沿うスカラー場 φ の線積分**といい，

$$\int_{\mathrm{C}} \varphi\, ds$$

と表す．$\Delta t_k > 0$ であるから，式 (3.4) は

$$\lim_{n\to\infty} \sum_{k=1}^{n} \varphi(t_k)\Delta s_k = \lim_{n\to\infty} \sum_{k=1}^{n} \varphi(t_k) \left| \frac{\Delta \boldsymbol{r}_k}{\Delta t_k} \right| \Delta t_k \tag{3.5}$$

とかき直すことができる．この式の右辺は $\varphi(t)\left|\dfrac{d\boldsymbol{r}}{dt}\right|$ の定積分となるから，次が成り立つ．

3.1　スカラー場の線積分

曲線 C はスカラー場 φ の定義域に含まれているとする．C が $\boldsymbol{r} = \boldsymbol{r}(t)$ $(\alpha \leqq t \leqq \beta)$ と表されるとき，C に沿うスカラー場 φ の線積分について，次が成り立つ．

$$\int_{\mathrm{C}} \varphi\, ds = \int_{\alpha}^{\beta} \varphi(t) \left| \frac{d\boldsymbol{r}}{dt} \right| dt$$

とくに，$\varphi = 1$ のとき，線積分 (3.4) は，点 $\mathrm{P}_0, \mathrm{P}_1, \mathrm{P}_2, \ldots, \mathrm{P}_n$ を結んでできる折れ線の長さの極限値であるから，**曲線 C の長さ**となる．したがって，曲線 C の長さを s とすれば，次が成り立つ．

3.2　曲線の長さ

$$s = \int_{\mathrm{C}} ds = \int_{\alpha}^{\beta} \left| \frac{d\boldsymbol{r}}{dt} \right| dt = \int_{\alpha}^{\beta} \sqrt{\left(\frac{dx}{dt}\right)^2 + \left(\frac{dy}{dt}\right)^2 + \left(\frac{dz}{dt}\right)^2}\, dt$$

例題 3.1　曲線に沿うスカラー場の線積分

点 $(-2, 0, 3)$ を始点，点 $(-1, 2, 3)$ を終点とする線分を C とする．線分 C の長さ s，および C に沿うスカラー場 $\varphi = xyz$ の線積分を求めよ．

解　線分 C は

$$\boldsymbol{r} = (-2 + t)\,\boldsymbol{i} + 2t\,\boldsymbol{j} + 3\boldsymbol{k} \quad (0 \leqq t \leqq 1)$$

と表すことができる．このとき

$$\frac{d\boldsymbol{r}}{dt} = \boldsymbol{i} + 2\boldsymbol{j} \quad \text{よって} \quad \left| \frac{d\boldsymbol{r}}{dt} \right| = \sqrt{5}$$

となるから，線分 C の長さ s は

$$s = \int_0^1 \left| \frac{d\boldsymbol{r}}{dt} \right| dt = \int_0^1 \sqrt{5}\, dt = \sqrt{5}$$

である．また，線分上の点 $\mathrm{P}(t)$ では $x(t) = -2 + t$, $y(t) = 2t$, $z(t) = 3$ であるから，$\varphi = xyz$ の $\mathrm{P}(t)$ における値は

$$\varphi(t) = x(t)y(t)z(t) = (-2 + t) \cdot 2t \cdot 3 = 6t^2 - 12t$$

となり，求める線積分は，次のようになる．

$$\int_C \varphi\, ds = \int_0^1 \varphi(t) \left| \frac{d\boldsymbol{r}}{dt} \right| dt$$
$$= \int_0^1 (6t^2 - 12t) \cdot \sqrt{5}\, dt = \sqrt{5}\Big[\, 2t^3 - 6t^2 \,\Big]_0^1 = -4\sqrt{5}$$

問3.3　常螺旋 $\boldsymbol{r} = \cos t\,\boldsymbol{i} + \sin t\,\boldsymbol{j} + 3t\,\boldsymbol{k}$ $(0 \leqq t \leqq 2\pi)$ の長さを求めよ．

問3.4　原点 O を始点とし，点 $(1, 2, -3)$ を終点とする線分 C に沿う次のスカラー場 φ の線積分を求めよ．

(1)　$\varphi = x(y - z)$　　　(2)　$\varphi = 3x^2yz$

ベクトル場の線積分の考え方　スカラー場のときと同様にして，ベクトル場の線積分を考える．その考え方は，次のようなものである．

いま，点が力を受けながら曲線に沿って移動するとき，力がこの移動に対してなす仕事を求める．このために，曲線に沿う移動を折れ線に沿う小さな移動の集まりで近似して考える．小さな移動をベクトル $\Delta\boldsymbol{r}$ で表し，その移動にはたらく力を $\boldsymbol{a}$ とする．このとき，移動 $\Delta\boldsymbol{r}$ に対して力 $\boldsymbol{a}$ がなす仕事は，$\Delta W = \boldsymbol{a} \cdot \Delta\boldsymbol{r}$ となるから，これらの総和をとり，$\Delta\boldsymbol{r} \to \boldsymbol{0}$ とすれば，曲線に沿う移動に対して力 $\boldsymbol{a}$ がなす仕事 W を求めることができる．これがベクトル場の線積分の考え方である．

ベクトル場の線積分　空間にベクトル場 $\boldsymbol{a} = \boldsymbol{a}(x, y, z)$ が定まっているとする．曲線 C: $\boldsymbol{r} = \boldsymbol{r}(t) = x(t)\boldsymbol{i} + y(t)\boldsymbol{j} + z(t)\boldsymbol{k}$ $(\alpha \leqq t \leqq \beta)$ 上の点 $\mathrm{P}(t)$ におけるベクトル $\boldsymbol{a}(x(t), y(t), z(t))$ を，簡単に $\boldsymbol{a}(t)$ と表す．

定義域 $[\alpha, \beta]$ の分割に関する記号は，スカラー場の線積分を定めたときと同じものを用いる．このとき，ベクトル $\boldsymbol{a}(t_k)$ と $\Delta\boldsymbol{r}_k = \overrightarrow{\mathrm{P}_{k-1}\mathrm{P}_k}$ の内積の総和 $\displaystyle\sum_{k=1}^{n} \boldsymbol{a}(t_k) \cdot \Delta\boldsymbol{r}_k$ の，$n \to \infty$ として分割を限りなく細かくしたときの極限値

$$\lim_{n\to\infty} \sum_{k=1}^{n} \boldsymbol{a}(t_k) \cdot \Delta\boldsymbol{r}_k \tag{3.6}$$

が存在するならば，この極限値を**曲線 C に沿うベクトル場 $\boldsymbol{a}$ の線積分**といい，

$$\int_C \boldsymbol{a} \cdot d\boldsymbol{r} \tag{3.7}$$

と表す．式 (3.6) は，

$$\lim_{n\to\infty}\sum_{k=1}^{n}\boldsymbol{a}(t_k)\cdot\Delta\boldsymbol{r}_k=\lim_{n\to\infty}\sum_{k=1}^{n}\boldsymbol{a}(t_k)\cdot\frac{\Delta\boldsymbol{r}_k}{\Delta t_k}\,\Delta t_k \tag{3.8}$$

とかき直すことができる．この式の右辺は $\boldsymbol{a}(t)\cdot\dfrac{d\boldsymbol{r}}{dt}$ の定積分となるから，次が成り立つ．

3.3　ベクトル場の線積分

曲線 C はベクトル場 $\boldsymbol{a}$ の定義域に含まれているとする．C が $\boldsymbol{r}=\boldsymbol{r}(t)$ $(\alpha\leqq t\leqq\beta)$ と表されているとき，C に沿うベクトル場 $\boldsymbol{a}$ の線積分について，次が成り立つ．

$$\int_{\mathrm{C}}\boldsymbol{a}\cdot d\boldsymbol{r}=\int_{\alpha}^{\beta}\boldsymbol{a}(t)\cdot\frac{d\boldsymbol{r}}{dt}\,dt$$

定理 3.3 の右辺の被積分関数は，

$$\begin{aligned}\boldsymbol{a}\cdot\frac{d\boldsymbol{r}}{dt}&=\Big(a_x(t)\boldsymbol{i}+a_y(t)\boldsymbol{j}+a_z(t)\boldsymbol{k}\Big)\cdot\left(\frac{dx}{dt}\boldsymbol{i}+\frac{dy}{dt}\boldsymbol{j}+\frac{dz}{dt}\boldsymbol{k}\right)\\&=a_x(t)\frac{dx}{dt}+a_y(t)\frac{dy}{dt}+a_z(t)\frac{dz}{dt}\end{aligned} \tag{3.9}$$

となるから，求める線積分は，この関数を $t=\alpha$ から $t=\beta$ まで積分することによって得られる．

ベクトル場 $\boldsymbol{a}$ が力の場であるとき，点 P が力 $\boldsymbol{a}$ を受けながら曲線 C に沿って移動したとき，力 $\boldsymbol{a}$ がこの移動に対してなす仕事が，曲線 C に沿うベクトル場 $\boldsymbol{a}$ の線積分である．

例題 3.2　曲線に沿うベクトル場の線積分

xy 平面上の半径 R の円

$$\boldsymbol{r}=R\cos t\,\boldsymbol{i}+R\sin t\,\boldsymbol{j}\quad(0\leqq t\leqq 2\pi)$$

に沿うベクトル場 $\boldsymbol{a}=-y\,\boldsymbol{i}+x\,\boldsymbol{j}$ の線積分を求めよ．

解　円 $\boldsymbol{r}=R\cos t\,\boldsymbol{i}+R\sin t\,\boldsymbol{j}$ 上の点 P(t) では，$x(t)=R\cos t$, $y(t)=R\sin t$, $z(t)=0$ であるから，

$$\boldsymbol{a}(t) = -y(t)\,\boldsymbol{i} + x(t)\,\boldsymbol{j} = -R\sin t\,\boldsymbol{i} + R\cos t\,\boldsymbol{j}$$

となる．また，

$$\frac{d\boldsymbol{r}}{dt} = -R\sin t\,\boldsymbol{i} + R\cos t\,\boldsymbol{j}$$

となるから，求める線積分は次のようになる．

$$\int_{\mathrm{C}} \boldsymbol{a}\cdot d\boldsymbol{r} = \int_0^{2\pi} (-R\sin t\,\boldsymbol{i} + R\cos t\,\boldsymbol{j})\cdot(-R\sin t\,\boldsymbol{i} + R\cos t\,\boldsymbol{j})\,dt$$

$$= \int_0^{2\pi} R^2\,dt = 2\pi R^2$$

問3.5　次の曲線に沿うベクトル場 $\boldsymbol{a} = -y\,\boldsymbol{i} + x\,\boldsymbol{j} + z\,\boldsymbol{k}$ の線積分を求めよ．

(1)　$\boldsymbol{r} = 2t\,\boldsymbol{i}+3t\,\boldsymbol{j}+t^2\,\boldsymbol{k}$　$(0 \leqq t \leqq 1)$　　(2)　$\boldsymbol{r} = t\,\boldsymbol{i}+t^2\,\boldsymbol{j}+t^3\,\boldsymbol{k}$　$(0 \leqq t \leqq 1)$

逆向きの曲線に沿う線積分　曲線 C に対して，これと逆向きの曲線を $-$C と表す．

曲線 $-$C に沿うベクトル場の線積分は

$$\int_{-\mathrm{C}} \boldsymbol{a}\cdot d\boldsymbol{r} = \lim_{n\to\infty}\sum_{k=1}^{n} \boldsymbol{a}(t_k)\cdot(-\varDelta\boldsymbol{r}_k)$$

$$= -\lim_{n\to\infty}\sum_{k=1}^{n} \boldsymbol{a}(t_k)\cdot\varDelta\boldsymbol{r}_k = -\int_{\mathrm{C}} \boldsymbol{a}\cdot d\boldsymbol{r} \qquad (3.10)$$

となり，曲線 C に沿うベクトル場の線積分と符号が逆になる．

[note]　ベクトル場の線積分は，曲線を短いベクトルの集まりと考えるから，C に沿う線積分と $-$C に沿う線積分は符号が逆になる（図 1）．一方，スカラー場の線積分は，曲線を短い線分の集まりと考えるから，C に沿う線積分と $-$C に沿う線積分は一致する（図 2）．

（図 1）　（図 2）

勾配の線積分　与えられたスカラー場 φ に対して，φ の勾配 $\mathrm{grad}\,\varphi$ の線積分を求める．

始点を P，終点を Q とする曲線 C が $\boldsymbol{r} = \boldsymbol{r}(t) = x(t)\boldsymbol{i} + y(t)\boldsymbol{j} + z(t)\boldsymbol{k}$

$(\alpha \leqq t \leqq \beta)$ と表されているとき，C に沿う $\mathrm{grad}\,\varphi$ の線積分は

$$
\begin{aligned}
&\int_{\mathrm{C}} (\mathrm{grad}\,\varphi) \cdot d\boldsymbol{r} \\
&\quad = \int_\alpha^\beta \left(\frac{\partial \varphi}{\partial x}\boldsymbol{i} + \frac{\partial \varphi}{\partial y}\boldsymbol{j} + \frac{\partial \varphi}{\partial z}\boldsymbol{k} \right) \cdot \left(\frac{dx}{dt}\boldsymbol{i} + \frac{dy}{dt}\boldsymbol{j} + \frac{dz}{dt}\boldsymbol{k} \right) dt \\
&\quad = \int_\alpha^\beta \left(\frac{\partial \varphi}{\partial x}\frac{dx}{dt} + \frac{\partial \varphi}{\partial y}\frac{dy}{dt} + \frac{\partial \varphi}{\partial z}\frac{dz}{dt} \right) dt \\
&\quad = \int_\alpha^\beta \frac{d\varphi}{dt}\, dt \\
&\quad = \Big[\varphi(x(t), y(t), z(t)) \Big]_\alpha^\beta \\
&\quad = \varphi(x(\beta), y(\beta), z(\beta)) - \varphi(x(\alpha), y(\alpha), z(\alpha)) = \varphi(\mathrm{Q}) - \varphi(\mathrm{P}) \qquad (3.11)
\end{aligned}
$$

となる．これは，曲線 C に沿う $\mathrm{grad}\,\varphi$ の線積分が，曲線 C の端点における φ の値だけによって決まり，その経路によらないことを示している．

3.4　勾配の線積分

曲線 C: $\boldsymbol{r} = \boldsymbol{r}(t)$ はスカラー場 φ の定義域に含まれているとし，C の始点を P，終点を Q とする．このとき，曲線 C に沿うベクトル場 $\mathrm{grad}\,\varphi$ の線積分は，C の端点 P, Q における φ の値だけによって決まり，次が成り立つ．

$$
\int_{\mathrm{C}} (\mathrm{grad}\,\varphi) \cdot d\boldsymbol{r} = \varphi(\mathrm{Q}) - \varphi(\mathrm{P})
$$

例 3.4　曲線 C の始点が $(1, -1, 0)$，終点が $(3, 2, 1)$ であるとき，曲線 C に沿うスカラー場 $\varphi = \dfrac{1}{\sqrt{x^2 + y^2 + z^2}}$ の勾配 $\mathrm{grad}\,\varphi$ の線積分は，次のようになる．

$$
\int_{\mathrm{C}} (\mathrm{grad}\,\varphi) \cdot d\boldsymbol{r} = \varphi(3, 2, 1) - \varphi(1, -1, 0) = \frac{1}{\sqrt{14}} - \frac{1}{\sqrt{2}} = \frac{\sqrt{14} - 7\sqrt{2}}{14}
$$

問 3.6　$\varphi = x^2 + y^2 + z^2$ とするとき，$\boldsymbol{r} = \cos t\,\boldsymbol{i} + \sin t\,\boldsymbol{j} + t\,\boldsymbol{k}$ $(0 \leqq t \leqq \pi)$ で表される曲線 C に沿う $\mathrm{grad}\,\varphi$ の線積分を求めよ．

スカラーポテンシャルと保存場　ベクトル場 $\boldsymbol{a}$ に対して $\mathrm{grad}\,\varphi = \boldsymbol{a}$ となるスカラー場 φ が存在するとき，φ を $\boldsymbol{a}$ の**スカラーポテンシャル**という．スカラーポテンシャルをもつベクトル場を**保存場**という．保存場 $\boldsymbol{a}$ の線積分は，曲線の端

点におけるスカラーポテンシャル φ の値だけによって決まる．たとえば物理学では，力の場 $\boldsymbol{F}$ に対して $\operatorname{grad}\varphi = -\boldsymbol{F}$ となるスカラー場 φ を $\boldsymbol{F}$ のポテンシャルエネルギーという．

3.3 曲面

曲面の媒介変数表示　uv 平面上の領域 D に含まれる点 (u,v) に対して，空間の点 P が定まるとき，点 P の位置ベクトル $\boldsymbol{r}$ の x 成分，y 成分，z 成分は u, v の関数となり，

$$\boldsymbol{r} = x(u,v)\boldsymbol{i} + y(u,v)\boldsymbol{j} + z(u,v)\boldsymbol{k} \tag{3.12}$$

と表すことができる．これを $\boldsymbol{r} = \boldsymbol{r}(u,v)$ と表す．

点 $\mathrm{P}(x(u,v), y(u,v), z(u,v))$ 全体が曲面 S をつくるとき，$\boldsymbol{r} = \boldsymbol{r}(u,v)$ を曲面 S の**媒介変数表示**といい，変数 u, v を**媒介変数**，領域 D を**定義域**という．点 $\mathrm{P}(x(u,v), y(u,v), z(u,v))$ を単に $\mathrm{P}(u,v)$ と表すこともある．

$\boldsymbol{r} = \boldsymbol{r}(u,v)$ が曲面 S の媒介変数表示であるとき，c_2 を定数とすれば，

$$\boldsymbol{r}(u,c_2) = x(u,c_2)\,\boldsymbol{i} + y(u,c_2)\,\boldsymbol{j} + z(u,c_2)\,\boldsymbol{k}$$

は u だけの関数であり，$\boldsymbol{r} = \boldsymbol{r}(u,c_2)$ は $v = c_2$ のときの曲面 S 上の曲線を表す．これを曲面 S の ***u* 曲線**という．同様に，c_1 が定数のとき，$\boldsymbol{r} = \boldsymbol{r}(c_1,v)$ は S 上の曲線となり，これを曲面 S の ***v* 曲線**という．

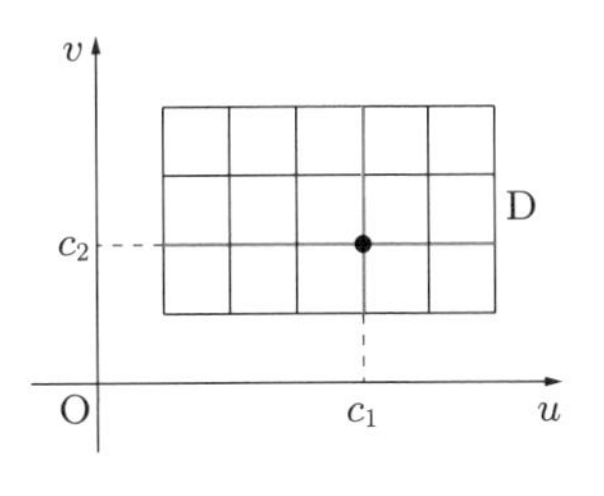

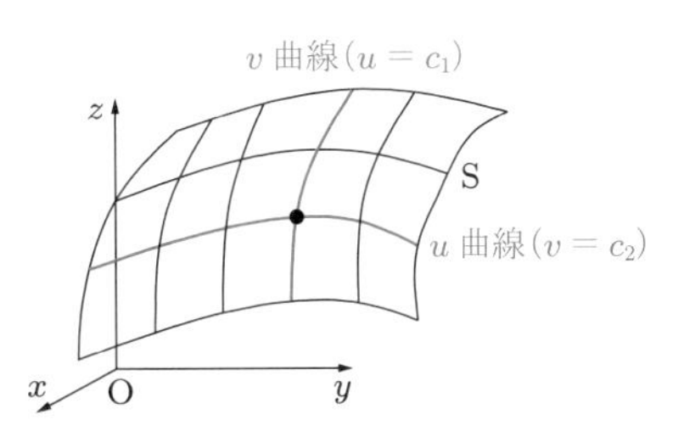

例 3.5　いくつかの代表的な曲面の例を示す．

(1)　点 P_0 の位置ベクトルを $\boldsymbol{p}_0$ とし，2 つのベクトル $\boldsymbol{a}, \boldsymbol{b}$ は平行でないとする．このとき，

$\boldsymbol{r} = \boldsymbol{p}_0 + u\,\boldsymbol{a} + v\,\boldsymbol{b}$　(u, v は実数)

を位置ベクトルとする点は，点 P_0

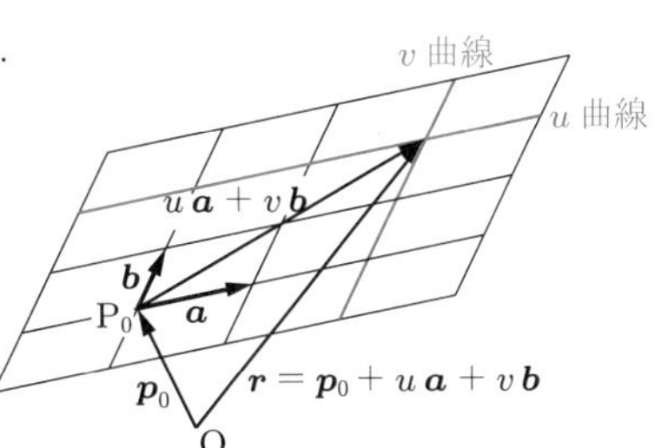

を通りベクトル $\boldsymbol{a}$, $\boldsymbol{b}$ と平行な平面上の点である．$\boldsymbol{p}_0 = x_0\,\boldsymbol{i} + y_0\,\boldsymbol{j} + z_0\,\boldsymbol{k}$, $\boldsymbol{a} = a_x\,\boldsymbol{i} + a_y\,\boldsymbol{j} + a_z\,\boldsymbol{k}$, $\boldsymbol{b} = b_x\,\boldsymbol{i} + b_y\,\boldsymbol{j} + b_z\,\boldsymbol{k}$ とすれば，この平面は

$$\begin{aligned}\boldsymbol{r} &= (x_0\,\boldsymbol{i} + y_0\,\boldsymbol{j} + z_0\,\boldsymbol{k}) + u(a_x\,\boldsymbol{i} + a_y\,\boldsymbol{j} + a_z\,\boldsymbol{k}) + v(b_x\,\boldsymbol{i} + b_y\,\boldsymbol{j} + b_z\,\boldsymbol{k}) \\ &= (x_0 + a_x u + b_x v)\boldsymbol{i} + (y_0 + a_y u + b_y v)\boldsymbol{j} + (z_0 + a_z u + b_z v)\boldsymbol{k}\end{aligned}$$

と表すことができる．この平面の u 曲線は $\boldsymbol{a}$ と平行な直線であり，v 曲線は $\boldsymbol{b}$ と平行な直線である．

(2)　z 軸を中心軸とする半径 R の円柱面は

$$\boldsymbol{r} = R\cos u\,\boldsymbol{i} + R\sin u\,\boldsymbol{j} + v\,\boldsymbol{k} \quad (0 \leqq u \leqq 2\pi)$$

と表すことができる．この円柱面の u 曲線は z 軸に垂直な平面上の円である．また，v 曲線は円柱面上の z 軸に平行な直線である．(R, u, v) を**円柱座標**という．

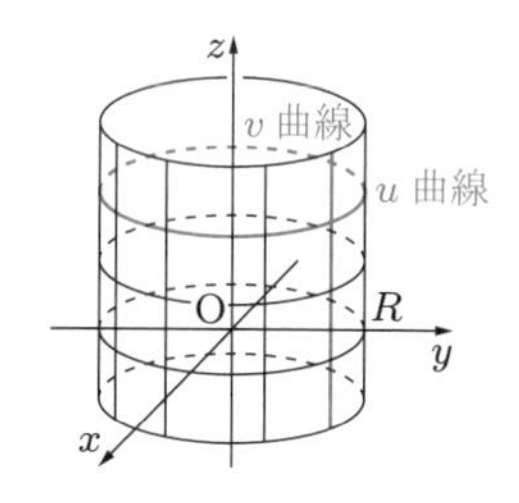

(3)　原点を中心とした半径 R の球面上に点 P をとり，P から xy 平面に下ろした垂線と xy 平面の交点を Q とする．媒介変数 u, v を図1のようにとれば，点 Q の座標は $(\mathrm{OQ}\cos u, \mathrm{OQ}\sin u, 0)$ である（図2）．$\mathrm{OQ} = R\sin v$ であり，点 P の z 座標は $R\cos v$ となるから，この球面は，

$$\boldsymbol{r} = R\cos u\sin v\,\boldsymbol{i} + R\sin u\sin v\,\boldsymbol{j} + R\cos v\,\boldsymbol{k}$$
$$(0 \leqq u \leqq 2\pi,\ 0 \leqq v \leqq \pi)$$

と表すことができる．この球面の u 曲線は中心が z 軸上にあって xy 平面に平行な円であり，v 曲線は原点を中心にして xy 平面に垂直な半円である．(R, u, v) を**球座標**という．

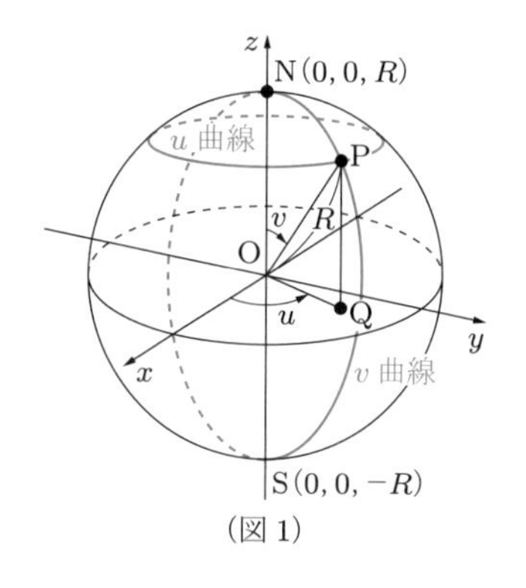

（図1）

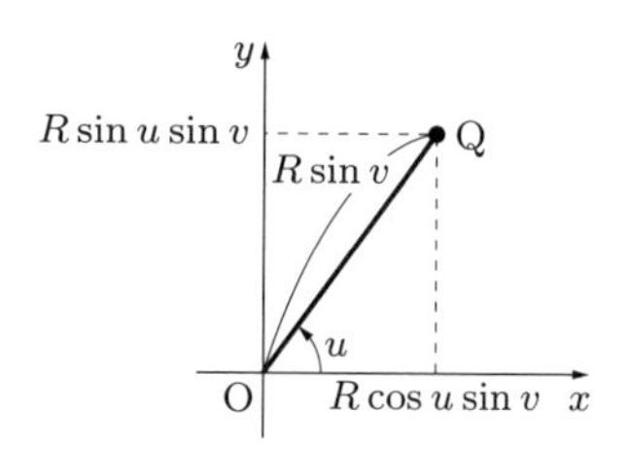

（図2）

xy 平面上の領域 D を定義域とする 2 変数関数 $z = f(x, y)$ のグラフ上の点は，x, y を媒介変数とみて

$$\boldsymbol{r} = x\,\boldsymbol{i} + y\,\boldsymbol{j} + f(x, y)\boldsymbol{k} \tag{3.13}$$

と表すことができる．このように表された曲面を，**曲面** $z = f(x, y)$ という．

例 3.6　曲面 $z = x^2 + y^2$ は，

$$\boldsymbol{r} = x\,\boldsymbol{i} + y\,\boldsymbol{j} + (x^2 + y^2)\boldsymbol{k}$$

と表すことができる．この曲面は放物線 $z = x^2$ を z 軸のまわりに回転してできる回転面である．

問 3.7　次の曲面の媒介変数表示を求めよ．

(1)　3 点 $(1, 2, 3)$, $(-1, 1, -1)$, $(1, 1, 1)$ を通る平面

(2)　x 軸を中心軸とし，半径が 3 の円柱面

(3)　曲面 $z = x^2 - y^2$

曲面の接線ベクトルと法線ベクトル　関数 $x(u, v)$, $y(u, v)$, $z(u, v)$ の偏導関数が存在し，それらがすべて連続であるとき，曲面 S: $\boldsymbol{r} = x(u, v)\boldsymbol{i} + y(u, v)\boldsymbol{j} + z(u, v)\boldsymbol{k}$ は**滑らか**であるという．このとき，S 上の各点 P(u, v) で，

$$\begin{aligned}
\frac{\partial \boldsymbol{r}}{\partial u} &= \lim_{\Delta u \to 0} \frac{\boldsymbol{r}(u + \Delta u, v) - \boldsymbol{r}(u, v)}{\Delta u} = \frac{\partial x}{\partial u}\boldsymbol{i} + \frac{\partial y}{\partial u}\boldsymbol{j} + \frac{\partial z}{\partial u}\boldsymbol{k} \\
\frac{\partial \boldsymbol{r}}{\partial v} &= \lim_{\Delta v \to 0} \frac{\boldsymbol{r}(u, v + \Delta v) - \boldsymbol{r}(u, v)}{\Delta v} = \frac{\partial x}{\partial v}\boldsymbol{i} + \frac{\partial y}{\partial v}\boldsymbol{j} + \frac{\partial z}{\partial v}\boldsymbol{k}
\end{aligned} \tag{3.14}$$

が定まる．これらはそれぞれ，曲面上の各点 P(u, v) における u 曲線，v 曲線の接線ベクトルである．ここで，$\dfrac{\partial \boldsymbol{r}}{\partial u}$, $\dfrac{\partial \boldsymbol{r}}{\partial v}$ が平行でないとき，すなわち，曲面 S が条件

$$\frac{\partial \boldsymbol{r}}{\partial u} \times \frac{\partial \boldsymbol{r}}{\partial v} \neq \boldsymbol{0} \tag{3.15}$$

を満たすとき，点 P を通りこれらの接線ベクトルを含む平面を，点 P における曲面 S の**接平面**という．接平面に垂直なベクトルを，曲面 S の**法線ベクトル**という．$\pm\left(\dfrac{\partial \boldsymbol{r}}{\partial u} \times \dfrac{\partial \boldsymbol{r}}{\partial v}\right)$ は曲面の法線ベクトルである．また，長さ 1 の法線ベクトル

$$\pm\frac{1}{\left|\dfrac{\partial \boldsymbol{r}}{\partial u}\times\dfrac{\partial \boldsymbol{r}}{\partial v}\right|}\frac{\partial \boldsymbol{r}}{\partial u}\times\frac{\partial \boldsymbol{r}}{\partial v} \qquad (3.16)$$

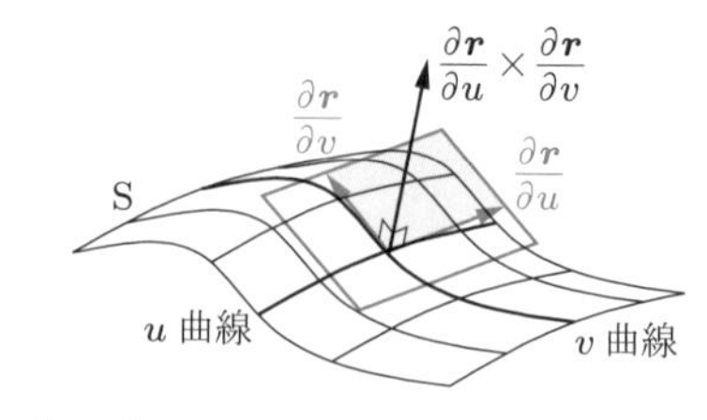

を，曲面 S の**単位法線ベクトル**という．

接線ベクトルの定義から，十分小さな Δu, Δv に対して，近似式

$$\begin{aligned}\boldsymbol{r}(u+\Delta u, v)-\boldsymbol{r}(u,v) &= \frac{\boldsymbol{r}(u+\Delta u, v)-\boldsymbol{r}(u,v)}{\Delta u}\Delta u \fallingdotseq \frac{\partial \boldsymbol{r}}{\partial u}\Delta u \\ \boldsymbol{r}(u, v+\Delta v)-\boldsymbol{r}(u,v) &= \frac{\boldsymbol{r}(u, v+\Delta v)-\boldsymbol{r}(u,v)}{\Delta v}\Delta v \fallingdotseq \frac{\partial \boldsymbol{r}}{\partial v}\Delta v\end{aligned} \qquad (3.17)$$

が成り立つ．

以下，とくに断らない限り，曲面 $\boldsymbol{r}=\boldsymbol{r}(u,v)$ は滑らかであるとし，任意の (u,v) に対して条件式 (3.15) を満たすものとする．

例 3.7　円柱面

$$\boldsymbol{r}=\cos u\,\boldsymbol{i}+\sin u\,\boldsymbol{j}+3v\,\boldsymbol{k}$$

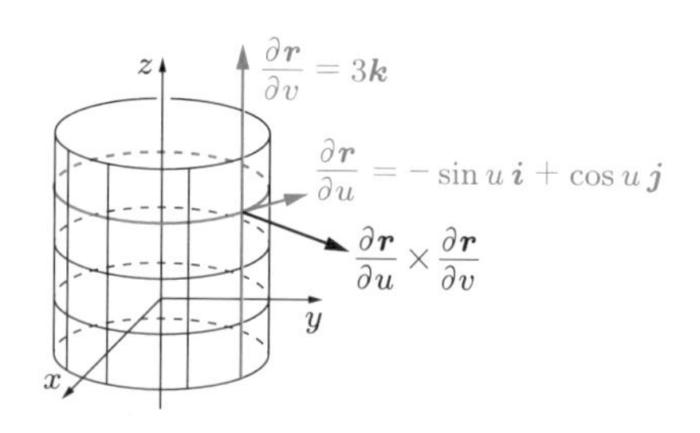

（例 3.5(2) 参照）について，

$$\frac{\partial \boldsymbol{r}}{\partial u}=-\sin u\,\boldsymbol{i}+\cos u\,\boldsymbol{j},$$
$$\frac{\partial \boldsymbol{r}}{\partial v}=3\boldsymbol{k}$$

である．$\dfrac{\partial \boldsymbol{r}}{\partial u}$ はこの円柱面の u 曲線である円の接線ベクトルであり，$\dfrac{\partial \boldsymbol{r}}{\partial v}$ はこの円柱面の v 曲線である直線の接線ベクトルである．また，ベクトル

$$\pm\frac{\partial \boldsymbol{r}}{\partial u}\times\frac{\partial \boldsymbol{r}}{\partial v}=\pm\begin{vmatrix}\boldsymbol{i} & -\sin u & 0\\ \boldsymbol{j} & \cos u & 0\\ \boldsymbol{k} & 0 & 3\end{vmatrix}=\pm 3(\cos u\,\boldsymbol{i}+\sin u\,\boldsymbol{j})$$

は，この円柱面の法線ベクトルである（上図）．$\left|\dfrac{\partial \boldsymbol{r}}{\partial u}\times\dfrac{\partial \boldsymbol{r}}{\partial v}\right|=3$ であるから，単位法線ベクトルは次のようになる．

$$\pm\frac{1}{\left|\dfrac{\partial \boldsymbol{r}}{\partial u}\times\dfrac{\partial \boldsymbol{r}}{\partial v}\right|}\frac{\partial \boldsymbol{r}}{\partial u}\times\frac{\partial \boldsymbol{r}}{\partial v}=\pm(\cos u\,\boldsymbol{i}+\sin u\,\boldsymbol{j})$$

◆

問 3.8　次の曲面 $\boldsymbol{r}=\boldsymbol{r}(u,v)$ について，$\dfrac{\partial \boldsymbol{r}}{\partial u}$, $\dfrac{\partial \boldsymbol{r}}{\partial v}$ および単位法線ベクトルを求めよ．

(1)　$\boldsymbol{r}=3u\,\boldsymbol{i}-v\,\boldsymbol{j}+(u^2+v^2)\,\boldsymbol{k}$　　(2)　$\boldsymbol{r}=u\cos v\,\boldsymbol{i}+u\sin v\,\boldsymbol{j}+u\,\boldsymbol{k}$　$(u\neq 0)$

3.4 面積分

スカラー場の面積分　ここでは，平面の領域 D における関数 $f(x,y)$ の 2 重積分 $\iint_D f(x,y)dxdy$ と同様の考え方で，曲面 S におけるスカラー場 $\varphi(x,y)$ の積分を考える．

空間にスカラー場 $\varphi(x,y,z)$ が定まっていて，曲面 S が $\boldsymbol{r} = x(u,v)\boldsymbol{i} + y(u,v)\boldsymbol{j} + z(u,v)\boldsymbol{k}$ と表されているとする．S 上の各点 $\mathrm{P}(u,v)$ における φ の値 $\varphi(x(u,v),y(u,v),z(u,v))$ を，簡単に $\varphi(u,v)$ と表す．

曲面 S の定義域 D が n 個の長方形の小領域 $\mathrm{D}_1,\mathrm{D}_2,\ldots,\mathrm{D}_n$ に分割され，$k=1,2,\ldots,n$ に対して，各領域 D_k は次の図 1 のような長方形であるとする．

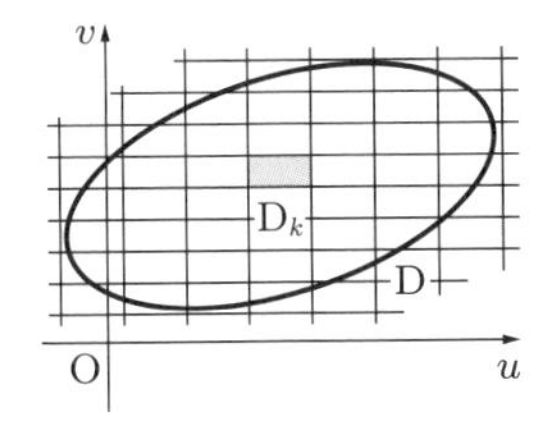

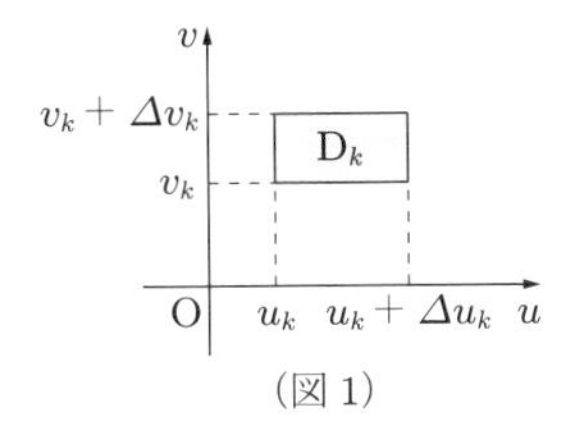

（図 1）

$\Delta u_k > 0$, $\Delta v_k > 0$ とし，各小領域 D_k の 3 つの頂点 (u_k,v_k), $(u_k+\Delta u_k,v_k)$, $(u_k,v_k+\Delta v_k)$ に対応する曲面 S 上の点をそれぞれ P_0, P_1, P_2 とすれば（図 2），

$$\overrightarrow{\mathrm{P}_0\mathrm{P}_1} = \boldsymbol{r}(u_k+\Delta u_k,v_k) - \boldsymbol{r}(u_k,v_k) \fallingdotseq \frac{\partial \boldsymbol{r}}{\partial u}\Delta u_k$$

$$\overrightarrow{\mathrm{P}_0\mathrm{P}_2} = \boldsymbol{r}(u_k,v_k+\Delta v_k) - \boldsymbol{r}(u_k,v_k) \fallingdotseq \frac{\partial \boldsymbol{r}}{\partial v}\Delta v_k$$

となる．そこで，D_k に対応する曲面 S 上の部分の面積 $\Delta\sigma_k$（図 2）を，2 つのベクトル $\dfrac{\partial \boldsymbol{r}}{\partial u}\Delta u_k$, $\dfrac{\partial \boldsymbol{r}}{\partial v}\Delta v_k$ が作る平行四辺形の面積によって近似する（図 3）．

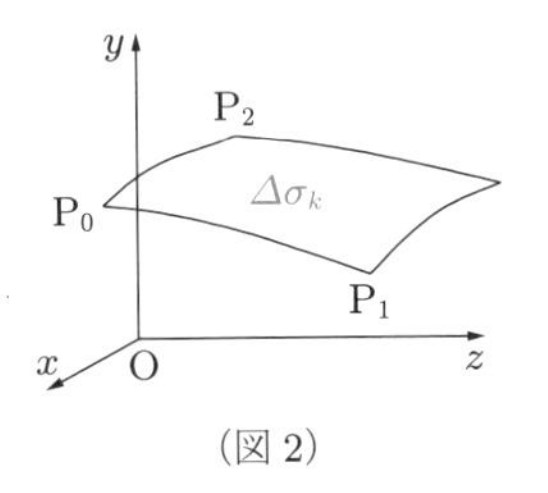

（図 2）

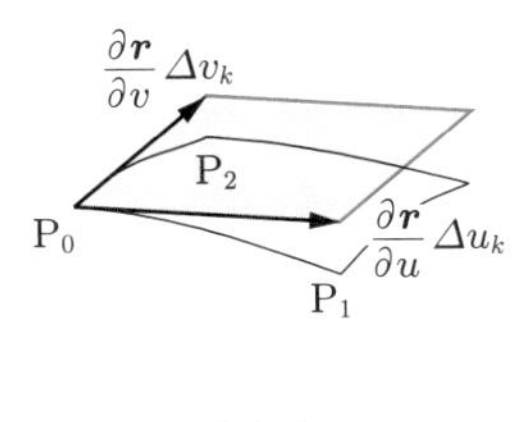

（図 3）

$$\Delta\sigma_k \fallingdotseq \left|\frac{\partial \boldsymbol{r}}{\partial u} \times \frac{\partial \boldsymbol{r}}{\partial v}\right| \Delta u_k \Delta v_k$$

このとき，φ の値 $\varphi(u_k, v_k)$ と面積 $\Delta\sigma_k$ の積の総和の，$n \to \infty$ として分割を限りなく細かくしたときの極限値

$$\lim_{n\to\infty} \sum_{k=1}^{n} \varphi(u_k, v_k)\, \Delta\sigma_k \tag{3.18}$$

が存在するならば，これを**曲面 S におけるスカラー場 φ の面積分**といい，

$$\int_{\mathrm{S}} \varphi\, d\sigma$$

と表す．式 (3.18) は

$$\lim_{n\to\infty} \sum_{k=1}^{n} \varphi(u_k, v_k)\, \Delta\sigma_k = \lim_{n\to\infty} \sum_{k=1}^{n} \varphi(u_k, v_k) \left|\frac{\partial \boldsymbol{r}}{\partial u} \times \frac{\partial \boldsymbol{r}}{\partial v}\right| \Delta u_k \Delta v_k \tag{3.19}$$

とかき直すことができる．この式の右辺は領域 D 上の $\varphi(u,v)\left|\dfrac{\partial \boldsymbol{r}}{\partial u} \times \dfrac{\partial \boldsymbol{r}}{\partial v}\right|$ の 2 重積分であるから，次が成り立つ．

3.5　スカラー場の面積分

定義域を D とする曲面 S を $\boldsymbol{r} = \boldsymbol{r}(u,v)$ とするとき，S におけるスカラー場 φ の面積分について，次が成り立つ．

$$\int_{\mathrm{S}} \varphi\, d\sigma = \iint_{\mathrm{D}} \varphi(u,v) \left|\frac{\partial \boldsymbol{r}}{\partial u} \times \frac{\partial \boldsymbol{r}}{\partial v}\right| dudv$$

とくに，$\varphi = 1$ のとき，面積分の式 (3.18) は，**曲面 S の面積**を表す．したがって，曲面 S の面積を σ とすれば，次が成り立つ．

3.6　曲面の面積

$$\sigma = \int_{\mathrm{S}} d\sigma = \iint_{\mathrm{D}} \left|\frac{\partial \boldsymbol{r}}{\partial u} \times \frac{\partial \boldsymbol{r}}{\partial v}\right| dudv$$

例 3.8 $\boldsymbol{r} = 2\boldsymbol{i} + u\boldsymbol{j} + v\boldsymbol{k}$ $(1 \leqq u \leqq 2,\ 0 \leqq v \leqq 3)$ と表される曲面 S は，平面 $x = 2$ 上の長方形である．このとき，S の面積 σ と，S におけるスカラー場 $\varphi = xyz$ の面積分を求める．

$\dfrac{\partial \boldsymbol{r}}{\partial u} = \boldsymbol{j}$, $\dfrac{\partial \boldsymbol{r}}{\partial v} = \boldsymbol{k}$ であるから，

$$\frac{\partial \boldsymbol{r}}{\partial u} \times \frac{\partial \boldsymbol{r}}{\partial v} = \boldsymbol{j} \times \boldsymbol{k} = \boldsymbol{i} \quad \text{よって} \quad \left| \frac{\partial \boldsymbol{r}}{\partial u} \times \frac{\partial \boldsymbol{r}}{\partial v} \right| = 1$$

となる．定義域は $\mathrm{D} = \{(u,v) \,|\, 1 \leqq u \leqq 2,\ 0 \leqq v \leqq 3\}$ であるから，S の面積は

$$\sigma = \iint_{\mathrm{D}} 1 \, dudv = \int_1^2 \left\{ \int_0^3 dv \right\} du = 3$$

である．

長方形上の点 $\mathrm{P}(u,v)$ では $x(u,v) = 2$, $y(u,v) = u$, $z(u,v) = v$ であるから，

$$\varphi(u,v) = x(u,v)y(u,v)z(u,v) = 2uv$$

となり，求める面積分は次のようになる．

$$\int_{\mathrm{S}} \varphi \, d\sigma = \iint_{\mathrm{D}} 2uv \, dudv = \int_1^2 \left\{ \int_0^3 2uv \, dv \right\} du = \frac{27}{2}$$

問3.9 円柱面

$$\boldsymbol{r} = \cos u \, \boldsymbol{i} + \sin u \, \boldsymbol{j} + v \, \boldsymbol{k}$$

$$\mathrm{D} = \{(u,v) \,|\, 0 \leqq u \leqq 2\pi, 0 \leqq v \leqq 1\}$$

を S とするとき，次の問いに答えよ．

(1) 曲面 S の面積を求めよ．

(2) 曲面 S におけるスカラー場 $\varphi = x^2 + y^2 + z^2$ の面積分を求めよ．

曲面の向き 空間内の平面図形 F では，その単位法線ベクトルのうちの 1 つを選び，これを外向きとして F の向きを定めた．

いま，曲面 S の各点 P において，曲面 S の単位法線ベクトルのうちの 1 つを，P の変化に伴って曲面上で連続的に変化するように選ぶことができるとき，選んだベクトルの向きを**外向き**と定める．このとき，曲面 S に**向きが定められた**という．外向きの単位法線ベクトルを $\boldsymbol{n}$ で表し，点 P における外向きの単位法線ベクトルは $\boldsymbol{n}_{\mathrm{P}}$ で表す．点 P における $\boldsymbol{0}$ でないベクトル $\boldsymbol{a}$ は，

$$\boldsymbol{a} \cdot \boldsymbol{n}_{\mathrm{P}} > 0 \ (\boldsymbol{a} \text{ と } \boldsymbol{n}_{\mathrm{P}} \text{ のなす角が鋭角}) \text{ のとき}\textbf{外向き}$$

$$\boldsymbol{a} \cdot \boldsymbol{n}_{\mathrm{P}} < 0 \ (\boldsymbol{a} \text{ と } \boldsymbol{n}_{\mathrm{P}} \text{ のなす角が鈍角}) \text{ のとき}\textbf{内向き}$$

であるという．

球面のように，曲面がある立体の表面になっている場合は，外部に向かう方向を外向きと定める．曲面が立体の表面になっていない場合には，状況に応じて向きを定める．

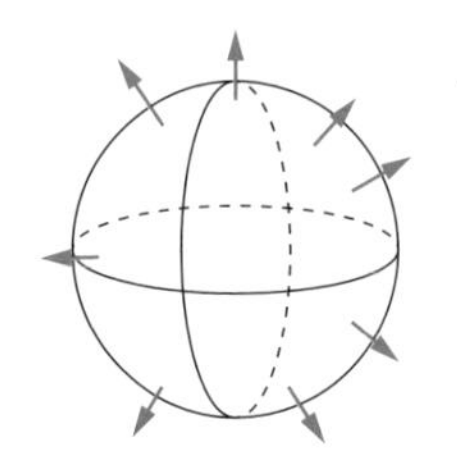

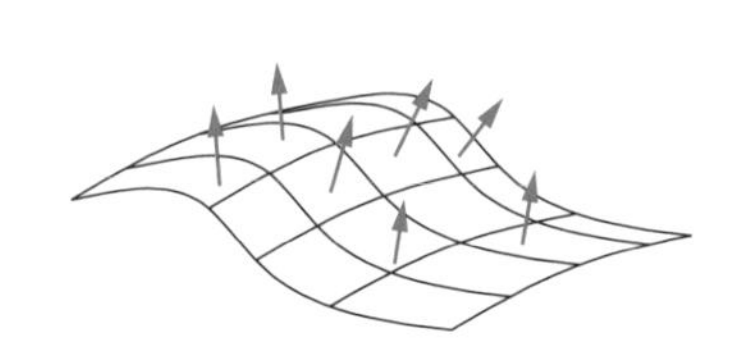

例 3.9　球面上の点 P の位置ベクトル $\boldsymbol{r}$ は，球面と垂直であり，外向きの単位法線ベクトルと同じ向きである．したがって，半径 R の球面

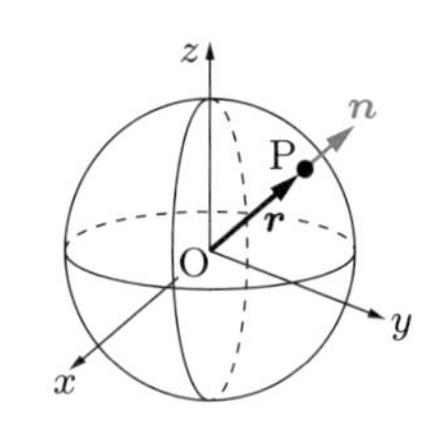

$$\boldsymbol{r} = R\cos u\sin v\,\boldsymbol{i} + R\sin u\sin v\,\boldsymbol{j} + R\cos v\,\boldsymbol{k}$$

の，外向きの単位法線ベクトル $\boldsymbol{n}$ は，次のようになる．

$$\boldsymbol{n} = \frac{1}{R}\boldsymbol{r} = \cos u\sin v\,\boldsymbol{i} + \sin u\sin v\,\boldsymbol{j} + \cos v\,\boldsymbol{k}$$

問 3.10　z 軸を中心軸とする半径 R，高さ 1 の円柱の側面 $\boldsymbol{r} = R\cos u\,\boldsymbol{i} + R\sin u\,\boldsymbol{j} + v\,\boldsymbol{k}$ $(0 \leqq u \leqq 2\pi,\ 0 \leqq v \leqq 1)$ の外向きの単位法線ベクトル $\boldsymbol{n}$ を求めよ．

曲面 $\boldsymbol{r} = \boldsymbol{r}(u, v)$ に向きが定められているとき，曲面 S の法線ベクトル

$$\frac{\partial \boldsymbol{r}}{\partial u} \times \frac{\partial \boldsymbol{r}}{\partial v} \quad \text{または} \quad -\frac{\partial \boldsymbol{r}}{\partial u} \times \frac{\partial \boldsymbol{r}}{\partial v}$$

のうち，どちらか一方が外向きである．

例 3.10　曲面 $z = f(x, y)$ に対して，法線ベクトルのうち z 成分が正であるものが外向きであるように向きを定める．曲面 $z = f(x, y)$ は $\boldsymbol{r} = x\,\boldsymbol{i} + y\,\boldsymbol{j} + f(x, y)\,\boldsymbol{k}$ と媒介変数表示できるから，

$$\frac{\partial \boldsymbol{r}}{\partial x} = \boldsymbol{i} + \frac{\partial f}{\partial x}\boldsymbol{k}, \quad \frac{\partial \boldsymbol{r}}{\partial y} = \boldsymbol{j} + \frac{\partial f}{\partial y}\boldsymbol{k}$$

となる．したがって，

$$\frac{\partial \boldsymbol{r}}{\partial x} \times \frac{\partial \boldsymbol{r}}{\partial y} = \begin{vmatrix} \boldsymbol{i} & 1 & 0 \\ \boldsymbol{j} & 0 & 1 \\ \boldsymbol{k} & \dfrac{\partial f}{\partial x} & \dfrac{\partial f}{\partial y} \end{vmatrix} = -\frac{\partial f}{\partial x}\boldsymbol{i} - \frac{\partial f}{\partial y}\boldsymbol{j} + \boldsymbol{k}$$

となる．このベクトルの z 成分は正であるから，外向きの法線ベクトルである．よって，外向きの単位法線ベクトル $\boldsymbol{n}$ は，次のようになる．

$$\boldsymbol{n} = \frac{1}{\sqrt{\left(\dfrac{\partial f}{\partial x}\right)^2 + \left(\dfrac{\partial f}{\partial y}\right)^2 + 1}} \left(-\frac{\partial f}{\partial x}\boldsymbol{i} - \frac{\partial f}{\partial y}\boldsymbol{j} + \boldsymbol{k} \right)$$

問3.11 曲面 $z = 4 - x^2 - y^2$ に，法線ベクトルのうち z 成分が正であるものが外向きであるように向きを定める．このとき，外向きの単位法線ベクトル $\boldsymbol{n}$ を求めよ．

ベクトル場の面積分の考え方 スカラー場のときと同様にして，ベクトル場の面積分を考える．

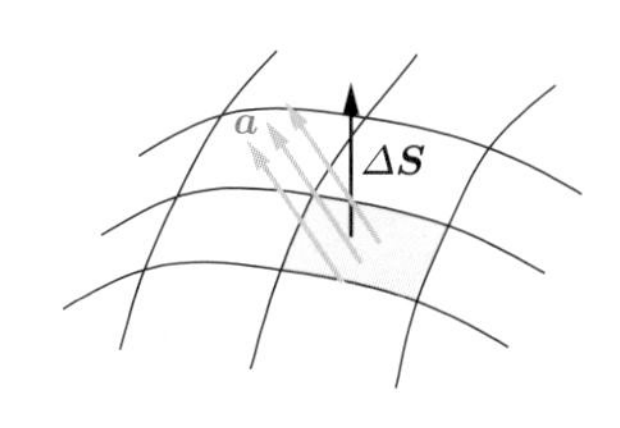

流体の中に向きが定められた曲面があるとき，この曲面を通る単位時間あたりの流出量を求める．このために，曲面全体を網目状の小さな図形に分割し，分割された小さな図形の面積ベクトルを $\Delta\boldsymbol{S}$，この図形を通る流体の速度を $\boldsymbol{a}$ とする．このとき，小さな図形を通る単位時間あたりの流出量は $\Delta U = \boldsymbol{a} \cdot \Delta\boldsymbol{S}$ となるから，これらの総和をとり，$\Delta\boldsymbol{S} \to \boldsymbol{0}$ とすれば，曲面全体からの流出量 U を求めることができる．以上がベクトル場の面積分の考え方である．

ベクトル場の面積分 空間にベクトル場 $\boldsymbol{a} = \boldsymbol{a}(x, y, z)$ が定まっているとする．曲面 S: $\boldsymbol{r} = x(u, v)\,\boldsymbol{i} + y(u, v)\,\boldsymbol{j} + z(u, v)\,\boldsymbol{k}$ 上の各点 P(u, v) におけるベクトル $\boldsymbol{a}(x(u, v), y(u, v), z(u, v))$ を，簡単に $\boldsymbol{a}(u, v)$ と表す．また，S には向きが定められているとする．

S の定義域 D の分割に関する記号は，スカラー場の面積分を定めたときと同じものを用いる．

曲面 S の外向きの単位法線ベクトルを $\boldsymbol{n}$ とするとき，ベクトル $\dfrac{\partial \boldsymbol{r}}{\partial u}\Delta u_k$, $\dfrac{\partial \boldsymbol{r}}{\partial v}\Delta v_k$ が作る平行四辺形の面積ベクトルは，式 (3.16) により

$$\Delta\boldsymbol{S}_k = \boldsymbol{n}\left| \frac{\partial \boldsymbol{r}}{\partial u} \times \frac{\partial \boldsymbol{r}}{\partial v} \right| \Delta u_k \Delta v_k = \pm\left(\frac{\partial \boldsymbol{r}}{\partial u} \times \frac{\partial \boldsymbol{r}}{\partial v} \right) \Delta u_k \Delta v_k$$

（符号は $\Delta\boldsymbol{S}_k$ が外向きとなるように選ぶ）

となる．このとき，ベクトル $\boldsymbol{a}(u_k, v_k)$ と，面積ベクトル $\Delta\boldsymbol{S}_k$ の内積の総和の，$n \to \infty$ として分割を限りなく細かくしたときの極限値

$$\lim_{n\to\infty}\sum_{k=1}^{n}\boldsymbol{a}(u_k, v_k)\cdot\Delta\boldsymbol{S}_k \tag{3.20}$$

が存在するならば，この極限値を**曲面 S におけるベクトル場 $\boldsymbol{a}$ の面積分**といい，

$$\int_{\mathrm{S}}\boldsymbol{a}\cdot d\boldsymbol{S}$$

と表す．式 (3.20) は

$$\begin{aligned}
&\lim_{n\to\infty}\sum_{k=1}^{n}\boldsymbol{a}(u_k, v_k)\cdot\Delta\boldsymbol{S}_k\\
&\quad=\lim_{n\to\infty}\sum_{k=1}^{n}\boldsymbol{a}(u_k, v_k)\cdot\boldsymbol{n}(u_k, v_k)\left|\frac{\partial\boldsymbol{r}}{\partial u}\times\frac{\partial\boldsymbol{r}}{\partial v}\right|\Delta u_k\Delta v_k \qquad\cdots\cdots ①\\
&\quad=\pm\lim_{n\to\infty}\sum_{k=1}^{n}\boldsymbol{a}(u_k, v_k)\cdot\left(\frac{\partial\boldsymbol{r}}{\partial u}\times\frac{\partial\boldsymbol{r}}{\partial v}\right)\Delta u_k\Delta v_k \qquad\cdots\cdots ②
\end{aligned}$$

とかき直すことができる．① はスカラー場 $\boldsymbol{a}\cdot\boldsymbol{n}$ の S における面積分，② は $\pm\boldsymbol{a}\cdot\left(\dfrac{\partial\boldsymbol{r}}{\partial u}\times\dfrac{\partial\boldsymbol{r}}{\partial v}\right)$ の D 上の 2 重積分であるから，次が成り立つ．

3.7　ベクトル場の面積分

向きが定められた曲面 S: $\boldsymbol{r}=\boldsymbol{r}(u, v)$ の定義域を D とする．S の外向きの単位法線ベクトルを $\boldsymbol{n}$ とするとき，曲面 S におけるベクトル場 $\boldsymbol{a}$ の面積分について，次が成り立つ．

$$\int_{\mathrm{S}}\boldsymbol{a}\cdot d\boldsymbol{S}=\int_{\mathrm{S}}\boldsymbol{a}\cdot\boldsymbol{n}\,d\sigma=\pm\iint_{\mathrm{D}}\boldsymbol{a}(u, v)\cdot\left(\frac{\partial\boldsymbol{r}}{\partial u}\times\frac{\partial\boldsymbol{r}}{\partial v}\right)dudv$$

ここで，符号は $\dfrac{\partial\boldsymbol{r}}{\partial u}\times\dfrac{\partial\boldsymbol{r}}{\partial v}$ が外向きのときに $+$，内向きのときに $-$ とする．

速度 $\boldsymbol{a}$ の流体の中に曲面 S があるとき，$\boldsymbol{a}$ の S からの流出量が面積分である．

例 3.11　平面 $x=2$ 上の長方形 $\boldsymbol{r}=2\boldsymbol{i}+u\,\boldsymbol{j}+v\,\boldsymbol{k}$ $(1\leqq u\leqq 2,\ 0\leqq v\leqq 3)$ を S とする（例 3.8）．S に，

$$\frac{\partial \boldsymbol{r}}{\partial u} \times \frac{\partial \boldsymbol{r}}{\partial v} = \boldsymbol{j} \times \boldsymbol{k} = \boldsymbol{i}$$

が外向きであるように向きを定める．このとき，S におけるベクトル場 $\boldsymbol{a} = xy\,\boldsymbol{i} + yz\,\boldsymbol{j} + zx\,\boldsymbol{k}$ の面積分を求める．S の点 $\mathrm{P}(u,v)$ では $x(u,v) = 2$, $y(u,v) = u$, $z(u,v) = v$ であるから，

$$\begin{aligned}\boldsymbol{a}(u,v) &= x(u,v)y(u,v)\,\boldsymbol{i} + y(u,v)z(u,v)\,\boldsymbol{j} + z(u,v)x(u,v)\,\boldsymbol{k} \\ &= 2u\,\boldsymbol{i} + uv\,\boldsymbol{j} + 2v\,\boldsymbol{k}\end{aligned}$$

となる．定義域は $\mathrm{D} = \{(u,v)\,|\,1 \leqq u \leqq 2,\ 0 \leqq v \leqq 3\}$ であるから，求める面積分は次のようになる．

$$\int_{\mathrm{S}} \boldsymbol{a} \cdot d\boldsymbol{S} = \iint_{\mathrm{D}} (2u\,\boldsymbol{i} + uv\,\boldsymbol{j} + 2v\,\boldsymbol{k}) \cdot \boldsymbol{i}\,dudv = \int_1^2 \left\{ \int_0^3 2u\,dv \right\} du = 9$$

曲面上の点 P において外向きのベクトル $\boldsymbol{a}$ を指定すれば，$\pm\dfrac{\partial \boldsymbol{r}}{\partial u} \times \dfrac{\partial \boldsymbol{r}}{\partial v}$ のうちどちらが外向きか判断することができる．点 P において $\dfrac{\partial \boldsymbol{r}}{\partial u} \times \dfrac{\partial \boldsymbol{r}}{\partial v}$ から定まるベクトルを $\left(\dfrac{\partial \boldsymbol{r}}{\partial u} \times \dfrac{\partial \boldsymbol{r}}{\partial v}\right)_{\mathrm{P}}$ と表す．このとき，

$$\boldsymbol{a} \cdot \left(\frac{\partial \boldsymbol{r}}{\partial u} \times \frac{\partial \boldsymbol{r}}{\partial v}\right)_{\mathrm{P}} > 0 \quad \text{ならば} \quad \frac{\partial \boldsymbol{r}}{\partial u} \times \frac{\partial \boldsymbol{r}}{\partial v} \text{ が外向き}$$

$$\boldsymbol{a} \cdot \left(\frac{\partial \boldsymbol{r}}{\partial u} \times \frac{\partial \boldsymbol{r}}{\partial v}\right)_{\mathrm{P}} < 0 \quad \text{ならば} \quad -\frac{\partial \boldsymbol{r}}{\partial u} \times \frac{\partial \boldsymbol{r}}{\partial v} \text{ が外向き}$$

である．

次の例題では，曲面上の 1 点における外向きのベクトルから，$\dfrac{\partial \boldsymbol{r}}{\partial u} \times \dfrac{\partial \boldsymbol{r}}{\partial v}$ の向きを判断している．

例題 3.3　円柱面におけるベクトル場の面積分

z 軸を中心とする半径 R の円柱面

$$\boldsymbol{r} = R\cos u\,\boldsymbol{i} + R\sin u\,\boldsymbol{j} + v\,\boldsymbol{k} \quad (0 \leqq u \leqq \pi, 0 \leqq v \leqq 1)$$

を S とする．S に，$u = v = 0$ に対応する S 上の点 $\mathrm{P}(R,0,0)$ において，$\boldsymbol{i}$ が外向きであるように向きを定める．円柱面 S におけるベクトル場 $\boldsymbol{a} = xy\,\boldsymbol{i} + z^2\,\boldsymbol{j} + y\,\boldsymbol{k}$ の面積分を求めよ．

 $\boldsymbol{r} = R\cos u\,\boldsymbol{i} + R\sin u\,\boldsymbol{j} + v\,\boldsymbol{k}$ から，

$$\frac{\partial \boldsymbol{r}}{\partial u} \times \frac{\partial \boldsymbol{r}}{\partial v} = \begin{vmatrix} \boldsymbol{i} & -R\sin u & 0 \\ \boldsymbol{j} & R\cos u & 0 \\ \boldsymbol{k} & 0 & 1 \end{vmatrix} = R\cos u\,\boldsymbol{i} + R\sin u\,\boldsymbol{j}$$

となる．点 P においては $u = v = 0$ であるから，$\left(\dfrac{\partial \boldsymbol{r}}{\partial u} \times \dfrac{\partial \boldsymbol{r}}{\partial v}\right)_{\mathrm{P}} = R\boldsymbol{i}$ となり，外向きのベクトル $\boldsymbol{i}$ と同じ向きである．したがって，$\dfrac{\partial \boldsymbol{r}}{\partial u} \times \dfrac{\partial \boldsymbol{r}}{\partial v}$ が外向きの法線ベクトルである．また，円柱面上の点では $x(u,v) = R\cos u$, $y(u,v) = R\sin u$, $z(u,v) = v$ であるから，

$$\begin{aligned} \boldsymbol{a}(u,v) &= x(u,v)y(u,v)\boldsymbol{i} + \{z(u,v)\}^2\,\boldsymbol{j} + y(u,v)\,\boldsymbol{k} \\ &= R^2\cos u\sin u\,\boldsymbol{i} + v^2\,\boldsymbol{j} + R\sin u\,\boldsymbol{k} \end{aligned}$$

である．したがって，

$$\boldsymbol{a}(u,v)\cdot\left(\frac{\partial \boldsymbol{r}}{\partial u} \times \frac{\partial \boldsymbol{r}}{\partial v}\right) = R^3\cos^2 u\sin u + Rv^2\sin u$$

となる．定義域は $\mathrm{D} = \{(u,v)\,|\,0 \leqq u \leqq \pi,\ 0 \leqq v \leqq 1\}$ であるから，求める面積分は次のようになる．

$$\begin{aligned} \int_{\mathrm{S}} \boldsymbol{a}\cdot d\boldsymbol{S} &= \iint_{\mathrm{D}} \boldsymbol{a}(u,v)\cdot\left(\frac{\partial \boldsymbol{r}}{\partial u} \times \frac{\partial \boldsymbol{r}}{\partial v}\right) dudv \\ &= \int_0^1 \left\{\int_0^{\pi} (R^3\cos^2 u\sin u + Rv^2\sin u)\,du\right\} dv = \frac{2R(R^2+1)}{3} \end{aligned}$$

問3.12　曲面 S を

$$\boldsymbol{r} = u\,\boldsymbol{i} + \cos v\,\boldsymbol{j} + \sin v\,\boldsymbol{k} \quad (0 \leqq u \leqq 3,\ -\pi \leqq v \leqq \pi)$$

とすれば，S は x 軸を中心とする半径 1 の円柱面である．S に，$u = v = 0$ に対応する S 上の点 $(0,1,0)$ において，$\boldsymbol{j}$ が外向きであるように向きを定める．円柱面 S におけるベクトル場 $\boldsymbol{a} = yz\,\boldsymbol{i} + xy\,\boldsymbol{j} + xz\,\boldsymbol{k}$ の面積分を求めよ．

曲面 $z = f(x,y)$ におけるベクトル場の面積分は，

$$\frac{\partial \boldsymbol{r}}{\partial x} \times \frac{\partial \boldsymbol{r}}{\partial y} = -\frac{\partial f}{\partial x}\,\boldsymbol{i} - \frac{\partial f}{\partial y}\,\boldsymbol{j} + \boldsymbol{k} \tag{3.21}$$

（例 3.10 参照）を用いて行う．

例題 3.4 曲面 $z = f(x, y)$ における面積分

平面 $z = 2(1-x-y)$ の $x \geqq 0,\ y \geqq 0,\ z \geqq 0$ の部分を S とする．S に，法線ベクトルのうち z 成分が正であるものが外向きとなるように向きを定める．このとき，S におけるベクトル場 $\boldsymbol{a} = z\,\boldsymbol{i} - 2xy\,\boldsymbol{k}$ の面積分を求めよ．

解 平面 S は座標軸と P(1, 0, 0), Q(0, 1, 0), R(0, 0, 2) で交わる（図 1）．したがって，S の定義域は

$$\mathrm{D} = \{(x, y) \,|\, 0 \leqq x \leqq 1,\ 0 \leqq y \leqq 1-x\}$$

であり（図 2），S は $\boldsymbol{r} = x\,\boldsymbol{i} + y\,\boldsymbol{j} + 2(1-x-y)\boldsymbol{k}$ と表すことができる．

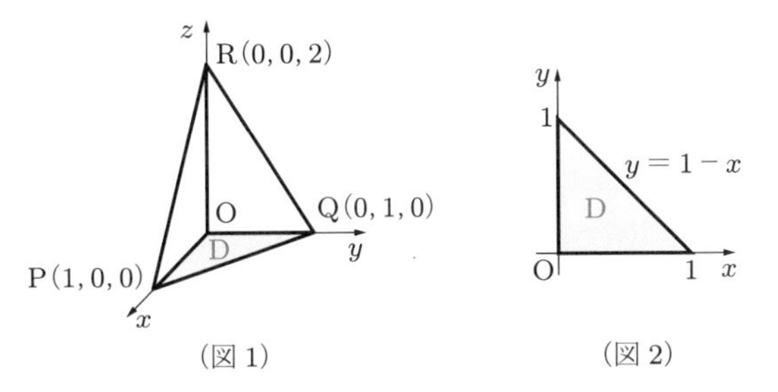

（図 1）　　（図 2）

$f(x, y) = 2(1-x-y)$ とすれば，$\dfrac{\partial f}{\partial x} = \dfrac{\partial f}{\partial y} = -2$ であるから，

$$\boldsymbol{a}(x, y, f(x, y)) = 2(1-x-y)\boldsymbol{i} - 2xy\,\boldsymbol{k},$$

$$\frac{\partial \boldsymbol{r}}{\partial x} \times \frac{\partial \boldsymbol{r}}{\partial y} = 2\boldsymbol{i} + 2\boldsymbol{j} + \boldsymbol{k}$$

となる．$\dfrac{\partial \boldsymbol{r}}{\partial x} \times \dfrac{\partial \boldsymbol{r}}{\partial y}$ の z 成分は正であるから，これが外向きのベクトルである．よって，求める面積分は次のようになる．

$$\begin{aligned}\int_{\mathrm{S}} \boldsymbol{a} \cdot d\boldsymbol{S} &= \iint_{\mathrm{D}} \{2(1-x-y)\boldsymbol{i} - 2xy\,\boldsymbol{k}\} \cdot (2\boldsymbol{i} + 2\boldsymbol{j} + \boldsymbol{k})\, dxdy \\ &= \int_0^1 \left\{ \int_0^{1-x} (4 - 4x - 4y - 2xy)\, dy \right\} dx = \frac{7}{12}\end{aligned}$$

問 3.13　平面 $x + y + z = 6$ の $x \geqq 0,\ y \geqq 0,\ z \geqq 0$ の部分を S とする．S に，法線ベクトルのうち z 成分が正であるものが外向きとなるように向きを定める．このとき，S におけるベクトル場 $\boldsymbol{a} = z\,\boldsymbol{i}$ の面積分を求めよ．

☑ ベクトル場の線積分・面積分

(1)　重力などによって生じる力の場がベクトル場 $\boldsymbol{a}$ で表されているとする．点 P が力 $\boldsymbol{a}$ を受けながら曲線 C に沿って移動したとき，力 $\boldsymbol{a}$ がこの移動に対してなす仕事を W とすれば，次が成り立つ．

$$W = \int_{\mathrm{C}} \boldsymbol{a} \cdot d\boldsymbol{r}$$

(2)　流体の各点における速度がベクトル場 $\boldsymbol{a}$ で表されているとする．曲面 S からの単位時間における流出量を U とすれば，次が成り立つ．

$$U = \int_{\mathrm{S}} \boldsymbol{a} \cdot d\boldsymbol{S}$$

練習問題 3

[1] 次の曲線の接線ベクトルおよび接線ベクトルの大きさを求めよ．

(1) $\boldsymbol{r} = 2t\,\boldsymbol{i} + (3t+1)\boldsymbol{j} + (1-t)\boldsymbol{k}$　(2) $\boldsymbol{r} = 2\sin 2t\,\boldsymbol{i} + 2\cos 2t\,\boldsymbol{j} + 5\boldsymbol{k}$

[2] 次の媒介変数表示された曲線の長さを求めよ．

(1) $\boldsymbol{r} = (t-1)\boldsymbol{i} + 2t\,\boldsymbol{j} + (2-t)\boldsymbol{k} \quad (0 \leqq t \leqq 2)$

(2) $\boldsymbol{r} = 2\cos t\,\boldsymbol{i} + 3\sin t\,\boldsymbol{j} - \sqrt{5}\cos t\,\boldsymbol{k} \quad (0 \leqq t \leqq \pi)$

[3] 次の曲線に沿うスカラー場 $\varphi = xy + z^2$ の線積分を求めよ．

(1) $\boldsymbol{r} = 3t\,\boldsymbol{i} + (1-t)\,\boldsymbol{j} - 2\boldsymbol{k} \quad (0 \leqq t \leqq 2)$

(2) $\boldsymbol{r} = \cos t\,\boldsymbol{i} + \sin t\,\boldsymbol{j} + t\,\boldsymbol{k} \quad (0 \leqq t \leqq \pi)$

[4] 次の曲線に沿うベクトル場 $\boldsymbol{a} = (x+1)\boldsymbol{i} + 2z\,\boldsymbol{j} - y\,\boldsymbol{k}$ の線積分を求めよ．

(1) $\boldsymbol{r} = 2(t+1)\,\boldsymbol{i} + 3t\,\boldsymbol{j} - \boldsymbol{k} \ (0 \leqq t \leqq 2)$　(2) $\boldsymbol{r} = t^3\,\boldsymbol{i} + t^2\,\boldsymbol{j} + t\,\boldsymbol{k} \ (0 \leqq t \leqq 1)$

[5] 2 つの曲線

$$\mathrm{C}_1 : \boldsymbol{r} = (1-t)\,\boldsymbol{i} + t\,\boldsymbol{j} \quad (0 \leqq t \leqq 1),$$

$$\mathrm{C}_2 : \boldsymbol{r} = \cos t\,\boldsymbol{i} + \sin t\,\boldsymbol{j} \quad \left(0 \leqq t \leqq \frac{\pi}{2}\right)$$

はともに点 $\mathrm{A}(1,0,0)$ を始点，点 $\mathrm{B}(0,1,0)$ を終点とする曲線である．ベクトル場 $\boldsymbol{a} = x^2\,\boldsymbol{i} - y^2\,\boldsymbol{j}$ について，次の問いに答えよ．

(1) $\boldsymbol{a}$ の C_1 に沿う線積分を定積分を用いて表せ．

(2) $\boldsymbol{a}$ の C_2 に沿う線積分を定積分を用いて表せ．

(3) $\varphi = \dfrac{1}{3}(x^3 - y^3)$ とするとき，$\boldsymbol{a} = \mathrm{grad}\,\varphi$ が成り立つ．したがって，$\boldsymbol{a}$ は保存場であり，(1), (2) の線積分は等しい．これらの線積分を求めよ．

[6] 領域 $\mathrm{D} = \{(u,v) \mid -1 \leqq u \leqq 1,\ -\pi \leqq v \leqq \pi\}$ で定義された円柱面

$$\boldsymbol{r} = \cos v\,\boldsymbol{i} + \sin v\,\boldsymbol{j} + 2u\,\boldsymbol{k}$$

を S とする．S に，$v = 0$ に対応する曲面上の点において，$\boldsymbol{i}$ が外向きのベクトルとなるように向きを定める．次の問いに答えよ．

(1) $\dfrac{\partial \boldsymbol{r}}{\partial u} \times \dfrac{\partial \boldsymbol{r}}{\partial v}$ および $\left|\dfrac{\partial \boldsymbol{r}}{\partial u} \times \dfrac{\partial \boldsymbol{r}}{\partial v}\right|$ を求めよ．

(2) 曲面 S におけるスカラー場 $\varphi = x^2 z$ の面積分を求めよ．

(3) 曲面 S におけるベクトル場 $\boldsymbol{a} = x^2 z\,\boldsymbol{i} + yz^2\,\boldsymbol{j}$ の面積分を求めよ．

[7] 曲面 S: $z = x^2 - y^2$ $(0 \leqq x \leqq 1,\ -x \leqq y \leqq x)$ に，法線ベクトルのうち z 成分が正であるものを外向きと定める．このとき，曲面 S におけるベクトル場 $\boldsymbol{a} = z\,\boldsymbol{i}$ の面積分を求めよ．

4 ガウスの発散定理とストークスの定理

4.1 ガウスの発散定理

スカラー場の体積分　立体 V がスカラー場 φ の定義域に含まれているとする．立体 V を n 個の微小な立体 V_k $(k = 1, 2, \ldots, n)$ に分割し，V_k の体積を $\Delta\omega_k$，V_k に属する点を P_k とする．このとき，点 P_k におけるスカラー場 φ の値 $\varphi(\mathrm{P}_k)$ と，V_k の体積 $\Delta\omega_k$ の積の総和の，$n \to \infty$ として分割を限りなく細かくしたときの極限値

$$\lim_{n\to\infty}\sum_{k=1}^{n}\varphi(\mathrm{P}_k)\Delta\omega_k \tag{4.1}$$

が存在するならば，この極限値を**立体 V におけるスカラー場 φ の体積分**といい，

$$\int_{\mathrm{V}}\varphi\,d\omega$$

と表す．立体 V の体積を ω とすれば，$\omega = \displaystyle\sum_{k=1}^{n}\Delta\omega_k$ であるから，$\varphi = 1$ のとき，

$$\int_{\mathrm{V}} d\omega = \lim_{n\to\infty}\sum_{k=1}^{n}\Delta\omega_k = \omega \tag{4.2}$$

となる．また，1 つの立体 V が m 個の立体 V_1, V_2, …, V_m に分割されているとき，

$$\int_{\mathrm{V}}\varphi\,d\omega = \int_{\mathrm{V}_1}\varphi\,d\omega + \int_{\mathrm{V}_2}\varphi\,d\omega + \cdots + \int_{\mathrm{V}_m}\varphi\,d\omega \tag{4.3}$$

が成り立つ．

体積分の計算は，次の例 4.1 のように累次積分によって行う．

例 4.1　直方体 V におけるスカラー場 $\varphi = xyz$ の体積分

$$\int_{\mathrm{V}} xyz\,d\omega,\quad \mathrm{V} = \{(x, y, z)\,|\,0 \leqq x \leqq 1,\ 1 \leqq y \leqq 2,\ 0 \leqq z \leqq 2\}$$

を求める．2 重積分の計算と同様に，体積分の場合も累次積分に直すことによって，次のように計算することができる．

$$\int_{\mathrm{V}} xyz\,d\omega = \int_0^1 \left\{ \int_1^2 \left\{ \int_0^2 xyz\,dz \right\} dy \right\} dx = \frac{3}{2}$$

D を xy 平面上の領域とするとき，2 つの曲面によってはさまれた柱状の立体

$$\mathrm{V} = \{(x, y, z) \,|\, (x, y) \in \mathrm{D},\ f(x, y) \leqq z \leqq g(x, y)\}$$

を考える．このような立体 V におけるスカラー場 φ の体積分は，z 軸に平行な直線に沿って $f(x, y)$ から $g(x, y)$ まで積分し，さらに，領域 D における 2 重積分を計算することによって求めることができる．

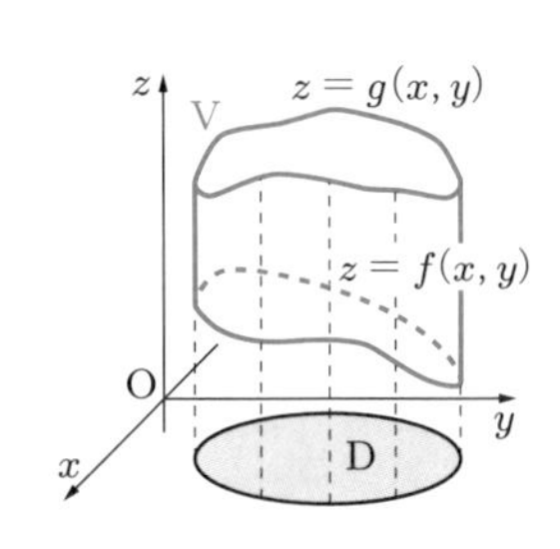

$$\int_{\mathrm{V}} \varphi\,d\omega = \iint_{\mathrm{D}} \left\{ \int_{f(x,y)}^{g(x,y)} \varphi(x, y, z)\,dz \right\} dxdy$$

例題 4.1 体積分の計算

次の体積分を求めよ．

$$\int_{\mathrm{V}} (x + y + z)\,d\omega, \quad \mathrm{V} = \{(x, y, z) \,|\, x^2 + y^2 \leqq 1,\ 1 \leqq z \leqq 3\}$$

解 xy 平面上の領域を $\mathrm{D} = \left\{(x, y) \,|\, x^2 + y^2 \leqq 1\right\}$ とし，累次積分に直すと，

$$\begin{aligned}\int_{\mathrm{V}} (x + y + z)\,d\omega &= \iint_{\mathrm{D}} \left\{ \int_1^3 (x + y + z)\,dz \right\} dxdy \\ &= \iint_{\mathrm{D}} \left\{ (x + y)\Big[\, z \,\Big]_1^3 + \frac{1}{2}\Big[\, z^2 \,\Big]_1^3 \right\} dxdy \\ &= 2\iint_{\mathrm{D}} (x + y + 2)\ dxdy\end{aligned}$$

となる．ここで，極座標を用いて $x = r\cos\theta,\ y = r\sin\theta$ とおくと，$dxdy = r\,drd\theta$ であり，積分領域は $0 \leqq \theta \leqq 2\pi,\ 0 \leqq r \leqq 1$ となる．よって，求める体積分は，次のようになる．

$$\int_{\mathrm{V}} (x + y + z)\,d\omega = 2\int_0^1 \left\{ \int_0^{2\pi} (r\cos\theta + r\sin\theta + 2)\,r\,d\theta \right\} dr = 4\pi$$

問 4.1 三角柱 $\mathrm{V} = \{(x, y, z) \,|\, x \geqq 0,\ y \geqq 0,\ x + y \leqq 1,\ 0 \leqq z \leqq 1\}$ におけるスカラー場 $\varphi = xyz$ の体積分を求めよ．

ガウスの発散定理　流体の中に立体Vがあるとする．立体Vの表面Sに，立体の外部を向いたベクトルを外向きとして向きを定める．$\boldsymbol{a}$が流体の速度を表すベクトル場であるとき，Vの表面Sからの単位時間あたりの流出量Uは，$\boldsymbol{a}$のSにおける面積分

$$U = \int_{\mathrm{S}} \boldsymbol{a} \cdot d\boldsymbol{S} \tag{4.4}$$

である［→定理3.7］．

一方，立体Vを微小な立体に分割し，それぞれの微小な立体の体積を$\Delta\omega_k$ $(k = 1, 2, \ldots, n)$とするとき，分割された微小な立体からの流出量ΔU_kは

$$\Delta U_k \fallingdotseq (\operatorname{div} \boldsymbol{a})\, \Delta\omega_k$$

である［→p.22「勾配・発散・回転」(2)］．したがって，すべての微小な立体からの流出量の総和の，$n \to \infty$として分割を限りなく細かくしたときの極限値をU'とすれば，

$$U' = \lim_{n\to\infty} \sum_{k=1}^{n} \Delta U_k = \lim_{n\to\infty} \sum_{k=1}^{n} (\operatorname{div} \boldsymbol{a})\, \Delta\omega_k = \int_{\mathrm{V}} (\operatorname{div} \boldsymbol{a})\, d\omega \tag{4.5}$$

となる．

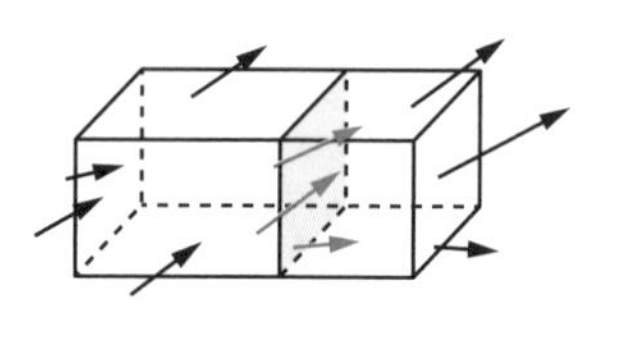

となり合う2つの微小な立体からの流出量の和をとるとき，その境界面では，一方の流出量は他方の流入量になるから，和をとるとこれらの量は互いに打ち消し合う．したがって，この2つの立体からの流出量の和は，2つの立体を合体した立体の表面からの流出量に等しい．このようにして，立体の表面Sからの流出量(4.4)は，Vにおける発散$\operatorname{div} \boldsymbol{a}$の体積分(4.5)に等しいことがわかる．したがって，次の**ガウスの発散定理**が成り立つ（証明は付録A2節）．

4.1　ガウスの発散定理

立体Vの表面をSとし，ベクトル場$\boldsymbol{a}$がVを含む領域で定義されているとする．このとき，$\boldsymbol{a}$のSにおける面積分は，$\operatorname{div} \boldsymbol{a}$のVにおける体積分に等しい．すなわち，次が成り立つ．

$$\int_{\mathrm{S}} \boldsymbol{a} \cdot d\boldsymbol{S} = \int_{\mathrm{V}} (\operatorname{div} \boldsymbol{a})\, d\omega$$

ガウスの発散定理を用いると，立体の表面におけるベクトル場の面積分を，体積分の計算によって求めることができる．

例 4.2　原点を中心とする半径 R の球 V の体積を ω，その表面を S とする．ベクトル場 $\boldsymbol{a} = x\,\boldsymbol{i} + 2y\,\boldsymbol{j} + 3z\,\boldsymbol{k}$ の発散は $\mathrm{div}\,\boldsymbol{a} = 6$ であるから，ガウスの発散定理によって，$\boldsymbol{a}$ の球面 S における面積分は，

$$\int_{\mathrm{S}} \boldsymbol{a}\cdot d\boldsymbol{S} = \int_{\mathrm{V}} (\mathrm{div}\,\boldsymbol{a})\,d\omega = \int_{\mathrm{V}} 6\,d\omega = 6\,\omega = 6\cdot\frac{4\pi R^3}{3} = 8\pi R^3$$

となる．$\boldsymbol{a}$ が流体の速度を表すベクトル場であれば，この値は，球の表面からの単位時間あたりの流出量である．

問 4.2　立方体 $\mathrm{V} = \{(x,y,z) \mid 0 \leqq x \leqq 1,\ 0 \leqq y \leqq 1,\ 0 \leqq z \leqq 1\}$ の表面を S とする．ガウスの発散定理を用いて，曲面 S におけるベクトル場 $\boldsymbol{a} = xy\,\boldsymbol{i} + yz\,\boldsymbol{j} + zx\,\boldsymbol{k}$ の面積分を求めよ．

問 4.3　流体の速度を表すベクトル場が $\boldsymbol{a} = x\,\boldsymbol{i} + (x+2y)\,\boldsymbol{j} + (y+3z)\,\boldsymbol{k}$ で与えられている．ガウスの発散定理を用いて，半径 R [m] の球の表面からの単位時間あたりの流体の流出量 U $\left[\mathrm{m}^3/\mathrm{s}\right]$ を求めよ．ただし，速度の単位を [m/s] とする．

4.2 ストークスの定理

グリーンの定理　始点と終点が一致する曲線を**閉曲線**という．閉曲線 C が自分自身と交差しないとき，**単一閉曲線**または**単純閉曲線**という．

閉曲線でない曲線

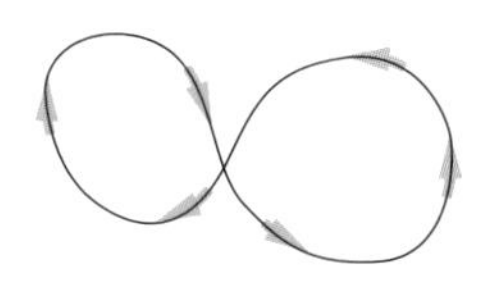
単一でない閉曲線

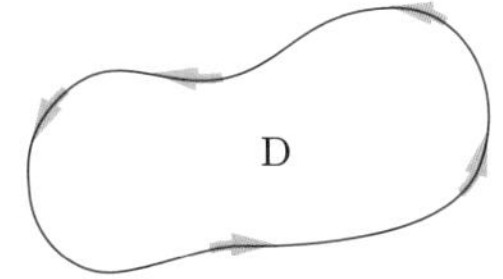

正の向きをもつ単一閉曲線

平面上の単一閉曲線 C は，自然にその内部の領域 D が定まる．曲線 C に沿って進むとき，領域 D が左側に見えるならば，曲線 C は**正の向き**をもつという．

一般に，関数 $F(x,y)$ と，曲線 C: $\boldsymbol{r} = x(t)\,\boldsymbol{i} + y(t)\,\boldsymbol{j}$ $(\alpha \leqq t \leqq \beta)$ について，

$$\int_{\mathrm{C}} F\,dx = \int_{\alpha}^{\beta} F(x(t),y(t))\,\frac{dx}{dt}\,dt, \quad \int_{\mathrm{C}} F\,dy = \int_{\alpha}^{\beta} F(x(t),y(t))\,\frac{dy}{dt}\,dt \tag{4.6}$$

と定める．このとき，次の**グリーンの定理**が成り立つ．

4.2　グリーンの定理

C を正の向きをもつ xy 平面上の単一閉曲線とし，C の内部の領域を D とする．また，関数 $P(x,y)$, $Q(x,y)$ は偏微分可能で，そのすべての偏導関数が連続であるとする．このとき，次が成り立つ．

$$\iint_{\mathrm{D}} \left(\frac{\partial Q}{\partial x} - \frac{\partial P}{\partial y} \right) dxdy = \int_{\mathrm{C}} P\,dx + \int_{\mathrm{C}} Q\,dy$$

証明　証明は，曲線 C が次の図のような場合に行う．

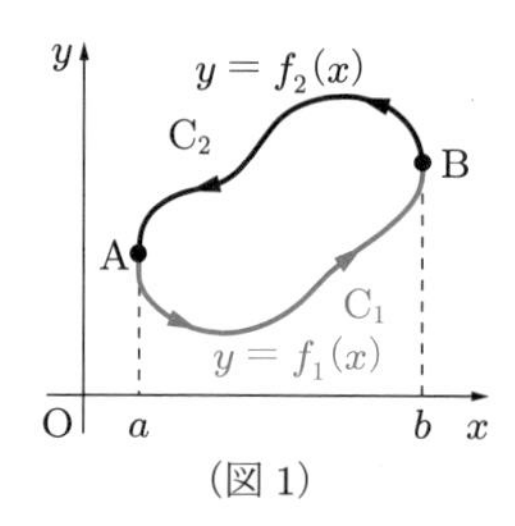

(図1)

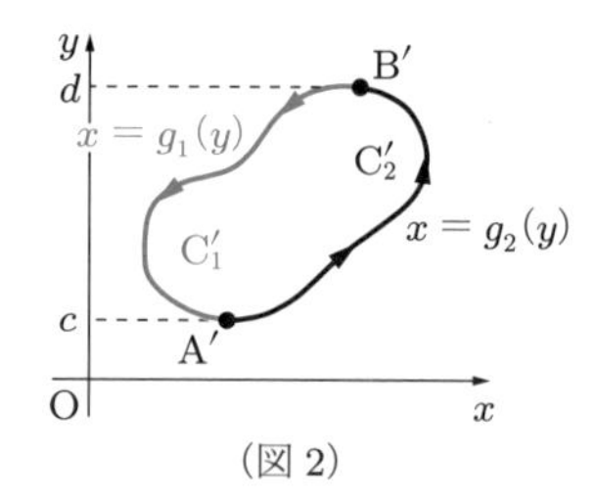

(図2)

C を図1のように $\mathrm{C_1}$, $\mathrm{C_2}$ で表すと，

$$\begin{aligned} -\iint_{\mathrm{D}} \frac{\partial P}{\partial y}\,dxdy &= -\int_a^b \left\{ \int_{f_1(x)}^{f_2(x)} \frac{\partial P}{\partial y}\,dy \right\} dx \\ &= -\int_a^b \left\{ \Big[\ P(x,y)\ \Big]_{f_1(x)}^{f_2(x)} \right\} dx \\ &= -\int_a^b P(x, f_2(x))\,dx + \int_a^b P(x, f_1(x))\,dx \\ &= \int_{\mathrm{C_2}} P\,dx + \int_{\mathrm{C_1}} P\,dx = \int_{\mathrm{C}} P\,dx \end{aligned}$$

となって，右辺の第1項と等しい．また，C を図2のように $\mathrm{C'_1}$, $\mathrm{C'_2}$ で表すと，

$$\begin{aligned} \iint_{\mathrm{D}} \frac{\partial Q}{\partial x}\,dxdy &= \int_c^d \left\{ \int_{g_1(y)}^{g_2(y)} \frac{\partial Q}{\partial x}\,dx \right\} dy \\ &= \int_c^d Q(g_2(y),y)dy - \int_c^d Q(g_1(y),y)dy \\ &= \int_{\mathrm{C'_2}} Q\,dy + \int_{\mathrm{C'_1}} Q\,dy = \int_{\mathrm{C}} Q\,dy \end{aligned}$$

となって，右辺の第2項と等しい．これらの式の和をとると，目的の式が得られる．証明終

ストークスの定理　グリーンの定理は，xy 平面上の領域 D における面積分と，その境界線である曲線 C に沿う線積分の関係について述べたものである．この定理は，空間の曲面 S における面積分と，その境界線 C に沿う線積分の関係として拡張することができる．

曲面 S には向きが定められているとし，その境界線は単一閉曲線 C であるとする．また，境界線 C は，その上を外向きに立って歩くとき，曲面 S が左側に見えるような向きをもつとする．このような境界線は，**正の向き**をもつという．

いま，ベクトル場 $\boldsymbol{a}$ は力を表すものとする．

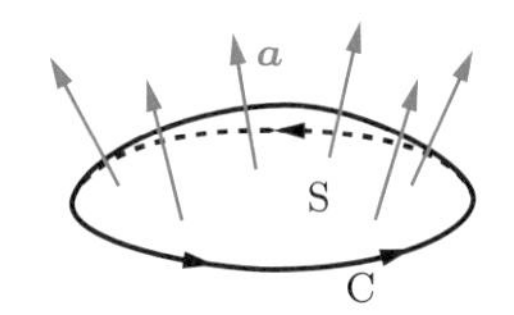

このとき，点が境界線 C: $\boldsymbol{r} = \boldsymbol{r}(t)$ を1周する移動に対して力 $\boldsymbol{a}$ がなす仕事 W は，

$$W = \int_{\mathrm{C}} \boldsymbol{a} \cdot d\boldsymbol{r} \tag{4.7}$$

である．

一方，曲面 S を小領域に分割し，それぞれの小領域の面積ベクトルを $\Delta \boldsymbol{S}_k$ $(k = 1, 2, \ldots, n)$ とするとき，分割された小領域の周囲を1周する移動に対して力 $\boldsymbol{a}$ がなす仕事 ΔW_k は，

$$\Delta W_k \fallingdotseq (\mathrm{rot}\, \boldsymbol{a}) \cdot \Delta \boldsymbol{S}_k$$

である［→ p.22「勾配・発散・回転」(3)］．したがって，すべての小領域の周囲を1周したときの仕事の総和の，$n \to \infty$ として分割を限りなく細かくしたときの極限値を W' とすれば，

$$W' = \lim_{n\to\infty} \sum_{k=1}^{n} \Delta W_k = \lim_{n\to\infty} \sum_{k=1}^{n} (\mathrm{rot}\, \boldsymbol{a}) \cdot \Delta \boldsymbol{S}_k = \int_{\mathrm{S}} (\mathrm{rot}\, \boldsymbol{a}) \cdot d\boldsymbol{S} \tag{4.8}$$

となる．

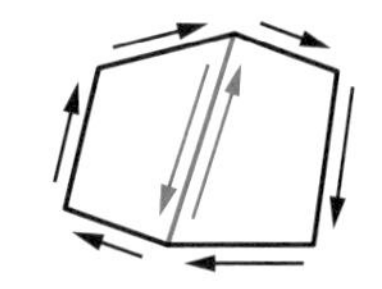

となり合う2つの小領域のそれぞれを1周したときに $\boldsymbol{a}$ がなす仕事を合計するとき，その境界線では仕事の符号が反対であるから，それらの仕事は互いに打ち消し合う．したがって，仕事の合計は，2つの小領域を合体した領域の周囲を1周したときの仕事に等しい．このようにして，曲面 S の周囲を1周したときの仕事 (4.7)

は，S における回転 $\mathrm{rot}\,\boldsymbol{a}$ の面積分 (4.8) に等しいことがわかる．したがって，次の**ストークスの定理**が成り立つ（証明は付録 A2 節．この証明にはグリーンの定理が用いられる）．

4.3　ストークスの定理

向きが定められた曲面 S の境界線を C とし，C は正の向きをもつ単一閉曲線であるとする．また，ベクトル場 $\boldsymbol{a}$ が S を含む領域で定義されているとする．このとき，$\boldsymbol{a}$ の C に沿う線積分の値は，$\mathrm{rot}\,\boldsymbol{a}$ の S における面積分の値に等しい．すなわち，次が成り立つ．

$$\int_{\mathrm{C}} \boldsymbol{a}\cdot d\boldsymbol{r} = \int_{\mathrm{S}} (\mathrm{rot}\,\boldsymbol{a})\cdot d\boldsymbol{S}$$

ストークスの定理を用いると，曲面の境界線に沿う線積分を，面積分の計算によって求めることができる．

例 4.3　3点 P(1,0,0), Q(0,1,0), R(0,0,2) を P, Q, R, P の順に1周する折れ線を C とする．このとき，ベクトル場 $\boldsymbol{a} = xy^2\,\boldsymbol{i} + yz\,\boldsymbol{k}$ の，曲線 C に沿う線積分を求める．三角形 PQR を曲面 S とし，S に，法線ベクトルのうち z 成分が正であるものが外向きであるように向きを定める（この曲面は例題 3.4 と同じものである）．すると，曲線 C は曲面 S の正の向きをもつ境界線となる．したがって，ストークスの定理から，曲線 C に沿うベクトル場 $\boldsymbol{a}$ の線積分について，

$$\int_{\mathrm{C}} \boldsymbol{a}\cdot d\boldsymbol{r} = \int_{\mathrm{S}} (\mathrm{rot}\,\boldsymbol{a})\cdot d\boldsymbol{S}$$

が成り立つ．ここで，$\mathrm{rot}\,\boldsymbol{a} = z\,\boldsymbol{i} - 2xy\,\boldsymbol{k}$ であり，曲面 S は関数 $z = 2(1-x-y)$ のグラフの $x \geqq 0$, $y \geqq 0$, $z \geqq 0$ の部分であるから，例題 3.4 によって，この面積分は $\dfrac{7}{12}$ である．したがって，求める線積分は

$$\int_{\mathrm{C}} \boldsymbol{a}\cdot d\boldsymbol{r} = \int_{\mathrm{S}} (\mathrm{rot}\,\boldsymbol{a})\cdot d\boldsymbol{S} = \frac{7}{12}$$

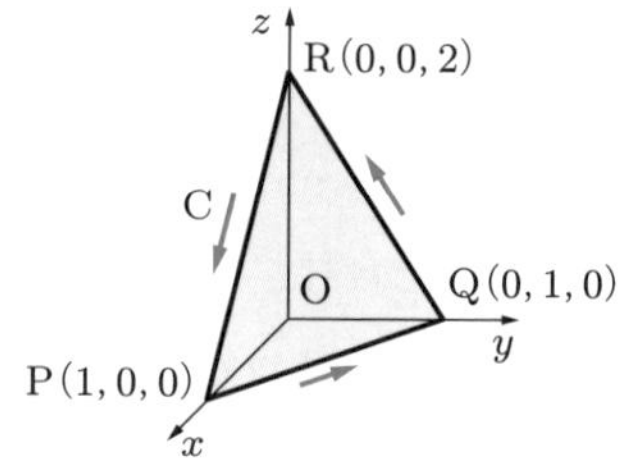

となる．$\boldsymbol{a}$ が力を表すベクトル場であれば，この値は，C に沿う移動に対して $\boldsymbol{a}$ がなす仕事である．

問4.4 3 点 P(1, 0, 0), Q(0, 1, 0), R(0, 0, 1) を P, Q, R, P の順に 1 周する折れ線を C とする．このとき，ベクトル場 $\boldsymbol{a} = y^2\,\boldsymbol{i} + z^2\,\boldsymbol{j} + x^2\,\boldsymbol{k}$ の，曲線 C に沿う線積分を求めよ．

問4.5 力の場が $\boldsymbol{a} = (y+z)\boldsymbol{i} + 2(z+x)\boldsymbol{j} + 3(x+y)\boldsymbol{k}$ で与えられているとする．円 $\boldsymbol{r} = \cos t\,\boldsymbol{i} + \sin t\,\boldsymbol{j}$ $(0 \leqq t \leqq 2\pi)$ に沿って 1 周する移動に対して，力 $\boldsymbol{a}$ がなす仕事 W を求めよ．長さの単位は [m]，力の単位は [N] とせよ．

練習問題 4

[1] 次の体積分を求めよ．

$$\int_{V} z\, d\omega, \quad V=\left\{(x,y,z)\,|\,x^2+y^2 \leqq 4,\, 0 \leqq z \leqq \sqrt{4-x^2-y^2}\right\}$$

[2] 平面 $3x+y=6$ と 3 つの座標平面および平面 $z=1$ で囲まれる三角柱を V とし，その表面を S とする．ベクトル場 $\boldsymbol{a}=z^2\,\boldsymbol{i}+y^2\,\boldsymbol{j}+x^2\,\boldsymbol{k}$ の S における面積分を，ガウスの発散定理を用いて求めよ．

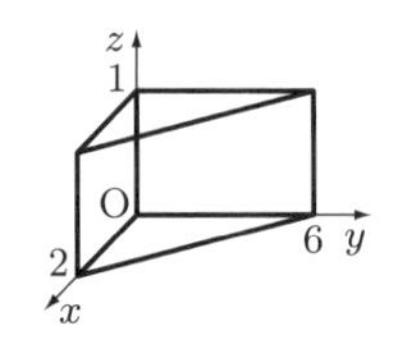

[3] 円柱 $\{(x,y,z)\,|\,x^2+y^2 \leqq 4,\, 1 \leqq z \leqq 2\}$ を V とし，その表面を S とする．ベクトル場 $\boldsymbol{a}=x^3\,\boldsymbol{i}+y^3\,\boldsymbol{j}$ の曲面 S における面積分を，ガウスの発散定理を用いて求めよ．

[4] xy 平面上の，原点を中心とする半径 R の円の内部を S とし，S に単位法線ベクトルが $\boldsymbol{k}$ であるように向きを定める．また，円 $\boldsymbol{r}=R\cos t\,\boldsymbol{i}+R\sin t\,\boldsymbol{j}$ $(0 \leqq t \leqq 2\pi)$ を C とすれば，C は正の向きをもつ S の境界線である．ベクトル場 $\boldsymbol{a}=y\,\boldsymbol{i}-x\,\boldsymbol{j}$ について，次の問いに答え，ストークスの定理が成り立つことを確かめよ．

(1) 線積分 $\displaystyle\int_{C} \boldsymbol{a}\cdot d\boldsymbol{r}$ を求めよ．

(2) 面積分 $\displaystyle\int_{S} (\mathrm{rot}\,\boldsymbol{a})\cdot d\boldsymbol{S}$ を求めよ．

[5] 平面 $2x+2y+z=2$ の $x \geqq 0, y \geqq 0, z \geqq 0$ の部分を S とし，S に，法線ベクトルのうち z 成分が正であるものが外向きとなるように向きを定める（この曲面は例題 3.4 と同じものである）．S の正の向きをもつ境界線を C とし，C を次の 3 つの線分に分解する．

$$C_1 : \boldsymbol{r}=(1-t)\,\boldsymbol{i}+t\,\boldsymbol{j} \quad (0 \leqq t \leqq 1)$$
$$C_2 : \boldsymbol{r}=(1-t)\,\boldsymbol{j}+2t\,\boldsymbol{k} \quad (0 \leqq t \leqq 1)$$
$$C_3 : \boldsymbol{r}=t\,\boldsymbol{i}+2(1-t)\,\boldsymbol{k} \quad (0 \leqq t \leqq 1)$$

ベクトル場 $\boldsymbol{a}=2xy\,\boldsymbol{i}+(y^2-z)\,\boldsymbol{j}+z^2\,\boldsymbol{k}$ について，次の値を求め，ストークスの定理が成り立つことを確かめよ．

(1) $\displaystyle\int_{C_1} \boldsymbol{a}\cdot d\boldsymbol{r},\ \int_{C_2} \boldsymbol{a}\cdot d\boldsymbol{r},\ \int_{C_3} \boldsymbol{a}\cdot d\boldsymbol{r},\ \int_{C} \boldsymbol{a}\cdot d\boldsymbol{r}$

(2) $\displaystyle\int_{S} (\mathrm{rot}\,\boldsymbol{a})\cdot d\boldsymbol{S}$

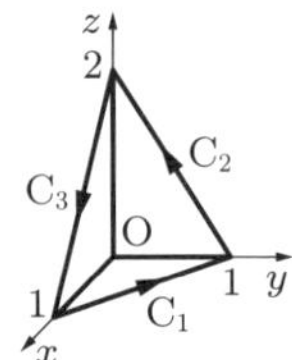

第 1 章の章末問題

1. ベクトル $\boldsymbol{a}, \boldsymbol{b}, \boldsymbol{c}$ のスカラー 3 重積が 0 であることと，3 つのベクトル $\boldsymbol{a}, \boldsymbol{b}, \boldsymbol{c}$ が同一平面上にあることは同値になる．このことを使って，3 点 $\mathrm{A}(3,1,2)$, $\mathrm{B}(-1,1,-2)$, $\mathrm{C}(2,-1,1)$ を通る平面の方程式を求めよ．

2. ベクトル $\boldsymbol{a}, \boldsymbol{b}, \boldsymbol{c}$ に対して，

$$\boldsymbol{a} \times (\boldsymbol{b} \times \boldsymbol{c})$$

をベクトル **3 重積**という．任意のベクトル $\boldsymbol{a}, \boldsymbol{b}, \boldsymbol{c}$ について，

$$\boldsymbol{a} \times (\boldsymbol{b} \times \boldsymbol{c}) = (\boldsymbol{a} \cdot \boldsymbol{c})\boldsymbol{b} - (\boldsymbol{a} \cdot \boldsymbol{b})\boldsymbol{c}$$

が成り立つことを証明せよ．

3. スカラー場 φ の関数 $f(\varphi)$ に対して，次の等式が成り立つことを証明せよ．
   (1) $\nabla f(\varphi) = f'(\varphi)\nabla\varphi$　　(2) $\nabla^2 f(\varphi) = f''(\varphi)|\nabla\varphi|^2 + f'(\varphi)\nabla^2\varphi$

4. ベクトル場 $\boldsymbol{a} = (2x - 3y)\,\boldsymbol{i} - 3x\,\boldsymbol{j} + 4z\,\boldsymbol{k}$ に対して，次の問いに答えよ．
   (1) $\varphi = x^2 - 3xy + 2z^2$ が $\boldsymbol{a}$ のスカラーポテンシャル [→ p.32] であることを示せ．
   (2) 点 $(5,-2,1)$ から点 $(-3,1,4)$ に向かう曲線 C に沿うベクトル場 $\boldsymbol{a}$ の線積分の値を求めよ．

5. 平面 $x + 3y + 2z = 6$ と x 軸，y 軸，z 軸で囲まれる立体 V の表面を S とする．S におけるベクトル場 $\boldsymbol{a} = 3x\,\boldsymbol{i} + 2y\,\boldsymbol{j} + z\,\boldsymbol{k}$ の面積分を，体積分に直して求めよ．

6. 右図のように，xy 平面上の 3 点を $\mathrm{O}(0,0)$, $\mathrm{A}(1,0)$, $\mathrm{B}(1,1)$ とし，折れ線 C は三角形 OAB の周上を左回りに 1 周するものとするとき，次の線積分を 2 重積分に直して求めよ．

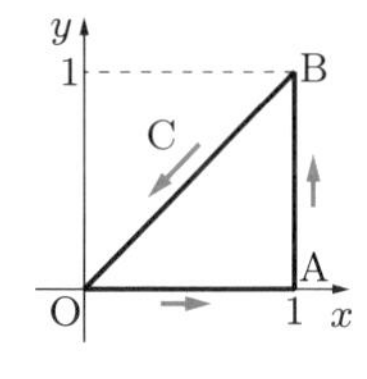

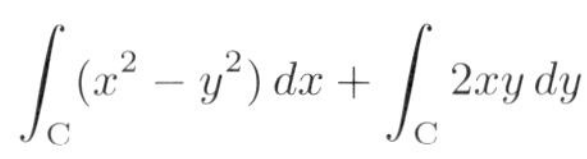

$$\int_{\mathrm{C}} (x^2 - y^2)\,dx + \int_{\mathrm{C}} 2xy\,dy$$

7. 平面 $z = 2x + 1$ の $x^2 + y^2 \leqq 1$ を満たす部分を S とし，この平面 S に，法線ベクトルのうち z 成分が正のものが外向きであるように向きを定める．平面 S の境界となる曲線を C とするとき，ベクトル場 $\boldsymbol{a} = -y^2\,\boldsymbol{i} + x\,\boldsymbol{j} + z^2\,\boldsymbol{k}$ の曲線 C の正の向きに沿う線積分の値を，ストークスの定理を用いて求めよ．

Chapter 2

複素関数論

1 複素数

1.1 複素数と複素平面

複素数とその計算　複素関数論は，実数を複素数にまで拡張して考えた関数の微分積分学である．最初に，複素数の基本事項についてまとめておく．

i を虚数単位（$i^2 = -1$）とするとき，

$$z = a + ib \quad (a, b \text{ は実数．} a + bi \text{ とかく場合もある}) \tag{1.1}$$

の形の数を**複素数**といい，a を z の**実部**，b を z の**虚部**という．z の実部を $\mathrm{Re}\, z$，虚部を $\mathrm{Im}\, z$ と表す．$a + i0$, $0 + ib$ はそれぞれ a, ib と表す．実数 a は $a + i0$ の形の複素数である．$a + ib = 0$ となるのは $a = b = 0$ のときだけである．複素数 $a + ib$ は $b \neq 0$ のとき**虚数**，$a = 0, b \neq 0$ のとき**純虚数**という．

例 1.1　$z = 2 + 3i$ のとき，$\mathrm{Re}\, z = 2$, $\mathrm{Im}\, z = 3$ である．

複素数の計算は次のように行う．

例 1.2　$z_1 = 2 + 3i$, $z_2 = 4 - i$ とするとき，z_1, z_2 の和，差，積，商の計算は，次のようになる．

(1)　$z_1 + z_2 = (2 + 3i) + (4 - i) = (2 + 4) + (3 - 1)i = 6 + 2i$

(2)　$z_1 - z_2 = (2 + 3i) - (4 - i) = (2 - 4) + (3 + 1)i = -2 + 4i$

(3)　$z_1 z_2 = (2 + 3i)(4 - i) = 8 - 2i + 12i - 3i^2 = 11 + 10i$

(4)　$\dfrac{z_1}{z_2} = \dfrac{2 + 3i}{4 - i} = \dfrac{(2 + 3i)(4 + i)}{(4 - i)(4 + i)} = \dfrac{8 + 2i + 12i + 3i^2}{16 - i^2} = \dfrac{5}{17} + \dfrac{14}{17} i$

問 1.1　$z_1 = -2 + 3i$，$z_2 = 1 + i$ について，次の計算をせよ．

(1)　$z_1 + z_2$　　(2)　$z_1 - z_2$　　(3)　$z_1 z_2$　　(4)　$\dfrac{z_1}{z_2}$

共役複素数 複素数 $z = a + ib$ に対して，$a - ib$ を z の**共役複素数**（きょうやく）といい，$\overline{z}$ と表す．すなわち

$$\overline{z} = \overline{a + ib} = a - ib \tag{1.2}$$

と定める．共役複素数について，次の性質が成り立つ．

1.1 共役複素数の性質

任意の複素数 z, w について，次が成り立つ．

(1) $\overline{\overline{z}} = z$

(2) $\overline{z \pm w} = \overline{z} \pm \overline{w}$ （複号同順）

(3) $\overline{zw} = \overline{z}\,\overline{w}$

(4) $\overline{\left(\dfrac{z}{w}\right)} = \dfrac{\overline{z}}{\overline{w}}$ $(w \neq 0)$

(5) $\mathrm{Re}\, z = \dfrac{z + \overline{z}}{2}$

(6) $\mathrm{Im}\, z = \dfrac{z - \overline{z}}{2i}$

複素平面 a, b を実数とするとき，座標平面上の点 (a, b) に複素数 $z = a + ib$ を対応させることにより，z を座標平面上の点として表すことができる．このように各点に複素数を対応させた座標平面を**複素平面**という（**複素数平面**または**ガウス平面**ということもある）．複素数 z に対応する複素平面上の点を，点 z という．複素平面の x 軸上の点 $(a, 0)$ には実数 a，y 軸上の点 $(0, b)$ には純虚数 ib が対応しているから，x 軸を**実軸**，y 軸を**虚軸**という．

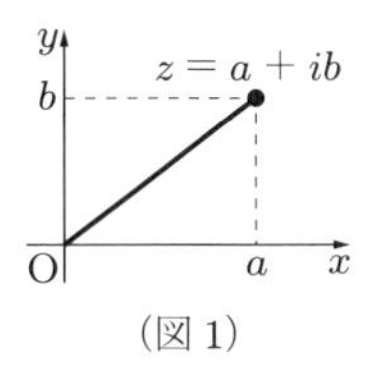

（図 1）

複素数 z とその共役複素数 $\overline{z}$ は，x 軸に関して対称な点にある．また，2 つの複素数の和と差は，ベクトルの和と差と同じように図示することができる．

例 1.3 次の複素数を表す点は，それぞれ右図のようになる．

$-1, \quad -2i$

$3 + i, \quad -1 + 2i, \quad \overline{-1 + 2i}$

$(3 + i) + (-1 + 2i), \quad (3 + i) - (-1 + 2i)$

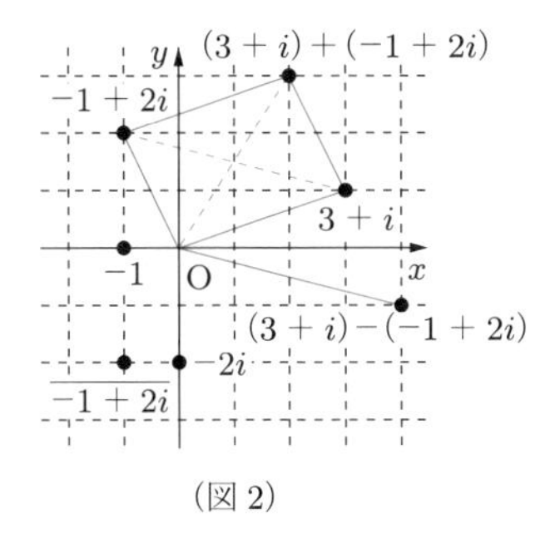

（図 2）

本書では，複素平面において，虚軸の目盛りは図 1 の b のように実数で，虚軸上の点（黒丸で示す）は図 2 の $-2i$ のように純虚数で示す．

問1.2　次の複素数と対応する点を複素平面上に図示せよ．

(1)　2　(2)　$-2-i$　(3)　$1+2i$

(4)　$\overline{1+2i}$　(5)　$(-2-i)+(1+2i)$　(6)　$(-2-i)-(1+2i)$

複素数の絶対値　複素数 z に対して，複素平面上の原点 O と点 z の距離を z の**絶対値**といい，$|z|$ で表す．$z=a+ib$ のとき，$|z|$ は次のようになる．

$$|z|=|a+ib|=\sqrt{a^2+b^2} \tag{1.3}$$

例1.4　$z=-\sqrt{3}+i$ の絶対値は，次のようになる．

$$|z|=\sqrt{(-\sqrt{3})^2+1^2}=2$$

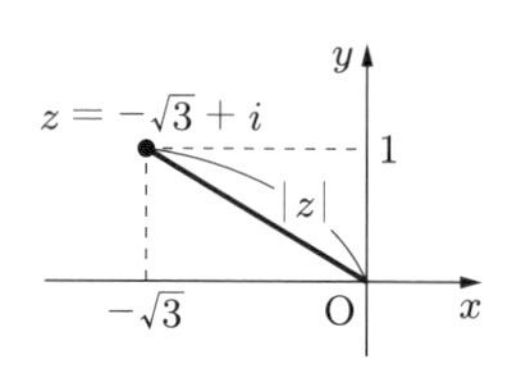

問1.3　次の複素数 z の絶対値を求めよ．

(1)　$z=\sqrt{3}-3i$　(2)　$z=3$　(3)　$z=5i$

共役複素数と絶対値について，次が成り立つ．

1.2　共役複素数と絶対値の性質

(1)　$|-z|=|z|$　(2)　$|\overline{z}|=|z|$　(3)　$|z|^2=z\overline{z}$

2点間の距離　2つの複素数 $z=a+ib,\ w=c+id$ に対して

$$|z-w|=|(a-c)+i(b-d)|=\sqrt{(a-c)^2+(b-d)^2} \tag{1.4}$$

となり，これは複素平面上の2点 $z,\ w$ 間の距離を表す．したがって，定点 z_0 と正の実数 r に対して，等式

$$|z-z_0|=r \qquad \cdots\cdots ①$$

は，z と z_0 の距離が r であることを意味している．すなわち，① は z_0 を中心とする半径 r の円の方程式である（図1）．また，不等式

$$|z-z_0|<r \qquad \cdots\cdots ②$$

は，z と z_0 の距離が r より小さいことを意味している．すなわち，② は z_0 を中心とする半径 r の円の内部を表している（図2）．

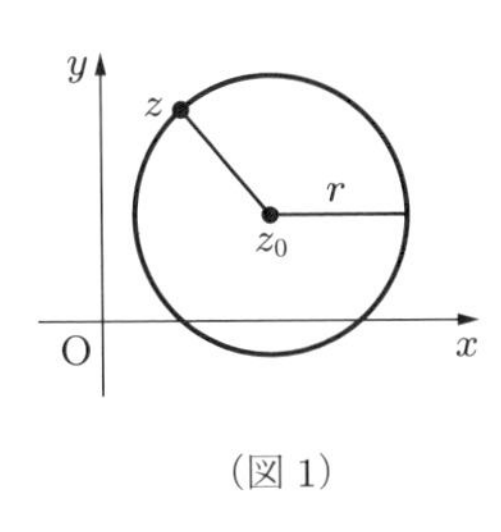

（図 1）

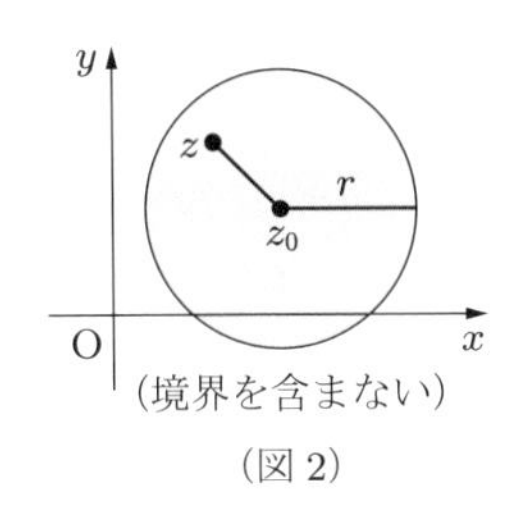

（図 2）

このように，複素平面上の円やその内部は，簡単な式で表すことができる．

問 1.4　次の等式，不等式を満たす複素平面上の点 z を図示せよ．

(1)　$|z| = 1$　　(2)　$|z+1| < 1$　　(3)　$-\pi < \operatorname{Im} z \leqq \pi$

任意の三角形について，1 辺の長さは他の 2 辺の長さの和より小さいから，不等式

$$|z+w| \leqq |z| + |w| \tag{1.5}$$

が得られる（右図）．等号は，O, z, w または O, w, z が一直線上にあるときに限って成り立つ．これを**三角不等式**という．

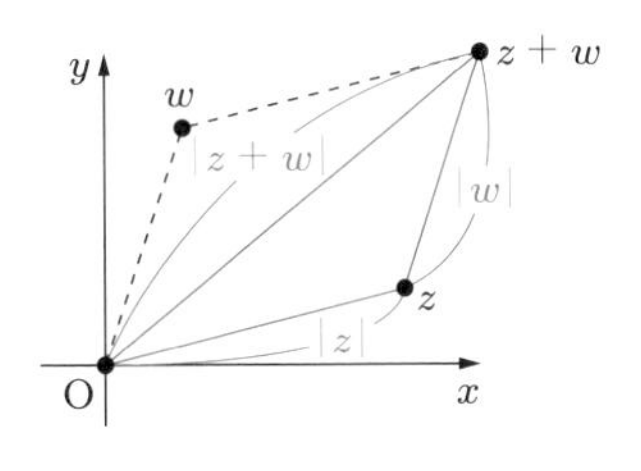

この不等式を $z+w$ と $-w$ に対して適用すれば，

$$|(z+w)+(-w)| \leqq |z+w| + |-w|$$

$$\text{よって}\quad |z| \leqq |z+w| + |w|$$

となり，$|z| - |w| \leqq |z+w|$ が得られる．したがって，次が成り立つ．

1.3　三角不等式

任意の複素数 z, w に対して，次の不等式が成り立つ．

$$|z| - |w| \leqq |z+w| \leqq |z| + |w|$$

1.2　極形式

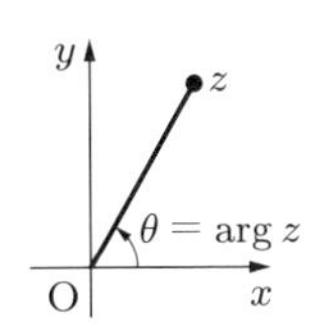

複素数の偏角　$z \neq 0$ のとき，原点 O と点 z を結ぶ線分が実軸の正の部分となす角 θ を z の**偏角**といい，$\arg z$ で表す．偏角は 1 つには定まらない．1 つに定めるために，$0 \leqq \arg z < 2\pi$

や $-\pi < \arg z \leqq \pi$ などの条件をつける場合がある．また，$z=0$ の偏角は任意とする．

例 1.5　$0 \leqq \arg z < 2\pi$ とする．

(1)　$z = -\sqrt{3}+i$ のとき $\arg z = \dfrac{5\pi}{6}$

(2)　$z=-i$ のとき $\arg z = \dfrac{3\pi}{2}$

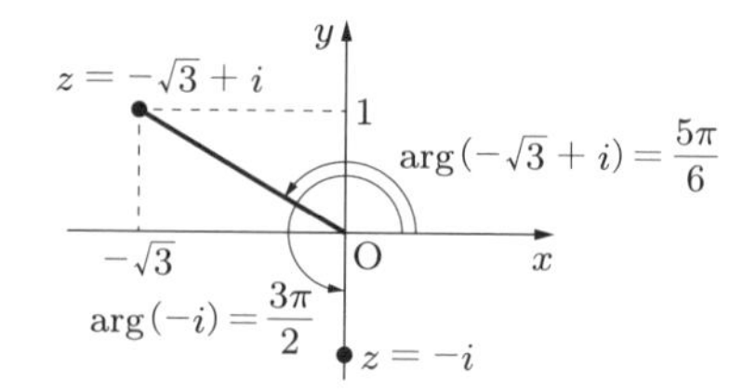

問 1.5　次の複素数 z の偏角 $\arg z$ を求めよ．ただし，$0 \leqq \arg z < 2\pi$ とする．

(1)　$z=-2+2i$　　(2)　$z=-2$　　(3)　$z=2$　　(4)　$z=-1-\sqrt{3}i$

極形式　複素数 $z=a+ib$ に対して，$|z|=r$, $\arg z=\theta$ とする．このとき，$a=r\cos\theta$, $b=r\sin\theta$ となるから，複素数 z は

$$z = r(\cos\theta + i\sin\theta) \tag{1.6}$$

と表すことができる．これを z の**極形式**という．

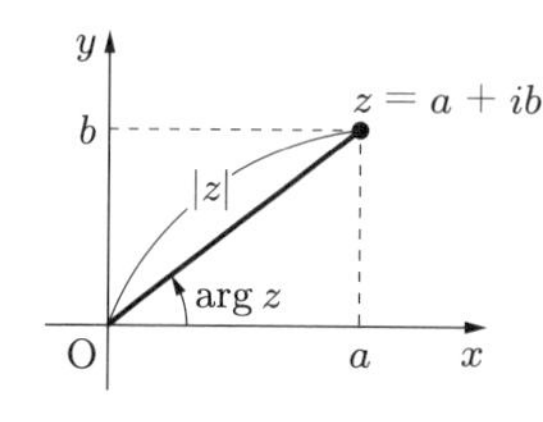

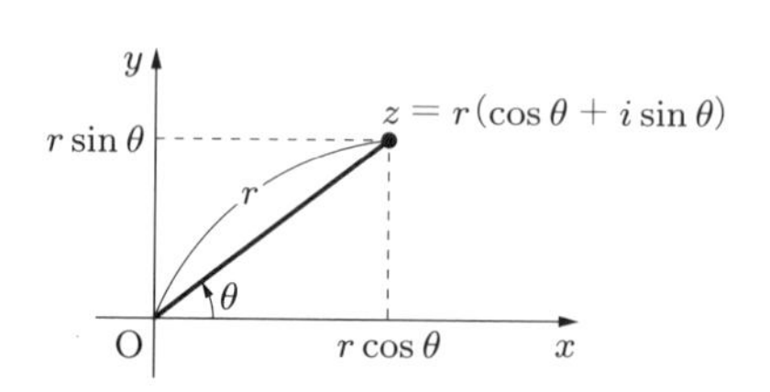

例 1.6　$z=-\sqrt{3}+i$ の極形式（$0 \leqq \arg z < 2\pi$）を求める．

$$|z| = \left|-\sqrt{3}+i\right| = 2, \quad \arg(-\sqrt{3}+i) = \frac{5\pi}{6}$$

であるから（例 1.4, 1.5），極形式は次のようになる．

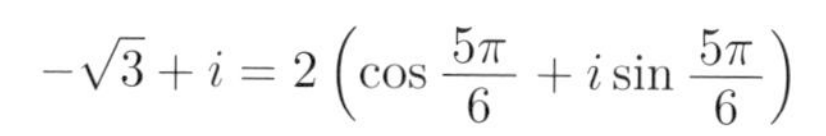

$$-\sqrt{3}+i = 2\left(\cos\frac{5\pi}{6} + i\sin\frac{5\pi}{6}\right)$$

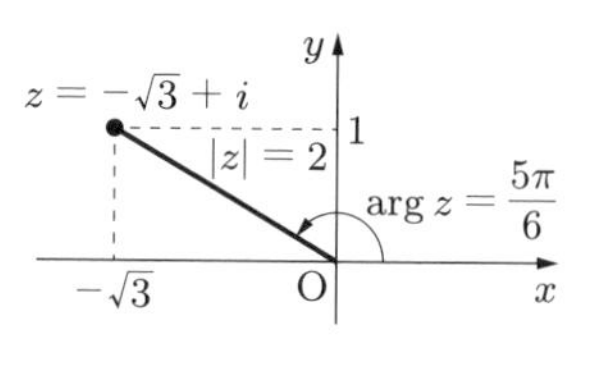

問 1.6　次の複素数 z を極形式で表せ．ただし，$0 \leqq \arg z < 2\pi$ とする．

(1)　$z=\sqrt{3}+i$　　(2)　$z=1-i$　　(3)　$z=-2$　　(4)　$z=3i$

極形式による複素数の積と商　複素数 z_1, z_2 が，それぞれ極形式で

$$z_1 = r_1(\cos\theta_1 + i\sin\theta_1), \quad z_2 = r_2(\cos\theta_2 + i\sin\theta_2)$$

と表されているとする．このとき，積 z_1z_2 は，三角関数の加法定理を用いると

$$\begin{aligned} z_1z_2 &= r_1(\cos\theta_1 + i\sin\theta_1)\cdot r_2(\cos\theta_2 + i\sin\theta_2) \\ &= r_1r_2\left\{(\cos\theta_1\cos\theta_2 - \sin\theta_1\sin\theta_2) + i(\sin\theta_1\cos\theta_2 + \cos\theta_1\sin\theta_2)\right\} \\ &= r_1r_2\left\{\cos(\theta_1+\theta_2) + i\sin(\theta_1+\theta_2)\right\} \end{aligned}$$

と表すことができる．したがって，

$$|z_1z_2| = r_1r_2 = |z_1||z_2|, \quad \arg(z_1z_2) = \theta_1 + \theta_2 = \arg z_1 + \arg z_2 \tag{1.7}$$

が成り立つ．同じようにして，$z_2 \neq 0$ のとき，

$$\left|\frac{z_1}{z_2}\right| = \frac{r_1}{r_2} = \frac{|z_1|}{|z_2|}, \quad \arg\frac{z_1}{z_2} = \theta_1 - \theta_2 = \arg z_1 - \arg z_2 \tag{1.8}$$

が成り立つ（証明は第 2 章の章末問題 1 を参照）．

1.4　複素数の積と商

複素数 z_1, z_2 について，次が成り立つ．

(1)　$|z_1z_2| = |z_1||z_2|$,　$\left|\dfrac{z_1}{z_2}\right| = \dfrac{|z_1|}{|z_2|}$ $(z_2 \neq 0)$

(2)　$\arg(z_1z_2) = \arg z_1 + \arg z_2$,　$\arg\dfrac{z_1}{z_2} = \arg z_1 - \arg z_2$　$(z_2 \neq 0)$

例 1.7　$z_1 = -\sqrt{3}+i$, $z_2 = 1+i$ とすると $z_1 = 2\left(\cos\dfrac{5\pi}{6} + i\sin\dfrac{5\pi}{6}\right)$, $z_2 = \sqrt{2}\left(\cos\dfrac{\pi}{4} + i\sin\dfrac{\pi}{4}\right)$ であるから，それらの積と商の極形式は次のようになる．

$$\begin{aligned} z_1z_2 &= 2\sqrt{2}\left\{\cos\left(\frac{5\pi}{6}+\frac{\pi}{4}\right) + i\sin\left(\frac{5\pi}{6}+\frac{\pi}{4}\right)\right\} \\ &= 2\sqrt{2}\left(\cos\frac{13\pi}{12} + i\sin\frac{13\pi}{12}\right) \end{aligned}$$

$$\begin{aligned} \frac{z_1}{z_2} &= \frac{2}{\sqrt{2}}\left\{\cos\left(\frac{5\pi}{6}-\frac{\pi}{4}\right) + i\sin\left(\frac{5\pi}{6}-\frac{\pi}{4}\right)\right\} \\ &= \sqrt{2}\left(\cos\frac{7\pi}{12} + i\sin\frac{7\pi}{12}\right) \end{aligned}$$

[note]　$|i| = 1$, $\arg i = \dfrac{\pi}{2}$ であるから，点 iz は点 z を原点を中心として $\dfrac{\pi}{2}$ だけ回転した点になる．右の図は，$z = -\sqrt{3} + i$ に対する iz を図示したものである．

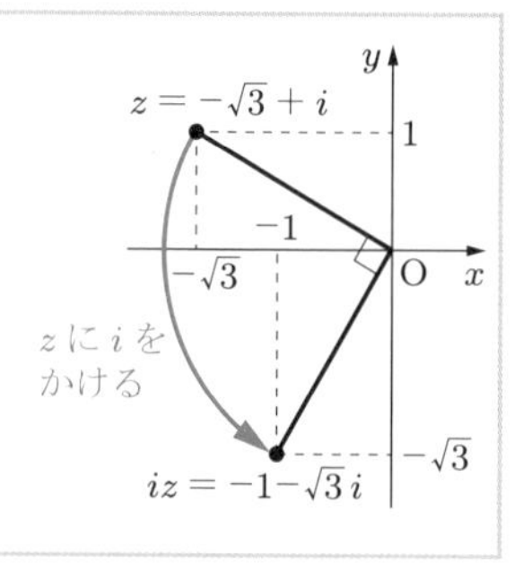

問1.7　2つの複素数を $z_1 = -1 - i$, $z_2 = 1 + \sqrt{3}i$ とするとき，次の複素数を極形式で表せ．ただし，偏角 θ は，$0 \leqq \theta < 2\pi$ とする．

(1)　z_1　　(2)　z_2　　(3)　$z_1 z_2$　　(4)　$\dfrac{z_1}{z_2}$

ド・モアブルの公式　$z = \cos\theta + i\sin\theta$ とするとき，z^n（n は自然数）を計算する．複素数の積と商（定理1.4）によって，任意の実数 φ に対して，

$$(\cos\varphi + i\sin\varphi)(\cos\theta + i\sin\theta) = \cos(\varphi + \theta) + i\sin(\varphi + \theta)$$

が成り立つ．したがって，

$$z^2 = (\cos\theta + i\sin\theta)(\cos\theta + i\sin\theta) = \cos 2\theta + i\sin 2\theta$$
$$z^3 = (\cos 2\theta + i\sin 2\theta)(\cos\theta + i\sin\theta) = \cos 3\theta + i\sin 3\theta$$

となる．これを繰り返すことによって，任意の自然数 n に対して

$$z^n = (\cos\theta + i\sin\theta)^n = \cos n\theta + i\sin n\theta \tag{1.9}$$

が得られる．また，$z\bar{z} = |z|^2 = 1$ であるから，

$$z^{-1} = \frac{1}{z} = \frac{\bar{z}}{z\bar{z}} = \cos\theta - i\sin\theta = \cos(-\theta) + i\sin(-\theta)$$

である．したがって，

$$(z^{-n}) = (z^{-1})^n = \{\cos(-\theta) + i\sin(-\theta)\}^n = \cos(-n\theta) + i\sin(-n\theta)$$

となり，式 (1.9) は n が負の整数でも成り立つ．よって，次のド・モアブルの公式が成り立つ．

1.5 ド・モアブルの公式

任意の整数 n に対して，次の等式が成り立つ．

$$(\cos\theta + i\sin\theta)^n = \cos n\theta + i\sin n\theta$$

$z = r(\cos\theta + i\sin\theta)$ のとき，任意の整数 n に対して，次が成り立つ．

$$z^n = \{r(\cos\theta + i\sin\theta)\}^n = r^n(\cos n\theta + i\sin n\theta) \tag{1.10}$$

例 1.8 (1) $(1+\sqrt{3}\,i)^3 = \left\{2\left(\cos\dfrac{\pi}{3} + i\sin\dfrac{\pi}{3}\right)\right\}^3 = 8(\cos\pi + i\sin\pi) = -8$

(2) $(1+i)^{-6} = \left\{\sqrt{2}\left(\cos\dfrac{\pi}{4} + i\sin\dfrac{\pi}{4}\right)\right\}^{-6} = 8\left(\cos\dfrac{3\pi}{2} - i\sin\dfrac{3\pi}{2}\right) = 8i$

問 1.8 ド・モアブルの公式を利用して，次の計算をせよ．

(1) $(\sqrt{3}+i)^5$ (2) $(1-i)^{-4}$

オイラーの公式 微分積分で学んだように，実数 θ に対して，**オイラーの公式**

$$e^{i\theta} = \cos\theta + i\sin\theta \tag{1.11}$$

y
$re^{i\theta} = r(\cos\theta + i\sin\theta)$
r
θ
O
r
x

が成り立つ．したがって，

$$re^{i\theta} = r(\cos\theta + i\sin\theta) \quad (r \text{ は正の実数})$$

となるから，複素数を指数関数を用いて表すことができる．このとき，$|re^{i\theta}| = r$, $\arg(re^{i\theta}) = \theta$ である（右図）．

2 つの複素数 $z_1 = r_1e^{i\theta_1}$, $z_2 = r_2e^{i\theta_2}$ $(r_1, r_2 > 0)$ について，次の式が成り立つ．

$$r_1e^{i\theta_1} = r_2e^{i\theta_2} \iff r_1 = r_2 \text{ かつ } \theta_1 = \theta_2 + 2k\pi \ (k \text{ は整数})$$

例 1.9 $2e^{\frac{\pi}{3}i}$ を $a+ib$ の形で表すと，

$$2e^{\frac{\pi}{3}i} = 2\left(\cos\frac{\pi}{3} + i\sin\frac{\pi}{3}\right) = 1 + \sqrt{3}\,i$$

となる．また，$|-2i| = 2$, $\arg(-2i) = \dfrac{3\pi}{2}$ であるから，$-2i$ は次のように表される．

$$-2i = 2\left(\cos\frac{3\pi}{2} + i\sin\frac{3\pi}{2}\right) = 2e^{-\frac{\pi}{2}i}$$

問1.9　次の複素数を $a+ib$ の形で表せ．

(1)　$e^{\pi i}$　　(2)　$e^{\frac{\pi}{4}i}$　　(3)　$2e^{-\frac{\pi}{6}i}$

問1.10　次の複素数を $re^{i\theta}$ の形で表せ．ただし，$r>0,\ 0\leqq\theta<2\pi$ とする．

(1)　$\sqrt{3}+i$　　(2)　$1-i$　　(3)　-2　　(4)　$3i$

複素数の積と商（定理1.4）の関係およびド・モアブルの公式（定理1.5）を，オイラーの公式を用いてかき直すと，次のようになる．

(1)　$r_1e^{i\theta_1}\cdot r_2e^{i\theta_2}=r_1r_2e^{i(\theta_1+\theta_2)}$

(2)　$\dfrac{r_1e^{i\theta_1}}{r_2e^{i\theta_2}}=\dfrac{r_1}{r_2}e^{i(\theta_1-\theta_2)}\quad(r_2\neq 0)$

(3)　$\left(r\,e^{i\theta}\right)^n=r^n\,e^{in\theta}\quad$（$n$ は整数）

n 乗根　n を2以上の自然数とするとき，0でない複素数 α に対して

$$z^n=\alpha$$

を満たす複素数 z を，α の **n 乗根**という．とくに，2乗根は**平方根**，3乗根は**立方根**という．平方根，立方根，4乗根，... を総称して**累乗根**という．

$\alpha=r\,e^{i\theta}$ $(r>0, 0\leqq\theta<2\pi)$ の n 乗根 z を求める．$z=\rho\,e^{i\varphi}$ $(\rho>0,\ 0\leqq\varphi<2\pi)$ とおくと，$z^n=\rho^n\,e^{in\varphi}$ となるから，k を整数として，

$$z^n=\alpha\iff\rho^ne^{in\varphi}=re^{i\theta}\iff\rho^n=r,\quad n\varphi=\theta+2k\pi$$

が成り立つ．したがって，ρ と φ は，

$$\rho=\sqrt[n]{r},\quad\varphi=\frac{\theta}{n}+\frac{2k\pi}{n}\tag{1.12}$$

を満たす．偏角が φ と $\varphi+2\pi$ で，絶対値が等しい複素数は一致するから，$\alpha=re^{i\theta}$ の n 乗根は

$$\sqrt[n]{r}\,e^{\left(\frac{\theta}{n}+\frac{2k\pi}{n}\right)i}\quad(k=0,1,2,\ldots,n-1)$$

の n 個である．とくに，$\alpha=1$ とすれば $r=1,\theta=0$ であるから，次が成り立つ．

1.6 n 乗根

$re^{i\theta}$ $(r > 0, 0 \leqq \theta < 2\pi)$ の n 乗根は，

$$z_k = \sqrt[n]{r}\, e^{\left(\frac{\theta}{n} + \frac{2k\pi}{n}\right)i} = \sqrt[n]{r}\left\{\cos\left(\frac{\theta}{n} + \frac{2k\pi}{n}\right) + i\sin\left(\frac{\theta}{n} + \frac{2k\pi}{n}\right)\right\}$$

$$(k = 0, 1, 2, \ldots, n-1)$$

の n 個である．とくに，1 の n 乗根は，

$$z_k = e^{\frac{2k\pi}{n}i} = \cos\frac{2k\pi}{n} + i\sin\frac{2k\pi}{n} \quad (k = 0, 1, 2, \ldots, n-1)$$

である．

例題 1.1 立方根の図示

$z = 8i = 8e^{\frac{\pi}{2}i}$ の立方根を求め，複素平面上に図示せよ．

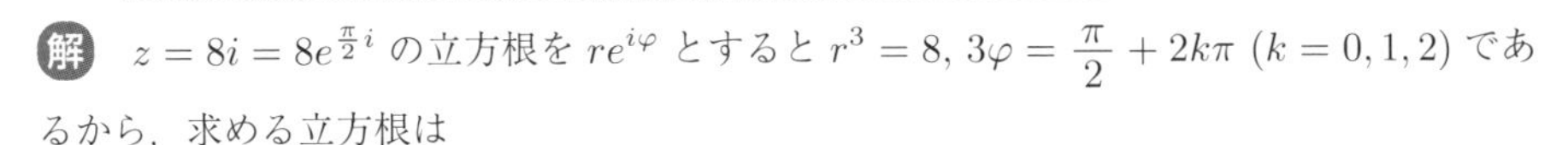

解 $z = 8i = 8e^{\frac{\pi}{2}i}$ の立方根を $re^{i\varphi}$ とすると $r^3 = 8$, $3\varphi = \dfrac{\pi}{2} + 2k\pi$ $(k = 0, 1, 2)$ であるから，求める立方根は

$$z_0 = 2\,e^{\frac{\pi}{6}i}, \quad z_1 = 2\,e^{\left(\frac{\pi}{6} + \frac{2\pi}{3}\right)i} = 2\,e^{\frac{5\pi}{6}i}, \quad z_2 = 2\,e^{\left(\frac{\pi}{6} + \frac{4\pi}{3}\right)i} = 2\,e^{\frac{3\pi}{2}i}$$

の 3 個である．これらは，

$$z_0 = 2\,e^{\frac{\pi}{6}i} = 2\left(\cos\frac{\pi}{6} + i\sin\frac{\pi}{6}\right) = \sqrt{3} + i$$

$$z_1 = 2\,e^{\frac{5\pi}{6}i} = 2\left(\cos\frac{5\pi}{6} + i\sin\frac{5\pi}{6}\right)$$

$$= -\sqrt{3} + i$$

$$z_2 = 2\,e^{\frac{3\pi}{2}i} = 2\left(\cos\frac{3\pi}{2} + i\sin\frac{3\pi}{2}\right) = -2i$$

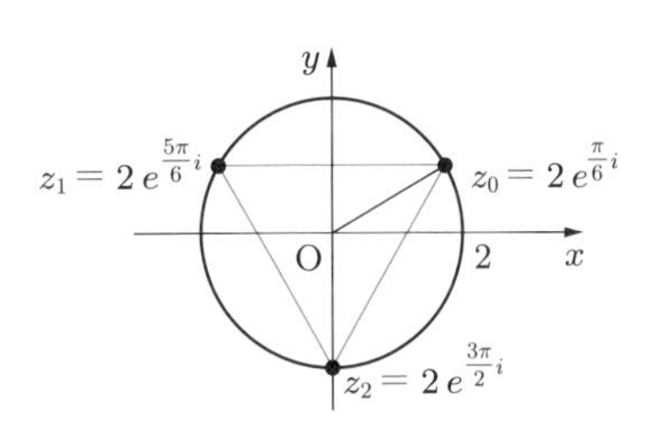

であり，図示すると右図のようになる．

問 1.11 次の複素数の累乗根を求め，複素平面上に図示せよ．

(1) 1 の 4 乗根 (2) -1 の立方根

練習問題 1

[1] 2つの複素数を $z_1 = 3 - 5i$, $z_2 = 1 + 4i$ とするとき，次の複素数を求めよ．

(1) $z_1 + z_2$　(2) $z_1 - z_2$　(3) $z_1 z_2$　(4) $\dfrac{z_1}{z_2}$

[2] $z = \sqrt{3} - i$ のとき，次の値を求めよ．

(1) $\mathrm{Re}\, z$　(2) $\mathrm{Im}\, z$　(3) $|z|$　(4) z^6　(5) z^{-3}

[3] 次の等式・不等式を満たす複素平面上の図形はどのようなものか説明せよ．

(1) $|z - i| = 2$　(2) $|z + 1| \geqq 3$

[4] 次の複素数 z の極形式を求めよ．ただし，$0 \leqq \arg z < 2\pi$ とする．

(1) $z = 1 + i$　(2) $z = -3 + \sqrt{3}\, i$

(3) $z = -2 - 2\sqrt{3}\, i$　(4) $z = \sqrt{2} - \sqrt{2}\, i$

[5] 次の複素数を $a + ib$ の形で表せ．

(1) $2\, e^{\frac{2\pi}{3} i}$　(2) $\sqrt{2}\, e^{-\frac{3\pi}{4} i}$　(3) $5\, e^{-\frac{\pi}{2} i}$

[6] $z = r(\cos\theta + i \sin\theta)$ とするとき，次の複素数を極形式で表せ．ただし，$r > 0$ である．

(1) $z(1 + i)$　(2) $\dfrac{z^2}{1 + i}$

[7] ド・モアブルの公式を用いて，次の3倍角の公式が成り立つことを証明せよ．

$$\cos 3\theta = 4\cos^3\theta - 3\cos\theta, \quad \sin 3\theta = 3\sin\theta - 4\sin^3\theta$$

[8] r, θ が実数のとき，$\overline{re^{i\theta}} = re^{-i\theta}$ であることを証明せよ．

[9] $16\, i$ の4乗根を求め，複素平面上に図示せよ．

2　複素関数

2.1　複素関数

複素関数　複素平面上の集合 D で，D に含まれる任意の点において，その点を中心とした小さな円内の点もまた D に含まれるとき，集合 D を複素平面の**領域**という．

領域 D に含まれる複素数 z に対して複素数 w を対応させる規則があるとき，w は z の**複素関数**であるといい，$w = f(z)$ と表す．変数 z を複素関数 $w = f(z)$ の**独立変数**，w を**従属変数**といい，領域 D を $w = f(z)$ の**定義域**という．複素関数に対して，変数が実数の関数を**実関数**という．

複素関数 $w = f(z)$ の独立変数 z が属する複素平面を **z 平面**，従属変数 w が属する複素平面を **w 平面**という．複素関数は，z 平面上の点 z に w 平面上の点 $w = f(z)$ を対応させる規則である．

複素関数 $w = f(z)$ を考えるとき，通常，z 平面上の点 $z = x + iy$ に対応する w 平面上の点を $w = u + iv$ と表す．z 平面の実軸，虚軸をそれぞれ x 軸，y 軸で表し，w 平面の実軸，虚軸をそれぞれ u 軸，v 軸で表す．

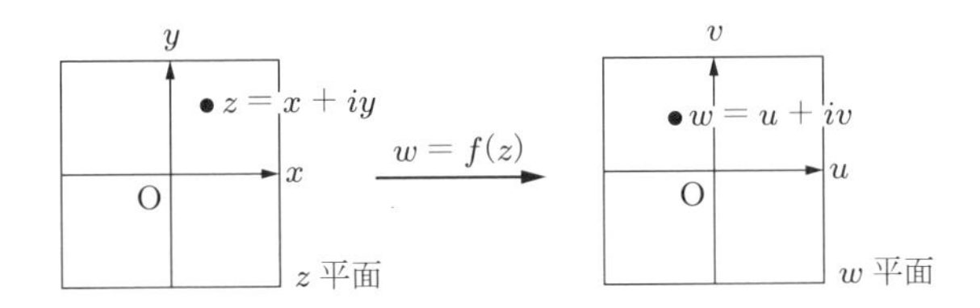

例 2.1　複素関数 $w = z^2$ について，$z = x + iy, w = u + iv$ とするとき，

$$w = z^2 = (x + iy)^2 = (x^2 - y^2) + 2xyi$$

となる．したがって，w の実部 u，虚部 v はそれぞれ

$$u = x^2 - y^2, \quad v = 2xy$$

となり，x, y の関数である．

一般に，w が $z = x + iy$ の関数のとき，$w = f(z)$ は実数の 2 変数関数 $u(x, y)$, $v(x, y)$ を用いて，$w = u(x, y) + iv(x, y)$ と表すことができる．

問2.1　$z = x + iy$ のとき $w = \dfrac{1}{z}$ の実部 u，虚部 v を x, y の関数として表せ．

例題 2.1　複素関数

複素関数 $w = \dfrac{1}{z}$ について，次の問いに答えよ．

(1)　z 平面上の原点を中心とした円 $|z| = r\ (r > 0)$ は，w 平面上のどのような図形に対応するか．

(2)　z 平面上の原点を端点とする半直線 $\arg z = \theta$ は，w 平面上のどのような図形に対応するか．

解　z 平面上の原点を中心とする半径 r の円周上の点は，$z = re^{i\theta}$ と表される．このとき，$w = \dfrac{1}{z}$ によって z に対応する w 平面上の点は，$w = \dfrac{1}{r}e^{-i\theta}$ となる．

(1)　$|z| = r$ であるとき，$|w| = \left|\dfrac{1}{z}\right| = \dfrac{1}{r}$ であるから，原点を中心とする半径 r の円は，原点を中心とする半径 $\dfrac{1}{r}$ の円に対応する．

(2)　$\arg z = \theta$ であるとき，$\arg w = \arg\dfrac{1}{z} = -\arg z = -\theta$ であるから，原点を端点とする半直線 $\arg z = \theta$ は，それと実軸について対称な半直線 $\arg w = -\theta$ に対応する．

例題 2.1 の関数について，z 平面上の点に対応する w 平面上の点の動きを調べる．点 z が原点を中心とする半径 r の円周上を正の方向（反時計回り）に 1 周するとき，$\arg w = -\theta$ であるから，対応する点 w は原点を中心とする半径 $\dfrac{1}{r}$ の円周上を負の方向（時計回り）に 1 周する．

また，$|w| = \dfrac{1}{|z|}$ であるから，z が原点から遠ざかると（$|z| \to \infty$），w は原点に近づいていく．したがって，関数 $w = \dfrac{1}{z}$ による z 平面の点と，w 平面の点の対応関係を図示すると，次のようになる．この関数による対応を反転という．

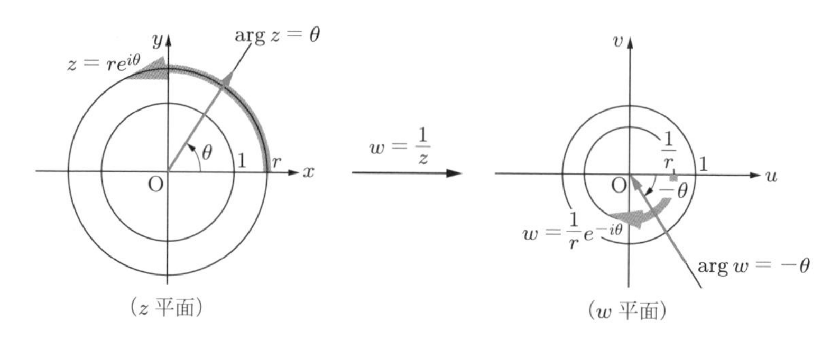

問2.2 関数 $w=z^3$ について，次の問いに答えよ．

(1) z 平面上の原点を中心とした円 $|z|=r$ $(r>0)$ は，w 平面上のどのような図形に対応するか．

(2) 原点を端点とする半直線 $\arg z=\theta$ は，w 平面上のどのような図形に対応するか．

2.2 基本的な複素関数

1 次分数関数 a，b，c，d $(ad-bc\neq 0)$ を複素数の定数とするとき，

$$w=\frac{az+b}{cz+d} \tag{2.1}$$

を **1 次分数関数**という．$a\neq 0$，$c=0$ のときは，条件より $d\neq 0$ となり，$w=\dfrac{a}{d}z+\dfrac{b}{d}$ となる．一般に，$w=\alpha z$ は，α が実数のときは拡大または縮小を表し，α が複素数のときは原点を中心とする回転と，拡大または縮小を表す．$w=z+\beta$ は平行移動を表す．また，$a=d=0$，$b=c=1$ のときは，$w=\dfrac{1}{z}$ であり，これは例題 2.1 でみた反転となる．1 次分数関数は，これらを合成したものとなっている．

指数関数 複素数 $z=x+iy$ に対して，関数 e^z を

$$e^z=e^{x+iy}=e^x(\cos y+i\sin y) \tag{2.2}$$

と定義する．関数 $w=e^z$ を複素数の**指数関数**という．定義から，$e^{x+iy}=e^xe^{iy}$ が成り立つ．また，$z=x$（実数）のとき，e^z の値は実関数の e^x の値と一致する．

例 2.2 $e^{1+\frac{\pi}{3}i}=e^1\cdot e^{\frac{\pi}{3}i}$

$$=e\left(\cos\frac{\pi}{3}+i\sin\frac{\pi}{3}\right)=e\left(\frac{1}{2}+\frac{\sqrt{3}}{2}i\right)$$

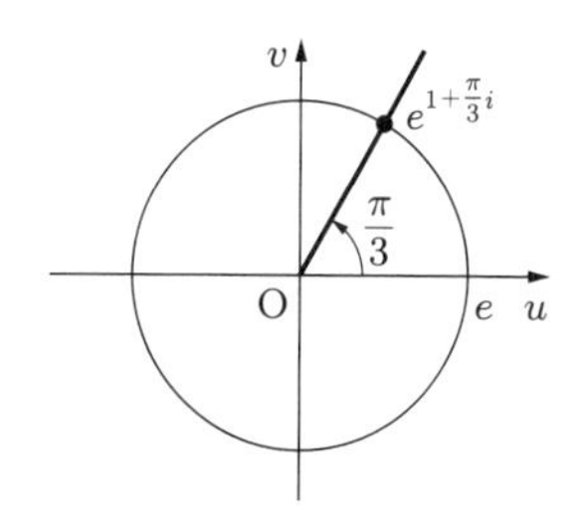

問2.3 次の複素数 z に対して，複素数 $w=e^z$ を w 平面上に図示せよ．

(1) $z=1+\dfrac{7\pi}{3}i$ (2) $z=1-\dfrac{\pi}{3}i$ (3) $z=-1+\dfrac{\pi}{3}i$

複素数の積と商（定理 1.4）およびド・モアブルの公式（定理 1.5）によって，任意の複素数 z_1, z_2, z および整数 n に対して，次が成り立つ．

(1)　$e^{z_1}e^{z_2} = e^{z_1+z_2}$　　(2)　$\dfrac{e^{z_1}}{e^{z_2}} = e^{z_1-z_2}$　　(3)　$(e^z)^n = e^{nz}$

$f(z) = e^z$ とおく．$e^{2\pi i} = \cos 2\pi + i\sin 2\pi = 1$ であるから，

$$f(z+2\pi i) = e^{z+2\pi i} = e^z e^{2\pi i} = e^z = f(z)$$

となる．したがって，指数関数 $f(z) = e^z$ は周期 $2\pi i$ の周期関数である．また，任意の実数 x, y に対して $e^x \neq 0$, $\cos y + i\sin y \neq 0$ であるから，次の式が成り立つ．

$$f(z) = e^z = e^{x+iy} = e^x(\cos y + i\sin y) \neq 0$$

三角関数　　オイラーの公式と，その θ を $-\theta$ におきかえた式

$$e^{i\theta} = \cos\theta + i\sin\theta, \quad e^{-i\theta} = \cos\theta - i\sin\theta$$

を用いると，$\cos\theta$, $\sin\theta$ は指数関数を用いて，それぞれ

$$\cos\theta = \frac{e^{i\theta}+e^{-i\theta}}{2}, \quad \sin\theta = \frac{e^{i\theta}-e^{-i\theta}}{2i}$$

と表すことができる．そこで，この式の θ を複素数 z として，複素数の**三角関数** $\cos z$, $\sin z$ を

$$\cos z = \frac{e^{iz}+e^{-iz}}{2}, \quad \sin z = \frac{e^{iz}-e^{-iz}}{2i} \tag{2.3}$$

と定義する．また，

$$\tan z = \frac{\sin z}{\cos z} = \frac{1}{i}\frac{e^{iz}-e^{-iz}}{e^{iz}+e^{-iz}} \tag{2.4}$$

と定義する．$z = x$（実数）のとき，$\cos z$, $\sin z$, $\tan z$ の値は，それぞれ実関数の $\cos x$, $\sin x$, $\tan x$ と一致する．

$z = x + iy$（x, y は実数）のとき，

$$\begin{aligned}\cos(x+iy) &= \frac{e^{i(x+iy)}+e^{-i(x+iy)}}{2}\\ &= \frac{1}{2}\{e^{-y}(\cos x + i\sin x) + e^{y}(\cos x - i\sin x)\}\end{aligned}$$

$$= \frac{1}{2}\{(e^y + e^{-y})\cos x - i(e^y - e^{-y})\sin x\}$$

となる．ここで，双曲線関数 $\cosh x = \dfrac{e^x + e^{-x}}{2}$, $\sinh x = \dfrac{e^x - e^{-x}}{2}$ を用いると，

$$\cos(x + iy) = \cos x \cosh y - i \sin x \sinh y \tag{2.5}$$

が成り立つ．同様に，

$$\sin(x + iy) = \sin x \cosh y + i \cos x \sinh y \tag{2.6}$$

が成り立つ．

例 2.3 (1) $\sin \dfrac{\pi}{3} i = \dfrac{e^{i \cdot \frac{\pi}{3} i} - e^{-i \cdot \frac{\pi}{3} i}}{2i} = \dfrac{i}{2}(e^{\frac{\pi}{3}} - e^{-\frac{\pi}{3}})$

(2)
$$\cos\left(\frac{\pi}{4} + i\right) = \cos\frac{\pi}{4}\cosh 1 - i \sin\frac{\pi}{4}\sinh 1$$
$$= \frac{\sqrt{2}}{4}\left\{\left(e + e^{-1}\right) - i\left(e - e^{-1}\right)\right\}$$

問2.4 $\sin(x + iy) = \sin x \cosh y + i \cos x \sinh y$ が成り立つことを証明せよ．

問2.5 次の値を求めよ．

(1) $\cos \dfrac{\pi}{4} i$ (2) $\sin\left(\dfrac{\pi}{2} - i\right)$

三角関数の性質 $f(z) = \cos z$ とおく．$e^{\pm 2\pi i} = 1$ であるから，

$$\begin{aligned}
\cos(z + 2\pi) &= \frac{e^{i(z+2\pi)} + e^{-i(z+2\pi)}}{2} \\
&= \frac{e^{iz}e^{2\pi i} + e^{-iz}e^{-2\pi i}}{2} \\
&= \frac{e^{iz} + e^{-iz}}{2} \\
&= \cos z
\end{aligned} \tag{2.7}$$

が成り立つ．したがって，$f(z) = \cos z$ は周期 2π の周期関数である．

問2.6 $\sin z$ は周期 2π の周期関数であることを証明せよ．

任意の複素数 z に対して，

$$\cos^2 z + \sin^2 z = \left(\frac{e^{iz} + e^{-iz}}{2}\right)^2 + \left(\frac{e^{iz} - e^{-iz}}{2i}\right)^2$$

$$= \frac{e^{2iz} + 2 + e^{-2iz}}{4} + \frac{e^{2iz} - 2 + e^{-2iz}}{-4} = 1$$

が成り立つ．さらに，複素数 z_1, z_2 に対して，次の加法定理が成り立つ．

(1)　$\sin(z_1 + z_2) = \sin z_1 \cos z_2 + \cos z_1 \sin z_2$

(2)　$\sin(z_1 - z_2) = \sin z_1 \cos z_2 - \cos z_1 \sin z_2$

(3)　$\cos(z_1 + z_2) = \cos z_1 \cos z_2 - \sin z_1 \sin z_2$

(4)　$\cos(z_1 - z_2) = \cos z_1 \cos z_2 + \sin z_1 \sin z_2$

2.3 逆関数

複素関数 $w = f(z)$ に対して，複素数 w に $w = f(z)$ を満たす複素数 z を対応させる関数を

$$z = f^{-1}(w) \tag{2.8}$$

と表し，$w = f^{-1}(z)$ を $w = f(z)$ の**逆関数**という．

n 乗根　n を2以上の自然数とするとき，関数 $w = z^n$ の逆関数を $w = \sqrt[n]{z}$ ($n = 2$ のときは $w = \sqrt{z}$) と表す．$\sqrt[n]{z}$ は z の n 乗根であり，$z = re^{i\theta}$ $(r > 0)$ とすると，

$$\sqrt[n]{z} = \sqrt[n]{r}e^{\left(\frac{\theta}{n} + \frac{2k\pi}{n}\right)i} \quad (k = 0,\ 1,\ 2,\ \ldots,\ n-1) \tag{2.9}$$

となる．$z \neq 0$ である複素数 z に対して，$\sqrt[n]{z}$ は n 個の値をとる．これを n **価関数**という．一般に複素関数では，1つの z に対して，複数の w を対応させる関数を考えることがある．これを**多価関数**という．$w = \sqrt{z}$ は2価関数であり，$w = \sqrt[3]{z}$ は3価関数である．

[note]　$\sqrt[n]{z}$ の定義に現れる $\sqrt[n]{r}$ $(r > 0)$ は n 乗して r となる正の実数を表し，1つの値をとるものとする．

例 2.4　$2i = 2e^{\frac{\pi}{2}i}$ であるので，$\sqrt{2i} = \sqrt{2}e^{\left(\frac{\pi}{4} + k\pi\right)i}$ $(k = 0, 1)$ であり，$\sqrt[3]{2i} = \sqrt[3]{2}e^{\left(\frac{\pi}{6} + \frac{2k\pi}{3}\right)i}$ $(k = 0,\ 1,\ 2)$ である．

問2.7　次の値を求めよ．

(1)　$\sqrt{-1 + \sqrt{3}i}$　　(2)　$\sqrt[3]{-i}$　　(3)　$\sqrt[4]{-16}$

対数関数 実数の関数と同じように，指数関数 $w = e^z$ の逆関数を**対数関数**といい，$w = \log z$ で表す．$z = re^{i\theta}$ $(r > 0)$ に対して $w = \log z = u + iv$ とおくと，$z = e^w = e^{u+iv}$ であるから，

$$r = |z| = e^u, \quad \arg z = v$$

となる．ここで，実数の自然対数を $\ln$ で表せば，

$$u = \ln |z|, \quad v = \theta + 2n\pi \quad (n \text{ は整数})$$

が得られる．したがって，$z = re^{i\theta}$ $(r > 0)$ に対して，複素数の対数関数を

$$\log z = \ln |z| + i \arg z = \ln r + i(\theta + 2n\pi) \quad (n \text{ は整数}) \tag{2.10}$$

と定義する．対数関数は 1 つの z に対して無限個の値が対応する．このような関数を**無限多価関数**という．$z = 0$ のとき，対数関数 $\log z$ は定義しない．

対数関数 $w = \log z$ において $-\pi < \arg z \leqq \pi$ に制限すると，1 つの z に対して 1 つの w が対応する．これを $\mathrm{Log}\, z$ と表し，$\log z$ の**主値**という．

[note] 主値については，z の偏角を $0 \leqq \arg z < 2\pi$ に制限したものをとってもよい．本書では，$-\pi < \arg z \leqq \pi$ に制限したものを主値とした．

例 2.5 (1) $\arg 1 = 2n\pi$ (n は整数) であるから，$\log 1 = \ln |1| + i(2n\pi) = 2n\pi i$ である．また，$\mathrm{Log}\, 1 = 0$ である．

(2) $1 - i = \sqrt{2} e^{\frac{7}{4}\pi i}$ であるから，$\log(1-i) = \ln \sqrt{2} + i\left(\frac{7}{4}\pi + 2n\pi\right)$ (n は整数) であり，$\mathrm{Log}(1-i) = \ln \sqrt{2} - \frac{\pi}{4} i$ である．

問 2.8 次の対数関数の値をすべて求めよ．また，主値を求めよ．

(1) $\log 3$ (2) $\log(2i)$ (3) $\log(-e)$ (4) $\log(1 - \sqrt{3}i)$

べき関数 複素数 a に対して，$w = z^a$ を対数関数を用いて次のように定義する．

$$w = z^a = e^{a \log z} \tag{2.11}$$

n を 2 以上の自然数とするとき，$w = z^n$ は 1 価関数であり，$w = z^{\frac{1}{n}}$ は n 価関数である．このように，$w = z^a$ は，a の値によって関数のとりうる値の個数が変わる．

例 2.6　n は整数とする．

$$2^i = e^{i\log 2} = e^{i(\ln 2 + 2n\pi i)} = e^{i\ln 2 - 2n\pi} = e^{2n\pi}\{\cos(\ln 2) + i\sin(\ln 2)\}$$

問2.9　次の値をすべて求めよ．

(1)　$2^{\frac{i}{2}}$　　(2)　3^{1+i}　　(3)　$(1+i)^i$

2.4 複素関数の極限

複素関数の極限　複素平面上の点 z が点 α とは異なる点をとりながら点 α に限りなく近づいていくことを，$z \to \alpha$ と表す．$z \to \alpha$ のとき，その近づき方によらず $f(z)$ が複素数 β に限りなく近づいていくならば，$f(z)$ は β に**収束する**といい，

$$\lim_{z\to\alpha} f(z) = \beta \quad \text{または} \quad f(z) \to \beta \ (z \to \alpha) \tag{2.12}$$

と表す．このとき，β を，$z \to \alpha$ のときの $f(z)$ の**極限値**という．$f(z)$ が収束しないときは**発散する**という．

$z = x+iy$, $f(z) = u(x,y)+iv(x,y)$, $\alpha = a+ib$, $\beta = c+id$ のとき，$\lim_{z\to\alpha} f(z) = \beta$ が成り立つのは $\lim_{\substack{x\to a\\y\to b}} u(x,y) = c$ かつ $\lim_{\substack{x\to a\\y\to b}} v(x,y) = d$ のときだけである（下図）．

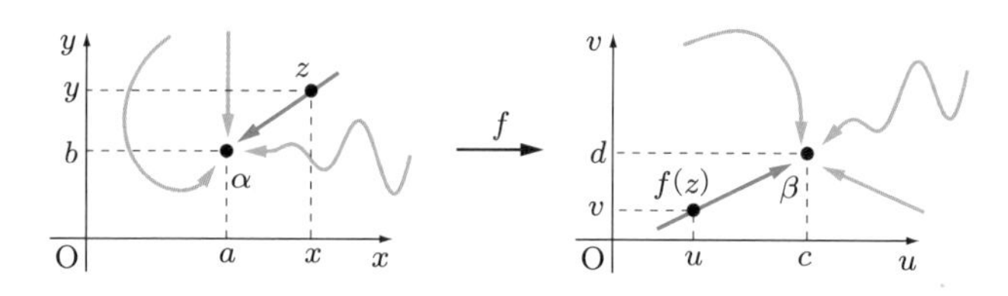

例題 2.2　複素関数の収束と発散

次の複素関数の収束・発散を調べよ．収束するときにはその極限値を求めよ．

(1)　$\displaystyle\lim_{z\to 0}\frac{z}{|z|}$　　(2)　$\displaystyle\lim_{z\to 2i}\frac{z^2+4}{z^2-2iz}$

解　(1)　$z = re^{i\theta}$ $(r>0)$ とおくと，$|z| = r$ であるから，$z \to 0$ のとき $r \to 0$ であり，

$$\lim_{z\to 0}\frac{z}{|z|} = \lim_{r\to 0}\frac{re^{i\theta}}{r} = \lim_{r\to 0} e^{i\theta} = e^{i\theta}$$

となる．この値は θ の値によって異なるから，$z \to 0$ のとき $\dfrac{z}{|z|}$ は発散する．

(2) $\dfrac{z^2+4}{z^2-2iz} = \dfrac{(z-2i)(z+2i)}{z(z-2i)} = \dfrac{z+2i}{z}$ であるから，

$$\lim_{z\to 2i}\frac{z^2+4}{z^2-2iz} = \lim_{z\to 2i}\frac{z+2i}{z} = \frac{2i+2i}{2i} = 2$$

となる．したがって，$z \to 2i$ のとき，$\dfrac{z^2+4}{z^2-2iz}$ は 2 に収束する．

問2.10 次の複素関数の収束・発散を調べよ．収束するときにはその極限値を求めよ．

(1) $\displaystyle\lim_{z\to 0}\frac{z^3}{|z|^3}$ (2) $\displaystyle\lim_{z\to i}\frac{z^2+1}{z-i}$

複素関数の連続性 点 α を含む領域 D で定義された複素関数 $f(z)$ について，極限値 $\displaystyle\lim_{z\to\alpha} f(z)$ が存在して

$$\lim_{z\to\alpha} f(z) = f(\alpha) \tag{2.13}$$

を満たすとき，$f(z)$ は点 α で**連続**であるという．また，$f(z)$ が領域 D 内のすべての点で連続であるとき，$f(z)$ は D で連続であるという．$f(z), g(z)$ が領域 D で連続であれば，c を複素数の定数（以下，単に定数という）とするとき，

$$cf(z), \quad f(z)+g(z), \quad f(z)g(z), \quad \frac{f(z)}{g(z)}\ (g(z)\neq 0), \quad \overline{f(z)}$$

も D で連続である．

$f(z) = u(x,y) + iv(x,y)$ とするとき，$f(z)$ が連続であるための必要十分条件は，実関数 $u(x,y), v(x,y)$ がともに連続であることである．

2.5 コーシー・リーマンの関係式

複素関数の微分可能性と正則関数 複素関数 $f(z)$ について，領域 D に含まれる点 α と複素数 Δz に対して，極限値

$$\lim_{\Delta z\to 0}\frac{f(\alpha+\Delta z)-f(\alpha)}{\Delta z}$$

が存在するとき，$f(z)$ は点 α で**微分可能**であるという．このとき，この極限値を点 α における $f(z)$ の**微分係数**といい，$f'(\alpha)$ と表す．点 $z=\alpha$ を含むある領域の

すべての点で $f(z)$ が微分可能であるとき，$f(z)$ は点 α で**正則**であるという．また，領域 D に含まれるすべての点で正則であるとき，$f(z)$ は領域 D で正則であるといい，このとき，$f(z)$ を領域 D 上の**正則関数**という．平面全体で正則な関数を，単に正則関数という．

領域 D 上の正則関数 $w = f(z)$ に対して，D 内の点 α に微分係数 $f'(\alpha)$ を対応させる関数を，$w = f(z)$ の**導関数**といい，

$$w', \quad f'(z), \quad \frac{dw}{dz}, \quad \frac{df}{dz}$$

などと表す．この記号を用いると，正則関数 $w = f(z)$ の導関数は，次のように表される．

$$f'(z) = \lim_{\Delta z \to 0} \frac{f(z+\Delta z) - f(z)}{\Delta z} \tag{2.14}$$

例 2.7　(1)　$f(z) = c$（c は定数）のとき，$f(z+\Delta z) - f(z) = c - c = 0$ であるから，次が成り立つ．

$$(c)' = 0$$

(2)　$g(z) = z^2$ は複素平面全体で定義された関数であり，

$$\begin{aligned}\frac{g(z+\Delta z) - g(z)}{\Delta z} &= \frac{(z+\Delta z)^2 - z^2}{\Delta z} \\ &= \frac{z^2 + 2z\Delta z + (\Delta z)^2 - z^2}{\Delta z} \\ &= 2z + \Delta z \to 2z \quad (\Delta z \to 0)\end{aligned}$$

となる．したがって，$g(z) = z^2$ は任意の点 z で微分可能である．よって，z^2 は複素平面全体で正則な関数であり，その導関数について，次の式が成り立つ．

$$g'(z) = \left(z^2\right)' = 2z$$

一般に，n が自然数のとき，$w = z^n$ は複素平面全体で正則であり，その導関数について，実関数の場合と同様に次が成り立つ．

$$(z^n)' = nz^{n-1} \tag{2.15}$$

コーシー・リーマンの関係式　関数 $u(x,y)$, $v(x,y)$ が偏微分可能であるとき，複素関数 $f(z)=u(x,y)+i\,v(x,y)$ が正則であるための必要条件を調べる．

$f(z)$ が正則であるとすれば，各点 z で極限値

$$f'(z)=\lim_{\Delta z\to 0}\frac{f(z+\Delta z)-f(z)}{\Delta z} \qquad \cdots\cdots ①$$

が存在する．極限値 ① は $\Delta z\to 0$ の近づき方によらない．ここで，$z=x+iy$, $\Delta z=h+ik$ とすれば，$\Delta z\to 0$ のとき $h\to 0$, $k\to 0$ である．とくに，$k=0$, $\Delta z=h$（実数）としたとき，$z+\Delta z=(x+h)+iy$ となるから，極限値 ① は，

$$\begin{aligned}
f'(z)&=\lim_{\Delta z\to 0}\frac{f(z+\Delta z)-f(z)}{\Delta z}\\
&=\lim_{h\to 0}\frac{\{u(x+h,y)+iv(x+h,y)\}-\{u(x,y)+iv(x,y)\}}{h}\\
&=\lim_{h\to 0}\left\{\frac{u(x+h,y)-u(x,y)}{h}+i\frac{v(x+h,y)-v(x,y)}{h}\right\}\\
&=\frac{\partial u}{\partial x}+i\,\frac{\partial v}{\partial x} \qquad \cdots\cdots ②
\end{aligned}$$

となる．一方，$h=0$, $\Delta z=ik$（純虚数）としたとき，$z+\Delta z=x+i(y+k)$ となるから，極限値 ① は，

$$\begin{aligned}
f'(z)&=\lim_{\Delta z\to 0}\frac{f(z+\Delta z)-f(z)}{\Delta z}\\
&=\lim_{k\to 0}\frac{\{u(x,y+k)+iv(x,y+k)\}-\{u(x,y)+iv(x,y)\}}{ik}\\
&=\lim_{k\to 0}\left\{-i\frac{u(x,y+k)-u(x,y)}{k}+\frac{v(x,y+k)-v(x,y)}{k}\right\}\\
&=\frac{\partial v}{\partial y}-i\,\frac{\partial u}{\partial y} \qquad \cdots\cdots ③
\end{aligned}$$

となる．$f(z)$ が正則ならば，② と ③ は一致しなければならないから，

$$\frac{\partial u}{\partial x}+i\,\frac{\partial v}{\partial x}=\frac{\partial v}{\partial y}-i\,\frac{\partial u}{\partial y}$$

が成り立つ．この式の両辺の実部と虚部を比較することによって，

$$\frac{\partial u}{\partial x}=\frac{\partial v}{\partial y},\quad \frac{\partial v}{\partial x}=-\frac{\partial u}{\partial y} \qquad (2.16)$$

が得られる．式 (2.16) を**コーシー・リーマンの関係式**という．

Δz の 0 への近づき方は他にも無数にあるから，コーシー・リーマンの関係式が成り立っても必ずしも正則であるとはいえない．したがって，コーシー・リーマンの関係式が成り立つことは，$f(z)$ が正則であるための必要条件である．

一方，$f(z)$ が正則であるための十分条件として，次の定理が成り立つことが知られている．

2.1　関数の正則性

領域 D の各点において $u(x,y)$, $v(x,y)$ がともに偏微分可能で，すべての偏導関数が連続であるとする．このとき，コーシー・リーマンの関係式

$$\frac{\partial u}{\partial x} = \frac{\partial v}{\partial y}, \quad \frac{\partial v}{\partial x} = -\frac{\partial u}{\partial y}$$

を満たしていれば，複素関数 $w = u(x,y) + i\,v(x,y)$ は D で正則で，

$$\frac{dw}{dz} = \frac{\partial u}{\partial x} + i\,\frac{\partial v}{\partial x} = \frac{\partial v}{\partial y} - i\,\frac{\partial u}{\partial y}$$

が成り立つ．

例題 2.3　**コーシー・リーマンの関係式**

次の複素関数が正則かどうかを調べ，正則であればその導関数を求めよ．

(1)　$w = \overline{z}$　　　　(2)　$w = z^2$

解　$z = x + iy$, $w = u(x,y) + iv(x,y)$ とする．

(1)　$w = \overline{z} = x - iy$ であるから，$u = x$, $v = -y$ である．このとき，

$$\frac{\partial u}{\partial x} = 1, \quad \frac{\partial v}{\partial y} = -1$$

となって，u, v はコーシー・リーマンの関係式を満たさない．したがって，$w = \overline{z}$ は正則ではない．

(2)　$w = z^2 = (x + iy)^2 = (x^2 - y^2) + 2ixy$ であるから，$u = x^2 - y^2$, $v = 2xy$ であり，$u(x,y)$, $v(x,y)$ は偏微分可能である．さらに，

$$\frac{\partial u}{\partial x} = \frac{\partial v}{\partial y} = 2x, \quad \frac{\partial v}{\partial x} = -\frac{\partial u}{\partial y} = 2y$$

となるからコーシー・リーマンの関係式を満たす．また，u, v の偏導関数は連続であるから，$w = z^2$ は正則で，その導関数は次のようになる．

$$\frac{dw}{dz} = \frac{\partial u}{\partial x} + i\frac{\partial v}{\partial x} = 2x + 2iy = 2z$$

問2.11 次の複素関数が正則かどうかを調べ，正則であればその導関数を求めよ．

(1) $w = z^3$　　(2) $w = \overline{z}^2$

[note] 正則ではない関数の例として，たとえば $f(z) = |z|^2$ がある．

$z = x + iy, f(z) = u + iv$ とすると，$f(z) = |x + iy|^2 = x^2 + y^2$ であるから，$u = x^2 + y^2, v = 0$ であり，$z \neq 0$ のときはコーシー・リーマンの関係式を満たさない．したがって，$z \neq 0$ のときは $f(z) = |z|^2$ は正則ではない．

$z = 0$ のときは微分可能である．実際，

$$\lim_{\Delta z \to 0} \frac{f(0 + \Delta z) - f(0)}{\Delta z} = \lim_{\Delta z \to 0} \frac{|\Delta z|^2}{\Delta z} = \lim_{\Delta z \to 0} \frac{\Delta z \overline{\Delta z}}{\Delta z} = \lim_{\Delta z \to 0} \overline{\Delta z} = 0$$

であり，$f'(0) = 0$ である．

2.6 正則関数とその導関数

導関数の公式　実関数の場合と同様に，複素関数の導関数について次のことが成り立つ．

2.2 導関数の公式

$f(z), g(z)$ が正則であるとき，それらの定数倍，和，差，積，商および合成関数も正則で，次が成り立つ．

(1) $\{cf(z)\}' = cf'(z)$　（c は定数）

(2) $\{f(z) \pm g(z)\}' = f'(z) \pm g'(z)$　（複号同順）

(3) $\{f(z)g(z)\}' = f'(z)g(z) + f(z)g'(z)$

(4) $\left\{\dfrac{f(z)}{g(z)}\right\}' = \dfrac{f'(z)g(z) - f(z)g'(z)}{\{g(z)\}^2}$　（ただし，$g(z) \neq 0$）

(5) $\{f(g(z))\}' = f'(g(z))g'(z)$

問2.12 次の複素関数の導関数を求めよ．

(1) $w = (z + i)(iz - 1)$　　(2) $w = \dfrac{z + 1}{iz - 1}$

(3) $w = z + \dfrac{1}{z}$　　(4) $w = \dfrac{1}{(1 - z)^2}$

指数関数の導関数　指数関数 $e^z = e^x(\cos y + i\sin y)$ の実部 u，虚部 v はそれぞれ $u = e^x\cos y$, $v = e^x\sin y$ であり，さらに，

$$\frac{\partial u}{\partial x} = \frac{\partial v}{\partial y} = e^x\cos y, \quad \frac{\partial v}{\partial x} = -\frac{\partial u}{\partial y} = e^x\sin y$$

となるからコーシー・リーマンの関係式を満たす．また，偏導関数はすべて連続であるから，指数関数 e^z は複素平面全体で正則である．また，その導関数について，実関数 e^x と同じように，次が成り立つ．

$$\begin{aligned}(e^z)' &= \frac{\partial u}{\partial x} + i\frac{\partial v}{\partial x}\\ &= e^x\cos y + ie^x\sin y = e^x(\cos y + i\sin y) = e^z \end{aligned} \tag{2.17}$$

問2.13　次の関数の導関数を求めよ．

(1)　$w = 2e^{3z} - 3e^{3iz}$　　(2)　$w = (1+e^{iz})^3$

三角関数の導関数　$w = e^z$ は複素平面全体で正則であるから，

$$\cos z = \frac{e^{iz}+e^{-iz}}{2}, \quad \sin z = \frac{e^{iz}-e^{-iz}}{2i}$$

も複素平面全体で正則である．$\cos z$ の導関数について，

$$\begin{aligned}(\cos z)' &= \left(\frac{e^{iz}+e^{-iz}}{2}\right)'\\ &= \frac{(e^{iz})' + (e^{-iz})'}{2}\\ &= \frac{ie^{iz} - ie^{-iz}}{2} = -\frac{e^{iz}-e^{-iz}}{2i} = -\sin z \end{aligned} \tag{2.18}$$

となる．さらに，次が成り立つ．

$$(\sin z)' = \cos z, \quad (\tan z)' = \frac{1}{\cos^2 z} \tag{2.19}$$

問2.14　式 (2.19) が成り立つことを証明せよ．

練習問題 2

[1] $z = x + iy$ とするとき，$w = u + iv$ の実部 u，虚部 v を x, y の関数として表せ．

(1) $w = z - \dfrac{1}{z}$　　(2) $w = \dfrac{1-z}{1+z}$

[2] 次の値を $a + ib$（a, b は実数）の形に表せ．

(1) $e^{2-\frac{\pi}{6}i}$　　(2) $e^{-2+\frac{\pi}{4}i}$

(3) $\sin\left(\dfrac{\pi}{3} + i\right)$　　(4) $\cos\left(\dfrac{\pi}{4} - 2i\right)$

[3] 次の問いに答えよ．

(1) $z = x + iy$ のとき，$|e^z| = e^x$ であることを証明せよ．

(2) $z = re^{i\theta}$ のとき，$|e^{iz}| = e^{-r\sin\theta}$ であることを証明せよ．

(3) $|e^z| = 1$ を満たす複素数 z をすべて求めよ．

(4) $e^z = 1$ を満たす複素数 z をすべて求めよ．

[4] 次の複素関数の導関数を求めよ．

(1) $w = \dfrac{1}{z(z+2i)}$　　(2) $w = \dfrac{z}{(z-i)^2}$

(3) $w = \dfrac{1}{i}\dfrac{e^{iz} - e^{-iz}}{e^{iz} + e^{-iz}}$　　(4) $w = (\cos z + \sin z)^3$

[5] 実関数 $\varphi(x, y)$ が 2 階偏微分可能でその偏導関数が連続であり，条件

$$\frac{\partial^2 \varphi}{\partial x^2} + \frac{\partial^2 \varphi}{\partial y^2} = 0$$

を満たすとき，φ を**調和関数**という．関数 $f(z) = u(x, y) + iv(x, y)$ が正則であるとき，u, v が調和関数であることを証明せよ．ただし，正則関数の実部 u，虚部 v は何回でも偏微分可能で，その偏導関数が連続であるものとする．

[6] 次の関数の実部 u と虚部 v を求め，それらがそれぞれ調和関数であることを確かめよ．

(1) $f(z) = z^4$　　(2) $f(z) = \dfrac{1}{z}$

[7] 関数 $w = f(z)$ が正則関数でその実部が $u(x, y) = 2xy$ であるとき，次の問いに答えよ．

(1) $u(x, y)$ は調和関数であることを確かめよ．

(2) $w = f(z)$ の虚部は，$v(x, y) = -x^2 + y^2 + c$（c は実数の定数）となることを示せ．

3 複素関数の積分

3.1 複素関数の積分

複素平面上の曲線　関数 $x(t)$, $y(t)$ が連続であるとき，複素平面上の点

$$z = x(t) + i\,y(t) \quad (\alpha \leqq t \leqq \beta) \tag{3.1}$$

は，t が変化するにつれて複素平面上に曲線 C を描く．この曲線 C を $z = z(t)$ と表す．$\alpha \leqq t \leqq \beta$ を曲線 C の**定義域**といい，$z(\alpha)$ を**始点**，$z(\beta)$ を**終点**という．t の増加にともなって点 $z(t)$ が移動する向きを曲線 C の**向き**という．また，曲線 C と逆向きの曲線を $-$C と表す．

例 3.1　$z = a + r\,e^{it}$ $(r > 0,\ 0 \leqq t \leqq 2\pi)$ と表される曲線を C とする．このとき，

$$|z - a| = |r\,e^{it}| = r|\,e^{it}| = r$$

であるから，C は点 a を中心とする半径 r の円である（図 1）．このとき，C と逆向きの曲線 $-$C は，$z = a + r\,e^{-it}$ $(0 \leqq t \leqq 2\pi)$ と表される（図 2）．

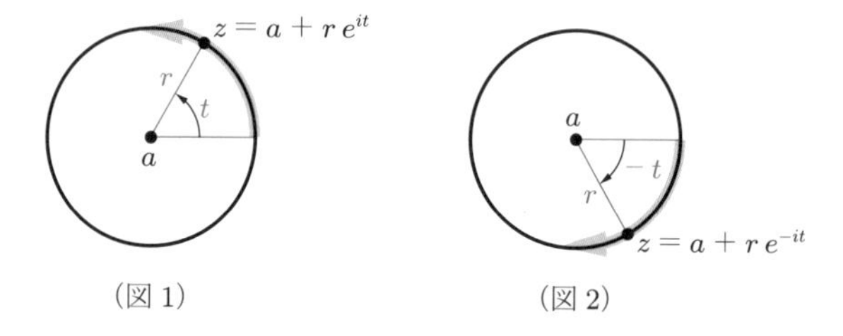

（図 1）　　（図 2）

曲線 $z = x(t) + iy(t)$ について，$x(t)$, $y(t)$ の導関数が存在しそれらが連続であるとき，この曲線は**滑らか**であるという．以下，曲線は滑らかで，$\dfrac{dz}{dt} = \dfrac{dx}{dt} + i\dfrac{dy}{dt} \neq 0$ を満たすものとする．この条件は，t を時刻として $z = z(t)$ を点の運動と考えたとき，この運動が停止しないことを意味する．

2 つの滑らかな曲線 C_1, C_2 に対して，C_1 の終点と C_2 の始点が一致しているとき，C_1 と C_2 をつないで得られる曲線を $C_1 + C_2$ と表す．3 つ以上の曲線をつなぐときも同様に定める．

複素積分　曲線 C を含む領域で定義された複素関数 $f(z)$ の，曲線 C に沿う積分を考える．曲線 C が $z = z(t)$ $(\alpha \leqq t \leqq \beta)$ と表されているとき，区間 $[\alpha, \beta]$ の分割と分割された小区間に含まれる任意の点 t_k を

$$\alpha = c_0 < c_1 < c_2 < \cdots < c_n = \beta, \quad c_{k-1} < t_k < c_k \quad (k = 1, 2, \ldots, n)$$

とし，$\Delta t_k = c_k - c_{k-1}$, $\Delta z_k = z(c_k) - z(c_{k-1})$ とおく．このとき，$f(z(t_k))$ と Δz_k の積の総和の，$n \to \infty$ として分割を限りなく細かくしたときの極限値

$$\lim_{n\to\infty} \sum_{k=1}^{n} f(z(t_k))\Delta z_k \tag{3.2}$$

が存在するならば，この極限値を複素関数 $f(z)$ の**曲線 C に沿う積分**といい，

$$\int_{\mathrm{C}} f(z)\, dz \tag{3.3}$$

と表す．複素関数の積分を**複素積分**という．それに対して，実関数の積分を**実積分**という．

$f(z)$ が連続であれば，極限値 (3.2) が存在することが知られている．この極限値を

$$\lim_{n\to\infty} \sum_{k=1}^{n} f(z(t_k))\Delta z_k = \lim_{n\to\infty} \sum_{k=1}^{n} f(z(t_k))\frac{\Delta z_k}{\Delta t_k}\Delta t_k \tag{3.4}$$

と変形すると，右辺は $f(z(t))\dfrac{dz}{dt}$ の積分であるから，次が成り立つ．

3.1　複素積分

曲線 C が $z = z(t)$ $(\alpha \leqq t \leqq \beta)$ と表されているとき，連続な複素関数 $w = f(z)$ の曲線 C に沿う積分は，次のようになる．

$$\int_{\mathrm{C}} f(z)\, dz = \int_{\alpha}^{\beta} f(z(t))\frac{dz}{dt}\, dt$$

複素積分でも，実積分と同様に，微分 $dz = \dfrac{dz}{dt}\,dt$ を求めて計算することができる．

例題 3.1 複素積分の計算

曲線 C に沿う次の複素積分を求めよ．

(1) $\displaystyle\int_C z^2\,dz, \quad C: z = 1 + it \quad (0 \leqq t \leqq 1)$

(2) $\displaystyle\int_C \frac{1}{(z-1)^2}\,dz, \quad C: z = 1 + e^{it} \quad (0 \leqq t \leqq \pi)$

解 (1) $z = 1 + it$ のとき

$$dz = i\,dt, \quad z^2 = (1+it)^2 = 1 - t^2 + 2it$$

である．したがって，求める複素積分は次のようになる．

$$\int_C z^2\,dz = \int_0^1 (1 - t^2 + 2it)\cdot i\,dt = -\int_0^1 2t\,dt + i\int_0^1 (1-t^2)\,dt = -1 + \frac{2}{3}i$$

(2) $z = 1 + e^{it}$ のとき

$$dz = ie^{it}\,dt, \quad \frac{1}{(z-1)^2} = \frac{1}{\{(1+e^{it})-1\}^2} = e^{-2it}$$

である．したがって，求める複素積分は次のようになる．

$$\int_C \frac{1}{(z-1)^2}\,dz = \int_0^\pi e^{-2it}\cdot ie^{it}\,dt$$

$$= i\int_0^\pi e^{-it}\,dt = i\left[\frac{1}{-i}e^{-it}\right]_0^\pi = -\left(e^{-\pi i} - e^0\right) = 2$$

問 3.1 曲線 C に沿う次の複素積分を求めよ．

(1) $\displaystyle\int_C z\,dz, \quad C: z = (1-t) + it \quad (0 \leqq t \leqq 1)$

(2) $\displaystyle\int_C \frac{z}{(z-i)^2}\,dz, \quad C: z = i + e^{it} \quad (0 \leqq t \leqq \pi)$

複素積分の性質 以下，複素積分を単に積分という．実積分と同じように，

$$\int_C kf(z)dz = k\int_C f(z)\,dz \quad (k \text{ は定数}) \tag{3.5}$$

$$\int_C \{f(z) \pm g(z)\}\,dz = \int_C f(z)\,dz \pm \int_C g(z)\,dz \quad (\text{複号同順}) \tag{3.6}$$

が成り立つ．また，逆向きの曲線 $-\mathrm{C}$ に沿う積分，および $\mathrm{C}_1, \mathrm{C}_2$ をつないだ曲線 $\mathrm{C}_1+\mathrm{C}_2$ に沿う $f(z)$ の積分について，

$$\int_{-\mathrm{C}} f(z)\,dz = -\int_{\mathrm{C}} f(z)\,dz \tag{3.7}$$

$$\int_{\mathrm{C}_1+\mathrm{C}_2} f(z)\,dz = \int_{\mathrm{C}_1} f(z)dz + \int_{\mathrm{C}_2} f(z)\,dz \tag{3.8}$$

が成り立つ．

さらに，積分の定義において，三角不等式［→定理 1.3］と $\Delta t_k > 0$ であることを用いると，

$$\left|\sum_{k=1}^{n} f(z(t_k))\Delta z_k\right| \leqq \sum_{k=1}^{n}\left| f(z(t_k))\frac{\Delta z_k}{\Delta t_k}\Delta t_k\right| = \sum_{k=1}^{n} |\,f(z(t_k))|\left|\frac{\Delta z_k}{\Delta t_k}\right|\Delta t_k$$

が成り立つ．したがって，次の不等式が成り立つ．

$$\left|\int_{\mathrm{C}} f(z)\,dz\right| \leqq \int_{\alpha}^{\beta} |f(z(t))||z'(t)|\,dt \tag{3.9}$$

単一閉曲線に沿う積分　始点と終点が一致する曲線を**閉曲線**という．また，自分自身と交差しない閉曲線を**単一閉曲線**という．単一閉曲線 $z = z(t)$ 上を進むとき，内部を左手に見て進む向きを曲線の**正の向き**といい，その逆向きを**負の向き**という．以下，とくに断らない限り，単一閉曲線は正の向きをもつものとする．

例 3.2　点 a を中心とした半径 r の円

$$z = a + r\,e^{i\theta} \quad (0 \leqq \theta \leqq 2\pi) \tag{3.10}$$

の向きは反時計回りであり，内部を左手に見ながら進むから，正の向きをもつ単一閉曲線である．

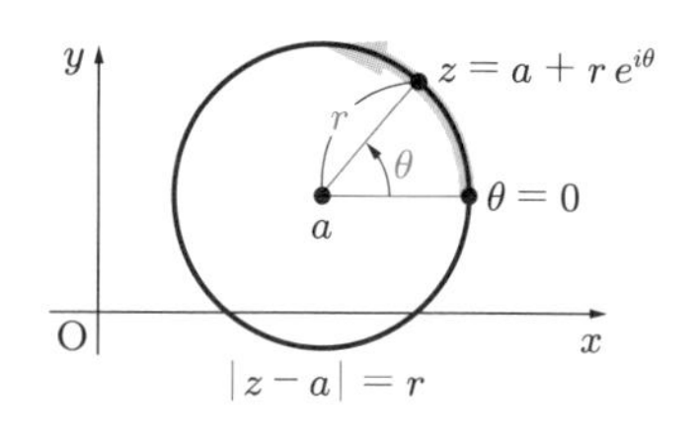

このように，円を表すときは，媒介変数に θ を用いる場合が多い．

例 3.2 の円 $|z-a| = r$ を正の向きに 1 周する曲線 $z = a + r\,e^{i\theta}$ $(0 \leqq \theta \leqq 2\pi)$ に沿う複素関数 $f(z)$ の積分を，次のように表す．

$$\int_{|z-a|=r} f(z)\,dz \tag{3.11}$$

例題 3.2　円に沿う積分

任意の点 a と正の数 r に対して，次の式が成り立つことを証明せよ．

$$\int_{|z-a|=r} \frac{1}{z-a}\,dz = 2\pi i$$

証明　与えられた積分は，円 $z = a + re^{i\theta}$ $(0 \leqq \theta \leqq 2\pi)$ に沿う積分である．この円上では

$$dz = ire^{i\theta}\,d\theta, \quad z - a = re^{i\theta}$$

である．したがって，次が成り立つ．

$$\int_{|z-a|=r} \frac{1}{z-a}\,dz = \int_0^{2\pi} \frac{1}{re^{i\theta}} \cdot ire^{i\theta}\,d\theta = i\int_0^{2\pi} d\theta = 2\pi i$$

証明終

例題 3.2 の積分は，点 a や正の数 r によらず，一定な値として定まる．

3.2　コーシーの積分定理

コーシーの積分定理　複素関数 $f(z)$ は，単一閉曲線 C およびその内部の領域で正則であるとする．このとき，$f(z)$ の C に沿う積分を考える．

例 3.3　正則な関数 $f(z) = z^2$ の，単一閉曲線 $|z| = r$（r は正の数）に沿う積分を求める．$|z| = r$ は原点を中心とする半径 r の円であるから，$z = re^{i\theta}$ $(0 \leqq \theta \leqq 2\pi)$ と表すことができる．この円上で

$$dz = ir\,e^{i\theta}\,d\theta, \quad z^2 = (re^{i\theta})^2 = r^2e^{2i\theta}$$

となるから，$f(z) = z^2$ の $|z| = r$ に沿う積分は，次のようになる．

$$\begin{aligned}\int_{|z|=r} z^2\,dz &= \int_0^{2\pi} r^2e^{2i\theta} \cdot ir\,e^{i\theta}\,d\theta \\ &= ir^3\int_0^{2\pi} e^{3i\theta}\,d\theta = ir^3\left[\,\frac{1}{3i}e^{3i\theta}\,\right]_0^{2\pi} = 0\end{aligned}$$

一般に，関数 $f(z)$ が，単一閉曲線 C およびその内部の領域で正則であるとき，C に沿う $f(z)$ の積分はつねに 0 になる．このことに関する次の**コーシーの積分定理**は，複素関数論における主要な定理の 1 つである．

3.2 コーシーの積分定理 I

関数 $f(z)$ が，単一閉曲線 C およびその内部で正則であるとき，次が成り立つ．

$$\int_{\mathrm{C}} f(z)\,dz = 0$$

証明 $f(z) = u(x,y) + iv(x,y)$ とする．閉曲線 C が $z = x(t) + iy(t)$ $(a \leqq t \leqq b)$ で表されているとき，

$$\begin{aligned}
\int_{\mathrm{C}} f(z)\,dz &= \int_a^b \{u(x(t),y(t)) + i\,v(x(t),y(t))\}\left(\frac{dx}{dt} + i\frac{dy}{dt}\right) dt \\
&= \int_a^b \left\{u(x(t),y(t))\frac{dx}{dt} - v(x(t),y(t))\frac{dy}{dt}\right\} dt \\
&\qquad + i\int_a^b \left\{v(x(t),y(t))\frac{dx}{dt} + u(x(t),y(t))\frac{dy}{dt}\right\} dt \\
&= \int_{\mathrm{C}} (u\,dx - v\,dy) + i\int_{\mathrm{C}} (v\,dx + u\,dy)
\end{aligned}$$

となる．したがって，曲線 C の内部を D とすれば，グリーンの定理（第 1 章「ベクトル解析」の定理 4.2 参照）によって，

$$\begin{aligned}
\int_{\mathrm{C}} f(z)\,dz &= \int_{\mathrm{C}} (u\,dx - v\,dy) + i\int_{\mathrm{C}} (v\,dx + u\,dy) \\
&= \iint_{\mathrm{D}} \left(-\frac{\partial u}{\partial y} - \frac{\partial v}{\partial x}\right) dxdy + i\iint_{\mathrm{D}} \left(-\frac{\partial v}{\partial y} + \frac{\partial u}{\partial x}\right) dxdy
\end{aligned}$$

である．ここで，$f(z)$ は正則であるから，u, v はコーシー・リーマンの関係式

$$\frac{\partial u}{\partial x} = \frac{\partial v}{\partial y}, \quad \frac{\partial v}{\partial x} = -\frac{\partial u}{\partial y}$$

を満たす．よって，$\displaystyle\int_{\mathrm{C}} f(z)\,dz = 0$ が成り立つ． 証明終

単一閉曲線 C の内部に正則でない点を含む関数には，コーシーの積分定理 I（定理 3.2）は適用できない．そのような関数の曲線 C に沿う積分は，必ずしも 0 ではない（例題 3.2）．

関数 $f(z)$ が $z = a$ で正則でないとき，点 a を $f(z)$ の**特異点**という．単一閉曲線 C の内部に $f(z)$ の特異点が存在する場合，C に沿う積分について，次の**コーシーの積分定理 II** が成り立つ．

3.3　コーシーの積分定理 II

曲線 C を単一閉曲線とする．

(1)　図 1 のように，C_1 を C の内部に含まれる単一閉曲線とする．関数 $f(z)$ が，C の内部で，C_1 の外部にある領域 D およびその境界線上で正則であるとき，次が成り立つ．

$$\int_{C} f(z)\,dz = \int_{C_1} f(z)\,dz$$

(2)　C の内部に含まれる n 個の曲線 $C_1, C_2, \ldots, C_n$ を，図 2 のように互いに外部にある単一閉曲線とする．関数 $f(z)$ が，C の内部で，$C_1, C_2, \ldots, C_n$ の外部にある領域 D およびその境界線上で正則であるとき，次が成り立つ．

$$\int_{C} f(z)\,dz = \sum_{k=1}^{n} \int_{C_k} f(z)\,dz$$

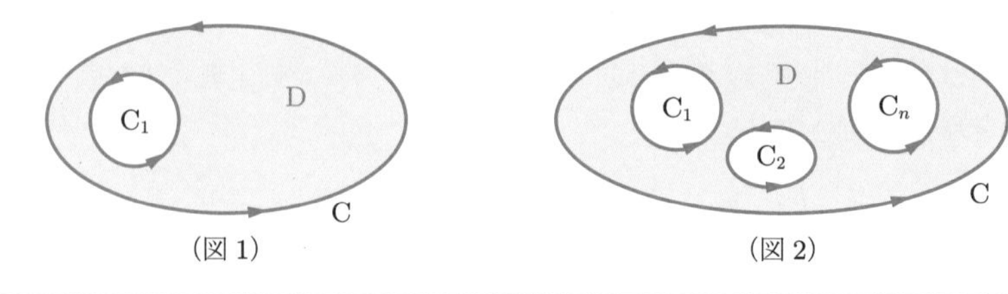

（図 1）　（図 2）

証明　(2) の $n=2$ の場合を示す．C, C_1, C_2 は図 3 のようなものとし，図 4，図 5 の経路に沿う 2 つの積分を考える．

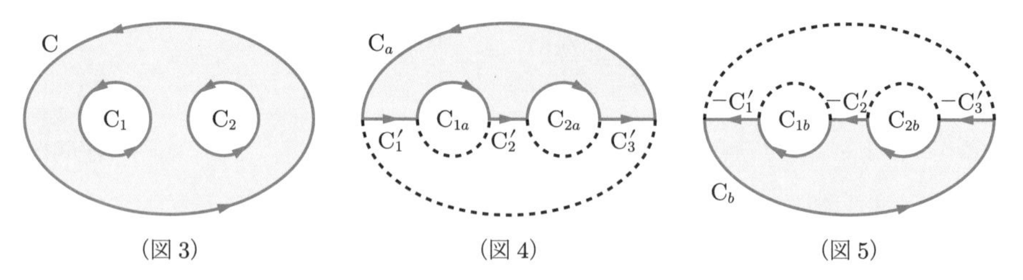

（図 3）　（図 4）　（図 5）

図 4，図 5 の青色の部分および境界線上では $f(z)$ は正則であるから，

$$\int_{C_a + C'_1 + C_{1a} + C'_2 + C_{2a} + C'_3} f(z)\,dz = 0 \qquad \cdots\cdots ①$$

$$\int_{C_b + (-C'_3) + C_{2b} + (-C'_2) + C_{1b} + (-C'_1)} f(z)\,dz = 0 \qquad \cdots\cdots ②$$

が成り立つ．①，② はそれぞれ 6 つの曲線に沿う積分の和に分解することができる．$C_a + C_b = C$, $C_{1a} + C_{1b} = -C_1$, $C_{2a} + C_{2b} = -C_2$ であり，C'_1, C'_2, C'_3 上の積分は互いに打ち消し合うことに注意して，① と ② を加えることにより，

$$\int_C f(z)\,dz + \int_{-C_1} f(z)\,dz + \int_{-C_2} f(z)\,dz = 0$$

が得られる．したがって，

$$\int_C f(z)\,dz = \int_{C_1} f(z)\,dz + \int_{C_2} f(z)\,dz$$

が成り立つ．他の場合も同様に示すことができる． 証明終

例題 3.3　内部に正則でない点を含む曲線に沿う積分

曲線 C が $z = 3$ を内部に含む単一閉曲線であるとき，C に沿う積分

$$\int_C \frac{z}{z-3}\,dz$$

を求めよ．

解　$f(z) = \dfrac{z}{z-3}$ とおくと，$f(z)$ の特異点は $z = 3$ であり，それ以外の点で $f(z)$ は正則である．正の定数 ε を，$z = 3$ を中心とする円 $|z-3| = \varepsilon$ が C の内部に含まれるように選ぶ．このとき，コーシーの積分定理 II（定理 3.3(1)）によって，

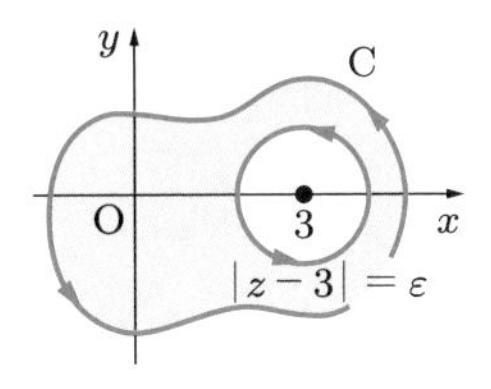

$$\int_C \frac{z}{z-3}\,dz = \int_{|z-3|=\varepsilon} \frac{z}{z-3}\,dz$$

である．円 $|z-3| = \varepsilon$ は $z = 3 + \varepsilon e^{i\theta}$ $(0 \leqq \theta \leqq 2\pi)$ と表すことができるから，円上で

$$dz = i\varepsilon e^{i\theta} d\theta, \quad \frac{z}{z-3} = \frac{3+\varepsilon e^{i\theta}}{\varepsilon e^{i\theta}}$$

となる．したがって，求める積分は次のようになる．

$$\begin{aligned}\int_C \frac{z}{z-3}\,dz &= \int_{|z-3|=\varepsilon} \frac{z}{z-3}\,dz \\ &= \int_0^{2\pi} \frac{3+\varepsilon e^{i\theta}}{\varepsilon e^{i\theta}} i\varepsilon e^{i\theta} d\theta = i\Big[\, 3\theta + \frac{\varepsilon}{i} e^{i\theta} \,\Big]_0^{2\pi} = 6\pi i\end{aligned}$$

> [note]　コーシーの積分定理 II（定理 3.3）は，特異点を内部に含む単一閉曲線に沿う積分は，特異点を囲む小さな単一閉曲線に沿う積分の和と等しいことを述べている．計算のしやすさから，特異点を囲む単一閉曲線として円を選ぶことが多い．例題 3.3 の円の半径 ε は，円が曲線の内部に含まれていれば，どんなに小さく選んでも，求める積分は変わらない．

問3.2　曲線 C が (　) 内の点を内部に含む単一閉曲線であるとき，次の積分を求めよ．

(1) $\displaystyle\int_C \frac{z+1}{z+2i}\,dz \quad (z=-2i)$　　(2) $\displaystyle\int_C \frac{z^2+3}{z}\,dz \quad (z=0)$

3.3 コーシーの積分表示

コーシーの積分表示　コーシーの積分定理 II から，次の定理が得られる．これを**コーシーの積分表示**という．

3.4 コーシーの積分表示 I

曲線 C を単一閉曲線とする．

(1) 関数 $f(z)$ が C およびその内部を含む領域で正則であるとき，C の内部の任意の点 a に対して，次が成り立つ．

$$f(a) = \frac{1}{2\pi i}\int_C \frac{f(z)}{z-a}\,dz$$

(2) 曲線 C_1 を C の内部に含まれる単一閉曲線とする．関数 $f(z)$ が，C の内部で C_1 の外部である領域 D およびその境界線上で正則であるとき，領域 D の内部の任意の点 a に対して，次が成り立つ．

$$f(a) = \frac{1}{2\pi i}\left\{\int_C \frac{f(z)}{z-a}\,dz - \int_{C_1} \frac{f(z)}{z-a}\,dz\right\}$$

証明　(1) 正の数 ε を小さくとり，点 a を中心とした半径 ε の円 $|z-a|=\varepsilon$ が単一閉曲線 C の内部に含まれるようにする（図 1）．

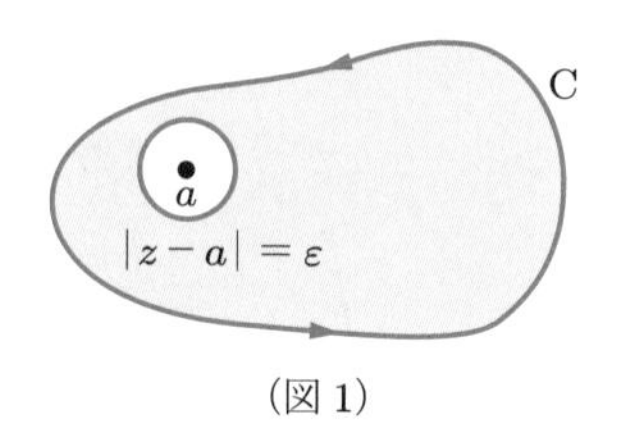

（図 1）

$\dfrac{f(z)}{z-a}$ は曲線 C と円 $|z-a|=\varepsilon$ にはさまれる領域およびその境界線上で正則であるから，コーシーの積分定理 II（定理 3.3 (1)）によって，

$$\int_{\mathrm{C}} \frac{f(z)}{z-a}\,dz = \int_{|z-a|=\varepsilon} \frac{f(z)}{z-a}\,dz$$

が成り立つ．円 $|z-a|=\varepsilon$ は $z=a+\varepsilon e^{i\theta}$ $(0 \leqq \theta \leqq 2\pi)$ と表され，

$$dz = i\varepsilon\, e^{i\theta} d\theta, \quad z-a=\varepsilon e^{i\theta}$$

となるから，

$$\int_{|z-a|=\varepsilon} \frac{f(z)}{z-a}\,dz = \int_0^{2\pi} \frac{f(a+\varepsilon e^{i\theta})}{\varepsilon e^{i\theta}}\, i\varepsilon e^{i\theta} d\theta$$

$$= i\int_0^{2\pi} f(a+\varepsilon e^{i\theta})\,d\theta \qquad \cdots\cdots ①$$

となる．関数 $f(z)$ は連続であるから，$\varepsilon \to 0$ のとき $f(a+\varepsilon e^{i\theta}) \to f(a)$ となる．① の積分は ε の大きさに無関係であるから，$\varepsilon \to 0$ としても成り立つ．したがって，

$$\int_{\mathrm{C}} \frac{f(z)}{z-a}\,dz = \lim_{\varepsilon\to 0} i\int_0^{2\pi} f(a+\varepsilon e^{i\theta})d\theta$$

$$= i\int_0^{2\pi} f(a)\,d\theta = 2\pi i\, f(a)$$

が得られる．よって，$f(a) = \dfrac{1}{2\pi i}\displaystyle\int_{\mathrm{C}} \frac{f(z)}{z-a}dz$ が成り立つ．

(2) 円 $|z-a|=\varepsilon$ が曲線 C_1 の外部にあり曲線 C の内部にあるように正の数 ε を選ぶと，$\dfrac{f(z)}{z-a}$ は図 2 の領域 D_0 で正則である．したがって，コーシーの積分定理 II（定理 3.3 (2)）によって，

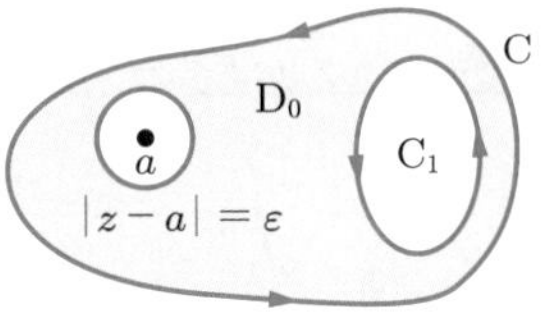

（図 2）

$$\int_{\mathrm{C}} \frac{f(z)}{z-a}\,dz = \int_{|z-a|=\varepsilon} \frac{f(z)}{z-a}\,dz + \int_{\mathrm{C}_1} \frac{f(z)}{z-a}\,dz \qquad \cdots\cdots ②$$

が成り立つ．② の右辺の第 1 項は，(1) と同じ理由によって $2\pi i\, f(a)$ である．したがって，② は

$$\int_{\mathrm{C}} \frac{f(z)}{z-a}\,dz = 2\pi i\, f(a) + \int_{\mathrm{C}_1} \frac{f(z)}{z-a}\,dz$$

となる．よって，$f(a) = \dfrac{1}{2\pi i}\left\{\displaystyle\int_{\mathrm{C}} \frac{f(z)}{z-a}\,dz - \int_{\mathrm{C}_1} \frac{f(z)}{z-a}\,dz\right\}$ が成り立つ． 証明終

コーシーの積分表示 I（定理 3.4 (1)）から，正則関数 $f(z)$ と，点 a を内部に含む任意の単一閉曲線 C に対して，

$$\int_{\mathrm{C}} \frac{f(z)}{z-a}\,dz = 2\pi i\, f(a) \tag{3.12}$$

が成り立つ．この式は，$f(a)$ の値を求めるだけで左辺の積分がわかることを意味している．このため，コーシーの積分表示は**コーシーの積分公式**ともよばれる．

例題 3.4　**コーシーの積分表示 I**

積分 $\displaystyle\int_{|z-2i|=1} \frac{z^2+3}{z(z-2i)}\,dz$ を求めよ．

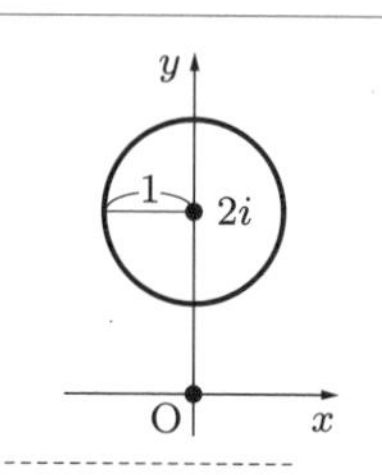

解　$f(z) = \dfrac{z^2+3}{z}$ とおく．点 $z=0$ は円 $|z-2i|=1$ の外部にあるから，$f(z)$ は $|z-2i|=1$ およびその内部で正則である．被積分関数は

$$\frac{z^2+3}{z(z-2i)} = \frac{\dfrac{z^2+3}{z}}{z-2i} = \frac{f(z)}{z-2i}$$

と変形できるから，コーシーの積分表示 I（定理 3.4 (1)）によって，求める積分は，

$$\begin{aligned}\int_{|z-2i|=1} \frac{z^2+3}{z(z-2i)}\,dz &= \int_{|z-2i|=1} \frac{f(z)}{z-2i}\,dz \\ &= 2\pi i\, f(2i) = 2\pi i \cdot \frac{(2i)^2+3}{2i} = -\pi\end{aligned}$$

となる．

問 3.3　定理 3.4 (1) を用いて，次の積分を求めよ．

(1) $\displaystyle\int_{|z-3|=2} \frac{z}{z-3}\,dz$　　　(2) $\displaystyle\int_{|z-i|=1} \frac{z+2i}{z^2+1}\,dz$

コーシーの積分表示の拡張　コーシーの積分表示は次のように拡張される．これもコーシーの積分表示，または**グルサの公式**とよばれる．この公式の $n=0$ の場合が，コーシーの積分表示 I（定理 3.4 (1)）である．

3.5 コーシーの積分表示 II

関数 $f(z)$ が領域 D で正則であるとき，$f(z)$ は D で何回でも微分可能である．さらに，単一閉曲線 C およびその内部が D に含まれるとき，C の内部の任意の点 a に対して次の式が成り立つ．

$$f^{(n)}(a) = \frac{n!}{2\pi i}\int_{\mathrm{C}} \frac{f(z)}{(z-a)^{n+1}}\,dz \quad (n = 0, 1, 2, \ldots)$$

証明　$n = 1$ のとき，$a + h$ が D 内にあるように h をとれば，導関数の定義から，

$$f'(a) = \lim_{h \to 0} \frac{f(a+h) - f(a)}{h}$$

である．ここで，$f(a+h)$, $f(a)$ をコーシーの積分表示 I（定理 3.4）を用いて積分の形で表して，これを整理すると，

$$\begin{aligned}
\frac{f(a+h) - f(a)}{h} &= \frac{1}{h}\left\{\frac{1}{2\pi i}\int_{\mathrm{C}} \frac{f(z)}{z-(a+h)}\,dz - \frac{1}{2\pi i}\int_{\mathrm{C}} \frac{f(z)}{z-a}\,dz\right\} \\
&= \frac{1}{2h\pi i}\int_{\mathrm{C}} \frac{f(z)\{(z-a)-(z-a-h)\}}{(z-a-h)(z-a)}\,dz \\
&= \frac{1}{2\pi i}\int_{\mathrm{C}} \frac{f(z)}{(z-a-h)(z-a)}\,dz
\end{aligned}$$

となる．この両辺で $h \to 0$ としたときの極限をとれば，求める公式

$$f'(a) = \frac{1}{2\pi i}\int_{\mathrm{C}} \frac{f(z)}{(z-a)^2}\,dz$$

が得られる．同じようにして，$n = k$ のとき成り立つことを仮定して，$n = k + 1$ のときに成り立つことを示すことができる．よって，数学的帰納法により，定理が証明される．

証明終

コーシーの積分表示 II（定理 3.5）の n を $n - 1$ とかき直すと，正則関数 $f(x)$ と，点 a を内部に含む任意の単一閉曲線 C に対して

$$\int_{\mathrm{C}} \frac{f(z)}{(z-a)^n}\,dz = \frac{2\pi i}{(n-1)!}\,f^{(n-1)}(a) \quad (n = 1, 2, \ldots) \tag{3.13}$$

が成り立つ．この式は，高次の微分係数の値を求めることによって左辺の積分がわかることを意味している．

例題 3.5　コーシーの積分表示 II

積分 $\displaystyle\int_{|z|=1} \frac{e^{iz}}{z^3}\,dz$ を求めよ.

解　$f(z) = e^{iz}$ とおくと $f(z)$ は複素平面全体で正則であり，点 $z = 0$ は円 $|z| = 1$ の内部にある．$f''(z) = i^2 e^{iz} = -e^{iz}$ であるから，コーシーの積分表示 II（定理 3.5）によって，求める積分は次のようになる．

$$\int_{|z|=1} \frac{e^{iz}}{z^3}\,dz = \frac{2\pi i}{(3-1)!} f''(0) = \frac{2\pi i}{2} \cdot (-1) = -\pi i$$

問3.4　定理 3.5 を用いて，次の積分を求めよ．

(1) $\displaystyle\int_{|z|=1} \frac{(z+i)^3}{z^4}\,dz$　　(2) $\displaystyle\int_{|z-2|=1} \frac{\sin\frac{\pi z}{2}}{(z-2)^2}\,dz$

いろいろな積分公式

$f(z)$ は青色の領域 D および境界線上で正則とする．

(1) コーシーの積分定理 I

$$\int_{\mathrm{C}} f(z)\,dz = 0$$

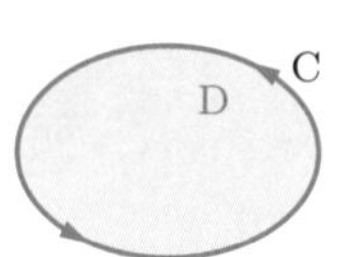

(2) コーシーの積分定理 II

$$\int_{\mathrm{C}} f(z)\,dz = \int_{\mathrm{C}_1} f(z)\,dz$$

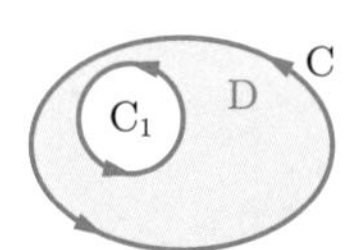

(3) コーシーの積分表示 I

$$f(a) = \frac{1}{2\pi i}\int_{\mathrm{C}} \frac{f(z)}{z-a}\,dz$$

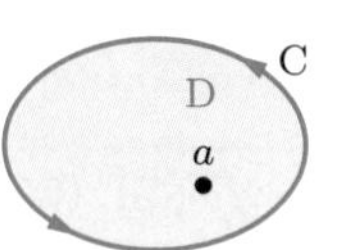

(4) コーシーの積分表示 II

$$f^{(n)}(a) = \frac{n!}{2\pi i}\int_{\mathrm{C}} \frac{f(z)}{(z-a)^{n+1}}\,dz$$

$$(n = 0, 1, 2, \ldots)$$

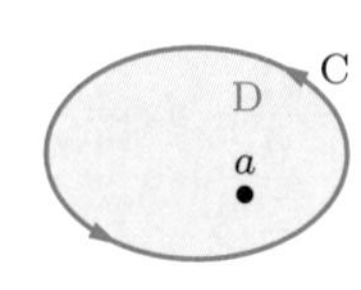

練習問題 3

[1] 曲線 C に沿う次の積分を求めよ．

(1) $\displaystyle\int_{\mathrm{C}} z^3\,dz,\quad \mathrm{C}: z = t + i \quad (-2 \leqq t \leqq 2)$

(2) $\displaystyle\int_{\mathrm{C}} \frac{z^2}{z+1}\,dz,\quad \mathrm{C}: z = -1 + e^{i\theta} \quad (0 \leqq \theta \leqq \pi)$

[2] 次の積分を求めよ．

(1) $\displaystyle\int_{|z+1|=1} \frac{1}{z-2}\,dz$　(2) $\displaystyle\int_{|z-2|=1} \frac{1}{z-2}\,dz$　(3) $\displaystyle\int_{|z-2|=1} \frac{1}{(z-2)^2}\,dz$

[3] コーシーの積分表示 I（定理 3.4）を用いて，次の積分を求めよ．

(1) $\displaystyle\int_{|z-2|=1} \frac{z}{z-2}\,dz$　(2) $\displaystyle\int_{|z-\pi i|=1} \frac{e^z}{z-\pi i}\,dz$

(3) $\displaystyle\int_{|z-i|=1} \frac{\sin z}{z-i}\,dz$　(4) $\displaystyle\int_{|z|=2} \frac{z}{z^2+1}\,dz$

[4] コーシーの積分表示 II（定理 3.5）を用いて，次の積分を求めよ．

(1) $\displaystyle\int_{|z-a|=1} \frac{z^4}{(z-a)^2}\,dz$　(2) $\displaystyle\int_{|z-a|=1} \frac{z^4}{(z-a)^3}\,dz$

[5] 点 a を内部に含む任意の閉曲線 C に対して，次の式が成り立つことを証明せよ．ただし，n は整数である．

$$\int_{\mathrm{C}} (z-a)^n dz = \begin{cases} 0 & (n \neq -1) \\ 2\pi i & (n = -1) \end{cases}$$

4 ローラン展開と留数定理

4.1 級数

数列の極限　$\{c_n\}$ を複素数の数列とする．n が限りなく大きくなるとき，複素数 c_n がある複素数 α に限りなく近づいていくならば，数列 $\{c_n\}$ は α に**収束する**といい，

$$\lim_{n\to\infty} c_n = \alpha \quad \text{または} \quad c_n \to \alpha \ (n \to \infty) \tag{4.1}$$

と表す．このとき，α を数列 $\{c_n\}$ の**極限値**という．$\lim_{n\to\infty} |c_n - \alpha| = 0$ であるとき，$\{c_n\}$ は α に収束する．収束しない数列は**発散する**という．

例題 4.1　数列の極限

c_n が次の式で与えられた数列 $\{c_n\}$ の収束・発散を調べ，収束するときにはその極限値を求めよ．

(1) $c_n = e^{\frac{n\pi}{2}i}$　　(2) $c_n = 1 + \dfrac{1}{n}e^{\frac{n\pi}{4}i}$　　(3) $c_n = (\sqrt{3} - i)^n$

解 (1) $n = 1, 2, 3, 4, 5, \ldots$ とすると，数列 $\{c_n\}$ は

$$i,\ -1,\ -i,\ 1,\ i,\ \ldots$$

と同じ数の列を繰り返すから，この数列は収束しない．したがって，数列 $\{c_n\}$ は発散する．

(2) $c_n - 1$ の絶対値を計算すると，

$$|c_n - 1| = \left|\frac{1}{n}e^{\frac{n\pi}{4}i}\right| = \frac{1}{n} \to 0 \quad (n \to \infty)$$

となる．したがって，数列 $\{c_n\}$ は収束して，その極限値は 1 である．

(3) $|\sqrt{3} - i| = 2$ であるから，

$$|c_n| = |\sqrt{3} - i|^n = 2^n \to \infty \quad (n \to \infty)$$

である．したがって，数列 $\{c_n\}$ は発散する．

とくに，ある複素数 z を用いて作られる数列 $\{z^n\}$ について，次が成り立つ．

(1) $|z| < 1$ ならば，数列 $\{z^n\}$ は 0 に収束する．

(2) $|z| > 1$ ならば，数列 $\{z^n\}$ は発散する．

問4.1　c_n が次の式で与えられた数列 $\{c_n\}$ の収束・発散を調べ，収束するときにはその極限値を求めよ．

(1)　$c_n = (1+i)^n$　　(2)　$c_n = 1 + i^n$　　(3)　$c_n = \left(\dfrac{1+i}{2}\right)^n$

級数の収束と発散　数列 $\{c_n\}$ に対して，その形式的な和

$$\sum_{n=0}^{\infty} c_n = c_0 + c_1 + c_2 + \cdots + c_n + \cdots \tag{4.2}$$

を**無限級数**または単に**級数**という．級数 $\displaystyle\sum_{n=0}^{\infty} c_n$ は，その部分和

$$S_n = \sum_{k=0}^{n} c_k = c_0 + c_1 + c_2 + \cdots + c_n \tag{4.3}$$

からなる数列 $\{S_n\}$ が収束するとき，**収束する**という．このとき，数列 $\{S_n\}$ の極限値 S を**級数の和**という．収束しない級数は**発散する**という．

等比級数　複素数 z を用いて作られる級数

$$\sum_{n=0}^{\infty} z^n = 1 + z + z^2 + \cdots + z^n + \cdots \tag{4.4}$$

を**等比級数**という．$z \neq 1$ のとき，等比級数の部分和は

$$S_n = \sum_{k=0}^{n} z^k = 1 + z + z^2 + \cdots + z^n = \frac{1 - z^{n+1}}{1 - z} \tag{4.5}$$

となるから，等比級数の収束・発散について，次のことが成り立つ．

4.1　等比級数の和

等比級数 $\displaystyle\sum_{n=0}^{\infty} z^n$ は $|z| < 1$ のとき収束し，その和は

$$\sum_{n=0}^{\infty} z^n = 1 + z + z^2 + \cdots + z^n + \cdots = \frac{1}{1-z}$$

である．$|z| \geqq 1$ のとき，等比級数は発散する．

例 4.1　$\left|\dfrac{1+i}{2}\right| = \dfrac{\sqrt{2}}{2} < 1$ であるから，等比級数

$$\sum_{n=0}^{\infty}\left(\frac{1+i}{2}\right)^n = 1 + \frac{1+i}{2} + \left(\frac{1+i}{2}\right)^2 + \cdots + \left(\frac{1+i}{2}\right)^n + \cdots$$

は収束し，その和は $\dfrac{1}{1-z} = \dfrac{1}{1-\dfrac{1+i}{2}} = 1+i$ である．

問 4.2　与えられた z に対して，等比級数 $\displaystyle\sum_{n=0}^{\infty} z^n$ の収束・発散を調べ，収束するときにはその和を求めよ．

(1)　$z = \dfrac{i}{2}$　　(2)　$z = 2i$

べき級数とその収束半径　a, c_n を定数とするとき，級数

$$\sum_{n=0}^{\infty} c_n(z-a)^n = c_0 + c_1(z-a) + c_2(z-a)^2 + \cdots + c_n(z-a)^n + \cdots \tag{4.6}$$

を $z = a$ を中心とする**べき級数**という．

式 (4.6) のべき級数が，$|z-a| < R$ のときに収束し，$|z-a| > R$ のとき発散するような正の数 R が存在するとき，R をこのべき級数の**収束半径**という．任意の複素数について収束するときには，収束半径は無限大であるといい，$R = \infty$ とかく．

式 (4.6) のべき級数の収束半径が R であるとき，円 $|z-a| = R$ を式 (4.6) の**収束円**という．このとき，式 (4.6) は収束円の内部の任意の z について収束する．

例 4.2　等比級数 $\displaystyle\sum_{n=0}^{\infty} z^n = 1 + z + z^2 + \cdots + z^n + \cdots$ は，$z = 0$ を中心とするべき級数であり，収束半径は 1，収束円は $|z| = 1$ である．

[note]　式 (4.6) について，$\displaystyle\lim_{n\to\infty}\frac{|c_n|}{|c_{n+1}|}$ が存在すれば，その極限値が収束半径 R と一致することが知られている．

関数のべき級数展開　等比級数の和の公式（定理 4.1）の左辺と右辺を交換した式

$$\frac{1}{1-z} = 1 + z + z^2 + \cdots + z^n + \cdots \quad (|z| < 1) \tag{4.7}$$

は，収束円 $|z| = 1$ の内部で，関数 $\dfrac{1}{1-z}$ が $z = 0$ を中心とするべき級数で表されることを意味している．

一般に，複素関数 $f(z)$ が $z = a$ を中心とするべき級数によって，

$$\begin{aligned} f(z) &= \sum_{n=0}^{\infty} c_n (z-a)^n \\ &= c_0 + c_1(z-a) + c_2(z-a)^2 + \cdots + c_n(z-a)^n + \cdots \end{aligned} \tag{4.8}$$

と表されているとき，これを関数 $f(z)$ の $z = a$ を中心とする**べき級数展開**という．式 (4.7) は，関数 $f(z) = \dfrac{1}{1-z}$ の $z = 0$ を中心とするべき級数展開であり，$|z| < 1$ のときに成り立つ．

収束するべき級数について，次のことが成り立つ．

4.2 べき級数の性質

べき級数 $\displaystyle\sum_{n=0}^{\infty} c_n(z-a)^n$, $\displaystyle\sum_{n=0}^{\infty} d_n(z-a)^n$ が収束するとき，次の式が成り立つ．

(1) $\displaystyle\sum_{n=0}^{\infty} kc_n(z-a)^n = k\sum_{n=0}^{\infty} c_n(z-a)^n$ （k は定数）

(2) $\displaystyle\sum_{n=0}^{\infty}(c_n \pm d_n)(z-a)^n = \sum_{n=0}^{\infty} c_n(z-a)^n \pm \sum_{n=0}^{\infty} d_n(z-a)^n$ （複号同順）

(3) （項別微分） $\displaystyle\left\{\sum_{n=0}^{\infty} c_n(z-a)^n\right\}' = \sum_{n=0}^{\infty} nc_n(z-a)^{n-1}$

(4) （項別積分） $\displaystyle\int_C \sum_{n=0}^{\infty} c_n(z-a)^n dz = \sum_{n=0}^{\infty} \int_C c_n(z-a)^n dz$

（C は単一閉曲線）

4.2 テイラー展開

正則関数のテイラー展開　正則関数は，次のようなべき級数に展開することができる．これを $z = a$ を中心とする**テイラー展開**という．

4.3　正則関数のテイラー展開

関数 $f(z)$ は，点 a を中心とした半径 R の円 C およびその内部を含む領域で正則であるとする．このとき，円 C の内部の任意の点 z について，$f(z)$ は次のようなべき級数に展開することができる．

$$f(z)=\sum_{n=0}^{\infty}\frac{f^{(n)}(a)}{n!}(z-a)^n$$

証明　$f(z)$ は円 C およびその内部で正則であるから，コーシーの積分表示 I（定理 3.4(1)）の z を ζ，a を z とかき直すことによって，

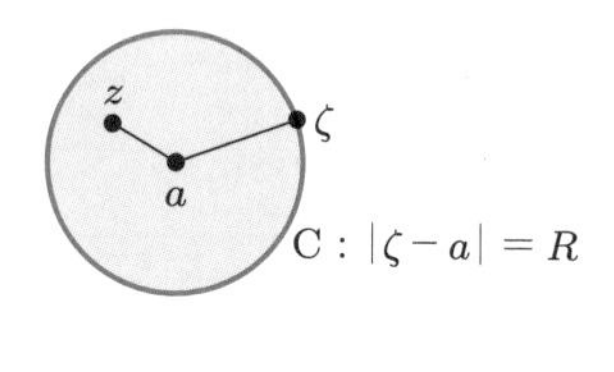

$$f(z)=\frac{1}{2\pi i}\int_{|\zeta-a|=R}\frac{f(\zeta)}{\zeta-z}\,d\zeta \qquad \cdots\cdots ①$$

と表すことができる．

ζ は円 C 上の点，z は C の内部の点であるから，

$$|\zeta-a|=R,\ |z-a|<R \quad よって \quad \left|\frac{z-a}{\zeta-a}\right|<1$$

である．ここで，等比級数の和の公式（定理 4.1）を用いると，

$$\begin{aligned}\frac{1}{\zeta-z}&=\frac{1}{(\zeta-a)-(z-a)}\\&=\frac{1}{(\zeta-a)\left(1-\dfrac{z-a}{\zeta-a}\right)}=\frac{1}{\zeta-a}\sum_{n=0}^{\infty}\left(\frac{z-a}{\zeta-a}\right)^n=\sum_{n=0}^{\infty}\frac{(z-a)^n}{(\zeta-a)^{n+1}}\end{aligned}$$

となる．これを ① に代入すれば，

$$\begin{aligned}f(z)&=\frac{1}{2\pi i}\int_{|\zeta-a|=R}f(\zeta)\cdot\frac{1}{\zeta-z}\,d\zeta\\&=\frac{1}{2\pi i}\int_{|\zeta-a|=R}f(\zeta)\cdot\sum_{n=0}^{\infty}\frac{(z-a)^n}{(\zeta-a)^{n+1}}\,d\zeta\\&=\sum_{n=0}^{\infty}\left\{\frac{1}{2\pi i}\int_{|\zeta-a|=R}\frac{f(\zeta)}{(\zeta-a)^{n+1}}\,d\zeta\right\}\cdot(z-a)^n\end{aligned}$$

が成り立つ．ここで，{　} の中の式にコーシーの積分表示 II（定理 3.5）を適用すれば，

$$f(z)=\sum_{n=0}^{\infty}\frac{f^{(n)}(a)}{n!}(z-a)^n$$

が得られる．　証明終

この証明の中に用いた，無限和と積分の交換は，可能であることが知られている．

また，正則関数のべき級数展開は，どのような方法で求めても，テイラー展開の公式で得られたものと同一の結果になることも知られている．したがって，テイラー展開の公式は使わず，他の方法で求めてもよい．

$z=0$ を中心とするテイラー展開を**マクローリン展開**という．基本的な関数のマクローリン展開について，次の式が成り立つ．(　) 内は収束半径である．

4.4 マクローリン展開

(1) $\dfrac{1}{1-z} = 1 + z + z^2 + z^3 + \cdots \qquad (R=1)$

(2) $e^z = 1 + \dfrac{z}{1!} + \dfrac{z^2}{2!} + \dfrac{z^3}{3!} + \cdots \qquad (R=\infty)$

(3) $\sin z = \dfrac{z}{1!} - \dfrac{z^3}{3!} + \dfrac{z^5}{5!} - \dfrac{z^7}{7!} + \cdots \qquad (R=\infty)$

(4) $\cos z = 1 - \dfrac{z^2}{2!} + \dfrac{z^4}{4!} - \dfrac{z^6}{6!} + \cdots \qquad (R=\infty)$

[note]　実関数の場合は，テイラー展開できるかどうか確認するために，剰余項を評価する必要がある．一方，複素関数では，正則である範囲でテイラー展開できることが保証されるため，剰余項の評価は必要としない．

例 4.3　べき級数展開の例を示す．

(1) $\dfrac{1}{1-z}$ のマクローリン展開で z を $-z$ とすれば，次の式が得られる．

$$\frac{1}{1+z} = 1 - z + z^2 - z^3 + \cdots$$

(2) e^z のマクローリン展開で z を $2z$ とすれば，次の式が得られる．

$$e^{2z} = 1 + \frac{2z}{1!} + \frac{4z^2}{2!} + \frac{8z^3}{3!} + \cdots$$

4.3 ローラン展開

ローラン展開　円とその内部で正則な関数は，円の内部の点を中心としてテイラー展開することができる．ここでは，円の内部に特異点 a をもつ関数の $z=a$ を中心とする展開について調べる．

例 4.4　(1)　関数 $\dfrac{e^z}{z^2}$ は $z=0$ で正則ではない．しかし，$z=0$ を除く任意の点について

$$\frac{e^z}{z^2} = \frac{1}{z^2}\left(1+\frac{z}{1!}+\frac{z^2}{2!}+\frac{z^3}{3!}+\cdots\right)$$
$$= \frac{1}{z^2}+\frac{1}{1!z}+\frac{1}{2!}+\frac{z}{3!}+\frac{z^2}{4!}+\cdots = \sum_{n=-2}^{\infty}\frac{z^n}{(n+2)!}$$

が成り立つ．

(2)　関数 $z^2e^{\frac{1}{z}}$ は $z=0$ で正則ではない．しかし，$z=0$ を除く任意の点について

$$z^2e^{\frac{1}{z}} = z^2\left(1+\frac{1}{1!z}+\frac{1}{2!z^2}+\frac{1}{3!z^3}+\cdots\right)$$
$$= z^2+\frac{z}{1!}+\frac{1}{2!}+\frac{1}{3!z}+\frac{1}{4!z^2}+\cdots = \sum_{n=-\infty}^{2}\frac{z^n}{(2-n)!}$$

が成り立つ．

例 4.4 のように，負のべきを含む級数

$$\sum_{n=-\infty}^{\infty} c_n(z-a)^n = \cdots+\frac{c_{-2}}{(z-a)^2}+\frac{c_{-1}}{z-a}+c_0+c_1(z-a)+c_2(z-a)^2+\cdots$$

は，$\displaystyle\sum_{n=0}^{\infty}c_n(z-a)^n$，$\displaystyle\sum_{n=-\infty}^{-1}c_n(z-a)^n$ がともに収束するときに限って収束すると定める．

関数 $f(z)$ が点 a を中心とする円 C の内部で正則であれば，定理 4.3 により円 C の内部の任意の点 z で，$f(z)$ は

$$f(z) = \sum_{n=0}^{\infty}\frac{f^{(n)}(a)}{n!}(z-a)^n$$

とテイラー展開できる．この係数を c_n とおくと，定理 3.5 の積分変数 z を ζ として

$$c_n = \frac{f^{(n)}(a)}{n!} = \frac{1}{2\pi i}\int_{\mathrm{C}}\frac{f(\zeta)}{(\zeta-a)^{n+1}}\,d\zeta \quad (n=0,1,2,\ldots)$$

と表すことができ，$f(z)=\displaystyle\sum_{n=0}^{\infty}c_n(z-a)^n$ となる．

点 a が $f(z)$ の特異点であるときは，$f(z)$ が $z=a$ を除いた領域 $0<|z-a|<R$ で正則であれば，テイラー展開と類似の式で展開することができ，次の定理が成り立つ（証明は付録 A3 参照）．この展開を $z=a$ を中心とするローラン展開という．

4.5　ローラン展開

関数 $f(z)$ が，領域 $0<|z-a|<R$ で正則であるとき，この領域に含まれる任意の点 z に対して，$f(z)$ は次のようなべき級数に展開することができる．

$$f(z)=\sum_{n=-\infty}^{\infty}c_n(z-a)^n$$

このとき，係数 c_n は，r を $0<r<R$ を満たす任意の数として，次の式で表される．

$$c_n=\frac{1}{2\pi i}\int_{|\zeta-a|=r}\frac{f(\zeta)}{(\zeta-a)^{n+1}}\,d\zeta$$

テイラー展開と同様に，ローラン展開はこれを求める方法にはよらず，定理 4.5 で与えられるものと同一の結果になる．例 4.4 は $\dfrac{e^z}{z^2}$, $z^2e^{\frac{1}{z}}$ のローラン展開である．実際の展開では，等比級数の和の公式やマクローリン展開などを利用することが多い．

例題 4.2　**ローラン展開**

次の関数の $z=0$ を中心とするローラン展開を求めよ．

(1)　$\dfrac{\sin z}{z^4}$　　(2)　$z^3\cos\dfrac{1}{z}$

解　$\sin z$ と $\cos z$ のマクローリン展開から，次のローラン展開が得られる．

(1)
$$\frac{\sin z}{z^4}=\frac{1}{z^4}\left(z-\frac{z^3}{3!}+\frac{z^5}{5!}-\frac{z^7}{7!}+\cdots\right)$$
$$=\frac{1}{z^3}-\frac{1}{3!z}+\frac{z}{5!}-\frac{z^3}{7!}+\cdots$$

(2)
$$z^3\cos\frac{1}{z}=z^3\left\{1-\frac{1}{2!}\left(\frac{1}{z}\right)^2+\frac{1}{4!}\left(\frac{1}{z}\right)^4-\frac{1}{6!}\left(\frac{1}{z}\right)^6+\cdots\right\}$$
$$=z^3-\frac{1}{2!}z+\frac{1}{4!\,z}-\frac{1}{6!\,z^3}+\cdots$$
$$=\cdots-\frac{1}{6!\,z^3}+\frac{1}{4!\,z}-\frac{1}{2!}z+z^3$$

問4.3　次の関数の $z=0$ を中心とするローラン展開を求めよ．

(1) $\dfrac{\cos z}{z^3}$　　(2) $\dfrac{1}{z^2(1-z)}$

4.4 留数

孤立特異点　関数 $f(z)$ は点 a で正則ではないが，点 a を中心とした円から点 a を除いた領域 $0<|z-a|<r$ で正則であるとき，点 a を関数 $f(z)$ の**孤立特異点**という．

例4.5　(1) 関数 $f(z)=\dfrac{1}{z^2+1}$ の特異点は $z=\pm i$ であり，それらはいずれも孤立特異点である．

(2) 関数 $f(z)=\dfrac{1}{\cos z}$ の特異点は $z=\dfrac{\pi}{2}+n\pi$（n は整数）であり，それらはいずれも孤立特異点である．

(3) 関数 $f(z)=\dfrac{1}{\sin\dfrac{1}{z}}$ の特異点は $z=0,\ \dfrac{1}{n\pi}$（n は整数）である．$\displaystyle\lim_{n\to\infty}\frac{1}{n\pi}=0$ であるから，$z=0$ を含むどんな領域にも $f(z)$ の特異点が含まれる．したがって，$z=0$ は孤立特異点ではない．

孤立特異点の分類　$z=a$ を関数 $f(z)$ の孤立特異点であるとし，$f(z)$ の $z=a$ を中心とするローラン展開を

$$f(z)=\sum_{n=1}^{\infty}\frac{c_{-n}}{(z-a)^n}+\sum_{n=0}^{\infty}c_n(z-a)^n \tag{4.9}$$

とする．このとき，負のべきの部分

$$\sum_{n=1}^{\infty}\frac{c_{-n}}{(z-a)^n} \tag{4.10}$$

をローラン展開の**主要部**という．

主要部の状態によって，孤立特異点は次の3つに分類される．

(i)　主要部がない場合，すなわち，任意の自然数 n に対して $c_{-n}=0$ であるとき，点 a は $f(z)$ の**除去可能な特異点**であるという．点 a が除去可能な特異点であるとき，$0<|z-a|<r$ で $f(z)=\displaystyle\sum_{n=0}^{\infty}c_n(z-a)^n$ と展開できるから，

$f(a) = c_0$ と定めれば，$f(z)$ は a を中心とした円の内部で正則になる．

(ii)　主要部は存在するがその項が有限個である場合，$f(z)$ の孤立特異点 a を中心とするローラン展開は

$$f(z) = \sum_{n=1}^{m} \frac{c_{-n}}{(z-a)^n} + \sum_{n=0}^{\infty} c_n (z-a)^n \quad (c_{-m} \neq 0) \tag{4.11}$$

となる．このとき，点 a を $f(z)$ の**極**といい，m をその**位数**という．a を $\boldsymbol{m}$ **位の極**ということもある．

(iii)　主要部に無限個の項が含まれる場合，すなわち，$c_{-n} \neq 0$ である自然数 n が無限個あるとき，孤立特異点 a は $f(z)$ の**真性特異点**であるという．

例 4.6　(1)　関数 $\dfrac{\sin z}{z}$ は $z = 0$ を孤立特異点にもつ．$z = 0$ を中心とするローラン展開は，定理 4.4(3) により

$$\frac{\sin z}{z} = \frac{1}{1!} - \frac{z^2}{3!} + \frac{z^4}{5!} - \frac{z^6}{7!} + \cdots$$

となり，主要部がない．よって，$z = 0$ は除去可能な特異点である．

ただし，$z = 0$ のときの値を 1 と定めれば，$\dfrac{\sin z}{z}$ は 0 を中心として任意の円の内部で正則になる．

(2)　関数 $\dfrac{e^z}{z^2}$ は $z = 0$ を孤立特異点にもつ．$z = 0$ を中心とするローラン展開は，例 4.4(1) により

$$\frac{e^2}{z^2} = \underbrace{\frac{1}{z^2} + \frac{1}{z}}_{\text{主要部}} + \frac{1}{2!} + \frac{z}{3!} + \frac{z^2}{4!} + \cdots$$

となる．よって，$z = 0$ は位数 2 の極である．

(3)　関数 $z^3 \cos \dfrac{1}{z}$ は $z = 0$ を孤立特異点にもつ．$z = 0$ を中心とするローラン展開は，例題 4.2(2) により

$$\begin{aligned} z^3 \cos \frac{1}{z} &= z^3 - \frac{1}{2!} z + \frac{1}{4!\,z} - \frac{1}{6!\,z^3} + \frac{1}{8!\,z^5} - \cdots \\ &= \underbrace{\cdots + \frac{1}{8!\,z^5} - \frac{1}{6!\,z^3} + \frac{1}{4!\,z}}_{\text{主要部}} - \frac{1}{2!} z + z^3 \end{aligned}$$

である．よって，$z = 0$ は真性特異点である．

問4.4 次の関数の孤立特異点 $z=0$ を中心とするローラン展開の主要部を求めよ．また，それはどのような孤立特異点か．

(1) $\dfrac{1-\cos z}{z^2}$ (2) $\dfrac{\sin z}{z^4}$ (3) $z^2 e^{\frac{1}{z}}$

留数 $z=a$ を関数 $f(z)$ の孤立特異点とし，$0<|z-a|<R$ で $f(z)$ は正則であるとする．このとき，関数 $f(z)$ の $z=a$ を中心とするローラン展開の係数は，任意の整数 n に対して，定理4.5により

$$c_n = \frac{1}{2\pi i}\int_{|z-a|=r} \frac{f(z)}{(z-a)^{n+1}}\,dz \quad (0<r<R)$$

である．したがって，とくに $n=-1$ のとき，$\dfrac{1}{z-a}$ の係数 c_{-1} は

$$c_{-1} = \frac{1}{2\pi i}\int_{|z-a|=r} f(z)\,dz \tag{4.12}$$

となるから，$2\pi i c_{-1}$ は，関数 $f(z)$ の曲線 $|z-a|=r$ に沿う積分である．c_{-1} を関数 $f(z)$ の孤立特異点 a における**留数**といい，$\mathrm{Res}[f(z),a]$ で表す．このとき，

$$\int_{|z-a|=r} f(z)\,dz = 2\pi i\,\mathrm{Res}[f(z),a] \tag{4.13}$$

が成り立つ．したがって，留数がわかれば，積分を求めることができる．

例4.7 例4.6の関数について，円 $|z|=r$ に沿う積分を $z=0$ における留数を使って求める．

(1) $\dfrac{\sin z}{z}$ の $z=0$ を中心とするローラン展開は主要部がない．したがって，$z=0$ における留数は

$$\mathrm{Res}\left[\frac{\sin z}{z},0\right] = c_{-1} = 0$$

となるから，積分は次のようになる．

$$\int_{|z|=r} \frac{\sin z}{z}\,dz = 2\pi i\,\mathrm{Res}\left[\frac{\sin z}{z},0\right] = 0$$

(2) $\dfrac{e^z}{z^2}$ の $z=0$ を中心とするローラン展開の $\dfrac{1}{z}$ の係数は1である．したがって，$z=0$ における留数は

$$\mathrm{Res}\left[\frac{e^z}{z^2},0\right] = c_{-1} = 1$$

となるから，積分は次のようになる．

$$\int_{|z|=r} \frac{e^z}{z^2}\,dz = 2\pi i \operatorname{Res}\left[\frac{e^z}{z^2}, 0\right] = 2\pi i$$

(3) $z^3 \cos\dfrac{1}{z}$ の $z=0$ を中心とするローラン展開の $\dfrac{1}{z}$ の係数は $\dfrac{1}{4!}$ である．したがって，$z=0$ における留数は

$$\operatorname{Res}\left[z^3\cos\frac{1}{z}, 0\right] = c_{-1} = \frac{1}{4!}$$

となるから，積分は次のようになる．

$$\int_{|z|=r} z^3 \cos\frac{1}{z}\,dz = 2\pi i \operatorname{Res}\left[z^3\cos\frac{1}{z}, 0\right] = \frac{\pi i}{12}$$

問4.5 r を正の定数とするとき，次の積分を求めよ（問 4.4 参照）．

(1) $\displaystyle\int_{|z|=r} \frac{1-\cos z}{z^2}\,dz$ (2) $\displaystyle\int_{|z|=r} \frac{\sin z}{z^4}\,dz$ (3) $\displaystyle\int_{|z|=r} z^2 e^{\frac{1}{z}}\,dz$

[note] ローラン展開された関数 $f(z)$ を項別積分することによって，

$$\int_C f(z)\,dz$$
$$= \cdots + \int_C \frac{c_{-2}}{(z-a)^2}\,dz + \int_C \frac{c_{-1}}{z-a}\,dz + \int_C c_0\,dz + \int_C c_1(z-a)\,dz + \cdots$$

となる．これらの積分のうち c_{-1} を含むもの以外はすべて 0（練習問題 3[5]）であるから，

$$\int_C f(z)\,dz = c_{-1}\int_C \frac{1}{z-a}\,dz = 2\pi i\, c_{-1}$$

となって，c_{-1} を含む項だけが残る．このため，c_{-1} は留数（残留物，residue）とよばれる．

極の位数と留数 関数 $f(z)$ の孤立特異点 $z=a$ が極であるとき，$z=a$ における留数を求めるために，まず，その位数を調べることが必要となる．

$z=a$ が $f(z)$ の位数 m の極であるとき，点 a を中心とする $f(z)$ のローラン展開は，

$$f(z) = \frac{c_{-m}}{(z-a)^m} + \frac{c_{-m+1}}{(z-a)^{m-1}} + \cdots + \frac{c_{-1}}{z-a} + c_0 + \cdots \quad (c_{-m} \neq 0)$$

となる．この両辺に $(z-a)^m$ をかけると，

$$(z-a)^m f(z) = c_{-m} + c_{-m+1}(z-a) + \cdots + c_{-1}(z-a)^{m-1}$$
$$+ c_0(z-a)^m + \cdots \qquad \cdots\cdots ①$$

となる．したがって，

$$\lim_{z\to a}(z-a)^m f(z) = c_{-m} \neq 0 \tag{4.14}$$

が成り立つ．とくに，$g(z)$ が $g(a)\neq 0$ を満たす正則な関数であるとき，

$$f(z) = \frac{g(z)}{(z-a)^m} \quad (m\text{ は自然数})$$

の孤立特異点 $z=a$ は $f(z)$ の位数 m の極である．

次に，極における留数を求める．

(1)　点 a が $f(z)$ の位数 m の極であるとき，c_{-1} を求めるために，① の両辺を $m-1$ 回微分すると

$$\frac{d^{m-1}}{dz^{m-1}}\{(z-a)^m f(z)\} = (m-1)!\,c_{-1} + m\cdot(m-1)\cdots 2\cdot c_0(z-a) + \cdots$$

となる．ここで，$z\to a$ とすれば，点 a における留数は

$$\mathrm{Res}[f(z),a] = c_{-1} = \frac{1}{(m-1)!}\lim_{z\to a}\frac{d^{m-1}}{dz^{m-1}}\{(z-a)^m f(z)\}$$

で求められる．とくに，a が位数 1 の極であるときは，次のようになる．

$$\mathrm{Res}[f(z),a] = \lim_{z\to a}(z-a)f(z) \tag{4.15}$$

(2)　$f(z)$, $g(z)$ が正則で，$g(a)=0$, $f(a)\neq 0$, $g'(a)\neq 0$ であるとする．このとき，

$$\lim_{z\to a}(z-a)\frac{f(z)}{g(z)} = \lim_{z\to a}\frac{f(z)}{\dfrac{g(z)-g(a)}{z-a}} = \frac{f(a)}{g'(a)} \neq 0 \tag{4.16}$$

となる．したがって，$z=a$ は $\dfrac{f(z)}{g(z)}$ の位数 1 の極で，$\mathrm{Res}\left[\dfrac{f(z)}{g(z)},a\right] = \dfrac{f(a)}{g'(a)}$ である．$f(a)=0$ のときは $z=a$ は除去可能な特異点であり，同じ結論が成り立つ．

したがって，次が成り立つ．

4.6　極の位数と留数

(1)　点 a が $f(z)$ の位数 1 の極であるとき：

$$\mathrm{Res}[f(z), a] = \lim_{z \to a}(z-a)f(z)$$

点 a が $f(z)$ の位数 m $(m \geqq 2)$ の極であるとき：

$$\mathrm{Res}[f(z), a] = \frac{1}{(m-1)!}\lim_{z \to a}\frac{d^{m-1}}{dz^{m-1}}\{(z-a)^m f(z)\}$$

(2)　$f(z)$, $g(z)$ が正則で $g(a) = 0$, $g'(a) \neq 0$ であるとき：

$$\mathrm{Res}\left[\frac{f(z)}{g(z)}, a\right] = \frac{f(a)}{g'(a)}$$

[note]　曲線 C は内部に $z = a$ を含む単一閉曲線とする．$g(z)$ が正則であるとき，コーシーの積分表示 II（定理 3.5）によって，

$$\int_C \frac{g(z)}{(z-a)^m}\,dz = \frac{2\pi i}{(m-1)!}g^{(m-1)}(a) = \frac{2\pi i}{(m-1)!}\lim_{z \to a}\frac{d^{m-1}}{dz^{m-1}}\{g(z)\}$$

が成り立つ．一方，$z = a$ が $f(z)$ の位数 m の極であるとき，極の位数と留数（定理 4.6）および留数と積分との関係式によって，

$$\int_C f(z)\,dz = 2\pi i\,\mathrm{Res}\,[f(z), a] = \frac{2\pi i}{(m-1)!}\lim_{z \to a}\frac{d^{m-1}}{dz^{m-1}}\{(z-a)^m f(z)\}$$

が成り立つ．したがって，$f(z) = \dfrac{g(z)}{(z-a)^m}$ の形の関数であれば，留数と積分との関係式はコーシーの積分表示 II と一致する．留数と積分との関係式は関数のローラン展開から導かれるために，必ずしもこの形の関数でない場合にも成り立つ．

例題 4.3　極の位数と留数

次の留数を求めよ．

(1)　$\mathrm{Res}\left[\dfrac{2z^3+i}{z(z-i)^2}, 0\right]$　　(2)　$\mathrm{Res}\left[\dfrac{2z^3+i}{z(z-i)^2}, i\right]$　　(3)　$\mathrm{Res}\left[\dfrac{\cos z}{z}, 0\right]$

解　(1)　$z = 0$ は，与えられた関数の位数 1 の極なので，留数は次のようになる．

$$\mathrm{Res}\left[\frac{2z^3+i}{z(z-i)^2}, 0\right] = \lim_{z \to 0} z \cdot \frac{2z^3+i}{z(z-i)^2} = \lim_{z \to 0}\frac{2z^3+i}{(z-i)^2} = -i$$

(2)　$z = i$ は，与えられた関数の位数 2 の極なので，留数は次のようになる．

$$\mathrm{Res}\left[\frac{2z^3+i}{z(z-i)^2}, i\right] = \frac{1}{(2-1)!}\lim_{z \to i}\left\{(z-i)^2 \cdot \frac{2z^3+i}{z(z-i)^2}\right\}'$$

$$= \lim_{z \to i} \left(2z^2 + \frac{i}{z} \right)' = \lim_{z \to i} \left(4z - \frac{i}{z^2} \right) = 5i$$

(3)　$f(z) = \cos z, g(z) = z$ とおくと，$g(0) = 0, g'(0) = 1 \neq 0$ であるから，求める留数は次のようになる．

$$\mathrm{Res}\left[\frac{\cos z}{z}, 0\right] = \frac{f(0)}{g'(0)} = \frac{\cos 0}{1} = 1$$

問4.6　次の留数を求めよ．

(1)　$\mathrm{Res}\left[\dfrac{3z^3 + i}{z(z^2+1)}, 0\right]$　　(2)　$\mathrm{Res}\left[\dfrac{1}{z^3(z-1)^2}, 1\right]$　　(3)　$\mathrm{Res}\left[\dfrac{1}{\sin z}, 0\right]$

4.5　留数定理

留数定理　関数 $f(z)$ は単一閉曲線 C とその内部で，C の内部の n 個の点 a_k $(k = 1, 2, \ldots, n)$ を除いて正則であるとする．点 $z = a_k$ を中心とする円 C_k を，C の内部にあって互いに外部にあるようにとる．このとき，コーシーの積分定理 II（定理 3.3 (2)）によって，

$$\int_{\mathrm{C}} f(z)\,dz = \sum_{k=1}^{n} \int_{\mathrm{C}_k} f(z)\,dz \tag{4.17}$$

が成り立つ．右辺の，曲線 C_k に沿う積分を，$z = a_k$ における留数を用いて表すと，

$$\int_{\mathrm{C}} f(z)\,dz = 2\pi i \sum_{k=1}^{n} \mathrm{Res}\,[f(z), a_k] \tag{4.18}$$

となる．したがって，次の**留数定理**が成り立つ．

4.7　留数定理

関数 $f(z)$ は，単一閉曲線 C とその内部で，有限個の点 a_k $(k = 1, 2, \ldots, n)$ を除いて正則であるとする．このとき，次が成り立つ．

$$\int_{\mathrm{C}} f(z)\,dz = 2\pi i \sum_{k=1}^{n} \mathrm{Res}\,[f(z), a_k]$$

例題 4.4　**留数定理による積分の計算**

積分 $\displaystyle\int_{|z-i|=2} \frac{2z^3+i}{z(z-i)^2}\,dz$ を求めよ．

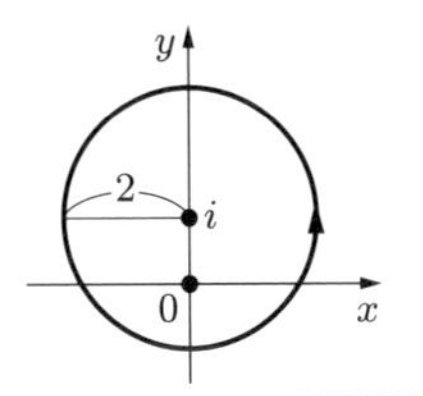

解　曲線 $|z-i|=2$ の内部にある，関数 $f(z)=\dfrac{2z^3+i}{z(z-i)^2}$ の孤立特異点は $z=0$（位数 1 の極），$z=i$（位数 2 の極）であり，それぞれの孤立特異点における留数は

$$\mathrm{Res}\left[\frac{2z^3+i}{z(z-i)^2},0\right]=-i,\quad \mathrm{Res}\left[\frac{2z^3+i}{z(z-i)^2},i\right]=5i$$

である（例題 4.3 参照）．したがって，留数定理によって，求める積分は次のようになる．

$$\int_{|z-i|=2}\frac{2z^3+i}{z(z-i)^2}\,dz=2\pi i\left\{\mathrm{Res}\left[\frac{2z^3+i}{z(z-i)^2},0\right]+\mathrm{Res}\left[\frac{2z^3+i}{z(z-i)^2},i\right]\right\}$$
$$=2\pi i(-i+5i)=-8\pi$$

問4.7　次の曲線 C に沿う積分 $\displaystyle\int_{\mathrm{C}}\frac{1}{z^2(2z-3i)}\,dz$ を求めよ．

(1)　C : $|z+i|=2$　　(2)　C : $|z+i|=3$

実積分への応用　留数定理を用いて，実積分を求めることができる場合がある．

例題 4.5　**実積分への応用 I**

定積分 $\displaystyle\int_0^{2\pi}\frac{1}{2+\cos\theta}\,d\theta$ を求めよ．

解　$\cos\theta=\dfrac{e^{i\theta}+e^{-i\theta}}{2}$ であることに注意して，$z=e^{i\theta}$ とおくと，

$$dz=ie^{i\theta}\,d\theta=iz\,d\theta,\quad \cos\theta=\frac{1}{2}\left(z+\frac{1}{z}\right)$$

となる．θ が 0 から 2π まで動くとき，z は単位円 $|z|=1$ を正の向きに 1 周するから，与えられた定積分は

$$\int_0^{2\pi}\frac{1}{2+\cos\theta}\,d\theta=\int_{|z|=1}\frac{1}{2+\frac{1}{2}\left(z+\frac{1}{z}\right)}\cdot\frac{1}{iz}\,dz=\frac{2}{i}\int_{|z|=1}\frac{1}{z^2+4z+1}\,dz$$

となる．被積分関数の特異点は $z^2+4z+1=0$ の解 $z=-2\pm\sqrt{3}$ であり，このうち，単位円の内部にあるのは $-2+\sqrt{3}$ だけである．$f(z)=1$, $g(z)=z^2+4z+1$ とおくと $g(-2+\sqrt{3})=0$, $f(-2+\sqrt{3})=1$ であり，$g'(z)=2z+4$ から $g'(-2+\sqrt{3})=2\sqrt{3}\neq 0$ となる．したがって，定理 4.6 (2) によって，点 $-2+\sqrt{3}$ における留数は

$$\mathrm{Res}\left[\frac{1}{z^2+4z+1}, -2+\sqrt{3}\right]=\frac{f(-2+\sqrt{3})}{g'(-2+\sqrt{3})}=\frac{1}{2\sqrt{3}}$$

となる．よって，求める積分は次のようになる．

$$\begin{aligned}\int_0^{2\pi}\frac{1}{2+\cos\theta}d\theta &= \frac{2}{i}\int_{|z|=1}\frac{1}{z^2+4z+1}dz \\ &= \frac{2}{i}\cdot 2\pi i\cdot \mathrm{Res}\left[\frac{1}{z^2+4z+1}, -2+\sqrt{3}\right]=4\pi\cdot\frac{1}{2\sqrt{3}}=\frac{2\pi}{\sqrt{3}}\end{aligned}$$

問4.8　定積分 $I=\displaystyle\int_0^{2\pi}\frac{d\theta}{3+\sin\theta}$ を求めよ．

例題 4.6　実積分への応用 II

右図で曲線 $\mathrm{C}=\mathrm{C}_0+\mathrm{C}_R$ とするとき，実積分 $\displaystyle\int_0^{\infty}\frac{\cos x}{x^2+1}dx$ を次の手順で求めよ．

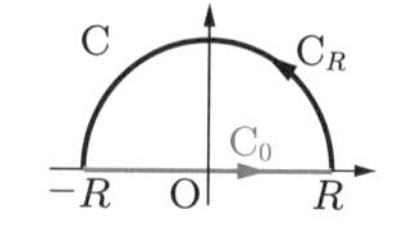

(1) $\displaystyle\int_{\mathrm{C}_0}\frac{e^{iz}}{z^2+1}dz=\int_{-R}^{R}\frac{\cos x}{x^2+1}dx$ であることを証明せよ．

(2) $\displaystyle\lim_{R\to\infty}\int_{\mathrm{C}_R}\frac{e^{iz}}{z^2+1}dz=0$ であることを証明せよ．

(3) $R>1$ のとき，$\displaystyle\int_{\mathrm{C}}\frac{e^{iz}}{z^2+1}dz$ を求めよ．

(4) 実積分 $\displaystyle\int_0^{\infty}\frac{\cos x}{x^2+1}dx$ を求めよ．

解　(1)　C_0 上では $z=x$（x は実数，$-R\leqq x\leqq R$）となる．$\dfrac{\sin x}{x^2+1}$ は奇関数であることに注意すると，次が得られる．

$$\int_{\mathrm{C}_0}\frac{e^{iz}}{z^2+1}dz=\int_{-R}^{R}\frac{\cos x+i\sin x}{x^2+1}dx=\int_{-R}^{R}\frac{\cos x}{x^2+1}dx$$

(2)　C_R を $z=Re^{i\theta}$ $(0\leqq\theta\leqq\pi)$ と表すと，$dz=Ri\,e^{i\theta}\,d\theta$ である．$-R\sin\theta\leqq 0$ か

ら，$\left|e^{iz}\right| = \left|e^{iR(\cos\theta + i\sin\theta)}\right| = e^{-R\sin\theta} \leqq 1$ であり，定理 1.3 により $\left|R^2e^{2i\theta}+1\right| \geqq \left|R^2e^{2i\theta}\right| - 1 = R^2 - 1$ となることに注意すると，式 (3.9) により

$$\left|\int_{\mathrm{C}_R} \frac{e^{iz}}{z^2+1}\,dz\right| \leqq \int_0^{\pi} \left|\frac{e^{iz}}{R^2e^{2i\theta}+1}\right|\left|Ri\,e^{i\theta}\right|d\theta$$
$$\leqq \int_0^{\pi} \frac{R}{R^2-1}\,d\theta = \frac{R\pi}{R^2-1} \to 0 \quad (R\to\infty)$$

となる．したがって，$\displaystyle\lim_{R\to\infty}\int_{\mathrm{C}_R} \frac{e^{iz}}{z^2+1}\,dz = 0$ が成り立つ．

(3) $R>1$ のとき，C の内部にある $\dfrac{e^{iz}}{z^2+1} = \dfrac{e^{iz}}{(z-i)(z+i)}$ の孤立特異点は $z=i$ であり，位数 1 の極である．したがって，留数定理（定理 4.7）によって，求める積分は次のようになる．

$$\int_{\mathrm{C}} \frac{e^{iz}}{z^2+1}dz = 2\pi i \lim_{z\to i}(z-i)\frac{e^{iz}}{(z-i)(z+i)} = 2\pi i\frac{e^{-1}}{2i} = \frac{\pi}{e}$$

(4) $R>1$ のとき，

$$\int_{\mathrm{C}} \frac{e^{iz}}{z^2+1}\,dz = \int_{\mathrm{C}_0} \frac{e^{iz}}{z^2+1}\,dz + \int_{\mathrm{C}_R} \frac{e^{iz}}{z^2+1}\,dz$$

が成り立つ．ここで，左辺の積分は R の値によらずに $\dfrac{\pi}{e}$ であるから，この式の $R\to\infty$ としたときの極限は

$$\frac{\pi}{e} = \lim_{R\to\infty}\int_{\mathrm{C}_0} \frac{e^{iz}}{z^2+1}\,dz + \lim_{R\to\infty}\int_{\mathrm{C}_R} \frac{e^{iz}}{z^2+1}\,dz$$
$$= \lim_{R\to\infty}\int_{-R}^{R} \frac{\cos x}{x^2+1}\,dx + 0 = 2\int_0^{\infty} \frac{\cos x}{x^2+1}\,dx$$

となる．したがって，$\displaystyle\int_0^{\infty} \frac{\cos x}{x^2+1}\,dx = \frac{\pi}{2e}$ が得られる．

問4.9 例題 4.6 と同じ曲線 C, C_0, C_R について，実積分 $\displaystyle\int_0^{\infty} \frac{1}{x^2+1}dx$ を次の手順で求めよ．

(1) $\displaystyle\lim_{R\to\infty}\int_{\mathrm{C}_R} \frac{1}{z^2+1}\,dz = 0$ であることを証明せよ．

(2) $R>1$ のとき，$\displaystyle\int_{\mathrm{C}} \frac{1}{z^2+1}\,dz$ を求めよ．

(3) 実積分 $\displaystyle\int_0^{\infty} \frac{1}{x^2+1}\,dx$ を求めよ．

練習問題 4

[1] べき級数 $1+\dfrac{1}{z}+\dfrac{1}{z^2}+\cdots+\dfrac{1}{z^n}+\cdots$ が収束するような z の範囲を求めよ．

[2] 次の関数 $f(z)$ の $z=0$ を中心とするローラン展開を求め，$z=0$ がどのような孤立特異点か調べよ．また，$z=0$ における留数を求めよ．さらに，r を正の定数とするとき，積分 $\displaystyle\int_{|z|=r} f(z)\,dz$ を求めよ．

(1) $f(z)=\dfrac{e^z-1-z}{z^2}$　　(2) $f(z)=z\cos\dfrac{1}{z}$

[3] 次の関数の，(　) 内に指定された孤立特異点は極である．その位数を求めよ．

(1) $\dfrac{z+2}{z(z-1)^2}$　$(z=1)$　　(2) $\dfrac{\sin z}{z^2(z-1)^2}$　$(z=0)$

[4] 次の関数の，(　) 内に指定された孤立特異点における留数を求めよ．

(1) $\dfrac{z^3}{(z-2i)^2}$　$(z=2i)$　　(2) $\dfrac{1}{z^2(z+3)}$　$(z=0)$

(3) $\dfrac{e^{-\pi z}}{(z-i)^3}$　$(z=i)$　　(4) $\dfrac{\cos z}{(z+i)^5}$　$(z=-i)$

[5] 留数定理（定理 4.7）を用いて，次の積分を求めよ．

(1) $\displaystyle\int_{|z|=3}\frac{z+3}{z(z-2)}\,dz$　　(2) $\displaystyle\int_{|z|=2}\frac{\sin z}{z^2+1}\,dz$

(3) $\displaystyle\int_{|z|=2}\frac{e^{iz}}{z(z-i)^2}\,dz$　　(4) $\displaystyle\int_{|z|=2}\frac{1}{z^2(z+i)^3}\,dz$

[6] 例題 4.6 と同じ曲線 C, C_0, C_R について，次の問いに答えよ．

(1) $\displaystyle\lim_{R\to\infty}\int_{\mathrm{C}_R}\frac{z^2}{z^4+1}dz=0$ であることを証明せよ．

(2) $R>1$ のとき，$\displaystyle\int_{\mathrm{C}}\frac{z^2}{z^4+1}dz$ を求めよ．

(3) 実積分 $\displaystyle\int_0^{\infty}\frac{x^2}{x^4+1}\,dx$ を求めよ．

[7] $z=a$ は $f(z)$ の孤立特異点であるとする．自然数 m に対して，$\displaystyle\lim_{z\to a}(z-a)^m f(z)$ が 0 でない極限値をもつとき，$z=a$ は $f(z)$ の位数 m の極であることを証明せよ．

第 2 章の章末問題

1. 複素数 z_1, z_2 $(z_2 \neq 0)$ に対して，$\left|\dfrac{z_1}{z_2}\right| = \dfrac{|z_1|}{|z_2|}$, $\arg\dfrac{z_1}{z_2} = \arg z_1 - \arg z_2$ が成り立つことを証明せよ．

2. 次の方程式を満たす複素平面上の点 z を図示せよ．

   (1) $|z+i| = |z-3|$　　(2) $2|z+1| = |z-5|$

3. $z = x + iy$ に対して，正則な複素関数 $f(z) = u(x,y) + iv(x,y)$ の実部 $u(x,y)$ が次のようになっているとき，コーシー・リーマンの関係式を用いて虚部 $v(x,y)$ を定めよ．さらに，$f(z)$ を z で表せ．

   (1) $u = x^3 - 3xy^2$　　(2) $u = e^{-y}\cos x$

4. 曲線 C が次のそれぞれの場合について，積分 $I = \displaystyle\int_{\mathrm{C}} \frac{z+3}{z^2(z-2)^3}\,dz$ を求めよ．

   (1) C: $|z| = 1$　　(2) C: $|z-2| = 1$

5. 次の積分を求めよ．

   (1) $\displaystyle\int_{\mathrm{C}} \frac{1}{z^2+3}\,dz$　$(\mathrm{C}: z = e^{i\theta},\ 0 \leqq \theta \leqq \pi)$

   (2) $\displaystyle\int_{\mathrm{C}} \frac{1}{z^2+1}\,dz$　$(\mathrm{C}: z = \sqrt{3}e^{i\theta},\ 0 \leqq \theta \leqq \pi)$

6. 次の積分を求めよ．

   (1) $\displaystyle\int_{|z|=1} \frac{z+3}{z(z-2)}\,dz$　　(2) $\displaystyle\int_{|z|=1} \frac{e^{iz}}{z^2}\,dz$

   (3) $\displaystyle\int_{|z|=2} \frac{\sin z}{z^2+1}\,dz$　　(4) $\displaystyle\int_{|z-i|=1} \frac{z^2}{z^4+1}\,dz$

7. $f(z) = \dfrac{z-2}{z}e^{\frac{1}{z}}$ に対して，次の問いに答えよ．

   (1) $f(z)$ の $z = 0$ を中心とするローラン展開を求めよ．

   (2) 積分 $\displaystyle\int_{|z|=1} f(z)\,dz$ を求めよ．

Chapter 3

微分方程式

1 1階微分方程式

1.1 微分方程式

微分方程式とその解　関数 $y = f(x)$ について，その（高次）導関数を含む方程式を**微分方程式**という．微分方程式に含まれる導関数の最大の階数が n のとき，その方程式を **n 階微分方程式**という．

例 1.1　$y' = 2xy$ は 1 階微分方程式，$y'' + y = 0$ は 2 階微分方程式である．

微分方程式は，自然現象や工学などを記述するためによく用いられる．

例 1.2　数直線上を運動する点 P の，時刻 x における点の位置を $y = y(x)$ とする．このとき，点 P の速度は y'，加速度は y'' となる．

(1)　速度 $20\,\mathrm{m/s}$ の等速運動は，1 階微分方程式 $y' = 20$ で表される．

(2)　加速度 $6\,\mathrm{m/s^2}$ の等加速度運動は，2 階微分方程式 $y'' = 6$ で表される．

微分方程式を満たす関数 y をその微分方程式の**解**といい，解を求めることを微分方程式を**解く**という．ある関数が，与えられた微分方程式の解であるかどうかを確かめるには，代入して確かめるのがよい．

例 1.3　(1)　$y = Ce^{-x} + 1$（C は任意定数）は微分方程式 $y' + y = 1$ の解である．実際，$y' = -Ce^{-x}$ であるから，

$$y' + y = -Ce^{-x} + Ce^{-x} + 1 = 1$$

が成り立つ．したがって，$y = Ce^{-x} + 1$ は解である．

(2)　$y = A\cos x + B\sin x$（A, B は任意定数）は $y'' = -y$ の解である．実際，

$$y'' = (y')' = (-A\sin x + B\cos x)' = -A\cos x - B\sin x = -y$$

が成り立つ．したがって，$y = A\cos x + B\sin x$ は解である．

例 1.3 のように，微分方程式の解はいくつかの任意定数を含む．n 階微分方程式の解が n 個の任意定数を含むとき，これを微分方程式の**一般解**という．一方，任意定数に特定の値を代入して得られる解を**特殊解**という．

例 1.4　$y = 3x^2 + Ax + B$（A, B は任意定数）は $y'' = 6$ を満たすから微分方程式 $y'' = 6$ の解である．$y'' = 6$ は 2 階微分方程式であり，解 $y = 3x^2 + Ax + B$ は 2 個の任意定数 A, B を含むから，この微分方程式の一般解である．

例 1.4 の微分方程式 $y'' = 6$ は，両辺を 2 回積分すると

$$y' = \int 6\,dx = 6x + A$$

$$y = \int (6x + A)dx = 3x^2 + Ax + B$$

となって，解が得られる．任意定数 A, B は，積分する際の積分定数である．

例 1.5　$y = 20x + C$（C は任意定数）は微分方程式 $y' = 20$ の一般解である．一般解のうち，たとえば条件「$x = 0$ のとき $y = 30$」を満たす解は $y = 20x + 30$ であり，これは特殊解である．

このような，特殊解を求めるための条件を**初期条件**という．初期条件「$x = 0$ のとき $y = 30$」は「$y(0) = 30$」のように表すこともある．

[note]　多くの物理法則は微分方程式で与えられ，初期条件が与えられると，その解は一意的に定まる．これは，物理現象の状態が初期条件によって定まることを意味する．

問 1.1　(　) 内の関数が，与えられた微分方程式の解であることを確かめよ．ここで，A, B, C は任意定数である．

(1)　$y' + 2xy = 2x$　$(y = Ce^{-x^2} + 1)$
(2)　$y'' + 2y' + y = 0$　$(y = e^{-x}(Ax + B))$
(3)　$y'' - 2y' - 3y = 0$　$(y = e^{3x})$
(4)　$y'' + y = 2\cos x$　$(y = x\sin x)$

問 1.2　次の微分方程式の一般解および (　) 内の初期条件を満たす特殊解を求めよ．

(1)　$y' = 3x$　$(y(0) = 5)$
(2)　$y'' = 1$　$(y(0) = 2,\ y'(0) = 3)$

以下，この節では 1 階微分方程式だけを扱う．1 階微分方程式の一般解は 1 つの任意定数を含む．

例題 1.1　微分方程式の導出

$y = Cx^2$ (C は任意定数) を解とする微分方程式を求めよ．

解　$y = Cx^2$ から，$y' = 2Cx$ となる．この 2 式から C を消去すると，求める微分方程式は $2y = y'x$，すなわち，$y' = \dfrac{2y}{x}$ となる．

[note]　この微分方程式は，解 $y = Cx^2$ のグラフ上の任意の点 $\mathrm{P}(x, y)$ における接線の傾き y' が，P と原点を結んだ直線の傾き $\dfrac{y}{x}$ の 2 倍になることを表している．

このように，任意定数を消去して得られる微分方程式は，任意定数によらず解がもつ共通の性質を表している．

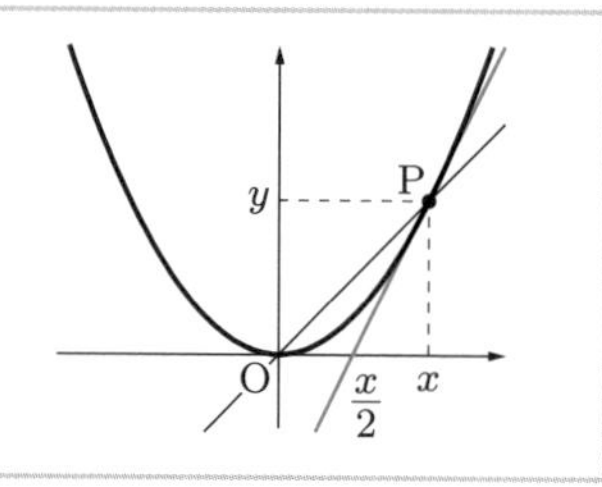

問 1.3　次の方程式から任意定数 C を消去して微分方程式を作れ．

(1)　$y = \dfrac{C}{x}$　　(2)　$x^2 + y^2 - 2Cx = 0$

勾配の場　微分方程式の解は，任意定数の値を定めると 1 つの関数となる．この関数のグラフを微分方程式の**解曲線**という．

1 階微分方程式 $y' = x + y$ の解曲線を調べる．点 (x, y) を与えるとその点における微分係数 $y' = x + y$ が得られるから，(x, y) における解曲線の接線の傾きを求めることができる．たとえば，

点 $\mathrm{A}(-3, 1)$　における接線の傾きは　$y' = -3 + 1 = -2$
点 $\mathrm{B}(-2, 2)$　における接線の傾きは　$y' = -2 + 2 = 0$
点 $\mathrm{C}(2, 0)$　における接線の傾きは　$y' = 2 + 0 = 2$

である．このようにして，座標平面上の各点を通る解曲線の接線の傾きを調べ，接線を短くかくことによって，次の図 1 のように解曲線のおよその状況を知ることができる．

このような図を**勾配の場**という．図 1 は $y' = x + y$ の勾配の場，図 2 の曲線は点 A, B, C を通る解曲線である．

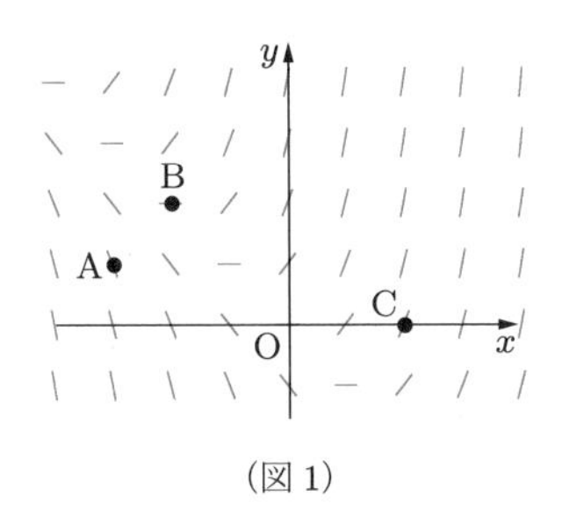

(図 1)

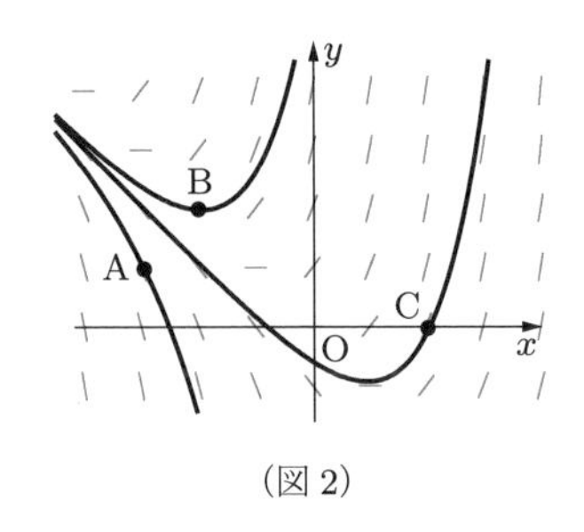

(図 2)

例 1.6　　微分方程式の勾配の場と，(　) 内の初期条件を満たす特殊解の解曲線の例を示す．

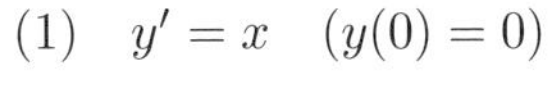

(1)　$y' = x \quad (y(0) = 0)$

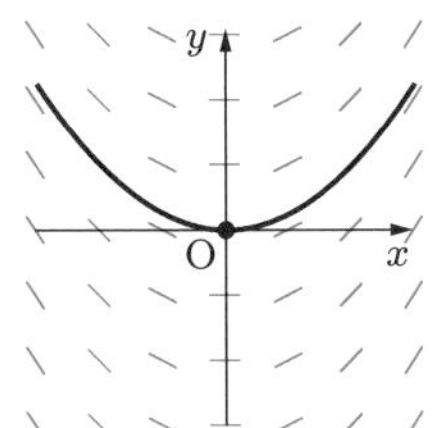

(2)　$y' = y \quad (y(0) = 2)$

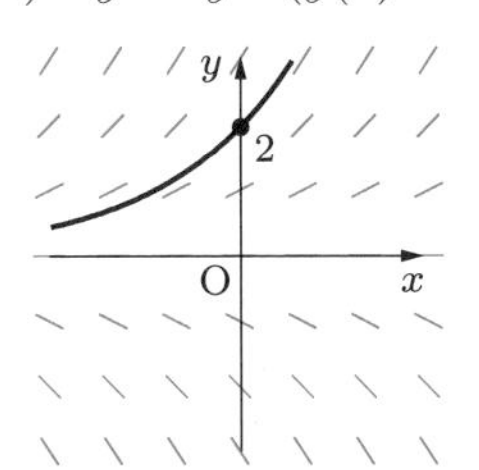

(3)　$y' = 1 - y \quad (y(0) = 0)$

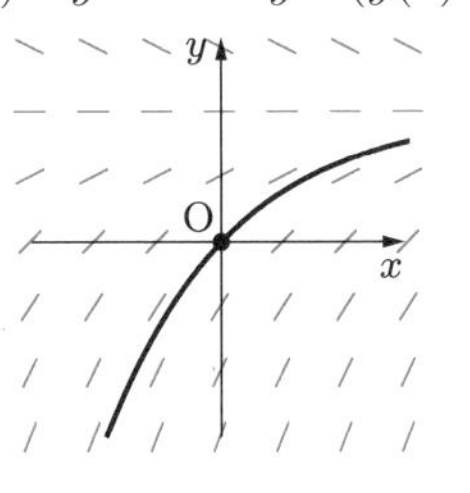

(4)　$y' = -2xy \quad (y(0) = 2)$

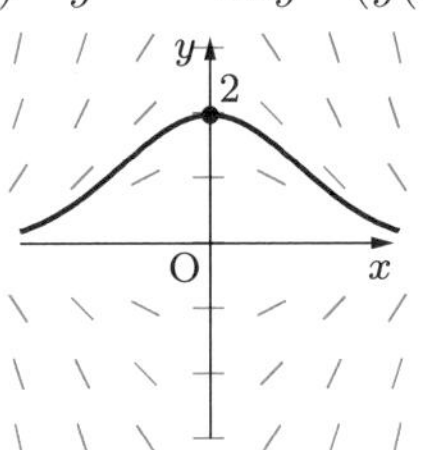

問 1.4　勾配の場が下図のように表されているとき，それぞれの勾配の場を表す微分方程式を a〜f の中から選べ．また，図に指定された点 ● を通る解曲線をかけ．

a. $xy' = -y$　　b. $y' = 2 - x$　　c. $y' = 1 + y$

d. $yy' = -x$　　e. $y' = -x^2$　　f. $y' = y - 1$

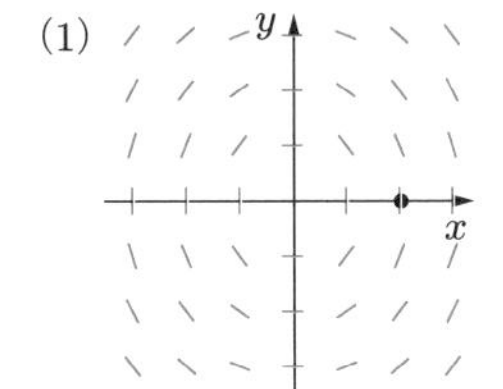

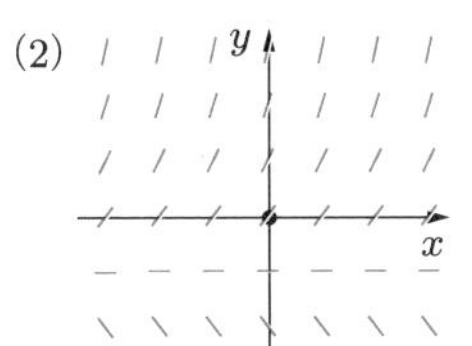

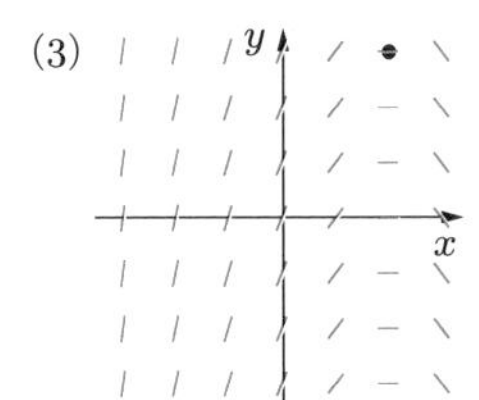

[note]　$y' = f(x, y)$ の形の微分方程式は「各点 (x, y) に曲線の傾きを対応させる」という意味があり，これは地図上の各点に風の向きを指定するようなものである．風の流れが作る曲線群が微分方程式の解である．

さらに，ある地点 P を決めると，そこを通る 1 本の風の流れが決定する．ある地点を決めることは初期条件を与えることであり，その地点を通る 1 本の曲線が決まる．これが特殊解である．

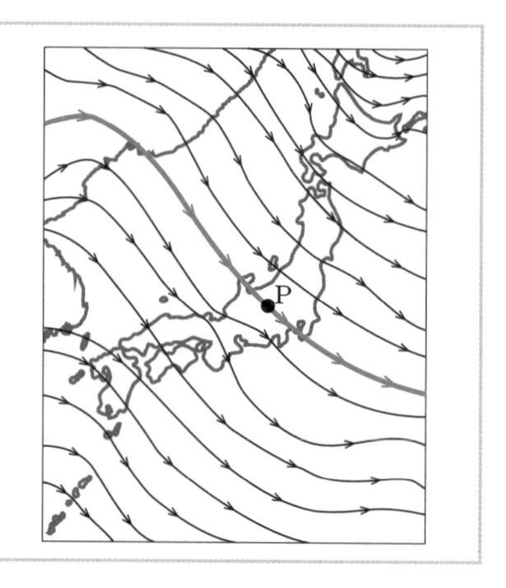

1.2 変数分離形

変数分離形の微分方程式の解法　$y' = x^2 y$ や $y' = -\dfrac{x}{y}$ などのように，

$$y' = f(x)g(y) \tag{1.1}$$

の形に表される微分方程式を**変数分離形**という．この形の微分方程式は次のようにして解くことができる．

(i)　すべての実数 y に対して $g(y) \neq 0$ であるとき，$y' = \dfrac{dy}{dx}$ とかき直して，

$$\frac{1}{g(y)}\frac{dy}{dx} = f(x)$$

の形に変形する．この両辺を x で積分すると，

$$\int \frac{1}{g(y)}\frac{dy}{dx}dx = \int f(x)\,dx$$

である．左辺を置換積分を用いて y の積分に変形すると，

$$\int \frac{1}{g(y)}\,dy = \int f(x)\,dx \tag{1.2}$$

となる．よって，両辺の積分を計算すれば一般解を求めることができる．

式 (1.2) は，与えられた微分方程式を形式的に

$$\frac{1}{g(y)}\,dy = f(x)dx \tag{1.3}$$

と変形して積分した式と同じである．式 (1.3) の左辺は y だけの式であり，右辺は x だけの式である．この形に変形することを**変数を分離する**という．

(ii)　$g(\alpha) = 0$ となる定数 α が存在するとき，定数関数 $y = \alpha$ もこの方程式の解である．実際，$y = \alpha$ のとき，

$$y' = 0, \quad f(x)g(\alpha) = 0$$

となって，$y' = f(x)g(y)$ が成り立つ．

例題 1.2　変数分離形の微分方程式の一般解

次の微分方程式の一般解を求めよ．

(1)　$y' = -y^2$　　　　(2)　$yy' = -x$

解　(1)　$y^2 \neq 0$ のとき，$\dfrac{dy}{dx} = -y^2$ として変数を分離すると，

$$\frac{1}{y^2}\,dy = -\,dx$$

が得られる．この両辺を積分すれば，

$$\int \frac{1}{y^2}\,dy = -\int dx \quad \text{よって} \quad -\frac{1}{y} = -x + C$$

となる．これを整理すれば，求める一般解は

$$y = \frac{1}{x - C} \quad (C \text{ は任意定数})$$

となる．$y^2 = 0$ として得られる関数 $y = 0$ もこの微分方程式の解である．

(2)　$y\dfrac{dy}{dx} = -x$ として変数を分離すると，

$$y\,dy = -x dx$$

となる．この両辺を積分すれば

$$\int y\,dy = -\int x\,dx \quad \text{よって} \quad \frac{1}{2}y^2 = -\frac{1}{2}x^2 + C_1$$

となる．$2C_1 = C$ とおいて整理すれば，求める一般解は，

$$x^2 + y^2 = C \quad (C \text{ は正の任意定数})$$

となる．

関数 $y=0$ も例題 1.2(1) の解である．しかし，一般解 $y=\dfrac{1}{x-C}$ の任意定数 C をどのように選んでも，$y=0$ とすることはできない．このような，一般解に含まれない解を**特異解**という．今後は，特異解については省略する．

なお，例題 1.2(2) のように，任意定数は適当な形にかきかえていくことがある．また，この解は $C>0$ のときだけ意味をもつ．今後は，このような任意定数についての条件はとくに明記しない．

例題 1.3　変数分離形の微分方程式と初期条件

微分方程式 $\dfrac{dy}{dx}=\dfrac{y+1}{x}$ の一般解を求めよ．また，初期条件 $y(1)=1$ を満たす特殊解を求めよ．

解　この方程式は変数分離形であるから，変数を分離すると，

$$\frac{1}{y+1}dy=\frac{1}{x}\,dx$$

となる．これを積分すると，

$$\int\frac{1}{y+1}dy=\int\frac{1}{x}\,dx\quad よって\quad \log|y+1|=\log|x|+C_1\quad (C_1\text{ は任意定数})$$

となる．ここで，$C_1=C_1\log e=\log e^{C_1}$ であるから

$$\log|x|+C_1=\log|x|+\log e^{C_1}=\log\left(e^{C_1}|x|\right)$$

となり，$y+1=\pm e^{C_1}x$ が得られる．$\pm e^{C_1}=C$ とおくと，一般解

$$y=Cx-1\quad (C\text{ は任意定数})$$

が得られる．

$y(1)=1$ であるから $1=C-1$，すなわち，$C=2$ である．したがって，求める特殊解は

$$y=2x-1$$

である．

問 1.5　次の微分方程式の一般解を求めよ．

(1)　$y'=-2(y-3)$　　(2)　$y'=\dfrac{e^x}{2y}$

(3)　$2x+yy'=0$　　(4)　$y'=y^2\sin x$

問 1.6　次の微分方程式の一般解を求めよ．また，(　) 内の初期条件を満たす特殊解を求めよ．

(1)　$y' = \dfrac{y}{x+1}$　$(y(0) = 2)$　　(2)　$y' \sin y + \cos x = 0$　$\left(y(0) = \dfrac{\pi}{2}\right)$

変数分離形の微分方程式の応用

例題 1.4　**ロジスティック曲線**

容器に入った細菌が増殖していくとき，時刻 t における細菌の量を y とする．これについて，次の問いに答えよ．

(1)　細菌が増殖する速さが現在の細菌の量に比例するとすれば，このことは微分方程式を用いて

$$\frac{dy}{dt} = ky \quad (k \text{ は正の定数}) \tag{1.4}$$

と表すことができる．この微分方程式の一般解を求めよ．

(2)　細菌が増殖できる量の上限を 1 とする．細菌が増殖する速さが現在の細菌の量 y と，上限と現在の量との差 $1-y$ の積に比例するとすれば，このことは微分方程式を用いて

$$\frac{dy}{dt} = ky(1-y) \quad (k \text{ は正の定数}) \tag{1.5}$$

と表すことができる．この微分方程式の，初期条件 $y(0) = \dfrac{1}{2}$ を満たす特殊解を求めよ．

解　(1)　変数を分離して，その両辺を積分すると，

$$\int \frac{1}{y}\,dy = \int k\,dt$$

となる．$y > 0$ であるから，

$$\log y = kt + C_1 \quad \text{よって} \quad y = e^{C_1}e^{kt} \quad (C_1 \text{ は任意定数})$$

となる．e^{C_1} を C とかき直すと，一般解 $y = Ce^{kt}$ (C は任意定数) が得られる．

(2)　(1) と同じように変数を分離すると，

$$\frac{1}{y(1-y)}\,dy = k\,dt$$

となる．左辺の部分分数分解

$$\frac{1}{y(1-y)} = \frac{1}{y} + \frac{1}{1-y}$$

を用いてこれを積分すると，$0 < y < 1$ であるから，

$$\int \left(\frac{1}{y} + \frac{1}{1-y}\right) dy = \int kdt \quad \text{よって} \quad \log y - \log(1-y) = kt + C$$

となる．ここで，$t = 0$, $y = \dfrac{1}{2}$ を代入すると $C = 0$ となる．したがって，$\log y - \log(1-y) = kt$ となり，これを変形すると，$\dfrac{y}{1-y} = e^{kt}$ となる．さらに，これを y について解くと，特殊解 $y = \dfrac{1}{1+e^{-kt}}$ が得られる．

[note]　例題1.4(2)の解曲線は右のようになる．この曲線を**ロジスティック曲線**という．この曲線は，ある年に流行したインフルエンザに感染した人数の累計，人気商品の売り上げ数の累計のグラフなどに現れる．最初は指数関数的に増えていくが，やがて飽和状態となって一定の値となっていく様子を表す．y 軸との交点は，このグラフの変曲点である．

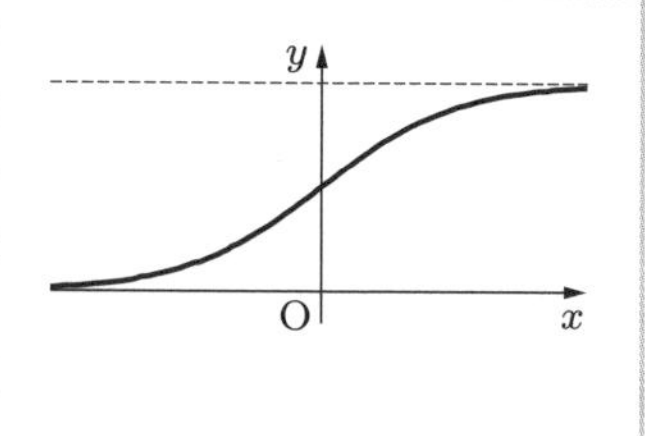

問1.7　底面積が $A\ [\mathrm{m}^2]$ の円柱形の容器の底に，面積 $a\ [\mathrm{m}^2]$ の穴が空いて容器内の水が減少していく．容器の底から水面までの高さを h [m] とするとき，微分方程式

$$\frac{dh}{dt} = -\frac{a}{A}\sqrt{2gh} \quad (g\ [\mathrm{m/s^2}] \text{ は重力加速度})$$

が成り立つ．これを**トリチェリの定理**という．次の問いに答えよ．

(1)　一般解を求めよ．

(2)　$t = 0$ のとき，水の高さが $4\,\mathrm{m}$ であるとする．容器の断面の半径が $1\,\mathrm{m}$，穴の面積が $0.1\,\mathrm{m}^2$ であるとき，水がなくなるまでの時間を小数第1位まで求めよ．ただし，重力加速度を $9.8\,\mathrm{m/s^2}$，円周率を3.14とせよ．

[note]　問1.7の微分方程式は次のように導かれる．

穴から流れ出る水の質量を m [kg]，速さを v [m/s] とすると，エネルギー保存の法則から

$$\frac{1}{2}mv^2 = mgh \quad \text{よって} \quad v = \sqrt{2gh}$$

が成り立つ（トリチェリの法則）．また，dt [s] の間に水面の高さが dh [m] だけ変化するとき，$dh < 0$ であることに注意して，容器の中から減少する水と穴から流れ出る水の量を比較すれば，

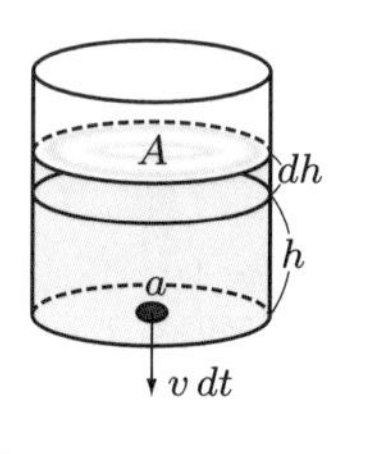

$$A\,dh = -av\,dt \quad \text{よって} \quad \frac{dh}{dt} = -\frac{a}{A}v$$

が成り立つ．これらから v を消去すると，求める微分方程式が得られる．

同次形　$\dfrac{dy}{dx} = f\left(\dfrac{y}{x}\right)$ の形の微分方程式を**同次形**という．$\dfrac{y}{x} = u$ とおくと，$y = ux$ であるから $\dfrac{dy}{dx} = u + x\dfrac{du}{dx}$ となる．これらを代入すると，同次形の微分方程式は，u と x の変数分離形の微分方程式に変形して解くことができる．

例題 1.5　同次形の微分方程式

微分方程式 $(x+y)\,y' = (x-y)$ の一般解を求めよ．

解　与式は $\dfrac{dy}{dx} = \dfrac{x-y}{x+y} = \dfrac{1-\dfrac{y}{x}}{1+\dfrac{y}{x}}$ と変形できるから，これは同次形である．

$\dfrac{y}{x} = u$ とおくと，$\dfrac{dy}{dx} = u + x\dfrac{du}{dx}$ であるから，与えられた微分方程式は

$$u + x\frac{du}{dx} = \frac{1-u}{1+u} \quad \text{よって} \quad x\frac{du}{dx} = \frac{1-u}{u+1} - u = -\frac{u^2+2u-1}{u+1}$$

となる．したがって，変数を分離して積分すると，

$$\frac{u+1}{u^2+2u-1}du = -\frac{1}{x}dx$$

$$\frac{1}{2}\int \frac{(u^2+2u-1)'}{u^2+2u-1}du = -\int \frac{1}{x}dx$$

$$\log|u^2+2u-1| = -\log x^2 + C_1 \quad (C_1 \text{ は任意定数})$$

$$x^2(u^2+2u-1) = \pm e^{C_1}$$

となる．$\pm e^{C_1} = -C$ とおき，$u = \dfrac{y}{x}$ を代入して整理すると，一般解

$$x^2 - 2xy - y^2 = C \quad (C \text{ は任意定数})$$

が得られる．

問 1.8　次の同次形の微分方程式の一般解を求めよ．

(1)　$xy' = x + 2y$　　(2)　$xyy' = x^2 + y^2$

(3)　$\dfrac{dy}{dx} = \dfrac{y^2}{xy - x^2}$　　(4)　$\dfrac{dy}{dx} = \dfrac{x^2+2xy-4y^2}{x^2-8xy-4y^2}$

1.3　線形微分方程式

1 階線形微分方程式　$p(x), r(x)$ を x の関数とするとき，

$$y' + p(x)y = r(x) \tag{1.6}$$

の形の微分方程式を **1 階線形微分方程式**という．とくに，$r(x) = 0$ となるもの，すなわち

$$y' + p(x)y = 0 \tag{1.7}$$

を**斉次**（せいじ）**1 階線形微分方程式**といい，$r(x) \neq 0$ のときには**非斉次 1 階線形微分方程式**という．斉次，非斉次をそれぞれ**同次**，**非同次**ということもある．

斉次 1 階線形微分方程式の一般解　斉次線形微分方程式 $y' + p(x)y = 0$ の 1 つの解を $y = f(x)$ とする．このとき，$y = Cf(x)$ (C は任意定数) も $y' + p(x)y = 0$ の解である．実際，$y = Cf(x)$ を $y' + p(x)y = 0$ の左辺に代入すると，

$$y' + p(x)y = \{Cf(x)\}' + p(x) \cdot Cf(x) = C\{f'(x) + p(x)f(x)\} = 0$$

となる．したがって，$y = Cf(x)$ は $y' + p(x)y = 0$ の一般解である．

例 1.7　p が定数のとき，斉次 1 階線形微分方程式 $y' + py = 0$ の一般解を求める．$y = e^{-px}$ は $y' = (e^{-px})' = -pe^{-px} = -py$ を満たすから，$y' + py = 0$ の解である．したがって，この微分方程式の一般解は

$$y = Ce^{-px} \quad (C \text{ は任意定数}) \tag{1.8}$$

となる．たとえば，$y' + 3y = 0$ の一般解は $y = Ce^{-3x}$ である．

問 1.9　次の斉次 1 階線形微分方程式の一般解を求めよ．

(1)　$y' - y = 0$　　(2)　$y' - 4y = 0$　　(3)　$y' + 5y = 0$

一般の斉次 1 階線形微分方程式 $y' + p(x)y = 0$ は，変数分離形として解くことができる．

例 1.8　斉次 1 階線形微分方程式 $y' + 2xy = 0$ を解く．$\dfrac{dy}{dx} = -2xy$ とかき直して変数を分離し，これを積分すれば，

$$\int \frac{dy}{y} = -\int 2x\,dx \quad \text{よって} \quad \log|y| = -x^2 + C_1 \quad (C_1 \text{ は任意定数})$$

となる．これを y について解けば，

$$|y| = e^{-x^2 + C_1} = e^{C_1}e^{-x^2} \quad \text{よって} \quad y = \pm e^{C_1}e^{-x^2}$$

となる．ここで，任意定数を $C = \pm e^{C_1}$ とかきかえれば，一般解

$$y = Ce^{-x^2} \quad (C \text{ は任意定数})$$

が得られる．

問 1.10　次の斉次 1 階線形微分方程式を解け．

(1)　$y' + 3x^2 y = 0$　　(2)　$y' - \dfrac{y}{x} = 0$　　(3)　$y' + y\sin x = 0$

非斉次 1 階線形微分方程式の一般解　非斉次 1 階線形微分方程式

$$y' + p(x)y = r(x) \qquad \cdots\cdots ①$$

に対して，斉次 1 階線形微分方程式

$$y' + p(x)y = 0 \qquad \cdots\cdots ②$$

を ① の**補助方程式**という．補助方程式 ② の一般解を $y = Cf(x)$ (C は任意定数)，非斉次線形微分方程式 ① の 1 つの解を $y = \varphi(x)$ とすると，$y = Cf(x) + \varphi(x)$ は ① の一般解である．実際，$y = Cf(x) + \varphi(x)$ を ① の左辺に代入すると，

$$\begin{aligned} y' + p(x)y &= \{Cf(x) + \varphi(x)\}' + p(x) \cdot \{Cf(x) + \varphi(x)\} \\ &= C\{f'(x) + p(x)f(x)\} + \{\varphi'(x) + p(x)\varphi(x)\} = r(x) \end{aligned}$$

となる．したがって，$y = Cf(x) + \varphi(x)$ は $y' + p(x)y = r(x)$ の一般解である．

1.1　非斉次 1 階線形微分方程式の一般解

非斉次 1 階線形微分方程式

$$y' + p(x)y = r(x) \qquad \cdots\cdots ①$$

の補助方程式 $y' + p(x)y = 0$ の一般解を $y = Cf(x)$ (C は任意定数)，①の 1 つの解を $y = \varphi(x)$ とするとき，①の一般解は

$$y = Cf(x) + \varphi(x) \quad (C \text{ は任意定数})$$

である．

非斉次1階線形微分方程式のうち，

$$y' + py = r(x) \quad (p \text{ は定数}) \tag{1.9}$$

の形の微分方程式を**定数係数非斉次1階線形微分方程式**という．補助方程式 $y' + py = 0$ の一般解は $y = Ce^{-px}$ であるから，式 (1.9) の1つの解 $\varphi(x)$ がわかれば，式 (1.9) の一般解を $y = Ce^{-px} + \varphi(x)$ として求めることができる．$\varphi(x)$ は，式 (1.9) の右辺 $r(x)$ からその形を予想することによって，求めることができる場合がある．

例題 1.6　解の予想による解法

定数係数非斉次1階線形微分方程式 $y' - 3y = -9x$ の一般解を求めよ．

解　補助方程式 $y' - 3y = 0$ の一般解は $y = Ce^{3x}$ である．次に，与えられた微分方程式の右辺が1次式であるから，$y' - 3y = -9x$ の解を，$\varphi(x) = ax + b$（a, b は定数）と予想する．$y = \varphi(x)$ を $y' - 3y = -9x$ に代入すると，

$$(ax + b)' - 3(ax + b) = -9x \quad \text{よって} \quad -3ax + (a - 3b) = -9x$$

となる．両辺の係数を比較して，$-3a = -9$, $a - 3b = 0$ から $a = 3$, $b = 1$ が得られる．したがって，$\varphi(x) = 3x + 1$ が $y' - 3y = -9x$ の1つの解となるから，求める一般解は

$$y = Ce^{3x} + 3x + 1 \quad (C \text{ は任意定数})$$

である．

問 1.11　次の微分方程式の1つの解を（　）内の関数と予想することによって，一般解を求めよ．

(1)　$y' - 2y = 3e^{-x}$　$(y = ae^{-x})$　　(2)　$y' + y = x^2$　$(y = ax^2 + bx + c)$

解を予想する方法は計算が簡単であるが，定数係数でない場合には解を予想することは難しい．このような場合に，一般解を直接求める方法について述べる．

例題 1.7　定数変化法

微分方程式 $y' + 2xy = -4x$ の一般解を求めよ．

解　補助方程式 $y' + 2xy = 0$ の一般解は $y = Ce^{-x^2}$ である（例 1.8）．次に，与えられた微分方程式の一般解を求めるために，$y = Ce^{-x^2}$ の定数 C を関数 $u(x)$ にかえた関数

$$y = u(x)e^{-x^2}$$

が $y'+2xy=-4x$ の解となるような $u(x)$ を求める．$y=u(x)e^{-x^2}$ を与えられた微分方程式 $y'+2xy=-4x$ に代入すると，

$$\left\{u(x)e^{-x^2}\right\}'+2x\cdot u(x)e^{-x^2}=-4x$$

となる．$\left\{u(x)e^{-x^2}\right\}'=u'(x)e^{-x^2}-2x\cdot u(x)e^{-x^2}$ であるから，

$$u'(x)e^{-x^2}-2x\cdot u(x)e^{-x^2}+2x\cdot u(x)e^{-x^2}=-4x \quad よって \quad u'(x)=-4xe^{x^2}$$

となる．これを積分すれば，任意定数を改めて C として

$$u(x)=-\int 4xe^{x^2}dx=-2e^{x^2}+C \quad (C\text{ は任意定数}) \quad \left[(e^{x^2})'=2xe^{x^2}\right]$$

が得られる．したがって，

$$y=u(x)e^{-x^2}=\left(-2e^{x^2}+C\right)e^{-x^2}=Ce^{-x^2}-2$$

となる．これは任意定数 C を含むから一般解である．

例題 1.7 では，次の手順で一般解を求めた．

(i)　補助方程式 $y'+p(x)y=0$ の一般解 $y=Cf(x)$ を求める．

(ii)　(i) の定数 C を関数 $u(x)$ におきかえて $y=u(x)f(x)$ とおき，これが非斉次微分方程式 $y'+p(x)y=r(x)$ の解になるような $u(x)$ を求める．

この手順にしたがって非斉次線形微分方程式の一般解を求める方法を，**定数変化法**という．

問 1.12　次の微分方程式を解け．

(1)　$y'+\dfrac{1}{x}y=3x$　　(2)　$\left(1+x^2\right)y'+2xy=6x$　　(3)　$y'\cos x+y\sin x=1$

例題 1.7 と同様にして微分方程式 $y'+p(x)y=q(x)$ の解を定数変化法により求めると，次のようになる．

1.2　1 階線形微分方程式の解

1 階線形微分方程式 $y'+p(x)y=q(x)$ の解は，$P(x)=\displaystyle\int p(x)dx$ とすると，次のようになる．

$$y=e^{-P(x)}\left(\int q(x)e^{P(x)}\,dx+C\right) \quad (C\text{ は任意定数})$$

この計算の過程では，絶対値や任意定数は省略してよい．

例 1.9　1 階線形微分方程式 $y' - \dfrac{1}{x}y = x$ を解く．$p(x) = -\dfrac{1}{x}$ であるから

$$P(x) = \int \left(-\frac{1}{x}\right) dx = -\log x$$

となる．$q(x) = x$ であるから，求める解は次のようにして得られる．

$$y = e^{-(-\log x)}\left(\int x\,e^{-\log x}\,dx + C\right) \quad \left[e^{-\log x} = e^{\log\frac{1}{x}} = \frac{1}{x}\right]$$
$$= x\left(\int dx + C\right) = x\,(x + C) \quad (C \text{ は任意定数})$$

問 1.13　次の微分方程式の一般解を求めよ．

(1)　$y' + 2y = e^{-x}$　　(2)　$y' - \dfrac{1}{x}y = x\cos x$

1 階線形微分方程式の応用　数直線上を運動する質量 m の物体に加わる力を $F(t)$ とする．時刻 t における物体の速度を $v(t)$，加速度を $\alpha(t)$ とすると，運動方程式 $F = m\alpha$ が成り立つ．加速度は $\dfrac{dv}{dt}$ となるから，運動方程式は

$$F = m\frac{dv}{dt} \tag{1.10}$$

とかき直すことができる．

例題 1.8　落下運動

質量 m [kg] の物体が重力 mg [N]（g $\left[\mathrm{m/s^2}\right]$ は重力加速度）を受けて落下するとき，時刻 t [s] における速度を，上向きを正の方向として v [m/s] とする．速度の大きさに比例した空気の抵抗を受けるとするとき，この物体に加わる力は，重力および，速度と逆向きの抵抗 $-kv$（k は正の定数）である．したがって，運動方程式

$$m\frac{dv}{dt} = -mg - kv$$

が成り立つ．次の問いに答えよ．

(1)　この微分方程式の一般解を求めよ．

(2)　初期条件 $v(0) = 0$ を満たす特殊解を求めよ．また，このとき $\displaystyle\lim_{t\to\infty} v$ を求めよ．

解　(1)　与えられた微分方程式は定数係数非斉次 1 階線形微分方程式である．補助方程式

$$m\frac{dv}{dt}+kv=0$$

の解は $v=Ce^{-\frac{k}{m}t}$ である．また，$m\dfrac{dv}{dt}+kv=-mg$ の右辺は定数であるから，1 つの解を $v=a$ (a は定数) と予想して，与えられた方程式に代入すると，

$$ka=-mg \quad \text{よって} \quad a=-\frac{mg}{k}$$

となる．よって，$v=-\dfrac{mg}{k}$ が得られる．したがって，求める一般解は

$$v=-\frac{mg}{k}+Ce^{-\frac{k}{m}t}$$

となる．

(2)　$v(0)=0$ であるから，

$$0=-\frac{mg}{k}+C \quad \text{よって} \quad C=\frac{mg}{k}$$

となる．したがって，求める特殊解は，$v=-\dfrac{mg}{k}+\dfrac{mg}{k}e^{-\frac{k}{m}t}=-\dfrac{mg}{k}\left(1-e^{-\frac{k}{m}t}\right)$ である．$t\to\infty$ のとき $e^{-\frac{k}{m}t}\to 0$ であるから，

$$\lim_{t\to\infty}v=-\lim_{t\to\infty}\frac{mg}{k}\left(1-e^{-\frac{k}{m}t}\right)=-\frac{mg}{k}$$

となる．

[note]　$\lim_{t\to\infty}v$ を**終端速度**という．十分な時間が経過すると，物体の落下は，ほぼ終端速度の等速運動となる．

問 1.14　90°C のコーヒーを室温 15°C の部屋に放置したとき，t 分後のコーヒーの温度を y [°C] とする．このとき，コーヒーの温度 y が下がる速さは，y と室温との差に比例する．これをニュートンの冷却の法則という．これから微分方程式

$$\frac{dy}{dt}=-k(y-15) \quad (k \text{ は正の定数})$$

が得られる．t 分後のコーヒーの温度を求めよ．

1.4 全微分方程式

完全微分形　微分方程式 $P(x,y)+Q(x,y)\dfrac{dy}{dx}=0$ を

$$P(x,y)\,dx+Q(x,y)\,dy=0 \tag{1.11}$$

の形で表すことがある．この形の微分方程式を**全微分方程式**という．全微分方程式 $P(x,y)\,dx+Q(x,y)\,dy=0$ に対して

$$\frac{\partial f(x,y)}{\partial x}=P(x,y),\quad \frac{\partial f(x,y)}{\partial y}=Q(x,y) \tag{1.12}$$

となる 2 変数関数 $f(x,y)$ が存在するとき，式 (1.11) を**完全微分形**または**完全微分方程式**という．このとき，$f(x,y)$ の全微分は

$$df=\frac{\partial f(x,y)}{\partial x}dx+\frac{\partial f(x,y)}{\partial y}dy=P(x,y)dx+Q(x,y)dy=0 \tag{1.13}$$

となる．$df=0$ であるから，もとの全微分方程式の一般解は $f(x,y)=C$（C は任意定数）となる．

全微分方程式について，次のことが成り立つ．

1.3　完全微分形になる条件

$P(x,y)$, $Q(x,y)$ が偏微分可能で，そのすべての偏導関数は連続であるとするとき，全微分方程式 $P(x,y)\,dx+Q(x,y)\,dy=0$ が完全微分形となる必要十分条件は，次が成り立つことである．

$$\frac{\partial P(x,y)}{\partial y}=\frac{\partial Q(x,y)}{\partial x}$$

証明　全微分方程式 $P(x,y)dx+Q(x,y)dy=0$ が完全微分形とすると，$\dfrac{\partial f}{\partial x}=P(x,y)$, $\dfrac{\partial f}{\partial y}=Q(x,y)$ を満たす関数 $f(x,y)$ が存在する．このとき，$\dfrac{\partial P}{\partial y}=\dfrac{\partial}{\partial y}\left(\dfrac{\partial f}{\partial x}\right)$, $\dfrac{\partial Q}{\partial x}=\dfrac{\partial}{\partial x}\left(\dfrac{\partial f}{\partial y}\right)$ は連続だから，

$$\frac{\partial}{\partial y}\left(\frac{\partial f}{\partial x}\right)=\frac{\partial}{\partial x}\left(\frac{\partial f}{\partial y}\right)\quad よって\quad \frac{\partial P}{\partial y}=\frac{\partial Q}{\partial x}$$

となる．

逆に，$\dfrac{\partial P}{\partial y}=\dfrac{\partial Q}{\partial x}$ であれば，

$$\frac{\partial}{\partial x}\left(Q-\frac{\partial}{\partial y}\int P\,dx\right)=\frac{\partial Q}{\partial x}-\frac{\partial P}{\partial y}=0$$

であるので，$Q - \dfrac{\partial}{\partial y}\displaystyle\int P\,dx$ は y のみの関数となる．ここで，

$$f = \int P\,dx + \int \left(Q - \frac{\partial}{\partial y}\int P\,dx \right) dy \tag{1.14}$$

とすると，

$$\frac{\partial f}{\partial x} = P, \quad \frac{\partial f}{\partial y} = \frac{\partial}{\partial y}\int P\,dx + Q - \frac{\partial}{\partial y}\int P\,dx = Q$$

となるので，完全微分形である．　証明終

例題 1.9　完全微分形の全微分方程式の解

全微分方程式 $(2x + y)\,dx + (x + 2y)\,dy = 0$ が完全微分形であることを示して，その一般解を求めよ．

解　$P = 2x + y, Q = x + 2y$ とおくと，

$$\frac{\partial P}{\partial y} = 1, \quad \frac{\partial Q}{\partial x} = 1$$

であるから，$\dfrac{\partial P}{\partial y} = \dfrac{\partial Q}{\partial x}$ が成り立つ．したがって，この微分方程式は完全微分形である．

次に，$\dfrac{\partial f}{\partial x} = P = 2x + y$, $\dfrac{\partial f}{\partial y} = Q = x + 2y$ を満たす 2 変数関数 $f(x, y)$ を求める．$\dfrac{\partial f}{\partial x} = 2x + y$ を x で積分すると，任意定数は y のみの関数であるので，

$$f(x, y) = \int (2x + y)\,dx = x^2 + xy + h(y)$$

となり，この式を y で偏微分すると，$\dfrac{\partial f}{\partial y} = x + h'(y)$ となる．

一方，$\dfrac{\partial f}{\partial y} = Q = x + 2y$ であるから，$h'(y) = 2y$，したがって $h(y) = y^2 + C_1$ (C_1 は任意定数) である．これより，

$$f(x, y) = x^2 + xy + y^2 + C_1$$

であるから，求める一般解は，任意定数をおきかえて

$$x^2 + xy + y^2 = C \quad (C \text{ は任意定数})$$

となる．

問 1.15　次の全微分方程式が完全微分形であることを示して，その一般解を求めよ．

(1)　$(x^2 + y^2)\,dx + 2xy\,dy = 0$　　(2)　$(ye^{xy} - 2xy)\,dx + (xe^{xy} - x^2 + 6y)\,dy = 0$

積分因子　全微分方程式 $P(x,y)dx+Q(x,y)dy=0$ が完全微分形でないとき，ある関数をかけることで完全微分形になることがある．2変数関数 $M(x,y)$ をかけて，

$$M(x,y)P(x,y)\,dx+M(x,y)Q(x,y)\,dy=0 \tag{1.15}$$

が完全微分形となるとき，関数 $M(x,y)$ を**積分因子**という．積分因子はいつでも存在するとは限らないが，次のようなことが知られている．

1.4　積分因子

全微分方程式 $P(x,y)\,dx+Q(x,y)\,dy=0$ に対して，

(1)　$S=\dfrac{1}{Q}\left(\dfrac{\partial P}{\partial y}-\dfrac{\partial Q}{\partial x}\right)$ が x だけの関数であれば，$M(x)=e^{\int S\,dx}$ は積分因子となる．

(2)　$T=\dfrac{1}{P}\left(\dfrac{\partial P}{\partial y}-\dfrac{\partial Q}{\partial x}\right)$ が y だけの関数であれば，$M(y)=e^{-\int T\,dy}$ は積分因子となる．

積分因子を求める過程では，絶対値や任意定数は省略してよい．

例題 1.10　積分因子

全微分方程式 $(x^2+y^2)\,dx+xy\,dy=0$ の積分因子を定めて，一般解を求めよ．

解　$P=x^2+y^2,\ Q=xy$ とおくと，$\dfrac{\partial P}{\partial y}-\dfrac{\partial Q}{\partial x}=2y-y=y$ であるから，完全微分方程式ではない．しかし，$\dfrac{1}{Q}\left(\dfrac{\partial P}{\partial y}-\dfrac{\partial Q}{\partial x}\right)=\dfrac{1}{x}$ は x だけの関数であるから，積分因子は $M=e^{\int\frac{1}{x}\,dx}=e^{\log x}=x$ である．そこで，両辺に x をかけた完全微分方程式

$$(x^3+xy^2)\,dx+x^2y\,dy=0$$

を解くことにより，求める一般解として

$$x^4+2x^2y^2=C\quad(C\text{ は任意定数})$$

が得られる．

問 1.16　次の全微分方程式の積分因子を定めて，一般解を求めよ．

(1)　$(x^3+2xy^2)\,dx+x^2y\,dy=0$　　(2)　$y\,dx-(x+y^2e^y)\,dy=0$

練習問題 1

[1] (　) 内の関数が，与えられた微分方程式の解であることを確かめよ．ただし，A, B, C は任意定数である．

(1) $y' = y \sin x \quad \left(y = Ce^{-\cos x}\right)$

(2) $y' + 2xy = 2xe^{-x^2} \quad \left(y = \left(x^2 + C\right) e^{-x^2}\right)$

(3) $y'' + 4y = 0 \quad (y = A \cos 2x + B \sin 2x)$

(4) $y'' - 2y' - 3y = -3e^{2x} \quad \left(y = Ae^{3x} + Be^{-x} + e^{2x}\right)$

[2] 次の問いに答えよ．

(1) $y = e^{\lambda x}$ が微分方程式 $y'' + 2y' - 3y = 0$ の解であるとき，定数 λ の値を求めよ．

(2) $y = a\,e^{2x}$ が微分方程式 $y'' + 2y' - 3y = 2e^{2x}$ の解であるとき，定数 a の値を求めよ．

[3] 次の微分方程式を解け．

(1) $(x^2 + 1)y' = xy$

(2) $y' = 3x^2 y$

(3) $y' = x\sqrt{1 - y^2}$

(4) $xyy' = \log x$

(5) $(x - 2y)y' + x + y = 0$

(6) $3x^2 yy' = 2xy^2 - x^3$

(7) $y' + y = x$

(8) $y' - 5y = e^x$

(9) $y' + y \tan x = \sin 2x$

(10) $y' + \dfrac{1}{x} y = e^x$

(11) $(\cos y + y \cos x)dx + (\sin x - x \sin y)dy = 0$

(12) $2xydx + (x^2 - 2x^2y^2 + 4y)dy = 0$

[4] 起電力 $E(t)$ [V] の電源，抵抗 R [Ω] の抵抗器，インダクタンス L [H] のコイルを含む回路を流れる電流を $I(t)$ [A] とすると，次の微分方程式が成り立つ．

$$L\frac{dI(t)}{dt} + RI(t) = E(t)$$

このとき，次の場合について，電流 $I(t)$ を求めよ．ただし，E, ω は正の定数とする．

(1) $E(t) = E$（直流の場合，図 1）

(2) $E(t) = E \sin \omega t$（交流の場合，図 2）

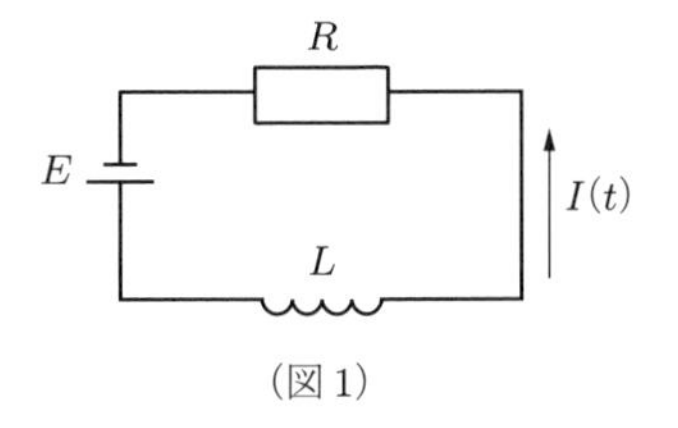

（図 1）

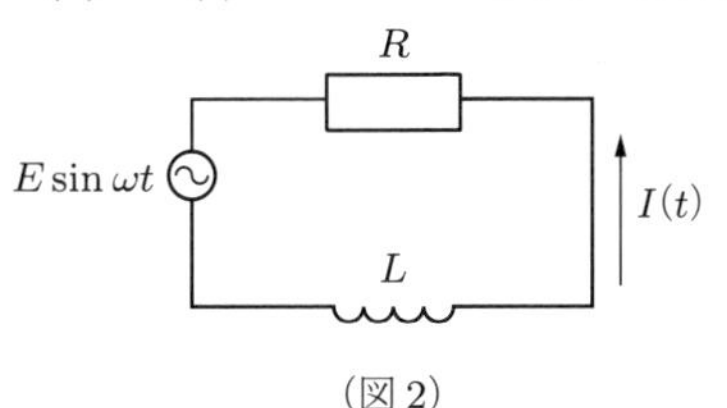

（図 2）

2　2 階微分方程式

2.1　斉次 2 階線形微分方程式

斉次 2 階線形微分方程式　$p(x)$, $q(x)$ を x の関数とするとき，

$$y'' + p(x)y' + q(x)y = 0 \tag{2.1}$$

の形の 2 階微分方程式を，**斉次 2 階線形微分方程式**という．

$y = f(x)$, $y = g(x)$ が斉次 2 階線形微分方程式 (2.1) の解であるとき，$f(x)$ と $g(x)$ の線形結合

$$y = Af(x) + Bg(x) \quad (A,\ B \text{ は定数}) \tag{2.2}$$

も式 (2.1) の解である．実際，式 (2.2) を式 (2.1) の左辺に代入すると，$f(x)$, $g(x)$ は式 (2.1) の解であるから，

$$\begin{aligned}
&y'' + p(x)y' + q(x)y \\
&= \{Af(x) + Bg(x)\}'' + p(x)\{Af(x) + Bg(x)\}' + q(x)\{Af(x) + Bg(x)\} \\
&= A\{f''(x) + p(x)f'(x) + q(x)f(x)\} + B\{g''(x) + p(x)g'(x) + q(x)g(x)\} \\
&= 0
\end{aligned}$$

となる．したがって，$y = Af(x) + Bg(x)$ も線形微分方程式 (2.1) の解である．この性質を**解の線形性**という．

式 (2.2) は 2 個の任意定数を含むから，2 階線形微分方程式 (2.1) の一般解であると考えられる．しかし，$f(x)$ と $g(x)$ が異なる場合でも，$Af(x) + Bg(x)$ は実質的には 1 つの任意定数しか含まないときがある．たとえば，$f(x) = e^x$, $g(x) = 2e^x$ とすれば

$$Af(x) + Bg(x) = Ae^x + 2Be^x = Ce^x \quad (\text{ただし，} C = A + 2B)$$

となり，任意定数は C だけである．

一般に，2 つの関数 $f(x)$, $g(x)$ が，定数 a, b に対して

$$af(x) + bg(x) = 0 \tag{2.3}$$

となる関係が成り立つのが，$a = b = 0$ のときだけであるとき，$f(x)$, $g(x)$ は**線形**

独立であるという．2 つの関数 $f(x)$, $g(x)$ が線形独立であるとは，一方の関数が他方の関数の定数倍となっていないということである．

微分方程式 (2.1) の解について，次のことが知られている．

2.1　斉次 2 階線形微分方程式の一般解

$y = f(x)$, $y = g(x)$ が斉次線形微分方程式 $y'' + p(x)y' + q(x)y = 0$ の線形独立な 2 つの解であれば，この微分方程式の一般解は

$$y = Af(x) + Bg(x) \quad (A,\ B \text{ は任意定数})$$

で与えられる．

[note]　線形代数の言葉を使えば，斉次 2 階線形微分方程式の解の集合は，2 個の線形独立な解の張る 2 次元線形空間となる．

定理 2.1 から，斉次 2 階線形微分方程式を解くには，2 つの線形独立な解を求めればよい．

2 つの関数 $f(x)$, $g(x)$ が線形独立であるかどうかは，次のようにして確かめることができる．いま，$af(x) + bg(x) = 0$ とすると，それを微分した式から，a, b についての連立方程式

$$\begin{cases} af(x) + bg(x) = 0 \\ af'(x) + bg'(x) = 0 \end{cases} \tag{2.4}$$

が得られる．この連立方程式の係数行列の行列式を

$$W(f(x), g(x)) = \begin{vmatrix} f(x) & g(x) \\ f'(x) & g'(x) \end{vmatrix} \tag{2.5}$$

とする．$W(f(x), g(x)) \neq 0$ となる x があれば，連立方程式 (2.4) は $a = b = 0$ のときだけ成り立つから，$f(x)$ と $g(x)$ は線形独立である．関数 $W(f(x), g(x))$ を，$f(x)$, $g(x)$ の**ロンスキー行列式**または**ロンスキアン**という．

[note]　このことの逆は成り立たない．$f(x)$, $g(x)$ が線形独立であっても，すべての x について $W(f(x), g(x)) = 0$ となる場合もある．

例 2.1 α, β を相異なる定数とするとき，2 つの関数 $e^{\alpha x}$, $e^{\beta x}$ について，

$$W(e^{\alpha x}, e^{\beta x}) = \begin{vmatrix} e^{\alpha x} & e^{\beta x} \\ \alpha e^{\alpha x} & \beta e^{\beta x} \end{vmatrix}$$
$$= \beta e^{\alpha x} e^{\beta x} - \alpha e^{\alpha x} e^{\beta x} = (\beta - \alpha) e^{(\alpha+\beta)x} \neq 0$$

が成り立つ．したがって，$e^{\alpha x}$, $e^{\beta x}$ は線形独立である．

問 2.1 次の 2 つの関数が線形独立であることを確かめよ．ただし，α, ω $(\omega \neq 0)$ は定数である．

(1) $e^{\alpha x}$, $xe^{\alpha x}$ (2) $\cos \omega x$, $\sin \omega x$ (3) $e^{\alpha x} \cos \omega x$, $e^{\alpha x} \sin \omega x$

定数係数斉次 2 階線形微分方程式 斉次 2 階線形微分方程式のうち，p, q を定数として

$$y'' + py' + qy = 0 \tag{2.6}$$

の形で表される微分方程式を**定数係数斉次 2 階線形微分方程式**という．定数係数斉次 1 階線形微分方程式 $y' + py = 0$ の場合は，指数関数 $y = e^{-px}$ が解であった（例 1.7）．2 階の場合も指数関数が解であるかどうかを調べる．

例 2.2 定数係数斉次 2 階線形微分方程式 $y'' - y' - 6y = 0$ に $y = e^{\lambda x}$ を代入すると，$\lambda^2 e^{\lambda x} - \lambda e^{\lambda x} - 6e^{\lambda x} = 0$ となる．$e^{\lambda x} \neq 0$ であるから，両辺を $e^{\lambda x}$ で割ることによって，λ についての 2 次方程式

$$\lambda^2 - \lambda - 6 = 0$$

が得られる．これを解くと，$\lambda = -2,\ 3$ となるから，$y = e^{-2x}$, $y = e^{3x}$ は $y'' - y' - 6y = 0$ の解である．例 2.1 によって e^{-2x} と e^{3x} は線形独立であるから，求める一般解は

$$y = Ae^{-2x} + Be^{3x} \quad (A,\ B \text{ は任意定数})$$

となる．

同様にして，$y = e^{\lambda x}$ が定数係数斉次 2 階線形微分方程式 $y'' + py' + qy = 0$ の解になるのは，λ が 2 次方程式

$$\lambda^2 + p\lambda + q = 0 \tag{2.7}$$

を満たすときである．この 2 次方程式を，与えられた微分方程式の**特性方程式**という．

定数係数斉次 2 階線形微分方程式 $y'' + py' + qy = 0$ の一般解について，次のことが成り立つ．

2.2　定数係数斉次 2 階線形微分方程式の一般解

定数係数斉次 2 階線形微分方程式

$$y'' + py' + qy = 0 \qquad \cdots\cdots ①$$

の一般解は，特性方程式

$$\lambda^2 + p\lambda + q = 0 \qquad \cdots\cdots ②$$

の解の種類によって，次のようになる．ここで，A, B は任意定数である．

(1)　2 つの異なる実数解 α, β をもつとき，

$$y = Ae^{\alpha x} + Be^{\beta x}$$

(2)　2 重解 α をもつとき，

$$y = e^{\alpha x}(Ax + B)$$

(3)　虚数解 $\alpha \pm i\omega$（α, ω は実数，$\omega \neq 0$）をもつとき，

$$y = e^{\alpha x}(A\cos\omega x + B\sin\omega x)$$

証明　$\lambda = \lambda_0$ が特性方程式 ② の解であるとき，$y = e^{\lambda_0 x}$ は微分方程式 ① の解である．

(1)　特性方程式 ② が 2 つの異なる実数解 α, β をもつとき，$e^{\alpha x}, e^{\beta x}$ は線形独立な ① の解である（例 2.1 参照）．したがって，その一般解は

$$y = Ae^{\alpha x} + Be^{\beta x} \quad (A,\ B \text{ は任意定数})$$

となる．

(2)　② が 2 重解 α をもつとき，$e^{\alpha x}$ は ① の解であるから $y = Ce^{\alpha x}$ は ① の解である．ここで，もう 1 つの解を定数変化法によって求める．$y = u(x)e^{\alpha x}$ とおき，これを ① に代入すると，

$$\{u(x)e^{\alpha x}\}'' + p\{u(x)e^{\alpha x}\}' + qu(x)e^{\alpha x} = 0$$

となる．これを計算して，両辺に $e^{-\alpha x}$ をかけて整理すれば，

$$u''(x) + 2\alpha u'(x) + \alpha^2 u(x) + p\,u'(x) + p\,\alpha u(x) + q\,u(x) = 0$$

$$u''(x) + (2\alpha + p)u'(x) + (\alpha^2 + p\alpha + q)u(x) = 0 \qquad \cdots\cdots ③$$

が得られる．α は特性方程式②の解であるから，$\alpha^2 + p\alpha + q = 0$ を満たす．また，α は 2 重解であるから，$(\lambda - \alpha)^2 = 0$ すなわち $\lambda^2 - 2\alpha\lambda + \alpha^2 = 0$ となる．$\lambda^2 + p\lambda + q = 0$ であるから，$-2\alpha = p$ が成り立つ．したがって，③は

$$u''(x) = 0 \quad \text{よって} \quad u(x) = Ax + B \quad (A, B \text{ は任意定数})$$

となる．以上から，

$$y = e^{\alpha x}(Ax + B) \quad (A,\ B \text{ は任意定数})$$

は ① の解である．$e^{\alpha x}, xe^{\alpha x}$ は線形独立（問 2.1(1) 参照）であるから，これは① の一般解である．

(3) ② が虚数解 $\alpha \pm i\omega$ (α, ω は実数) をもつとき，

$$e^{(\alpha+i\omega)x} = e^{\alpha x}(\cos\omega x + i\sin\omega x), \quad e^{(\alpha-i\omega)x} = e^{\alpha x}(\cos\omega x - i\sin\omega x)$$

は①の解である [→オイラーの公式 $e^{i\theta} = \cos\theta + i\sin\theta$]．よって，解の線形性により，

$$\frac{e^{(\alpha+i\omega)x} + e^{(\alpha-i\omega)x}}{2} = e^{\alpha x}\cos\omega x, \quad \frac{e^{(\alpha+i\omega)x} - e^{(\alpha-i\omega)x}}{2i} = e^{\alpha x}\sin\omega x$$

も ① の解である．これらの関数は線形独立（問 2.1(3) 参照）であるから，求める一般解は

$$y = Ae^{\alpha x}\cos\omega x + Be^{\alpha x}\sin\omega x = e^{\alpha x}(A\cos\omega x + B\sin\omega x) \quad (A,\ B \text{ は任意定数})$$

である． 証明終

例題 2.1 定数係数斉次線形微分方程式の一般解

次の微分方程式の一般解を求めよ．

(1) $y'' - 5y' + 6y = 0$ (2) $y'' + 2y' + y = 0$ (3) $y'' - 2y' + 5y = 0$

解 (1) 特性方程式 $\lambda^2 - 5\lambda + 6 = 0$ を解くと，$\lambda = 2,\ 3$ となる．したがって，求める一般解は

$$y = Ae^{2x} + Be^{3x} \quad (A,\ B \text{ は任意定数})$$

である．

(2) 特性方程式 $\lambda^2 + 2\lambda + 1 = 0$ を解くと，$\lambda = -1$（2 重解）となる．したがって，求める一般解は

$$y = e^{-x}(Ax + B) \quad (A,\ B \text{ は任意定数})$$

である．

(3) 特性方程式 $\lambda^2 - 2\lambda + 5 = 0$ を解くと，$\lambda = 1 \pm 2i$ となる．したがって，求める一般解は

$$y = e^x(A\cos 2x + B\sin 2x) \quad (A,\ B \text{ は任意定数})$$

である．

問2.2 次の微分方程式の一般解を求めよ．

(1) $y'' - 4y' + 3y = 0$ (2) $y'' - 6y' + 9y = 0$ (3) $y'' - 4y' + 13y = 0$

例題 2.2 定数係数斉次線形微分方程式の特殊解

次の微分方程式の一般解を求めよ．また，( ) 内の初期条件を満たす特殊解を求めよ．

$$y'' - 2y' + 2y = 0 \quad (y(0) = 1,\ y'(0) = 0)$$

解 特性方程式 $\lambda^2 - 2\lambda + 2 = 0$ を解くと，$\lambda = 1 \pm i$ となる．したがって，一般解は

$$y = e^x(A\cos x + B\sin x) \quad (A,\ B \text{ は任意定数})$$

である．$y(0) = 1$ であるから，

$$1 = e^0(A\cos 0 + B\sin 0) \quad \text{よって} \quad A = 1$$

が得られる．さらに，y を微分すると

$$\begin{aligned} y' &= e^x(A\cos x + B\sin x) + e^x(-A\sin x + B\cos x) \\ &= e^x\{(A+B)\cos x + (-A+B)\sin x\} \end{aligned}$$

となる．$y'(0) = 0$ であるから，

$$0 = e^0\{(A+B)\cos 0 + (-A+B)\sin 0\} \quad \text{よって} \quad A + B = 0$$

となり，$A = 1$ から $B = -1$ が得られる．したがって，求める特殊解は

$$y = e^x(\cos x - \sin x)$$

である．

[note] 初期条件のついた線形微分方程式は，第 4 章のラプラス変換を用いて解くこともできる．

問2.3 次の微分方程式の，( ) 内の条件を満たす特殊解を求めよ．

(1) $y'' - 4y = 0 \quad (y(0) = 0,\ y'(0) = 8)$

(2) $y'' + 2y' + 10y = 0 \quad (y(0) = 0,\ y'(0) = 3)$

2.2 非斉次2階線形微分方程式

非斉次2階線形微分方程式　$p(x)$, $q(x)$, $r(x)$ $(r(x) \neq 0)$ を x の関数とするとき，

$$y'' + p(x)y' + q(x)y = r(x) \tag{2.8}$$

の形の2階微分方程式を，**非斉次2階線形微分方程式**という．

非斉次線形微分方程式 (2.8) に対して，斉次線形微分方程式

$$y'' + p(x)y' + q(x)y = 0 \tag{2.9}$$

を式 (2.8) の**補助方程式**という．

1階線形微分方程式の場合と同様に，式 (2.8) の一般解について，次が成り立つことを証明することができる．

2.3　非斉次2階線形微分方程式の一般解

非斉次2階線形微分方程式

$$y'' + p(x)y' + q(x)y = r(x) \qquad \cdots\cdots ①$$

の補助方程式 $y'' + p(x)y' + q(x)y = 0$ の一般解を $y = Af(x) + Bg(x)$, ① の1つの解を $y = \varphi(x)$ とするとき，① の一般解は

$$y = Af(x) + Bg(x) + \varphi(x) \quad (A,\ B \text{ は任意定数})$$

である．

したがって，非斉次2階線形微分方程式 (2.8) を解くには，補助方程式 (2.9) の一般解と式 (2.8) の1つの解を求めればよい．

例 2.3　$y'' - 2y' + 2y = 5e^{-x}$ の一般解を求める．補助方程式の一般解は $y = e^x(A\cos x + B\sin x)$（$A$, B は任意定数）である（例題 2.2）．$y = e^{-x}$ は，与えられた方程式の1つの解であることがわかるから，求める方程式の一般解は

$$y = e^x(A\cos x + B\sin x) + e^{-x}$$

である．

問2.4　非斉次微分方程式 $y'' + y = x^2 + 2$ について，次の問いに答えよ．

(1)　$y'' + y = 0$ の一般解を求めよ．

(2)　$y = x^2$ は与えられた微分方程式の 1 つの解であることを示せ．

(3)　与えられた微分方程式の一般解を求めよ．

定数係数非斉次 2 階線形微分方程式　$p,\ q$ を定数とするとき，非斉次 2 階線形微分方程式

$$y'' + py' + qy = r(x) \tag{2.10}$$

を**定数係数非斉次 2 階線形微分方程式**という．

定理 2.2 により式 (2.10) の補助方程式 $y'' + py' + qy = 0$ の一般解は求めることができるから，式 (2.10) の 1 つの解を求めることができれば，式 (2.10) の一般解を求めることができる．ここでは，1 つの解の形が簡単に予想できる場合を扱う．

例題 2.3　定数係数非斉次 2 階線形微分方程式の一般解

次の微分方程式の一般解を求めよ．

(1)　$y'' - 3y' + 2y = 2x^2 - 9$　　(2)　$y'' - 3y' + 2y = 3e^x$

解　どちらの問題も補助方程式は $y'' - 3y' + 2y = 0$ であり，特性方程式

$$\lambda^2 - 3\lambda + 2 = 0$$

の解は $\lambda = 1,\ 2$ である．したがって，補助方程式の一般解は

$$y = Ae^x + Be^{2x} \quad (A,\ B \text{ は任意定数}) \qquad \cdots\cdots ①$$

となる．

(1)　右辺は x の 2 次式であるから，与えられた微分方程式の 1 つの解を

$$\varphi(x) = ax^2 + bx + c \quad (a,\ b,\ c \text{ は定数})$$

と予想する．$\varphi' = 2ax + b,\ \varphi'' = 2a$ となるから，これらを与えられた微分方程式に代入して整理すると，

$$2ax^2 + (-6a + 2b)x + (2a - 3b + 2c) = 2x^2 - 9$$

となる．これが x についての恒等式となるから，両辺の係数を比較することによって

$$\begin{cases} 2a = 2 \\ -6a + 2b = 0 \\ 2a - 3b + 2c = -9 \end{cases} \quad \text{よって} \quad \begin{cases} a = 1 \\ b = 3 \\ c = -1 \end{cases}$$

が得られる．したがって，$\varphi(x) = x^2 + 3x - 1$ となり，求める一般解は，

$$y = Ae^x + Be^{2x} + x^2 + 3x - 1 \quad (A,\ B\ \text{は任意定数})$$

である．

(2)　$y = e^x$ は補助方程式の一般解 ① に含まれるから，与えられた微分方程式 $y'' - 3y' + 2y = 3e^x$ の1つの解を $y = ae^x$ (a は定数) で予想することはできない．そこで，

$$\varphi(x) = axe^x$$

と予想する．$\varphi' = ae^x + axe^x$, $\varphi'' = 2ae^x + axe^x$ となるから，これらを与えられた微分方程式に代入して整理すると，

$$(2ae^x + axe^x) - 3(ae^x + axe^x) + 2axe^x = 3e^x \quad \text{よって} \quad -ae^x = 3e^x$$

となり，$a = -3$ が得られる．したがって，$\varphi(x) = -3xe^x$ となり，求める一般解は

$$y = Ae^x + Be^{2x} - 3xe^x \quad (A,\ B\ \text{は任意定数})$$

である．

一般には，$y'' + py' + qy = r(x)$ の1つの解 $\varphi(x)$ は，補助方程式 $y'' + py' + qy = 0$ の一般解と $r(x)$ の形によって次のように予想する．

(i)　$r(x)$ が多項式の場合，$\varphi(x)$ は $r(x)$ と同じ次数の多項式．

(ii)　$r(x) = e^{\mu x}$ の場合

① $e^{\mu x}$ が補助方程式の一般解に含まれないとき，$\varphi(x) = ae^{\mu x}$

② $e^{\mu x}$ が補助方程式の一般解に含まれ $xe^{\mu x}$ が含まれないとき，$\varphi(x) = axe^{\mu x}$

③ $e^{\mu x}$, $xe^{\mu x}$ がともに補助方程式の一般解に含まれるとき，$\varphi(x) = ax^2e^{\mu x}$

(iii)　$r(x) = k\cos\mu x + l\sin\mu x$ の場合

① $A\cos\mu x + B\sin\mu x$ が補助方程式の一般解でないとき，

$$\varphi(x) = a\cos\mu x + b\sin\mu x$$

② $A\cos\mu x + B\sin\mu x$ が補助方程式の一般解のとき，

$$\varphi(x) = x(a\cos\mu x + b\sin\mu x)$$

問2.5　次の微分方程式の一般解を求めよ．

(1)　$3y'' + 5y' - 2y = x + 2$　　(2)　$y'' + y' - 2y = e^{-x}$

(3)　$y'' - 5y' + 6y = e^{3x}$　　(4)　$y'' - 2y' = -5\cos x$

2.3 2 階線形微分方程式の応用

定数係数斉次 2 階線形微分方程式の応用　x 軸上を運動する物体の時刻 t における位置を $x = x(t)$ とすると，加速度は $\alpha = \dfrac{d^2x}{dt^2}$ である．物体の質量を m，物体にかかる力を F とするとき，運動方程式 $F = m\alpha$ から

$$F = m\frac{d^2x}{dt^2} \tag{2.11}$$

が成り立つ．

例 2.4　バネ定数 k $(k > 0)$ のバネの先端に取りつけられたおもりが，水平面上の x 軸上を運動しているときを考える．バネが x [m] だけ伸びたとき，おもりにかかるバネの力は $F = -kx$ [N] である（フックの法則）．したがって，おもりの質量を m [kg] とすれば，運動方程式

$$m\frac{d^2x}{dt^2} = -kx \tag{2.12}$$

が成り立つ．これは，定数係数斉次 2 階線形微分方程式であり，その特性方程式は $m\lambda^2 + k = 0$ である．この解は $\lambda = \pm\sqrt{\dfrac{k}{m}}\,i$ であるから，一般解は

$$x = A\cos\sqrt{\frac{k}{m}}\,t + B\sin\sqrt{\frac{k}{m}}\,t \text{ [m]}$$

となる．よって，この運動は周期運動で，その周期は $T = 2\pi\sqrt{\dfrac{m}{k}}$ である．

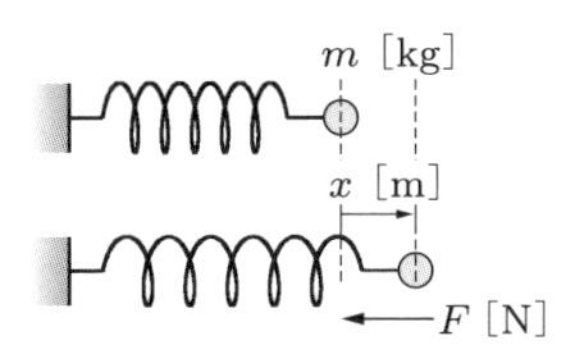

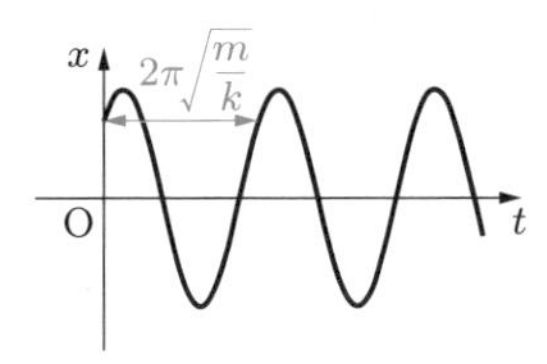

例題 2.4　**バネに取りつけられたおもりの運動（抵抗がある場合）**

例 2.4 のおもりが，速度と逆向きの，速度に比例した大きさの抵抗を受けて運動するとき，

$$m\frac{d^2x}{dt^2} = -kx - R\frac{dx}{dt} \quad (R \text{ は正の定数}) \tag{2.13}$$

が成り立つ．$m = 1, k = 100$ とするとき，次の場合に微分方程式の一般解を求め，

それぞれの場合におもりがどのような運動をするか説明せよ．

(1)　$R = 10$ ：$\dfrac{d^2x}{dt^2} + 10\dfrac{dx}{dt} + 100x = 0$　（抵抗が比較的小さい）

(2)　$R = 25$ ：$\dfrac{d^2x}{dt^2} + 25\dfrac{dx}{dt} + 100x = 0$　（抵抗が比較的大きい）

解　A, B は任意定数とする．

(1)　特性方程式の解は $\lambda = -5 \pm 5\sqrt{3}\,i$（虚数解）であるから，一般解は

$$x = e^{-5t}(A\cos 5\sqrt{3}\,t + B\sin 5\sqrt{3}\,t)$$

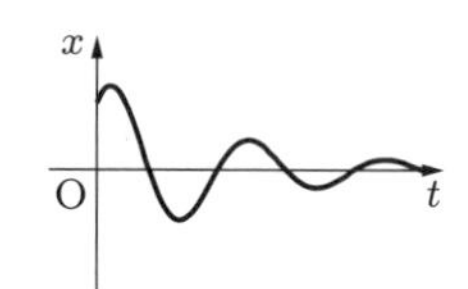

となる．このとき，バネに取りつけられたおもりは，振動しながらもとの位置に戻っていく．このような運動を**減衰振動**という．

$\left(図は\ x = \dfrac{1}{2}e^{-5t}\ (\cos 5\sqrt{3}t + \sin 5\sqrt{3}t)\ のグラフ\right)$

(2)　特性方程式の解は $\lambda = -5, -20$（2 つの異なる実数解）であるから，一般解は

$$x = Ae^{-5t} + Be^{-20t}$$

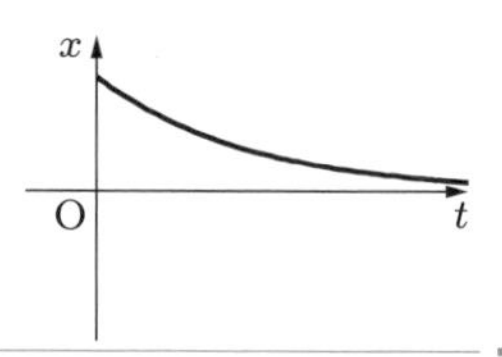

となる．このとき，バネに取りつけられたおもりは，振動せずもとの位置に戻っていく．

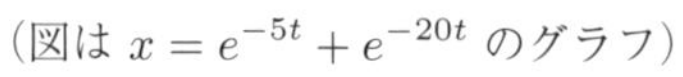
（図は $x = e^{-5t} + e^{-20t}$ のグラフ）

定数係数非斉次 2 階線形微分方程式の応用　例 2.4 の抵抗のないバネの運動において，外力 $f(t)$ が加わるとき，その運動方程式は次のようになる．

$$m\frac{d^2x}{dt^2} = -kx + f(t) \tag{2.14}$$

例題 2.5　**バネに取りつけられたおもりの運動（抵抗がなく外力がある場合）**

次のバネの運動に関する微分方程式の一般解を求めよ．

(1)　$\dfrac{d^2x}{dt^2} + 9x = 14\cos 4t$　　(2)　$\dfrac{d^2x}{dt^2} + 9x = 12\cos 3t$

解　補助方程式はともに $\dfrac{d^2x}{dt^2} + 9x = 0$ であり，特性方程式 $\lambda^2 = -9$ の解は $\lambda = \pm 3i$ であるから，補助方程式の一般解は $x = A\cos 3t + B\sin 3t$（A, B は任意定数）である．

(1)　1 つの解を $\varphi(t) = a\cos 4t + b\sin 4t$ (a, b は定数) と予想して，与えられた方程式に代入すると

$$-16a\cos 4t - 16b\sin 4t + 9a\cos 4t + 9b\sin 4t = 14\cos 4t$$

$$-7a\cos 4t - 7b\sin 4t = 14\cos 4t$$

となる．これから $a = -2$, $b = 0$ となり，$\varphi(t) = -2\cos 4t$ である．したがって，一般解は

$$x = A\cos 3t + B\sin 3t - 2\cos 4t$$

である．

（図は $x = \cos 3t + \sin 3t - 2\cos 4t$ のグラフ）

(2) 補助方程式の一般解は $x = A\cos 3t + B\sin 3t$ であるから，1 つの解を $\varphi(t) = t\,(a\cos 3t + b\sin 3t)$ (a, b は定数) と予想する．与えられた方程式に代入して整理すると，

$$-6a\sin 3t + 6b\cos 3t = 12\cos 3t$$

となるから $a = 0$, $b = 2$ となり，$\varphi(t) = 2t\sin 3t$ となる．したがって，一般解は

$$x = A\cos 3t + B\sin 3t + 2t\sin 3t$$

である．

（図は $x = \cos 3t + \sin 3t + 2t\sin 3t$ のグラフ）

例題 2.5(1) のように，外力の周期がおもりの振動の周期と近いときは，おもりの振動は大きくなるときと小さくなるときを周期的に繰り返す．このような現象を**うなり**という．(2) のように，外力の周期がおもりの振動の周期と一致するときは，振動の幅はどんどん大きくなっていく．このような現象を**共振**という．

2.4 連立微分方程式

連立微分方程式　2 つの関数 $x = x(t)$, $y = y(t)$ についての微分方程式を連立させたものを**連立微分方程式**という．とくに，a, b, c, d を定数として，

$$\begin{cases} \dfrac{dx}{dt} = ax + by & \cdots\cdots \text{①} \\ \dfrac{dy}{dt} = cx + dy & \cdots\cdots \text{②} \end{cases} \qquad (2.15)$$

の形をしたものを**連立線形微分方程式**といい，右辺の係数を並べてできる行列 $T = \begin{pmatrix} a & b \\ c & d \end{pmatrix}$ をその**係数行列**という．

連立線形微分方程式は次のようにして，x または y についての 2 階線形微分方程式に変形して解くことができる．

以下，$\dfrac{dx}{dt} = x'$, $\dfrac{dy}{dt} = y'$ とかく．

① より $by = x' - ax$ となるから，両辺を t で微分すると，

$$by' = x'' - ax' \qquad \cdots\cdots ③$$

となる．ここで，② に b をかけた $by' = bcx + bdy$ の両辺に③ と ①を代入すると，$x'' - ax' = bcx + d(x' - ax)$ となる．整理すると，x についての 2 階線形微分方程式

$$x'' - (a + d)x + (ad - bc)x = 0 \qquad \cdots\cdots ④$$

が得られる．④の特性方程式は $\lambda^2 - (a + d)\lambda + (ad - bc) = 0$ であるが，これは，係数行列 T の固有方程式

$$|T - \lambda E| = \begin{vmatrix} a - \lambda & b \\ c & d - \lambda \end{vmatrix} = (\lambda - a)(\lambda - d) - bc = 0 \qquad \cdots\cdots ⑤$$

と同じものである．したがって，係数行列 T の固有値を求めれば，式 (2.15) の解がわかる．

なお，②から $cx' = y'' - dy'$ として同様の変形を行って y に関する微分方程式を導いても，その特性方程式は⑤と同じものになる．

例題 2.6　線形連立微分方程式の解

連立微分方程式 $\begin{cases} \dfrac{dx}{dt} = x + 4y \\ \dfrac{dy}{dt} = x + y \end{cases}$ の解を求めよ．

解　係数行列 T の固有方程式は

$$|T - \lambda E| = \begin{vmatrix} 1 - \lambda & 4 \\ 1 & 1 - \lambda \end{vmatrix} = 0$$

である．これを解けば T の固有値 $\lambda = 3, -1$ が得られる．したがって，解 x は $x = Ae^{3t} + Be^{-t}$（A, B は任意定数）となる．これを第 1 式 $x' = x + 4y$ に代入すれば $y = \dfrac{1}{2}Ae^{3x} - \dfrac{1}{2}Be^{-t}$ が得られる．

問2.6　次の連立微分方程式の解を求めよ．

(1) $\begin{cases} \dfrac{dx}{dt} = -2x + 2y \\ \dfrac{dy}{dt} = 2x + y \end{cases}$　　(2) $\begin{cases} \dfrac{dx}{dt} = -2x + y \\ \dfrac{dy}{dt} = -4x + 3y \end{cases}$

解の安定性　$x = x(t)$, $y = y(t)$ が t の関数であるとき，見かけ上は t を含まない連立微分方程式

$$\begin{cases} \dfrac{dx}{dt} = F(x, y) \\ \dfrac{dy}{dt} = G(x, y) \end{cases} \tag{2.16}$$

を **2 次元自励系**という．$F(x_0, y_0) = G(x_0, y_0) = 0$ となる平面上の点 (x_0, y_0) を，この連立微分方程式の**特異点**という．連立線形微分方程式 (2.15) においては，原点 $(0, 0)$ はつねに特異点になる．

式 (2.16) の解の組となる平面上の点 $\mathrm{P}(x(t), y(t))$（これを $\mathrm{P}(t)$ と表す）は平面上の曲線を描く．この曲線を式 (2.16) の**解軌道**，または**解曲線**という．$t \to \infty$ としたとき，動点 $\mathrm{P}(t)$ が特異点を中心にしたある円の内部にとどまっていれば解は**安定である**といい，とくに $\mathrm{P}(t)$ が特異点に限りなく近づいていくときは，**漸近安定である**という．安定でないとき解は**不安定である**という．

ここでは，連立線形微分方程式 (2.15) において，特異点である原点に対する解の安定性が，係数行列の固有値によってどのように分類されるかを調べる．

例 2.5　A, B を任意定数とする．

(1)　連立線形微分方程式

$$\begin{cases} \dfrac{dx}{dt} = 4x + 2y \\ \dfrac{dy}{dt} = -x + y \end{cases}$$

に対して，係数行列の固有値は正の実数 $3, 2$ であり，解は

$$x = Ae^{3t} + Be^{2t}, \quad y = -\frac{1}{2}Ae^{3t} - Be^{2t}$$

となる．$t \to \infty$ のとき，$|x(t)| \to \infty$, $|y(t)| \to \infty$ となるから，解は不安定である．

(2)　連立線形微分方程式

$$\begin{cases} \dfrac{dx}{dt} = -4x + 2y \\ \dfrac{dy}{dt} = -3x + y \end{cases}$$

に対して，係数行列の固有値は負の実数 $-1, -2$ であり，解は

$$x = Ae^{-t} + Be^{-2t}, \quad y = \frac{3}{2}Ae^{-t} + Be^{-2t}$$

となる．したがって，$t \to \infty$ とすると，点 $\mathrm{P}(t)$ は原点に限りなく近づくから，解は漸近安定である．

(3)　連立線形微分方程式

$$\begin{cases} \dfrac{dx}{dt} = \qquad 4y \\ \dfrac{dy}{dt} = -x \end{cases}$$

に対して，係数行列の固有値は純虚数 $\pm 2i$ であり，解は

$$x = A\cos 2t + B\sin 2t, \quad y = -\frac{1}{2}A\sin 2t + \frac{1}{2}B\cos 2t$$

である．これらの式から t を消去すれば，$\left(\dfrac{x}{2}\right)^2 + y^2 = A^2 + B^2$ となるから，解軌道は楕円で，解は安定である．

このように，係数行列の固有値がどのような値をとるかによって，連立線形微分方程式の解軌道は特異点のまわりでさまざまな状態になる．その状態の違いにより，特異点は次ページの表にあるように4種類（**結節点**，**鞍点**，**渦状点**，**渦心点**）に分類される．

問2.7　次の連立線形微分方程式の係数行列の固有値 λ と解 $x = x(t)$, $y = y(t)$ を求め，特異点を分類して，解の安定性を判定せよ．

(1) $\begin{cases} \dfrac{dx}{dt} = 3x + 2y \\ \dfrac{dy}{dt} = -2x - 2y \end{cases}$　(2) $\begin{cases} \dfrac{dx}{dt} = \quad -y \\ \dfrac{dy}{dt} = x \end{cases}$　(3) $\begin{cases} \dfrac{dx}{dt} = x - 2y \\ \dfrac{dy}{dt} = 4x - 3y \end{cases}$

係数行列の固有値	特異点の名称	解軌道の例	安定性
実数 $\alpha < 0, \beta < 0$	結節点	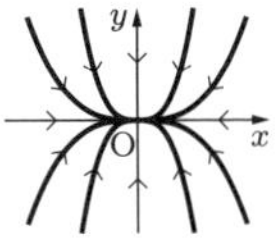	漸近安定
実数 $\alpha > 0, \beta > 0$	結節点	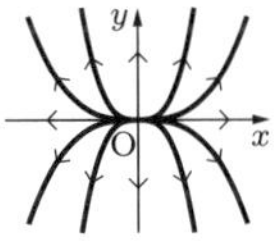	不安定
実数 $\alpha > 0, \beta < 0$	鞍点	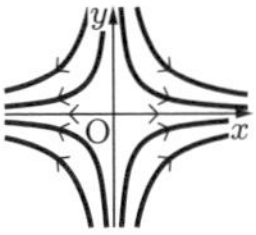	不安定
実数 $\alpha = \beta < 0$	結節点	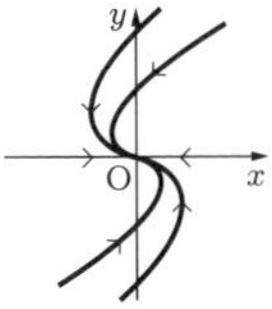	漸近安定
実数 $\alpha = \beta > 0$	結節点	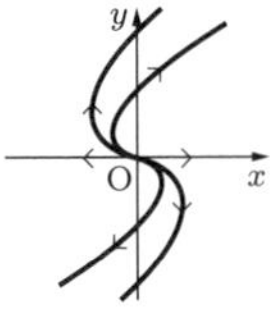	不安定
虚数 $\alpha \pm i\omega$ $(\alpha < 0,\ \omega \neq 0)$	渦状点	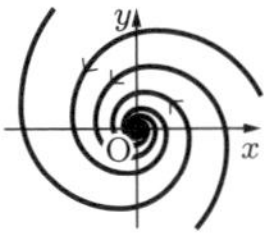	漸近安定
虚数 $\alpha \pm i\omega$ $(\alpha > 0,\ \omega \neq 0)$	渦状点	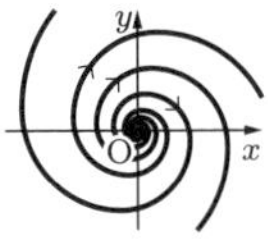	不安定
純虚数 $\pm i\omega$ $(\omega \neq 0)$	渦心点	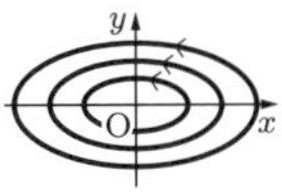	安定

練習問題 2

[1] 次の微分方程式の一般解を求めよ．

(1)　$y'' - 2y = 0$　　　(2)　$y'' - 2y' = 0$

(3)　$y'' + 2y = 0$　　　(4)　$y'' - 2y' + y = 0$

[2] 次の微分方程式の，(　) 内の初期条件を満たす特殊解を求めよ．

(1)　$y'' + 2y' - 8y = 0 \quad (y(0) = 0,\ y'(0) = 1)$

(2)　$9y'' + 6y' + y = 0 \quad (y(0) = 3,\ y'(0) = 0)$

(3)　$y'' - 2y' + 3y = 0 \quad (y(0) = 1,\ y'(0) = 1)$

[3] 次の微分方程式の一般解を求めよ．

(1)　$y'' - 3y' + 2y = x^2 + 3x$　　　(2)　$y'' - 5y' + 4y = 2\sin 3x$

[4] 次の微分方程式の一般解を求めよ．

(1)　$y'' - 3y' + 2y = 2e^x$　　(2)　$y'' + 2y' + y = e^{-x}$　　(3)　$y'' + 4y = \cos 2x$

[5] 図のように，長さ l [m] の糸の先端におもりが取りつけられた振り子がある．ここで，左右どちらかを正の方向と定め，時刻 t [s] において，振り子が鉛直線となす角を θ とする．振り子が振れる角が小さければ，θ に関する微分方程式

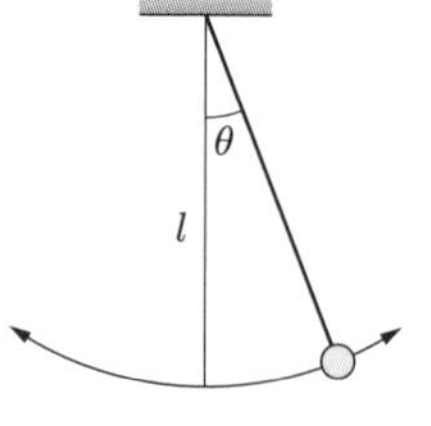

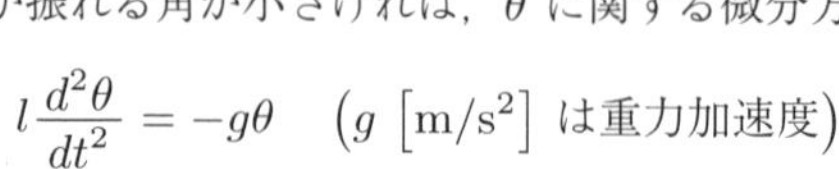

$$l\frac{d^2\theta}{dt^2} = -g\theta \quad \left(g\ \left[\mathrm{m/s^2}\right] は重力加速度\right)$$

が成り立つ．この微分方程式の一般解を求めよ．また，振り子の周期 T [s] を求めよ．

[6] 図のように，抵抗 R [Ω] の抵抗器，インダクタンス L [H] のコイル，電気容量 C [F] のコンデンサを含む回路がある．コンデンサにはあらかじめ十分な電荷を与えておく．このとき，スイッチを入れて t 秒後にコンデンサに蓄えられている電荷を $Q(t)$ [C] とすると，$Q(t)$ は次の微分方程式を満たす．

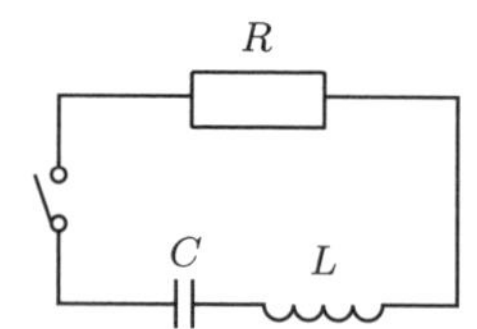

$$L\frac{d^2Q}{dt^2} + R\frac{dQ}{dt} + \frac{Q}{C} = 0$$

次の場合について，電荷 $Q(t)$ [C] を求めよ．

(1)　$L=2,\ R=6,\ C=\frac{1}{4}$　　(2)　$L=2,\ R=4,\ C=\frac{1}{2}$　　(3)　$L=2,\ R=4,\ C=\frac{1}{4}$

[7] 連立微分方程式 $\begin{cases} \dfrac{dx}{dt} = -2y - \cos t \\ \dfrac{dy}{dt} = x - \sin t \end{cases}$ の，条件 $x(0) = 1,\ y(0) = -1$ を満たす解を求めよ．

第 3 章の章末問題

1. 時刻 t におけるある放射性元素の量を y とするとき，微分方程式 $\dfrac{dy}{dt} = -0.03y$ が成り立つ．
   (1) この微分方程式の一般解を求めよ．
   (2) 放射性元素が，任意の時刻 t の時点の量から半分の量になるまでの時間 T を半減期という．半減期 T を小数第 1 位まで求めよ．

2. $y' + P(x)y = Q(x)y^n$ $(n \neq 0,\ n \neq 1)$ の形の微分方程式を**ベルヌーイの微分方程式**という．この形の微分方程式は，$z = \dfrac{1}{y^{n-1}}$ とおくと，z についての 1 階線形微分方程式に変換される．このことを用いて，次の微分方程式を解け．
   (1) $y' + y = xy^2$　　(2) $2x^2y' - 2xy = y^3$

3. 右図のように，ある曲線上の任意の点 P における法線と x 軸との交点を Q とする．線分 PQ が，つねに y 軸により 2 等分されるとき，この曲線の方程式を求めよ．

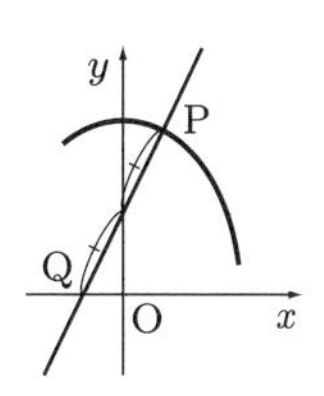

4. 次の微分方程式の (　) 内の条件を満たす 1 つの解を求めよ．(2) のような形で与えられる，1 つの解を得るための条件を**境界条件**という．
   (1) $y'' - 5y' + 4y = 8x^2 - 8x + 5$　$(y(0) = 4,\ y'(0) = 0)$
   (2) $y'' + 4y = 6\cos x$　$\left(y(0) = 3,\ y\left(\dfrac{\pi}{4}\right) = 0\right)$

5. $y'' + P(x)y' + Q(x)y = 0$ の 1 つの解 y_1 がわかるとき，

$$y'' + P(x)y' + Q(x)y = R(x) \qquad \cdots\cdots ①$$

   の一般解は次のようにして求められる．
   (i) u を x の関数として $y = uy_1$ とおき，これを①に代入する．
   (ii) $u' = p$ とおくと，p に関する 1 階線形微分方程式が得られる．
   (iii) それを解けば，一般解 $y = uy_1$ が求められる．
   次の (　) 内の関数が与えられた微分方程式の 1 つの解であることを示して，上記の求め方により微分方程式の一般解を求めよ．
   (1) $x^2y'' - xy' + y = 0$　(x)　　(2) $xy'' + (x-1)y' - y = 0$　(e^{-x})

6. 次の微分方程式は，$y = x^m$ の形の解をもつ．x^m が 1 つの解になるような m の値を求めて一般解を求めよ．
   (1) $x^2y'' - xy' - 8y = 0$　　(2) $x^2y'' - 7xy' + 16y = 0$

Chapter

4 ラプラス変換

1 ラプラス変換

1.1 ラプラス変換

広義積分とラプラス変換　この節では，線形微分方程式を形式的な演算で解くことを考える．最初に，広義積分を用いて，関数 $f(t)$ の**ラプラス変換**を，次のように定める．

1.1 ラプラス変換

$t \geqq 0$ で定義された関数 $f(t)$ に対して，広義積分

$$F(s) = \int_0^\infty e^{-st} f(t)\,dt \qquad \cdots\cdots ①$$

が存在するとき，$F(s)$ を $f(t)$ の**ラプラス変換**といい，

$$F(s) = \mathcal{L}[\,f(t)\,]$$

と表す．このとき，$f(t)$ を**原関数**，$F(s)$ を**像関数**という．

例 1.1　s を正の定数とする．$\lim\limits_{t\to\infty} e^{-st} = 0$ であるから，次式が成り立つ．

$$\begin{aligned}\int_0^\infty e^{-st}\,dt &= \lim_{M\to\infty}\int_0^M e^{-st}\,dt \\ &= \lim_{M\to\infty}\Big[-\frac{1}{s}e^{-st} \Big]_0^M = -\frac{1}{s}\lim_{M\to\infty}(e^{-sM}-1) = \frac{1}{s}\end{aligned}$$

したがって，$f(t) = 1$ のラプラス変換が存在して，$\mathcal{L}[\,1\,] = \dfrac{1}{s}\,(s > 0)$ である．

[note]　$s \leqq 0$ のとき，例 1.1 の広義積分は存在しない．また，広義積分の計算は，次のように簡略化して書いてもよい．

$$\int_0^\infty e^{-st}\,dt = \Big[-\frac{1}{s}e^{-st} \Big]_0^\infty = -\frac{1}{s}(0-1) = \frac{1}{s}$$

一般には，広義積分 ① が存在するかどうかは，定数 s の値によって異なる．今後は，広義積分 ① が存在し，$\lim_{t\to\infty} e^{-st}f(t) = 0$ が成り立つような関数 $f(t)$ と s の範囲だけを扱う．

s が正の定数のとき，ロピタルの定理を用いれば，

$$\lim_{t\to\infty} te^{-st} = \lim_{t\to\infty} \frac{t}{e^{st}} = \lim_{t\to\infty} \frac{1}{se^{st}} = 0 \qquad \cdots\cdots ②$$

となる．さらに，自然数 n に対して，ロピタルの定理を繰り返し用いれば，

$$\lim_{t\to\infty} t^n e^{-st} = \lim_{t\to\infty} \frac{t^n}{e^{st}} = \lim_{t\to\infty} \frac{nt^{n-1}}{se^{st}} = \cdots = \lim_{t\to\infty} \frac{n!}{s^n e^{st}} = 0$$

が得られる．このような極限値の計算は，ラプラス変換の計算にしばしば用いられる．

例題 1.1 ラプラス変換

$f(t) = t$ のラプラス変換 $\mathcal{L}[\,t\,]$ を求めよ．

解 $s > 0$ のとき，部分積分法と ② および例 1.1 によって，

$$\begin{aligned}\mathcal{L}[\,t\,] &= \int_0^\infty te^{-st}\,dt \\ &= \left[\, t\cdot\left(-\frac{1}{s}\right)e^{-st}\,\right]_0^\infty - \int_0^\infty 1\cdot\left(-\frac{1}{s}\right)e^{-st}\,dt \\ &= \frac{1}{s}\int_0^\infty e^{-st}\,dt = \frac{1}{s}\cdot\mathcal{L}[\,1\,] = \frac{1}{s^2}\end{aligned}$$

となる．したがって，$\mathcal{L}[\,t\,] = \dfrac{1}{s^2}$ $(s > 0)$ である．

問 1.1 $\mathcal{L}\left[\,t^3\,\right] = \dfrac{3!}{s^4}$ $(s > 0)$ であることを証明せよ．

以下，同様にして，$f(t) = t^n$（n は自然数）のラプラス変換は次のようになる．

$$\mathcal{L}[\,t^n\,] = \frac{n!}{s^{n+1}} \quad (s > 0) \tag{1.1}$$

[note] ラプラス変換は，t を独立変数とする関数 $f(t)$ に，s を独立変数とする関数 $F(s)$ を対応させるはたらきをする．下図は $\mathcal{L}[\,t\,] = \dfrac{1}{s^2}$ を示したものである．

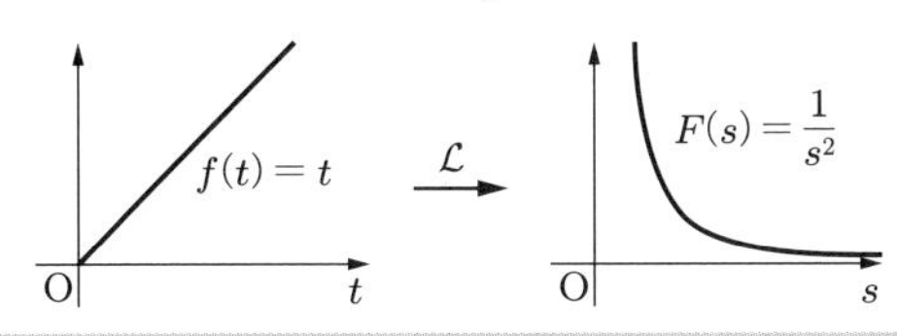

ラプラス変換の線形性　ラプラス変換の定義と積分の性質から，次の性質が成り立つ．この性質をラプラス変換の**線形性**という．

1.2　ラプラス変換の線形性

$$\mathcal{L}[\,af(t)+bg(t)\,]=a\mathcal{L}[\,f(t)\,]+b\mathcal{L}[\,g(t)\,]\quad (a,\ b\ \text{は定数})$$

例 1.2　$f(t)=5-3t$ のラプラス変換を求める．$\mathcal{L}[\,1\,]=\dfrac{1}{s}$, $\mathcal{L}[\,t\,]=\dfrac{1}{s^2}$ であるから，ラプラス変換の線形性によって，$\mathcal{L}[\,f(t)\,]$ は次のようになる．

$$\mathcal{L}[\,f(t)\,]=\mathcal{L}[\,5-3t\,]=5\mathcal{L}[\,1\,]-3\mathcal{L}[\,t\,]=\frac{5}{s}-\frac{3}{s^2}\quad (s>0)$$

問 1.2　次の関数 $f(t)$ のラプラス変換 $\mathcal{L}[\,f(t)\,]$ を求めよ．

(1)　$f(t)=2$　　(2)　$f(t)=3t+2$　　(3)　$f(t)=\dfrac{1}{2}t^2-t$

指数関数のラプラス変換　a を定数とするとき，指数関数 e^{at} のラプラス変換を求める．

例題 1.2　指数関数のラプラス変換

次の式が成り立つことを証明せよ．

$$\mathcal{L}\left[\,e^{at}\,\right]=\frac{1}{s-a}\quad (s>a)$$

証明　$s-a>0$ のとき $\displaystyle\lim_{t\to\infty}e^{-(s-a)t}=0$ である．したがって，次が成り立つ．

$$\begin{aligned}\mathcal{L}\left[\,e^{at}\,\right]&=\int_0^\infty e^{-st}e^{at}\,dt\\&=\int_0^\infty e^{-(s-a)t}\,dt=-\frac{1}{s-a}\left[e^{-(s-a)t}\right]_0^\infty=\frac{1}{s-a}\quad (s>a)\end{aligned}$$

証明終

問 1.3　$\sinh t=\dfrac{e^t-e^{-t}}{2}$, $\cosh t=\dfrac{e^t+e^{-t}}{2}$ を用いて，次のラプラス変換の公式が成り立つことを証明せよ．ただし，ω は定数 $(\omega>0)$ とする

(1)　$\mathcal{L}[\,\sinh\omega t\,]=\dfrac{\omega}{s^2-\omega^2}$　　(2)　$\mathcal{L}[\,\cosh\omega t\,]=\dfrac{s}{s^2-\omega^2}$

像関数の移動公式 $\mathcal{L}[f(t)]=F(s)$ とする．$s>a$ のとき，関数 $e^{at}f(t)$ のラプラス変換について，

$$\mathcal{L}\left[e^{at}f(t)\right]=\int_0^\infty e^{-st}e^{at}f(t)\,dt=\int_0^\infty e^{-(s-a)t}f(t)\,dt=F(s-a)$$

が成り立つ．これをラプラス変換の**像関数の移動公式**という．

1.3 像関数の移動公式

$\mathcal{L}[f(t)]=F(s)$ とするとき，次が成り立つ．

$$\mathcal{L}\left[e^{at}f(t)\right]=F(s-a)\quad(s>a)$$

例 1.3 $\mathcal{L}[te^{at}]$ を求める．$\mathcal{L}[t]=\dfrac{1}{s^2}$ であるから，$s-a>0$ のとき，像関数の移動公式によって，次が成り立つ．

$$\mathcal{L}\left[te^{at}\right]=\frac{1}{(s-a)^2}\quad(s>a)$$

問 1.4 次の関数 $f(t)$ のラプラス変換 $\mathcal{L}[f(t)]$ を求めよ．

(1) $f(t)=t^2e^{2t}$ (2) $f(t)=t^3e^{-t}$

三角関数のラプラス変換 三角関数のラプラス変換を求める．

例題 1.3 三角関数のラプラス変換

$s>0$，ω は定数 $(\omega>0)$ のとき，次の公式が成り立つことを証明せよ．

(1) $\mathcal{L}[\sin\omega t]=\dfrac{\omega}{s^2+\omega^2}$ (2) $\mathcal{L}[\cos\omega t]=\dfrac{s}{s^2+\omega^2}$

証明 (1) だけを示す．$|\sin\omega t|\leqq 1$, $|\cos\omega t|\leqq 1$ であるから，$s>0$ のとき，

$$\lim_{t\to\infty}\left|e^{-st}\sin\omega t\right|\leqq\lim_{t\to\infty}\left|\frac{1}{e^{st}}\right|=0,\quad\lim_{t\to\infty}\left|e^{-st}\cos\omega t\right|\leqq\lim_{t\to\infty}\left|\frac{1}{e^{st}}\right|=0$$

となる．したがって，$\displaystyle\lim_{t\to\infty}e^{-st}\sin\omega t=0$, $\displaystyle\lim_{t\to\infty}e^{-st}\cos\omega t=0$ であるから，

$$\begin{aligned}\mathcal{L}[\sin\omega t]&=\int_0^\infty e^{-st}\sin\omega t\,dt\\&=\left[\frac{1}{-s}e^{-st}\sin\omega t\right]_0^\infty-\int_0^\infty\frac{1}{-s}e^{-st}\omega\cos\omega t\,dt\\&=\frac{\omega}{s}\left\{\left[-\frac{1}{s}e^{-st}\cos\omega t\right]_0^\infty-\int_0^\infty\frac{1}{-s}e^{-st}(-\omega\sin\omega t)\,dt\right\}\end{aligned}$$

$$= \frac{\omega}{s^2} - \frac{\omega^2}{s^2}\int_0^\infty e^{-st}\sin\omega t\,dt = \frac{\omega}{s^2} - \frac{\omega^2}{s^2}\mathcal{L}[\sin\omega t]$$

となる．第 2 項を移項して整理すれば，次が得られる．

$$\left(1+\frac{\omega^2}{s^2}\right)\mathcal{L}[\sin\omega t] = \frac{\omega}{s^2} \quad \text{よって} \quad \mathcal{L}[\sin\omega t] = \frac{\omega}{s^2+\omega^2} \quad (s>0)$$

証明終

問 1.5　$\mathcal{L}[\cos\omega t] = \dfrac{s}{s^2+\omega^2}$ であることを証明せよ．ただし，ω は定数 $(\omega>0)$ とする．

例 1.4　$\mathcal{L}\left[e^{-5t}\sin 3t\right]$ を求める．$\mathcal{L}[\sin 3t] = \dfrac{3}{s^2+3^2}$ であるから，像の移動公式によって，次が成り立つ．

$$\mathcal{L}\left[e^{-5t}\sin 3t\right] = \frac{3}{(s+5)^2+3^2} \quad (s>-5)$$

問 1.6　次の関数 $f(t)$ のラプラス変換 $\mathcal{L}[f(t)]$ を求めよ．

(1)　$f(t) = e^{3t}\sin 2t$　　(2)　$f(t) = e^{-2t}\cos 5t$

ラプラス変換対応表　これまで学んだラプラス変換の結果をまとめておく．a, ω は定数 $(\omega>0)$，n は自然数である．この表の右側の公式は，像関数の移動公式（定理 1.3）によって，左側の公式から導かれる．なお，s の範囲はラプラス変換が存在するようなものとする．具体的な範囲は省略する．

$f(t)$	$F(s)=\mathcal{L}[f(t)]$	$e^{at}f(t)$	$F(s-a)=\mathcal{L}\left[e^{at}f(t)\right]$
1	$\dfrac{1}{s}$	e^{at}	$\dfrac{1}{s-a}$
t	$\dfrac{1}{s^2}$	te^{at}	$\dfrac{1}{(s-a)^2}$
t^n	$\dfrac{n!}{s^{n+1}}$	$t^n e^{at}$	$\dfrac{n!}{(s-a)^{n+1}}$
$\sin\omega t$	$\dfrac{\omega}{s^2+\omega^2}$	$e^{at}\sin\omega t$	$\dfrac{\omega}{(s-a)^2+\omega^2}$
$\cos\omega t$	$\dfrac{s}{s^2+\omega^2}$	$e^{at}\cos\omega t$	$\dfrac{s-a}{(s-a)^2+\omega^2}$
$\sinh\omega t$	$\dfrac{\omega}{s^2-\omega^2}$	$e^{at}\sinh\omega t$	$\dfrac{\omega}{(s-a)^2-\omega^2}$
$\cosh\omega t$	$\dfrac{s}{s^2-\omega^2}$	$e^{at}\cosh\omega t$	$\dfrac{s-a}{(s-a)^2-\omega^2}$

1.2 逆ラプラス変換

逆ラプラス変換 ここでは，s の関数 $F(s)$ が与えられたとき $\mathcal{L}[\,f(t)\,] = F(s)$ となる関数 $f(t)$ を求めることを考える．

1.4 逆ラプラス変換

関数 $F(s)$ に対して，$F(s) = \mathcal{L}[\,f(t)\,]$ となる関数 $f(t)$ が存在するとき，$f(t)$ を $F(s)$ の**逆ラプラス変換**といい，次のように表す．

$$f(t) = \mathcal{L}^{-1}[\,F(s)\,]$$

逆ラプラス変換においても，ラプラス変換と同様に，次の線形性が成り立つ．

$$\mathcal{L}^{-1}[\,aF(s) + bG(s)\,] = a\mathcal{L}^{-1}[\,F(s)\,] + b\mathcal{L}^{-1}[\,G(s)\,] \quad (a,\, b\text{ は定数}) \tag{1.2}$$

例 1.5　例題 1.1 から，関数 t のラプラス変換は $\mathcal{L}[\,t\,] = \dfrac{1}{s^2}$ である．したがって，関数 $\dfrac{1}{s^2}$ の逆ラプラス変換は $\mathcal{L}^{-1}\left[\dfrac{1}{s^2}\right] = t$ である．

例 1.5 は，2 つの関数 $f(t) = t,\ F(s) = \dfrac{1}{s^2}$ の間に

$$f(t) = t \quad \underset{\text{逆ラプラス変換 } \mathcal{L}^{-1}}{\overset{\text{ラプラス変換 } \mathcal{L}}{\rightleftarrows}} \quad F(s) = \frac{1}{s^2}$$

という関係があることを示す．

逆ラプラス変換を求めるには，ラプラス変換対応表を逆にみればよい．ただし，t^n, $t^n e^{at}$ のラプラス変換の公式は，

$$\mathcal{L}[\,t^n\,] = \frac{n!}{s^{n+1}} \qquad \text{よって} \quad \mathcal{L}^{-1}\left[\frac{1}{s^{n+1}}\right] = \frac{t^n}{n!}$$

$$\mathcal{L}[\,t^n e^{at}\,] = \frac{n!}{(s-a)^{n+1}} \qquad \text{よって} \quad \mathcal{L}^{-1}\left[\frac{1}{(s-a)^{n+1}}\right] = \frac{t^n e^{at}}{n!}$$

としておくと使いやすい．

例 1.6　(1) $\mathcal{L}^{-1}\left[\dfrac{1}{s+3}\right]=e^{-3t}$　(2) $\mathcal{L}^{-1}\left[\dfrac{1}{s^4}\right]=\dfrac{t^3}{3!}=\dfrac{t^3}{6}$

(3) $\mathcal{L}^{-1}\left[\dfrac{2}{s^2+4}\right]=\sin 2t$　(4) $\mathcal{L}^{-1}\left[\dfrac{s+3}{(s+3)^2+4}\right]=e^{-3t}\cos 2t$

問 1.7　次の逆ラプラス変換を求めよ．

(1) $\mathcal{L}^{-1}\left[\dfrac{3}{s}\right]$　(2) $\mathcal{L}^{-1}\left[\dfrac{2}{s}-\dfrac{4}{s-3}\right]$

(3) $\mathcal{L}^{-1}\left[\dfrac{6}{(s-1)^5}\right]$　(4) $\mathcal{L}^{-1}\left[\dfrac{2s+1}{s^2+9}\right]$

例題 1.4　逆ラプラス変換

次の逆ラプラス変換を求めよ．

(1) $\mathcal{L}^{-1}\left[\dfrac{2s-7}{s^2-s-2}\right]$　(2) $\mathcal{L}^{-1}\left[\dfrac{1}{s^2(s+1)}\right]$　(3) $\mathcal{L}^{-1}\left[\dfrac{s^2-3}{(s-1)(s^2+1)}\right]$

解　部分分数分解を行い，逆ラプラス変換の線形性を用いる．

(1) $\dfrac{2s-7}{s^2-s-2}=-\dfrac{1}{s-2}+\dfrac{3}{s+1}$ となるから，次が得られる．

$$\mathcal{L}^{-1}\left[\frac{2s-7}{s^2-s-2}\right]=-\mathcal{L}^{-1}\left[\frac{1}{s-2}\right]+3\mathcal{L}^{-1}\left[\frac{1}{s+1}\right]$$
$$=-e^{2t}+3e^{-t}$$

(2) $\dfrac{1}{s^2(s+1)}=-\dfrac{1}{s}+\dfrac{1}{s^2}+\dfrac{1}{s+1}$ となるから，次が得られる．

$$\mathcal{L}^{-1}\left[\frac{1}{s^2(s+1)}\right]=-\mathcal{L}^{-1}\left[\frac{1}{s}\right]+\mathcal{L}^{-1}\left[\frac{1}{s^2}\right]+\mathcal{L}^{-1}\left[\frac{1}{s+1}\right]$$
$$=-1+t+e^{-t}$$

(3) $\dfrac{s^2-3}{(s-1)(s^2+1)}=-\dfrac{1}{s-1}+\dfrac{2s}{s^2+1}+\dfrac{2}{s^2+1}$ となるから，次が得られる．

$$\mathcal{L}^{-1}\left[\frac{s^2-3}{(s-1)(s^2+1)}\right]=-\mathcal{L}^{-1}\left[\frac{1}{s-1}\right]+2\mathcal{L}^{-1}\left[\frac{s}{s^2+1}\right]+2\mathcal{L}^{-1}\left[\frac{1}{s^2+1}\right]$$
$$=-e^{t}+2\cos t+2\sin t$$

問 1.8　次の逆ラプラス変換を求めよ．

(1) $\mathcal{L}^{-1}\left[\dfrac{3s+1}{s^2+2s-3}\right]$　(2) $\mathcal{L}^{-1}\left[\dfrac{s+4}{s(s-2)^2}\right]$

1.3 微分公式と微分方程式の解法

原関数の微分公式　ここでは，関数 $f(t)$ は必要な回数だけ微分可能で，0 以上の整数 k に対して $\lim_{t\to+0} f^{(k)}(t)$ が存在するものとし，これを $f^{(k)}(0)$ とかく．また，$\lim_{t\to\infty} e^{-st}f^{(k)}(t)=0$ を満たすものとする．

このとき，部分積分法を用いると，原関数 $f(t)$ の導関数 $f'(t)$ のラプラス変換は，

$$\mathcal{L}[\,f'(t)\,]=\int_0^\infty e^{-st}f'(t)\,dt$$
$$=\Big[\,e^{-st}f(t)\,\Big]_0^\infty+s\int_0^\infty e^{-st}f(t)\,dt=sF(s)-f(0) \qquad (1.3)$$

となる．さらに，$\lim_{t\to\infty} e^{-st}f'(t)=0$ であるから，

$$\mathcal{L}[f''(t)]=\mathcal{L}\Big[\,\{f'(t)\}'\,\Big]$$
$$=s\mathcal{L}[f'(t)]-f'(0)$$
$$=s\{sF(s)-f(0)\}-f'(0)=s^2F(s)-sf(0)-f'(0) \qquad (1.4)$$

が成り立つ．これらをまとめて**原関数の微分公式**という．

1.5　原関数の微分公式

$\mathcal{L}[\,f(t)\,]=F(s)$ のとき，次が成り立つ．

(1)　$\mathcal{L}[f'(t)]=sF(s)-f(0)$

(2)　$\mathcal{L}[f''(t)]=s^2F(s)-sf(0)-f'(0)$

これを繰り返すことによって，すべての自然数 n に対して次の式が成り立つ．

$$\mathcal{L}\Big[\,f^{(n)}(t)\,\Big]=s^nF(s)-s^{n-1}f(0)-\cdots-sf^{(n-2)}(0)-f^{(n-1)}(0) \qquad (1.5)$$

ラプラス変換による 1 階線形微分方程式の解法　ラプラス変換を用いると，初期条件が与えられた微分方程式を解くことができる．

例題 1.5　ラプラス変換による微分方程式の解法

(　) 内の初期条件のもとで，次の微分方程式を解け．

$$x'(t)+x(t)=e^{2t} \quad (x(0)=1)$$

解　$\mathcal{L}[x(t)] = X(s)$ とおく．微分方程式の両辺をラプラス変換すると，

$$\mathcal{L}\left[x'(t)\right] + \mathcal{L}[x(t)] = \mathcal{L}\left[e^{2t}\right]$$

となる．原関数の微分公式（定理 1.5）を用いると，$X(s)$ に関する方程式

$$sX(s) - x(0) + X(s) = \frac{1}{s-2}$$

が得られる．$x(0) = 1$ であるから，

$$sX(s) - 1 + X(s) = \frac{1}{s-2} \quad よって \quad (s+1)X(s) = 1 + \frac{1}{s-2}$$

となり，したがって，$X(s)$ は，

$$X(s) = \frac{1}{s+1}\left(1 + \frac{1}{s-2}\right) = \frac{s-1}{(s+1)(s-2)}$$

となる．この $X(s)$ の逆ラプラス変換 $x(t) = \mathcal{L}^{-1}[X(s)]$ が，与えられた微分方程式の解である．$X(s)$ を部分分数分解すれば，

$$X(s) = \frac{s-1}{(s+1)(s-2)} = \frac{2}{3(s+1)} + \frac{1}{3(s-2)}$$

となるから，これを逆ラプラス変換すれば，求める解は次のようになる．

$$x(t) = \frac{2}{3}\mathcal{L}^{-1}\left[\frac{1}{s+1}\right] + \frac{1}{3}\mathcal{L}^{-1}\left[\frac{1}{s-2}\right] = \frac{2}{3}e^{-t} + \frac{1}{3}e^{2t}$$

例題 1.5 の解法は次の図のような流れとなり，ラプラス変換と逆ラプラス変換を用いると，代数的な計算だけで，初期条件が与えられた微分方程式を解くことができる．

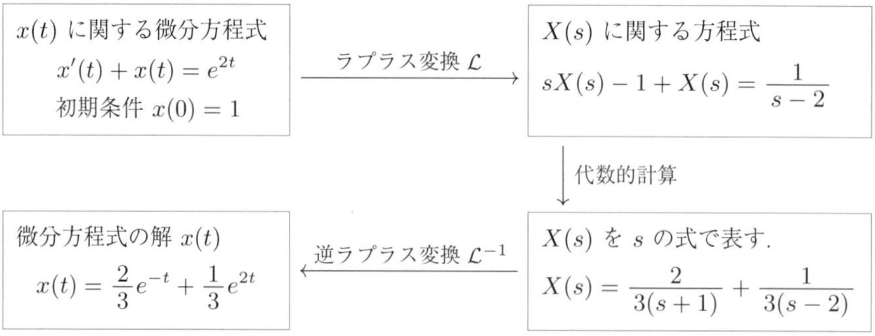

$x(t)$ に関する微分方程式 $x'(t) + x(t) = e^{2t}$ 初期条件 $x(0) = 1$	ラプラス変換 $\mathcal{L}$ →	$X(s)$ に関する方程式 $sX(s) - 1 + X(s) = \dfrac{1}{s-2}$
		↓ 代数的計算
微分方程式の解 $x(t)$ $x(t) = \dfrac{2}{3}e^{-t} + \dfrac{1}{3}e^{2t}$	← 逆ラプラス変換 $\mathcal{L}^{-1}$	$X(s)$ を s の式で表す． $X(s) = \dfrac{2}{3(s+1)} + \dfrac{1}{3(s-2)}$

問 1.9　(　) 内の初期条件のもとで，次の微分方程式を解け．

(1)　$x'(t) - 3x(t) = e^t \quad (x(0) = 1)$　　　(2)　$x'(t) + x(t) = 3t + 2 \quad (x(0) = -3)$

ラプラス変換による2階線形微分方程式の解法　初期条件が与えられた定数係数2階線形微分方程式を解く．

例題 1.6　2階線形微分方程式とラプラス変換

(　) 内の初期条件が与えられた2階線形微分方程式

$$x''(t) + x'(t) - 2x(t) = -12e^t \quad (x(0) = 1,\ x'(0) = 0)$$

に対して，$X(s) = \mathcal{L}[x(t)]$ とするとき，次の問いに答えよ．

(1)　この微分方程式をラプラス変換して，$X(s)$ を s の式で表せ．

(2)　$X(s)$ を逆ラプラス変換して，与えられた微分方程式の解 $x(t)$ を求めよ．

解　(1)　微分方程式の両辺をラプラス変換すると，

$$\mathcal{L}\left[x''(t)\right] + \mathcal{L}\left[x'(t)\right] - 2\mathcal{L}[x(t)] = -12\mathcal{L}\left[e^t\right]$$

となる．原関数の微分公式（定理 1.5）を用いると，

$$\{s^2X(s) - s\,x(0) - x'(0)\} + \{sX(s) - x(0)\} - 2X(s) = -\frac{12}{s-1}$$

となるから，これを整理すれば，

$$(s^2 + s - 2)X(s) = x'(0) + (s+1)x(0) - \frac{12}{s-1}$$

が得られる．$x(0) = 1,\ x'(0) = 0$ であるから，$X(s)$ は次のようになる．

$$X(s) = \frac{1}{s^2 + s - 2}\left(s + 1 - \frac{12}{s-1}\right) = \frac{s^2 - 13}{(s+2)(s-1)^2}$$

(2)　$X(s)$ を部分分数分解すれば，

$$X(s) = \frac{s^2 - 13}{(s+2)(s-1)^2} = -\frac{1}{s+2} + \frac{2}{s-1} - \frac{4}{(s-1)^2}$$

となる．これを逆ラプラス変換すれば，求める解は次のようになる．

$$\begin{aligned} x(t) &= -\mathcal{L}^{-1}\left[\frac{1}{s+2}\right] + 2\mathcal{L}^{-1}\left[\frac{1}{s-1}\right] - 4\mathcal{L}^{-1}\left[\frac{1}{(s-1)^2}\right] \\ &= -e^{-2t} + 2e^t - 4te^t \end{aligned}$$

問 1.10　(　) 内の初期条件のもとで，次の微分方程式を解け．

(1)　$x''(t) - x(t) = t \quad (x(0) = 1,\ x'(0) = 4)$

(2)　$x''(t) + 2x'(t) = 5\cos t \quad (x(0) = 0,\ x'(0) = 2)$

練習問題 1

[1] 次の関数のラプラス変換を求めよ．

(1) $f(t) = 3t^2 - 2t$　　(2) $f(t) = (t^2 - 1)^2$

(3) $f(t) = e^{-3t} + 2e^{2t}$　　(4) $f(t) = \sin 5t$

(5) $f(t) = \cosh \sqrt{5}\, t$　　(6) $f(t) = e^{3t} \sin 2t$

[2] 次の関数の逆ラプラス変換を求めよ．

(1) $\mathcal{L}^{-1}\left[\dfrac{1}{s^2 + 3}\right]$　　(2) $\mathcal{L}^{-1}\left[\dfrac{s - 1}{s^2 - 2s + 2}\right]$

(3) $\mathcal{L}^{-1}\left[\dfrac{2}{s^2 - 1}\right]$　　(4) $\mathcal{L}^{-1}\left[\dfrac{1}{(s - 3)(s + 1)}\right]$

(5) $\mathcal{L}^{-1}\left[\dfrac{s - 4}{s(s^2 + 4)}\right]$　　(6) $\mathcal{L}^{-1}\left[\dfrac{s - 7}{(s - 1)^2(s - 3)}\right]$

[3] (　) 内の初期条件のもとで，次の微分方程式を解け．

(1) $x'(t) + x(t) = 4te^t \quad (x(0) = 1)$

(2) $x'(t) + 3x(t) = 2\sin 3t \quad (x(0) = 1)$

(3) $x''(t) - x'(t) - 6x(t) = 0 \quad (x(0) = 1,\ x'(0) = 1)$

(4) $x''(t) - 3x'(t) + 2x(t) = e^t \quad (x(0) = 0,\ x'(0) = 0)$

(5) $x''(t) - 4x'(t) + 4x(t) = 2e^{2t} \quad (x(0) = 0,\ x'(0) = 1)$

2　デルタ関数と線形システム

2.1　単位ステップ関数とデルタ関数

単位ステップ関数　この節では，たとえば電気回路にある時点から一定の電流が流れるような現象を表す関数 $U(t)$ を考える．

関数 $U(t)$ を

$$U(t) = \begin{cases} 0 & (t < 0) \\ 1 & (t \geqq 0) \end{cases} \tag{2.1}$$

と定める．$y = U(t)$ のグラフは図 1 のようになる．0 以上の数 a に対して，関数

$$U(t-a) = \begin{cases} 0 & (t < a) \\ 1 & (t \geqq a) \end{cases} \tag{2.2}$$

を**単位ステップ関数**という．階段関数ということもある．この関数のグラフは，$y = U(t)$ のグラフを t 軸の方向に a だけ平行移動したものである（図 2）．この場合，$t < 0$ のとき $f(t) = 0$ を満たす関数 $f(t)$ に対して，

$$U(t-a)f(t-a) = \begin{cases} 0 & (t < a) \\ f(t-a) & (t \geqq a) \end{cases} \tag{2.3}$$

となる．この関数のグラフの $t \geqq a$ の部分は，$y = f(t)$ のグラフを t 軸の方向に a だけ平行移動したものである（図 3）．

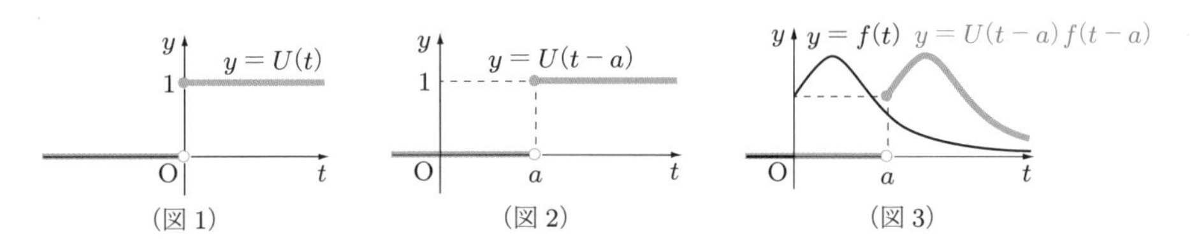

（図 1）　（図 2）　（図 3）

単位ステップ関数のラプラス変換　関数 $U(t-a)f(t-a)$ のラプラス変換を求める．$0 \leqq t < a$ のとき $U(t-a)f(t-a) = 0$ であるから，ラプラス変換の定義によって，

$$\mathcal{L}[U(t-a)f(t-a)] = \int_0^{\infty} e^{-st}U(t-a)f(t-a)\,dt$$

$$= \int_a^\infty e^{-st} f(t-a)\,dt$$

となる．ここで，$\tau = t - a$ とおくと，$d\tau = dt$ であり，$t = a$ のとき $\tau = 0$，$t \to \infty$ のとき $\tau \to \infty$ となる．また，$e^{-st} = e^{-s(\tau+a)} = e^{-as}e^{-s\tau}$ となるから，

$$\mathcal{L}[U(t-a)f(t-a)] = e^{-as}\int_0^\infty e^{-s\tau} f(\tau)\,d\tau = e^{-as}\mathcal{L}[\,f(t)\,] \qquad (2.4)$$

が成り立つ．とくに，$f(t) = 1$ のとき $F(s) = \dfrac{1}{s}$ であるから，単位ステップ関数 $U(t-a)$ のラプラス変換として

$$\mathcal{L}[U(t-a)] = \frac{e^{-as}}{s} \qquad (2.5)$$

が得られる．さらに，これらの逆ラプラス変換を考えることによって，次が成り立つ．

2.1　単位ステップ関数のラプラス変換

$F(s) = \mathcal{L}[f(t)]$，a は正の定数とする．

(1) $\mathcal{L}[U(t-a)] = \dfrac{e^{-as}}{s}$　とくに　$\mathcal{L}[U(t)] = \dfrac{1}{s}$，

$\mathcal{L}^{-1}\left[\dfrac{e^{-as}}{s}\right] = U(t-a)$　とくに　$\mathcal{L}^{-1}\left[\dfrac{1}{s}\right] = U(t)$

(2) $\mathcal{L}[U(t-a)f(t-a)] = e^{-as}F(s)$，

$\mathcal{L}^{-1}\left[e^{-as}F(s)\right] = U(t-a)f(t-a)$

例 2.1　(1)　$\mathcal{L}[U(t-5)] = \dfrac{e^{-5s}}{s}$，　$\mathcal{L}^{-1}\left[\dfrac{e^{-5s}}{s}\right] = U(t-5)$

(2)　$\mathcal{L}\left[t^2\right] = \dfrac{2}{s^3}$ であるから，次が成り立つ．

$$\mathcal{L}\left[U(t-3)\cdot(t-3)^2\right] = e^{-3s}\cdot\frac{2}{s^3}$$

(3)　$\mathcal{L}^{-1}\left[\dfrac{1}{s-2}\right] = e^{2t}$ であるから，次が成り立つ．

$$\mathcal{L}^{-1}\left[e^{-s}\cdot\frac{1}{s-2}\right] = U(t-1)e^{2(t-1)} = \begin{cases} 0 & (t < 1) \\ e^{2(t-1)} & (t \geqq 1) \end{cases}$$

◆

問 2.1　次のラプラス変換，逆ラプラス変換を求めよ．

(1)　$\mathcal{L}\left[U(t-1)\cdot(t-1)^3\right]$　　　(2)　$\mathcal{L}^{-1}\left[e^{-2s}\cdot\dfrac{s}{s^2+9}\right]$

デルタ関数　ここでは，ハンマーで瞬間的な衝撃を与えるような，ごく短い時間（$t=0$ の瞬間）に，非常に大きな力を及ぼす現象を表す関数 $\delta(t)$ を考える．まず，自然数 n に対して，関数 $d_n(t)$ を

$$d_n(t) = \begin{cases} n & \left(0 \leqq t \leqq \dfrac{1}{n}\right) \\ 0 & \left(t < 0,\ \dfrac{1}{n} < t\right) \end{cases} \tag{2.6}$$

とし，$n \to \infty$ のときの $d_n(t)$ の極限として $\delta(t)$ を定める．そのために，n が十分に大きいときの $d_n(t)$ の性質を調べる．

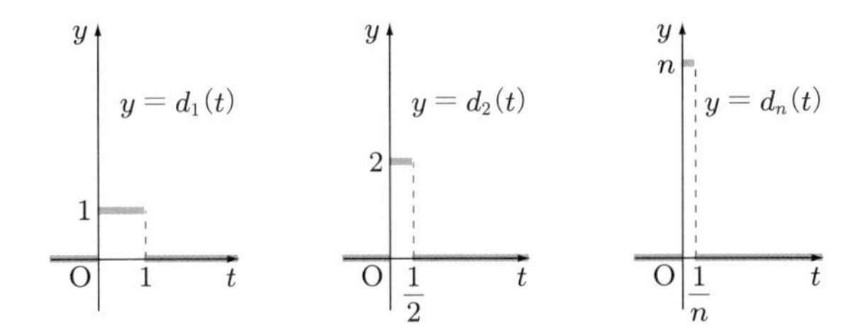

$t \neq 0$ である任意の t に対して，n が十分に大きければ，

$$d_n(t) = 0 \qquad \cdots\cdots ①$$

が成り立つ．また，任意の n に対して，

$$\int_0^{\infty} d_n(t)\,dt = \int_0^{\frac{1}{n}} n\,dt = \Big[\ nt\ \Big]_0^{\frac{1}{n}} = 1 \qquad \cdots\cdots ②$$

が成り立つ．さらに，$t \geqq 0$ で定義された連続関数 $f(t)$ と実数 $a \geqq 0$ に対して，

$$f(t)d_n(t-a) = \begin{cases} nf(t) & \left(a \leqq t \leqq a + \dfrac{1}{n}\right) \\ 0 & \left(0 \leqq t < a,\ a + \dfrac{1}{n} < t\right) \end{cases}$$

であるから，n が十分に大きいとき，次の式が成り立つ．

$$\int_0^{\infty} f(t)d_n(t-a)\,dt = n\int_a^{a+\frac{1}{n}} f(t)\,dt \fallingdotseq n \cdot f(a)\frac{1}{n} = f(a) \qquad \cdots\cdots ③$$

そこで，n が十分大きいときの $d_n(t)$ の性質 ①〜③ をもつ関数を $\delta(t)$ と定める．

2.2　デルタ関数

任意の定数 $a \geqq 0$ に対して，次の性質をもつ関数 $\delta(t)$ を**デルタ関数**という．

(1)　$t \neq a$ ならば $\delta(t-a)=0$

(2)　$\displaystyle\int_0^{\infty} \delta(t-a)\,dt = 1$

(3)　$t \geqq 0$ で定義された連続関数 $f(t)$ に対して，次が成り立つ．

$$\int_0^{\infty} f(t)\,\delta(t-a)\,dt = f(a)$$

[note]　デルタ関数はディラックのデルタ関数ともよばれる．厳密にいえば，デルタ関数は関数とはいえないが，**超関数**という新しい考え方を使って，これを関数であるかのように扱う理論が構築されている．デルタ関数は理工学のさまざまな場面に現れる．

例 2.2　(1)　$\displaystyle\int_0^{\infty} t^2\delta(t-2)\,dt = 2^2 = 4$　　(2)　$\displaystyle\int_0^{\infty} \cos t\cdot\delta(t)\,dt = \cos 0 = 1$

問2.2　次の値を求めよ．

(1)　$\displaystyle\int_0^{\infty} t^3\delta(t-3)\,dt$　　(2)　$\displaystyle\int_0^{\infty} e^{-t}\delta(t-1)\,dt$

$\delta(t-a)$ は，$t=a$ だけで非常に大きな値をとる関数と考えられる．この関数のグラフを下図のように表す．これを**インパルス**という．インパルスとは，「衝撃」や「撃力」という意味である．

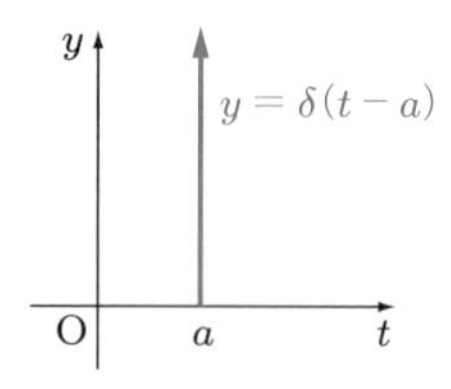

デルタ関数のラプラス変換　デルタ関数の定義 2.2(3) から，

$$\mathcal{L}[\,\delta(t-a)\,] = \int_0^{\infty} e^{-st}\delta(t-a)\,dt = e^{-as} \tag{2.7}$$

が成り立つ．

2.3 デルタ関数のラプラス変換

デルタ関数のラプラス変換について，次が成り立つ．

$$\mathcal{L}[\,\delta(t-a)\,] = e^{-as} \quad とくに \quad \mathcal{L}[\,\delta(t)\,] = 1$$

$$\mathcal{L}^{-1}\left[\,e^{-as}\,\right] = \delta(t-a) \quad とくに \quad \mathcal{L}^{-1}[\,1\,] = \delta(t)$$

2.2 合成積

合成積のラプラス変換　$t \geqq 0$ で定義された 2 つの関数 $f(t),\, g(t)$ のラプラス変換をそれぞれ $\mathcal{L}[\,f(t)\,] = F(s),\, \mathcal{L}[\,g(t)\,] = G(s)$ とするとき，積 $F(s)G(s)$ の逆ラプラス変換を考える．$F(s)$ と $G(s)$ の積分変数をそれぞれ $u,\, v$ とすれば，

$$\begin{aligned} F(s)G(s) &= \int_0^\infty e^{-su} f(u)\,du \int_0^\infty e^{-sv} g(v)\,dv \\ &= \int_0^\infty \left\{ \int_0^\infty e^{-s(u+v)} f(u)g(v)\,du \right\} dv \\ &= \iint_{\mathrm{D}} e^{-s(u+v)} f(u)g(v)\,dudv \end{aligned}$$

となる．ここで，2 重積分の積分領域は，$\mathrm{D} = \{(u,v)\,|\,u \geqq 0, v \geqq 0\}$ である（図 1）．

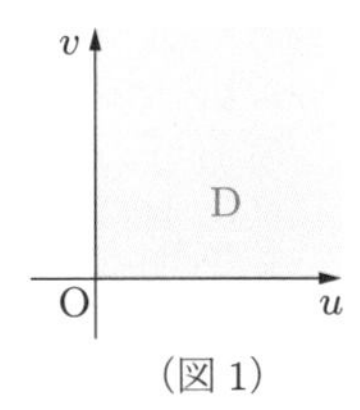

（図 1）

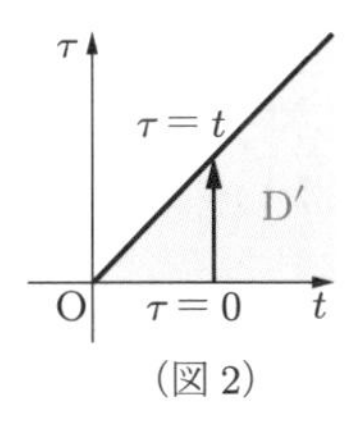

（図 2）

ここで，変数変換 $u + v = t,\, u = \tau$ を行う．条件 $u \geqq 0,\, v \geqq 0$ から

$$u + v = t \geqq 0, \quad u = \tau \geqq 0, \quad v = t - u = t - \tau \geqq 0$$

が成り立つから，積分領域は $\mathrm{D}' = \{(t,\tau)\,|\,t \geqq 0,\, 0 \leqq \tau \leqq t\}$ となる（図 2）．また，この変数変換のヤコビ行列式は 1 となるから，

$$F(s)G(s) = \int_0^\infty \left\{ \int_0^t e^{-st} f(\tau)g(t-\tau)\,d\tau \right\} dt$$
$$= \int_0^\infty e^{-st} \left\{ \int_0^t f(\tau)g(t-\tau)\,d\tau \right\} dt$$

が成り立つ．そこで，この累次積分の { } の中の積分を

$$f(t) * g(t) = \int_0^t f(\tau)g(t-\tau)\,d\tau \tag{2.8}$$

とおくと，ラプラス変換の定義から

$$F(s)G(s) = \mathcal{L}[\,f(t) * g(t)\,] \tag{2.9}$$

が得られる．$f(t) * g(t)$ を，$f(t), g(t)$ の**合成積**または**たたみ込み**という．

2.4　合成積

$$f(t) * g(t) = \int_0^t f(\tau)g(t-\tau)\,d\tau$$

式 (2.8) で $\sigma = t - \tau$ とおくと $d\sigma = -d\tau$ であり，$\tau = 0$ のとき $\sigma = t$，$\tau = t$ のとき $\sigma = 0$ であるから，

$$f(t) * g(t) = \int_t^0 f(t-\sigma)g(\sigma)(-d\sigma) = \int_0^t g(\sigma)f(t-\sigma)d\sigma = g(t) * f(t)$$

となり，合成積は交換法則を満たす．

以上をまとめると，次の性質が成り立つ．

2.5　合成積とラプラス変換

$f(t)$ と $g(t)$ の合成積は

$$f(t) * g(t) = g(t) * f(t)$$

を満たし，$\mathcal{L}[\,f(t)\,] = F(s)$, $\mathcal{L}[\,g(t)\,] = G(s)$ とするとき，次が成り立つ．

$$\mathcal{L}[\,f(t) * g(t)\,] = F(s)G(s), \quad \mathcal{L}^{-1}[\,F(s)G(s)\,] = f(t) * g(t)$$

例 2.3 (1) $e^t * 1 = \int_0^t e^\tau \, d\tau = \left[\, e^\tau \, \right]_0^t = e^t - 1$

(2) $$\sin t * \cos t = \int_0^t \sin\tau \cos(t-\tau)\, d\tau$$
$$= \frac{1}{2}\int_0^t \{\sin t + \sin(2\tau - t)\}\, d\tau$$
$$= \frac{1}{2}\left\{\left[\, \tau \sin t \,\right]_0^t + \frac{1}{2}\left[\, -\cos(2\tau - t) \,\right]_0^t\right\} = \frac{1}{2} t \sin t$$

問2.3 次の合成積を求めよ.

(1) $e^t * t$ (2) $\sin t * \sin t$

例 2.4 $\mathcal{L}^{-1}\left[\dfrac{s}{(s^2+1)^2}\right] = \mathcal{L}^{-1}\left[\dfrac{1}{s^2+1}\cdot\dfrac{s}{s^2+1}\right]$ を求める.

$\mathcal{L}^{-1}\left[\dfrac{1}{s^2+1}\right] = \sin t$, $\mathcal{L}^{-1}\left[\dfrac{s}{s^2+1}\right] = \cos t$ であるから, 定理 2.5 と例 2.3(2) によって,

$$\mathcal{L}^{-1}\left[\frac{s}{(s^2+1)^2}\right] = \mathcal{L}^{-1}\left[\frac{1}{s^2+1}\cdot\frac{s}{s^2+1}\right] = \sin t * \cos t = \frac{1}{2} t \sin t$$

となる.

例題 2.1 関数の積の逆ラプラス変換

$\mathcal{L}^{-1}\left[\dfrac{1}{s(s^2+1)}\right]$ を求めよ.

解 $\mathcal{L}^{-1}\left[\dfrac{1}{s}\right] = 1$, $\mathcal{L}^{-1}\left[\dfrac{1}{s^2+1}\right] = \sin t$ であるから,

$$\mathcal{L}^{-1}\left[\frac{1}{s(s^2+1)}\right] = 1 * \sin t = \int_0^t \sin(t-\tau)\, d\tau = 1 - \cos t$$

となる.

問2.4 次の逆ラプラス変換を求めよ.

(1) $\mathcal{L}^{-1}\left[\dfrac{1}{s^2(s-2)}\right]$ (2) $\mathcal{L}^{-1}\left[\left(\dfrac{s}{s^2+1}\right)^2\right]$

単位ステップ関数，デルタ関数と合成積 $t < 0$ のとき $f(t) = 0$ を満たす関数 $f(t)$ と単位ステップ関数 $U(t)$ の合成積

$$f(t) * U(t) = \int_0^t f(\tau)\,U(t-\tau)\,d\tau$$

を求める．$0 \leqq \tau \leqq t$ の範囲では $t - \tau \geqq 0$ であるから，$U(t-\tau) = 1$ である．よって，次の式が成り立つ．

$$f(t) * U(t) = \int_0^t f(\tau)\,d\tau \tag{2.10}$$

次に，関数 $f(t)$ とデルタ関数 $\delta(t)$ の合成積を求める．$\mathcal{L}[\,f(t)\,] = F(s)$ とすると，定理 2.3, 2.5 により，

$$\mathcal{L}[\,\delta(t-a) * f(t)\,] = \mathcal{L}[\,\delta(t-a)\,] \cdot \mathcal{L}[\,f(t)\,] = e^{-as}F(s)$$

となる．これを逆ラプラス変換すると，定理 2.1(2) から，

$$\delta(t-a) * f(t) = \mathcal{L}^{-1}\left[\,e^{-as}F(s)\,\right] = U(t-a)f(t-a) \tag{2.11}$$

が得られる．とくに，$a = 0$ とすれば $f(t) * \delta(t) = f(t)$ が成り立つ．

2.6 単位ステップ関数，デルタ関数と合成積

(1) $f(t) * U(t) = \int_0^t f(\tau)\,d\tau$

(2) $\delta(t-a) * f(t) = U(t-a)f(t-a)$ とくに $f(t) * \delta(t) = f(t)$

例 2.5 (1) $\sin t * U(t) = \int_0^t \sin\tau\,d\tau = \Big[\,-\cos\tau\,\Big]_0^t = -\cos t + 1$

(2) $\mathcal{L}\left[\,t^2 * \delta(t)\,\right] = \mathcal{L}\left[\,t^2\,\right] = \dfrac{2}{s^3}$

(3) $\delta(t-2) * t^2 = U(t-2)(t-2)^2 = \begin{cases} 0 & (t < 2) \\ (t-2)^2 & (t \geqq 2) \end{cases}$

問 2.5 次の合成積を求めよ．

(1) $\cos 3t * U(t)$　　(2) $\delta(t-5) * \cos 3t$

2.3 線形システム

線形システム 定数係数 2 階線形微分方程式

$$x''(t) + ax'(t) + bx(t) = r(t) \quad (x(0) = 0,\ x'(0) = 0) \tag{2.12}$$

を，関数 $r(t)$ に解 $x(t)$ を対応させる仕組みと考えたとき，これを**線形システム**といい，$r(t)$ を**入力**，$x(t)$ を**応答**という．ここでは，線形システム (2.12) の入力 $r(t)$ と応答 $x(t)$ の関係を調べる．

$x(0) = 0,\ x'(0) = 0$ であるから，式 (2.12) をラプラス変換すると，

$$(s^2 + as + b)\mathcal{L}[x(t)] = \mathcal{L}[r(t)]$$

となる．$\mathcal{L}[\,x(t)\,] = X(s),\ \mathcal{L}[\,r(t)\,] = R(s)$ とすれば，

$$X(s) = \frac{1}{s^2 + as + b} \cdot R(s) \tag{2.13}$$

となる．ここで，

$$F(s) = \frac{1}{s^2 + as + b}, \quad f(t) = \mathcal{L}^{-1}[\,F(s)\,] \tag{2.14}$$

とおく．すると，式 (2.13) は

$$X(s) = F(s)R(s) \tag{2.15}$$

となり，これを逆ラプラス変換すれば，求める微分方程式の解

$$\begin{aligned} x(t) &= \mathcal{L}^{-1}[\,F(s)R(s)\,] \\ &= \mathcal{L}^{-1}[\,F(s)\,] * \mathcal{L}^{-1}[\,R(s)\,] = f(t) * r(t) \end{aligned} \tag{2.16}$$

が得られる．

式 (2.15) で，$F(s) = \dfrac{1}{s^2 + as + b}$ は $R(s) = \mathcal{L}[\,r(t)\,]$ に $X(s) = \mathcal{L}[\,x(t)\,]$ を対応させる役割を果たしている．そのため，$F(s)$ をこの線形システムの**伝達関数**という．

線形システムとインパルス応答 線形システム

$$x''(t) + ax'(t) + bx(t) = r(t) \quad (x(0) = 0,\ x'(0) = 0)$$

の，$r(t) = \delta(t)$ としたときの応答 $x(t)$ を求める．$F(s)$ をこの線形システムの伝達関数とし，$f(t) = \mathcal{L}^{-1}[F(s)]$ とするとき，定理 2.6(2) によって，

$$x(t) = f(t) * \delta(t) = f(t) \tag{2.17}$$

となる．この応答 $f(t)$ を**インパルス応答**という．このとき，

$$f(t) = \mathcal{L}^{-1}[F(s)] = \mathcal{L}^{-1}\left[\frac{1}{s^2 + as + b}\right] \tag{2.18}$$

であり，インパルス応答は，伝達関数を逆ラプラス変換することによって得られる．

例 2.6　線形システム $x''(t) + 2x'(t) + 10x(t) = r(t)$ $(x(0) = 0,\ x'(0) = 0)$ のインパルス応答 $f(t)$ は，次のようになる．

$$f(t) = \mathcal{L}^{-1}\left[\frac{1}{s^2 + 2s + 10}\right] = \mathcal{L}^{-1}\left[\frac{1}{3} \cdot \frac{3}{(s+1)^2 + 3^2}\right] = \frac{1}{3}e^{-t}\sin 3t$$

例題 2.2　線形システム

線形システム

$$x''(t) + 4x(t) = r(t) \quad (x(0) = 0,\ x'(0) = 0)$$

の，伝達関数 $F(s)$ およびインパルス応答 $f(t)$ を求めよ．さらに，次の入力 $r(t)$ に対する応答 $x(t)$ を求めよ．

(1)　$r(t) = t$　　　　(2)　$r(t) = \cos t$

解　伝達関数 $F(s)$ およびインパルス応答 $f(t)$ は，それぞれ

$$F(s) = \frac{1}{s^2 + 4}, \quad f(t) = \mathcal{L}^{-1}\left[\frac{1}{s^2 + 4}\right] = \frac{1}{2}\sin 2t$$

である．したがって，$x(t) = f(t) * r(t)$ から，それぞれの入力に対する応答は次のようになる．

(1)
$$\begin{aligned}
x(t) &= \frac{1}{2}\sin 2t * t \\
&= \frac{1}{2}\int_0^t (t - \tau)\sin 2\tau\, d\tau \\
&= \frac{1}{2}\left\{\left[-(t-\tau) \cdot \frac{1}{2}\cos 2\tau\right]_0^t - \int_0^t \frac{1}{2}\cos 2\tau\, d\tau\right\} \\
&= \frac{1}{2}\left\{\frac{1}{2}t - \frac{1}{4}\left[\sin 2\tau\right]_0^t\right\} = \frac{1}{4}t - \frac{1}{8}\sin 2t
\end{aligned}$$

(2)
$$x(t) = \frac{1}{2}\sin 2t * \cos t$$
$$= \frac{1}{2}\int_0^t \sin 2(t-\tau)\cos\tau\, d\tau$$
$$= \frac{1}{4}\int_0^t \{\sin(2t-\tau) + \sin(2t-3\tau)\}\, d\tau$$
$$= \frac{1}{4}\left[\cos(2t-\tau) + \frac{1}{3}\cos(2t-3\tau)\right]_0^t = \frac{1}{3}(\cos t - \cos 2t)$$

問2.6 線形システム

$$x''(t) + x(t) = r(t) \quad (x(0) = 0,\ \ x'(0) = 0)$$

の伝達関数 $F(s)$ およびインパルス応答 $f(t)$ を求めよ．さらに，$r(t) = t^2$ に対する応答 $x(t)$ を求めよ．

線形システムと単位ステップ応答

線形システム

$$x''(t) + ax'(t) + bx(t) = r(t) \quad (x(0) = 0,\ x'(0) = 0) \tag{2.19}$$

の入力 $r(t)$ を単位ステップ関数 $U(t)$ としたときの応答を $g(t)$ とする．この線形システムのインパルス応答を $f(t)$ とすれば，定理 2.6(1) によって，

$$g(t) = f(t) * U(t) = \int_0^t f(\tau)\, d\tau \tag{2.20}$$

となる．この応答を**単位ステップ応答**という．単位ステップ応答は，インパルス応答を積分することによって求めることができる．

以上のことから，デルタ関数と単位ステップ関数を入力したときの応答をまとめると，次のようになる．

入力 $r(t)$	出力 $x(t) = f(t) * r(t)$
$r(t) = \delta(t)$	$x(t) = f(t) = \mathcal{L}^{-1}[F(s)]$
$r(t) = U(t)$	$x(t) = \int_0^t f(\tau)d\tau$

例 2.7　線形システム $x''(t)+2x'(t)+10x(t)=r(t)$ $(x(0)=0,\ x'(0)=0)$ のインパルス応答は $f(t)=\dfrac{1}{3}e^{-t}\sin 3t$ である（例 2.6 参照）．したがって，単位ステップ応答 $g(t)$ は，次のようになる．

$$g(t)=\frac{1}{3}\int_0^t e^{-\tau}\sin 3\tau\,d\tau=-\frac{1}{30}e^{-t}(3\cos 3t+\sin 3t)+\frac{1}{10}$$

問 2.7　線形システム

$$x''(t)+6x'(t)+5x(t)=r(t)\quad (x(0)=0,\ x'(0)=0)$$

のインパルス応答 $f(t)$ および単位ステップ応答 $g(t)$ を求めよ．

ラプラス変換の基本性質　これまでに述べなかったものを含め，ラプラス変換には次の表のような性質がある．† の性質は，付録 A4.1 節にその証明を載せておく．ここで，a, b, c $(c>0)$ は定数である．

性質	原関数	像関数
線形性	$af(t)+b\,g(t)$	$aF(s)+b\,G(s)$
相似法則†	$f(ct)$	$\dfrac{1}{c}F\left(\dfrac{s}{c}\right)$
像関数の移動法則	$e^{at}f(t)$	$F(s-a)$
原関数の微分公式	$f'(t)$	$sF(s)-f(0)$
	$f''(t)$	$s^2F(s)-sf(0)-f'(0)$
原関数の積分公式†	$\displaystyle\int_0^t f(\tau)\,d\tau$	$\dfrac{1}{s}F(s)$
像関数の微分公式†	$tf(t)$	$-F'(s)$
	$t^2f(t)$	$F''(s)$
像関数の積分公式†	$\dfrac{f(t)}{t}$	$\displaystyle\int_s^\infty F(\sigma)\,d\sigma$
合成積	$f(t)*g(t)$	$F(s)G(s)$
単位ステップ関数	$U(t-a)$	$\dfrac{e^{-as}}{s}$
デルタ関数	$\delta(t-a)$	e^{-as}

練習問題 2

[1] a, b を $0 < a < b$ を満たす定数とする．関数 $f(t) = \begin{cases} 0 & (0 \leqq t < a) \\ 1 & (a \leqq t < b) \\ 0 & (b \leqq t) \end{cases}$ のラプラス変換は次のようになることを証明せよ．

$$\mathcal{L}[\,f(t)\,] = \frac{e^{-as}}{s} - \frac{e^{-bs}}{s}$$

[2] 初期条件 $x(0) = 0, x'(0) = 0$ のもとで，微分方程式 $x''(t) - 4x'(t) - 5x(t) = 2U(t-2)$ を解け．

[3] 初期条件 $x(0) = 0$, $x'(0) = 0$ のもとで，微分方程式 $x''(t) - 2x'(t) = \delta(t-1)$ を解け．

[4] $\sin t * \cos t = \dfrac{1}{2} t \sin t$ である（例 2.3 参照）．これを用いて，(　) 内の初期条件が与えられた次の微分方程式を解け．

$$x''(t) + x(t) = \cos t \quad (x(0) = 2,\ x'(0) = 3)$$

[5] 線形システム

$$x''(t) - x'(t) - 2x(t) = r(t) \quad (x(0) = 0,\ x'(0) = 0)$$

の伝達関数 $F(s)$ およびインパルス応答 $f(t)$，単位ステップ応答 $g(t)$ を求めよ．さらに，次の入力 $r(t)$ に対する応答 $x(t)$ を求めよ．

(1) $r(t) = e^{-t}$　　(2) $r(t) = \delta(t-3)$

第 4 章の章末問題

1. 像関数の微分公式（p.178 の表）を用いて，次のラプラス変換を求めよ．

(1) $\mathcal{L}\left[te^{-2t}\sin t\right]$　　(2) $\mathcal{L}\left[t^2\sin\omega t\right]$

2. 原関数の積分公式（p.178 の表）を用いて，次の逆ラプラス変換を求めよ．

(1) $\mathcal{L}^{-1}\left[\dfrac{1}{s(s^2-4)}\right]$　　(2) $\mathcal{L}^{-1}\left[\dfrac{1}{s(s-3)^2}\right]$

3. $s > 0$ に対して，$\Gamma(s) = \displaystyle\int_0^\infty e^{-t}t^{s-1}\,dt$ で定義される関数 $\Gamma(s)$ を**ガンマ関数**という．次の問いに答えよ．

(1) n を自然数とするとき，次が成り立つことを証明せよ．

(i) $\Gamma(1) = 1$　　(ii) $\Gamma(s+1) = s\Gamma(s)$　　(iii) $\Gamma(n+1) = n!$

(2) $\displaystyle\int_0^\infty e^{-x^2}\,dx = \frac{\sqrt{\pi}}{2}$ であることを用いて，$\Gamma\left(\dfrac{1}{2}\right)$ の値を求めよ．

4. $\Gamma(s)$ をガンマ関数とするとき，実数 $a > -1$ に対して，

$$\mathcal{L}[\,t^a\,] = \frac{\Gamma(a+1)}{s^{a+1}}$$

となることを証明せよ．また，これを用いて，次のラプラス変換を求めよ．

(1) $\mathcal{L}\left[\dfrac{1}{\sqrt{t}}\right]$　　(2) $\mathcal{L}\left[\sqrt{t}\right]$

5. (　) 内の初期条件が与えられた次の 2 階微分方程式を解け．

(1) $x''(t) - x(t) = \delta(t-1)$　$(x(0) = 0,\ x'(0) = 2)$

(2) $x''(t) - x(t) = U(t-1)(t-1)$　$(x(0) = 0,\ x'(0) = 2)$

6. グラフが右図のようになる関数 $f(t)$ を単位ステップ関数を使って表し，そのラプラス変換を求めよ．ただし，$a > 0,\ k > 0$ とする．

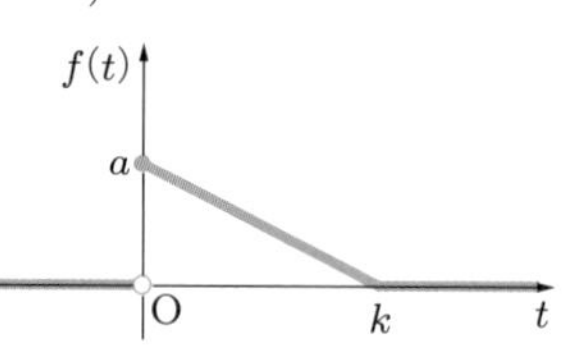

7. 初期条件 $x(0) = 2,\ x'(0) = 0$ のもとで微分方程式 $x''(t) + x(t) = \sin t$ の解を求めよ．

8. 未知の関数を積分記号の中に含む方程式を**積分方程式**という．次の積分方程式を解け．

$$x(t) + \int_0^t x(t-\tau)\,d\tau = e^t$$

Chapter

5 フーリエ級数とフーリエ変換

1 フーリエ級数

1.1 周期関数

周期関数　この節では，周期関数を三角関数の和によって表すことを考える．最初に，周期関数と三角関数の性質についてまとめておく．

関数 $f(x)$ が，すべての実数 x に対して

$$f(x+T) = f(x) \quad (T \text{ は正の定数}) \tag{1.1}$$

を満たすとき，$f(x)$ を**周期関数**といい，この式を満たす最小の正の数 T を $f(x)$ の**周期**という．周期 T の周期関数 $y = f(x)$ のグラフは，下図のように幅 T の間隔で同じ形を繰り返す．

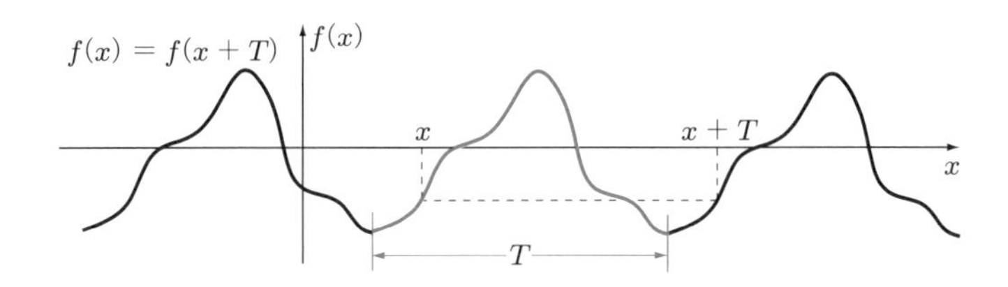

三角関数 $\sin x$, $\cos x$ は周期 $T = 2\pi$ の周期関数である．$f(x)$ が周期関数ならば，$af(x)$（a は定数）も周期関数である．一方，x^n, e^x, $\log x$ などの関数は周期関数ではない．

周期 T の逆数 $\dfrac{1}{T}$ を**周波数**という．周波数は，幅 1 の区間に同じ波形が何回現れるかを示す．

三角関数の周期と周波数　正の定数 ω に対して，$f(x) = \cos\omega x$ とすれば，任意の実数 x に対して

$$f\left(x + \frac{2\pi}{\omega}\right) = \cos\omega\left(x + \frac{2\pi}{\omega}\right) = \cos(\omega x + 2\pi) = \cos\omega x = f(x)$$

となるから，$\cos\omega x$ は周期 $T = \dfrac{2\pi}{\omega}$ の周期関数であり，周波数は $\dfrac{1}{T} = \dfrac{\omega}{2\pi}$ である．$\sin\omega x$ も同様である．$\omega = 1, 2, 3$ のときの関数 $y = \cos\omega x$, $y = \sin\omega x$ のグラフを下図に示す．青い部分が 1 周期分で，上から順に周期は 2π, π, $\dfrac{2\pi}{3}$，周波数は $\dfrac{1}{2\pi}$, $\dfrac{1}{\pi}$, $\dfrac{3}{2\pi}$ である．

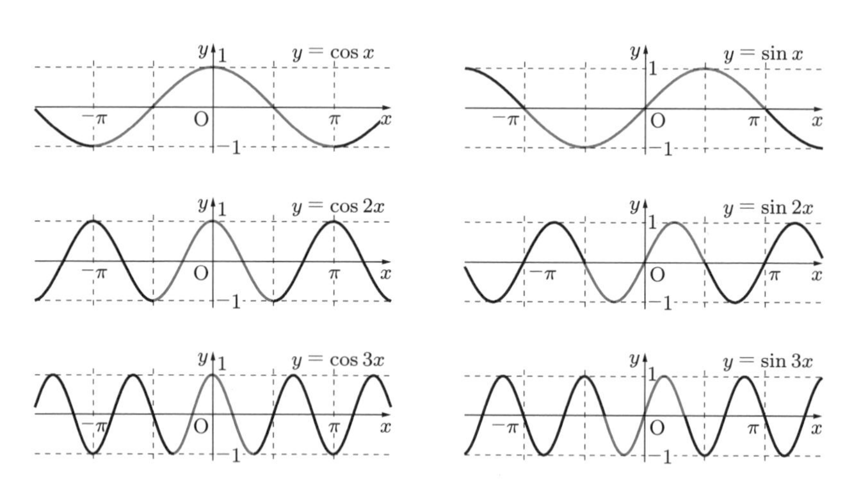

例 1.1　関数 $\cos\dfrac{x}{3}$ の周期は $T = \dfrac{2\pi}{\frac{1}{3}} = 6\pi$ であり，周波数は $\dfrac{1}{T} = \dfrac{1}{6\pi}$ である．関数 $\sin 100\pi x$ の周期は $\dfrac{1}{50}$ であり，周波数は 50 である．

問 1.1　次の関数の周期と周波数を述べよ．

(1)　$\sin\dfrac{x}{4}$　　(2)　$\cos 3x$　　(3)　$\sin 8\pi x$　　(4)　$\cos\dfrac{50\pi x}{3}$

> **[note]**　周波数の単位にはヘルツ [Hz] が用いられる．1 Hz は，1 秒間に 1 周期分の波が 1 回現れる状態をいう．440 Hz の音は，時報や音階の「ラ」の音として使われている．また，日本の電力会社の交流電源は，東側は 50 Hz，西側は 60 Hz である．

三角関数の和　$f(x)$ が周期 T の周期関数，$g(x)$ が周期 $\dfrac{T}{n}$（n は自然数）の周期関数であるとき，それらの和 $F(x) = f(x) + g(x)$ は周期 T の関数である．実際，

$$F(x+T) = f(x+T) + g(x+T)$$

$$= f(x+T) + g\left(x + n \cdot \frac{T}{n}\right) = f(x) + g(x) = F(x)$$

となって，$F(x+T) = F(x)$ が成り立つ．

例 1.2　$\sin x$ の周期は 2π，$\dfrac{1}{2}\sin 2x$ の周期は π であるから，それらの和 $\sin x + \dfrac{1}{2}\sin 2x$ は周期 2π の周期関数である．この関数のグラフは，$y = \sin x$ のグラフと $y = \dfrac{1}{2}\sin 2x$ のグラフを組み合わせることによってかくことができる．

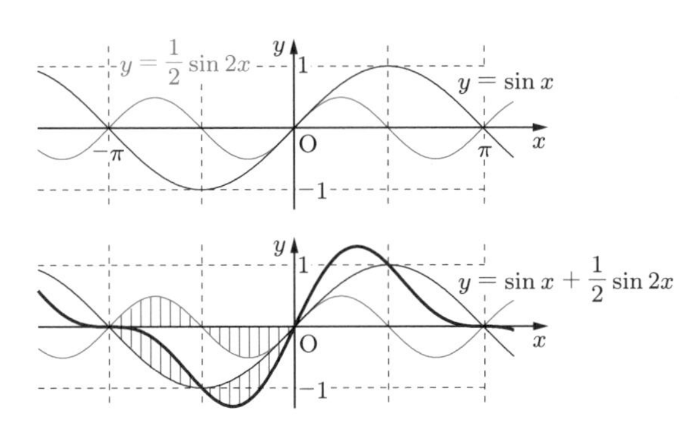

問 1.2　下図の中に，次の関数のグラフをかけ．

(1)　$y = \sin x + \dfrac{1}{3}\cos 3x$　　　(2)　$y = -\cos x + \dfrac{1}{4}\sin 4x$

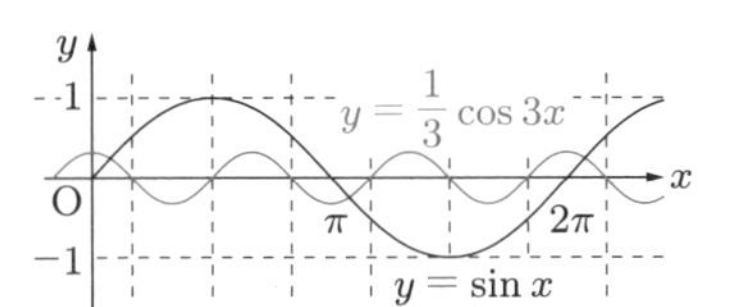

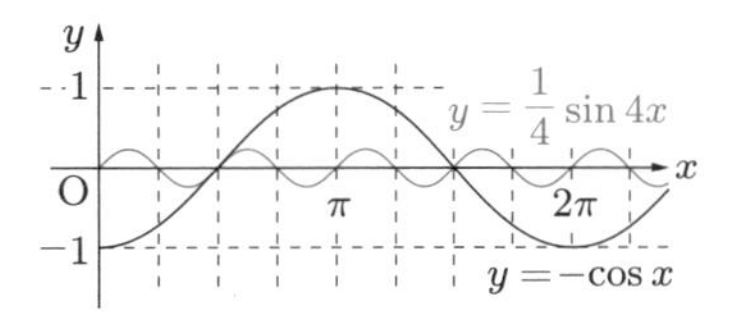

三角関数の積分

n, m を自然数とする．

$$\sin n\pi = \sin(-n\pi) = 0, \quad \cos n\pi = \cos(-n\pi) = (-1)^n$$

であるから，周期 $\dfrac{2\pi}{n}$ の三角関数の区間 $[-\pi, \pi]$ における積分は

$$\int_{-\pi}^{\pi} \cos nx\,dx = \left[\ \frac{1}{n}\sin nx\ \right]_{-\pi}^{\pi} = 0, \quad \int_{-\pi}^{\pi} \sin nx\,dx = \left[\ -\frac{1}{n}\cos nx\ \right]_{-\pi}^{\pi} = 0$$

となる．また，$n \neq m$ のとき，三角関数の積を和に直す公式によって，

$$\int_{-\pi}^{\pi} \sin nx \sin mx \, dx = -\frac{1}{2} \int_{-\pi}^{\pi} \{\cos(n+m)x - \cos(n-m)x\} \, dx = 0$$

となる．$n = m$ のとき，2倍角の公式によって，

$$\int_{-\pi}^{\pi} \sin nx \sin mx \, dx = \int_{-\pi}^{\pi} \sin^2 nx \, dx = \int_{-\pi}^{\pi} \frac{1 - \cos 2nx}{2} \, dx = \pi$$

となる．他の場合も同様に計算してまとめると，次のようになる．

(1) $$\int_{-\pi}^{\pi} \cos nx \, dx = \int_{-\pi}^{\pi} \sin nx \, dx = 0$$

(2) $$\int_{-\pi}^{\pi} \sin nx \sin mx \, dx = \begin{cases} 0 & (n \neq m) \\ \pi & (n = m) \end{cases}$$

(3) $$\int_{-\pi}^{\pi} \cos nx \cos mx \, dx = \begin{cases} 0 & (n \neq m) \\ \pi & (n = m) \end{cases}$$

(4) $$\int_{-\pi}^{\pi} \sin nx \cos mx \, dx = 0$$

問1.3　上の公式 (3), (4) が成り立つことを証明せよ．

周期 $\dfrac{T}{n}$ の三角関数 $\sin \dfrac{2n\pi x}{T}$, $\cos \dfrac{2n\pi x}{T}$ の積分でも，同様の公式が成り立つ．

(5) $$\int_{-\frac{T}{2}}^{\frac{T}{2}} \cos \frac{2n\pi x}{T} \, dx = \int_{-\frac{T}{2}}^{\frac{T}{2}} \sin \frac{2n\pi x}{T} \, dx = 0$$

(6) $$\int_{-\frac{T}{2}}^{\frac{T}{2}} \sin \frac{2n\pi x}{T} \sin \frac{2m\pi x}{T} \, dx = \begin{cases} 0 & (n \neq m) \\ \dfrac{T}{2} & (n = m) \end{cases}$$

(7) $$\int_{-\frac{T}{2}}^{\frac{T}{2}} \cos \frac{2n\pi x}{T} \cos \frac{2m\pi x}{T} \, dx = \begin{cases} 0 & (n \neq m) \\ \dfrac{T}{2} & (n = m) \end{cases}$$

(8) $$\int_{-\frac{T}{2}}^{\frac{T}{2}} \sin \frac{2n\pi x}{T} \cos \frac{2m\pi x}{T} \, dx = 0$$

1.2 フーリエ級数

三角級数とフーリエ級数 三角関数を項とする級数

$$a_0 + a_1 \cos x + b_1 \sin x + a_2 \cos 2x + b_2 \sin 2x + \cdots$$
$$= a_0 + \sum_{n=1}^{\infty} (a_n \cos nx + b_n \sin nx)$$

を**三角級数**という．この級数が収束するとき，この級数で表される関数は周期 2π の周期関数である．いま，周期 $T = 2\pi$ の周期関数 $f(x)$ が三角級数によって

$$f(x) = a_0 + \sum_{n=1}^{\infty} (a_n \cos nx + b_n \sin nx) \tag{1.2}$$

と表されているとする．このとき，係数 $a_0, a_1, b_1, a_2, b_2, \ldots$ を求める．まず，式 (1.2) の両辺を $x = -\pi$ から $x = \pi$ まで積分する．無限和と積分は交換できるとすると，

$$\int_{-\pi}^{\pi} f(x)\,dx = \int_{-\pi}^{\pi} a_0\,dx + \sum_{n=1}^{\infty} \int_{-\pi}^{\pi} (a_n \cos nx + b_n \sin nx)\,dx$$
$$= 2a_0\pi$$

となる．したがって，

$$a_0 = \frac{1}{2\pi} \int_{-\pi}^{\pi} f(x)\,dx \tag{1.3}$$

が得られる．次に，a_n を求めるために，式 (1.2) の両辺に $\cos mx$ をかけて，$x = -\pi$ から $x = \pi$ まで積分すると，

$$\int_{-\pi}^{\pi} f(x) \cos mx\,dx$$
$$= \int_{-\pi}^{\pi} a_0 \cos mx\,dx$$
$$+ \sum_{n=1}^{\infty} \int_{-\pi}^{\pi} (a_n \cos nx \cos mx + b_n \sin nx \cos mx)\,dx$$

$$= \int_{-\pi}^{\pi} a_0 \cos mx \, dx$$
$$+ \sum_{n=1}^{\infty} \left(a_n \int_{-\pi}^{\pi} \cos nx \cos mx \, dx + b_n \int_{-\pi}^{\pi} \sin nx \cos mx \, dx \right)$$
$$= a_m \int_{-\pi}^{\pi} \cos^2 mx \, dx = a_m \int_{-\pi}^{\pi} \frac{1 + \cos 2mx}{2} \, dx = a_m \cdot \pi$$

となる．この式の m を n と書き直せば，$n \geqq 1$ のとき

$$a_n = \frac{1}{\pi} \int_{-\pi}^{\pi} f(x) \cos nx \, dx \tag{1.4}$$

となる．同様に，式 (1.2) の両辺に $\sin mx$ をかけて，$x = -\pi$ から $x = \pi$ まで積分し，m を n に書き直すことによって，

$$b_n = \frac{1}{\pi} \int_{-\pi}^{\pi} f(x) \sin nx \, dx \tag{1.5}$$

が得られる．

同様にすると，周期 T の関数 $f(x)$ が三角級数で

$$f(x) = a_0 + \sum_{n=1}^{\infty} \left(a_n \cos \frac{2n\pi x}{T} + b_n \sin \frac{2n\pi x}{T} \right)$$

と表されていたとすると，式 (1.3)〜(1.5) の π を $\dfrac{T}{2}$ でおきかえることにより，

$$\begin{cases} a_0 = \dfrac{1}{T} \displaystyle\int_{-\frac{T}{2}}^{\frac{T}{2}} f(x) \, dx \\ a_n = \dfrac{2}{T} \displaystyle\int_{-\frac{T}{2}}^{\frac{T}{2}} f(x) \cos \dfrac{2n\pi x}{T} \, dx \quad (n = 1, 2, \ldots) \\ b_n = \dfrac{2}{T} \displaystyle\int_{-\frac{T}{2}}^{\frac{T}{2}} f(x) \sin \dfrac{2n\pi x}{T} \, dx \quad (n = 1, 2, \ldots) \end{cases}$$

が得られる．

以上によって，次のように定める．

1.1 周期 T の関数のフーリエ級数

周期 T の周期関数 $f(x)$ に対して,

$$a_0 = \frac{1}{T}\int_{-\frac{T}{2}}^{\frac{T}{2}} f(x)\,dx$$

$$a_n = \frac{2}{T}\int_{-\frac{T}{2}}^{\frac{T}{2}} f(x)\cos\frac{2n\pi x}{T}\,dx \quad (n = 1, 2, \ldots)$$

$$b_n = \frac{2}{T}\int_{-\frac{T}{2}}^{\frac{T}{2}} f(x)\sin\frac{2n\pi x}{T}\,dx \quad (n = 1, 2, \ldots)$$

を $f(x)$ の**フーリエ係数**といい, a_n, b_n を係数とする級数

$$a_0 + \sum_{n=1}^{\infty}\left(a_n\cos\frac{2n\pi x}{T} + b_n\sin\frac{2n\pi x}{T}\right)$$

を $f(x)$ の**フーリエ級数**という.

一般に, 関数 $f(x)$ のフーリエ級数は必ずしも収束するとは限らない. また, $f(x)$ のフーリエ級数が収束しても, 必ずしも $f(x)$ と一致するとは限らない. そこで, $f(x)$ とそのフーリエ級数の関係を, 記号 $\sim$ (チルダ) を用いて次のように表す.

$$f(x) \sim a_0 + \sum_{n=1}^{\infty}\left(a_n\cos\frac{2n\pi x}{T} + b_n\sin\frac{2n\pi x}{T}\right) \tag{1.6}$$

周期 T の関数 $f(x)$ をフーリエ級数で表すことは, $f(x)$ を周波数が $\dfrac{n}{T}$ の波の和で表そうとすることである. 波 $a_n\cos\dfrac{2n\pi x}{T} + b_n\sin\dfrac{2n\pi x}{T}$ の振幅は, 単振動の合成により $\sqrt{a_n^2 + b_n^2}$ で表される.

例題 1.1 **フーリエ級数の計算**

次の $f(x)$ のフーリエ級数を求めよ. この関数のグラフを**方形波**という.

$$f(x) = \begin{cases} -1 & (-1 < x < 0) \\ 1 & (0 < x < 1) \end{cases}, \quad f(0) = f(1) = 0, \quad f(x+2) = f(x)$$

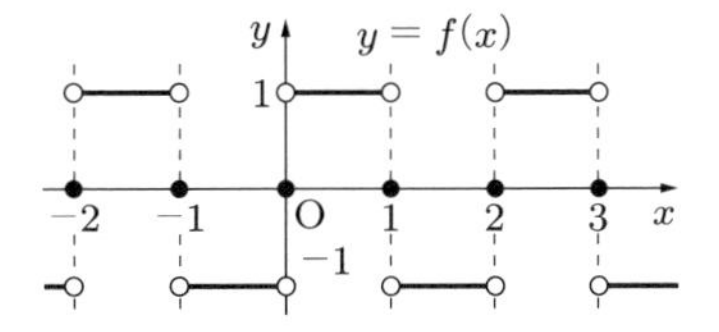

解　$f(x)$ の周期は $T=2$ であるから $\dfrac{2n\pi}{T}=n\pi$ である．まず，a_n $(n=0,1,2,\ldots)$ を求める．$f(x)$ と $f(x)\cos n\pi x$ はともに奇関数であるから，

$$a_0=\frac{1}{2}\int_{-1}^{1}f(x)\,dx=0,\quad a_n=\int_{-1}^{1}f(x)\cos n\pi x\,dx=0$$

である．次に，b_n を求める．$f(x)\sin n\pi x$ は偶関数であり，$\cos n\pi=(-1)^n$ であるから，

$$\begin{aligned}b_n&=\int_{-1}^{1}f(x)\sin n\pi x\,dx\\&=2\int_{0}^{1}\sin n\pi x\,dx\\&=2\Big[-\frac{1}{n\pi}\cos n\pi x\Big]_0^1=\frac{2}{n\pi}(1-\cos n\pi)=\begin{cases}\dfrac{4}{n\pi} & (n\text{ が奇数})\\ 0 & (n\text{ が偶数})\end{cases}\end{aligned}$$

となる．したがって，$f(x)$ のフーリエ級数は次のようになる．

$$f(x)\sim\frac{4}{\pi}\left(\frac{1}{1}\sin\pi x+\frac{1}{3}\sin 3\pi x+\frac{1}{5}\sin 5\pi x+\frac{1}{7}\sin 7\pi x+\cdots\right)$$

例題 1.1 の方形波 $f(x)$ を，そのフーリエ級数のグラフと比較する．そのために，$f(x)$ のフーリエ級数の第 n 部分和を

$$f_n(x)=\frac{4}{\pi}\left(\frac{1}{1}\sin\pi x+\frac{1}{3}\sin 3\pi x+\cdots+\frac{1}{2n-1}\sin(2n-1)\pi x\right)$$

とおく．すると，$n=1,2,3,4$ のとき，$y=f(x)$ のグラフと $y=f_n(x)$ のグラフ（青線）は次の図のようになる．n の値が大きくなると，$y=f_n(x)$ のグラフは $f(x)$ のグラフに近づいていくことがわかる．

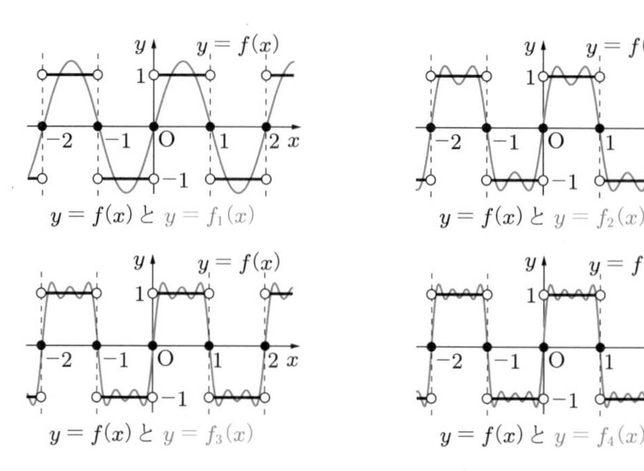

問 1.4 次の周期関数 $f(x)$ のグラフを図示し，そのフーリエ級数を求めよ．

(1) $f(x) = \begin{cases} 0 & (-\pi \leqq x < 0) \\ 1 & (0 \leqq x < \pi) \end{cases}$ ， $f(x+2\pi) = f(x)$

(2) $f(x) = |x| \quad (-2 \leqq x < 2), \quad f(x+4) = f(x)$

フーリエ級数の収束定理 例題 1.1 で n の値を大きくしたとき，関数 $y = f(x)$ のフーリエ級数の第 n 部分和 $y = f_n(x)$ が $y = f(x)$ に近づいていく様子を観察すると，下図のようになる．

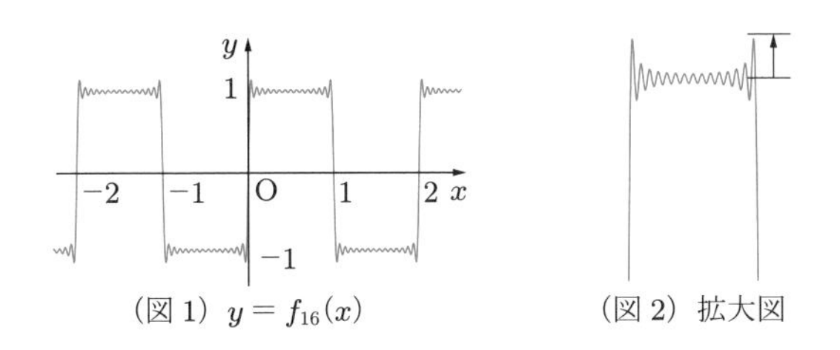

（図 1） $y = f_{16}(x)$ （図 2） 拡大図

図 1 は $y = f_{16}(x)$ であり，ほとんど $y = f(x)$ のグラフと同じように見える．しかし，$y = f(x)$ が不連続な点の付近では，図 2 に示したように，$y = 1$ からのずれがかなり大きい．このずれは跳躍量などとよばれ，n を大きくしても小さくならないことが知られている．これを**ギブス現象**という．

一般に，区分的に滑らかな［→付録，定義 A1.3］周期関数 $f(x)$ のフーリエ級数は，$f(x)$ が連続な点では $f(x)$ に収束し，連続でない点では左側極限値 $f(x-0)$ と右側極限値 $f(x+0)$ の平均値に収束することが知られている．すなわち，$f(x)$ のフーリエ級数は

$$\frac{1}{2}\{f(x-0) + f(x+0)\} \tag{1.7}$$

に収束する．これを**フーリエ級数の収束定理**という．

1.2 フーリエ級数の収束定理

関数 $f(x)$ が区分的に滑らかな周期 T の周期関数であるとき，$f(x)$ のフーリエ級数は収束して，次が成り立つ．

$$a_0 + \sum_{n=1}^{\infty} \left(a_n \cos \frac{2n\pi x}{T} + b_n \sin \frac{2n\pi x}{T} \right) = \frac{1}{2}\{f(x-0) + f(x+0)\}$$

以下，本書では区分的に滑らかな関数を取り扱う．

例 1.3　例題 1.1 の関数 $f(x)$ は，すべての点で $f(x)=\frac{1}{2}\{f(x-0)+f(x+0)\}$ を満たしているから，$f(x)$ のフーリエ級数は $f(x)$ と一致する．

$f(x)$ が連続であるときは，任意の x について $f(x-0)=f(x+0)=f(x)$ であるから，$f(x)$ のフーリエ級数と $f(x)$ は一致する．すなわち，

$$f(x)=a_0+\sum_{n=1}^{\infty}\left(a_n\cos\frac{2n\pi x}{T}+b_n\sin\frac{2n\pi x}{T}\right) \tag{1.8}$$

が成り立つ．$f(x)$ が連続でない場合でも，不連続点での値を $\frac{1}{2}\{f(x-0)+f(x+0)\}$ におきかえることにより，周期関数をフーリエ級数で表すことができる．このため，フーリエ級数は幅広い分野で利用されている．

例題 1.2　フーリエ級数の収束定理

次の周期関数について，以下の問いに答えよ．

$$f(x)=\begin{cases}0 & (-\pi \leqq x<0) \\ x & (0 \leqq x<\pi)\end{cases}, \quad f(x+2\pi)=f(x)$$

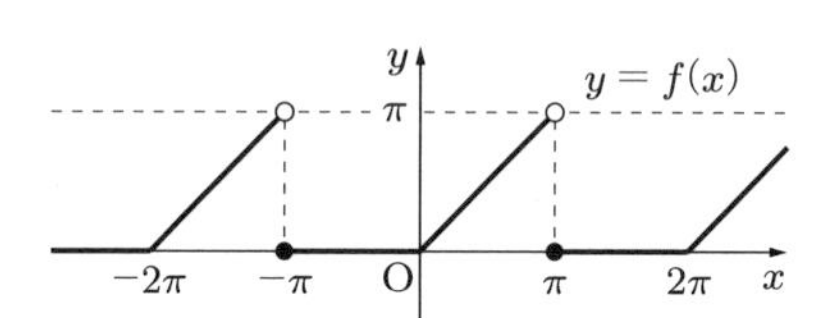

(1)　$f(x)$ のフーリエ級数を求めよ．

(2)　$f(x)$ のフーリエ級数の $x=\pi$ における値を求め，次の等式が成り立つことを証明せよ．

$$\frac{1}{1^2}+\frac{1}{3^2}+\frac{1}{5^2}+\cdots=\frac{\pi^2}{8}$$

解　(1)　$f(x)$ の周期は 2π である．まず，a_0 を求めると，

$$a_0=\frac{1}{2\pi}\int_{-\pi}^{\pi}f(x)\,dx=\frac{1}{2\pi}\int_0^{\pi}x\,dx=\frac{1}{2\pi}\left[\,\frac{1}{2}x^2\,\right]_0^{\pi}=\frac{\pi}{4}$$

となる．次に，$a_n\ (n=1,2,\ldots)$ を求めると，

$$a_n = \frac{1}{\pi}\int_{-\pi}^{\pi} f(x)\cos nx\,dx$$
$$= \frac{1}{\pi}\int_{0}^{\pi} x\cos nx\,dx$$
$$= \frac{1}{\pi}\left(\left[\, x\cdot\frac{1}{n}\sin nx\,\right]_0^{\pi} - \int_0^{\pi} 1\cdot\frac{1}{n}\sin nx\,dx\right)$$
$$= \frac{1}{n^2\pi}\left[\,\cos nx\,\right]_0^{\pi}$$
$$= \frac{1}{n^2\pi}(\cos n\pi - \cos 0) = \frac{(-1)^n - 1}{n^2\pi} = \begin{cases} -\dfrac{2}{n^2\pi} & (n\text{ が奇数}) \\ 0 & (n\text{ が偶数}) \end{cases}$$

となる．さらに，b_n を求めると，

$$b_n = \frac{1}{\pi}\int_0^{\pi} x\sin nx\,dx$$
$$= \frac{1}{\pi}\left\{\left[\, x\cdot\left(-\frac{1}{n}\cos nx\right)\,\right]_0^{\pi} - \int_0^{\pi} 1\cdot\left(-\frac{1}{n}\cos nx\right)dx\right\}$$
$$= \frac{1}{n\pi}\left(-\pi\cos n\pi + \frac{1}{n}\left[\,\sin nx\,\right]_0^{\pi}\right)$$
$$= \frac{(-1)^{n+1}}{n} = \begin{cases} \dfrac{1}{n} & (n\text{ が奇数}) \\ -\dfrac{1}{n} & (n\text{ が偶数}) \end{cases}$$

となる．したがって，$f(x)$ のフーリエ級数は次のようになる．

$$f(x) \sim \frac{\pi}{4} - \frac{2}{\pi}\left(\frac{1}{1^2}\cos x + \frac{1}{3^2}\cos 3x + \frac{1}{5^2}\cos 5x + \cdots\right)$$
$$+ \left(\frac{1}{1}\sin x - \frac{1}{2}\sin 2x + \frac{1}{3}\sin 3x - \cdots\right)$$

(2)　$\sin n\pi = 0$, $\cos(2n+1)\pi = -1$ であるから，フーリエ級数の $x = \pi$ における値は，

$$\frac{\pi}{4} + \frac{2}{\pi}\left(\frac{1}{1^2} + \frac{1}{3^2} + \frac{1}{5^2} + \cdots\right)$$

である．また，$f(\pi - 0) = \pi$, $f(\pi + 0) = 0$ であるから，定理 1.2 によって，$x = \pi$ において $f(x)$ のフーリエ級数は

$$\frac{1}{2}\{f(\pi - 0) + f(\pi + 0)\} = \frac{1}{2}(\pi + 0) = \frac{\pi}{2}$$

に収束する．したがって，

$$\frac{\pi}{4} + \frac{2}{\pi}\left(\frac{1}{1^2} + \frac{1}{3^2} + \frac{1}{5^2} + \cdots\right) = \frac{\pi}{2}$$

が成り立つ．これを整理すれば，次の等式が得られる．

$$\frac{1}{1^2}+\frac{1}{3^2}+\frac{1}{5^2}+\cdots=\frac{\pi^2}{8}$$

例題 1.2 のフーリエ級数が収束する様子は，次の図のようになる．

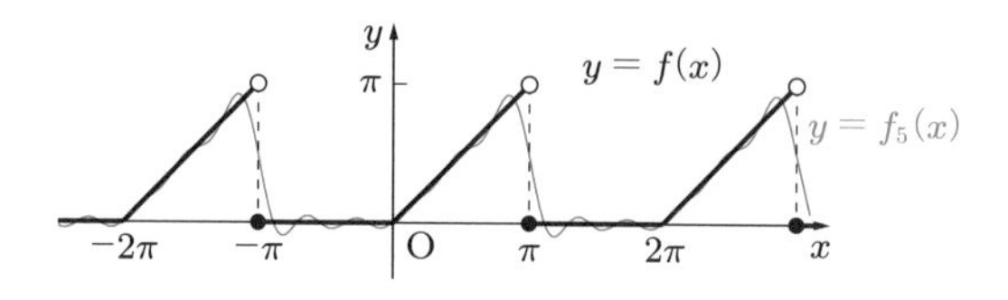

問 1.5　$f(x)=\begin{cases}-1 & (-1<x<0)\\ 1 & (0<x<1)\end{cases}$，$f(0)=f(1)=0$，$f(x+2)=f(x)$ について，

$$f(x)=\frac{4}{\pi}\left(\frac{1}{1}\sin\pi x+\frac{1}{3}\sin 3\pi x+\frac{1}{5}\sin 5\pi x+\cdots\right)$$

が成り立つ（例題 1.1，例 1.3 参照）．この式の $x=\dfrac{1}{2}$ における値を求めることによって，

$$\frac{1}{1}-\frac{1}{3}+\frac{1}{5}-\frac{1}{7}+\cdots=\frac{\pi}{4}$$

が成り立つことを証明せよ．

フーリエ余弦級数とフーリエ正弦級数　L を正の定数とする．区間 $[0,L]$ で定義された関数 $f(x)$ は，実数全体で定義された周期 $2L$ の関数に拡張することによって，余弦関数または正弦関数だけで表すことができる（図 1, 2）．

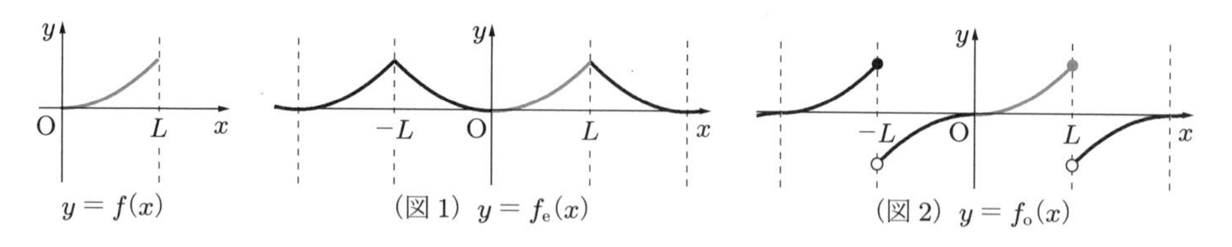

（i）　区間 $[0,L]$ で定義された関数 $f(x)$ を，周期 $2L$ の偶関数になるように，関数 $f_{\mathrm{e}}(x)$ に拡張する（図 1）．すなわち，関数 $f_{\mathrm{e}}(x)$ を

$$f_{\mathrm{e}}(x)=f(x)\quad(0\leqq x\leqq L),\quad f_{\mathrm{e}}(x)=f(-x)\quad(-L<x<0),$$

$$f_{\mathrm{e}}(x+2L)=f_{\mathrm{e}}(x)$$

と定めると，$f_{\mathrm{e}}(x)$ は区間 $[0,L]$ で $f(x)$ と一致する周期 $2L$ の偶関数となる．よって，$f_{\mathrm{e}}(x)$ のフーリエ係数は，$b_n=0\ (n=1,2,\ldots)$ であり，

$$a_0=\frac{1}{2L}\int_{-L}^{L}f_{\mathrm{e}}(x)\,dx=\frac{1}{L}\int_0^L f(x)\,dx,$$

$$a_n=\frac{2}{2L}\int_{-L}^{L}f_{\mathrm{e}}(x)\cos\frac{2n\pi x}{2L}\,dx=\frac{2}{L}\int_0^L f(x)\cos\frac{n\pi x}{L}\,dx$$

となる．したがって，$f_{\mathrm{e}}(x)$ のフーリエ級数を区間 $[0,L]$ で考えると

$$f(x)\sim a_0+\sum_{n=1}^{\infty}a_n\cos\frac{n\pi x}{L}\quad(0\leqq x\leqq L),$$
$$a_0=\frac{1}{L}\int_0^L f(x)\,dx,\quad a_n=\frac{2}{L}\int_0^L f(x)\cos\frac{n\pi x}{L}\,dx\tag{1.9}$$

となり，$f(x)$ を余弦関数だけで表すことができる．これを $f(x)$ の**フーリエ余弦級数**といい，$a_n\ (n=0,1,2,\ldots)$ を**フーリエ余弦係数**という．

(ii) 区間 $[0,L]$ で定義された関数 $f(x)$ を，周期 $2L$ の奇関数になるように，関数 $f_{\mathrm{o}}(x)$ に拡張する（図 2）．すなわち，関数 $f_{\mathrm{o}}(x)$ を

$$f_{\mathrm{o}}(x)=f(x)\ (0\leqq x\leqq L),\quad f_{\mathrm{o}}(x)=-f(-x)\ (-L<x<0),$$

$$f_{\mathrm{o}}(x+2L)=f_{\mathrm{o}}(x)$$

と定めると，$f_{\mathrm{o}}(x)$ は区間 $[0,L]$ で $f(x)$ と一致する奇関数になる．このとき，$f_{\mathrm{o}}(x)$ のフーリエ係数は，$a_n=0\ (n=0,1,2,\ldots)$ であり，

$$b_n=\frac{2}{2L}\int_{-L}^{L}f_{\mathrm{o}}(x)\sin\frac{2n\pi x}{2L}\,dx=\frac{2}{L}\int_0^L f(x)\sin\frac{n\pi x}{L}\,dx$$

となる．したがって，$f_{\mathrm{o}}(x)$ のフーリエ級数を区間 $[0,L]$ で考えると

$$f(x)\sim\sum_{n=1}^{\infty}b_n\sin\frac{n\pi x}{L}\quad(0\leqq x\leqq L),$$
$$b_n=\frac{2}{L}\int_0^L f(x)\sin\frac{n\pi x}{L}\,dx\tag{1.10}$$

となり，$f(x)$ を正弦関数だけで表すことができる．これを $f(x)$ の**フーリエ正弦級数**といい，$b_n\ (n=1,2,\ldots)$ を**フーリエ正弦係数**という．

例題 1.3　**フーリエ正弦級数**

関数 $f(x) = x(\pi - x)$ $(0 \leqq x \leqq \pi)$ のフーリエ正弦級数を求めよ．

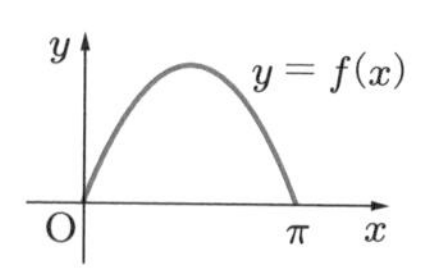

解　$L = \pi$ であるから，$f(x)$ のフーリエ正弦係数 b_n は

$$
\begin{aligned}
b_n &= \frac{2}{\pi}\int_0^\pi x(\pi - x)\sin nx\,dx \\
&= \frac{2}{\pi}\left\{\left[\, x(\pi - x)\left(-\frac{1}{n}\cos nx\right)\right]_0^\pi - \int_0^\pi (\pi - 2x)\cdot\left(-\frac{1}{n}\cos nx\right)dx\right\} \\
&= \frac{2}{n\pi}\left\{\left[\,(\pi - 2x)\cdot\frac{1}{n}\sin nx\,\right]_0^\pi - \int_0^\pi (-2)\cdot\frac{1}{n}\sin nx\,dx\right\} \\
&= \frac{4}{n^2\pi}\left[-\frac{1}{n}\cos nx\right]_0^\pi = \begin{cases} \dfrac{8}{n^3\pi} & (n\text{ が奇数}) \\ 0 & (n\text{ が偶数}) \end{cases}
\end{aligned}
$$

となる．$f(x)$ は区分的に滑らかな連続関数であるから，区間 $[0, \pi]$ では $f(x)$ と $f(x)$ のフーリエ級数は一致する．したがって，次の式が成り立つ．

$$
x(\pi - x) = \frac{8}{\pi}\left(\frac{1}{1^3}\sin x + \frac{1}{3^3}\sin 3x + \frac{1}{5^3}\sin 5x + \cdots\right) \quad (0 \leqq x \leqq \pi)
$$

問 1.6　関数 $f(x) = x(\pi - x)$ $(0 \leqq x \leqq \pi)$ のフーリエ余弦級数を求めよ．

1.3　偏微分方程式とフーリエ級数

偏微分方程式　2 変数以上の関数 u について，k を正の定数として

$$
\frac{\partial u}{\partial t} = k\frac{\partial^2 u}{\partial x^2}, \quad \frac{\partial^2 u}{\partial t^2} = k^2\frac{\partial^2 u}{\partial x^2}, \quad \frac{\partial^2 u}{\partial x^2} + \frac{\partial^2 u}{\partial y^2} = 0
$$

のように，その偏導関数を含む関係式を**偏微分方程式**という．上の方程式は，それぞれ順に，**熱伝導方程式**，**波動方程式**，**ラプラスの方程式**とよばれている．

$u_1(x, t)$, $u_2(x, t)$ がこれらの偏微分方程式の解であれば，任意の定数 a, b に対して $au_1(x, t) + bu_2(x, t)$ も解であることが容易に確かめられる．このような性質を解の**線形性**という．

熱伝導方程式の解法 ある温度分布をもった針金が，熱の伝導によって，時間の経過とともに各部の温度が変化していく現象を考える．時刻 t における，位置が x である点の温度を $u(x,t)$ とすれば，方程式

$$\frac{\partial u}{\partial t} = k\frac{\partial^2 u}{\partial x^2} \quad (k \text{ は正の定数}) \tag{1.11}$$

が成り立つ．これが熱伝導方程式である．熱伝導方程式は，フーリエ級数を利用して解くことができる．

例題 1.4 熱伝導方程式

$k > 0$ を定数とするとき，偏微分方程式

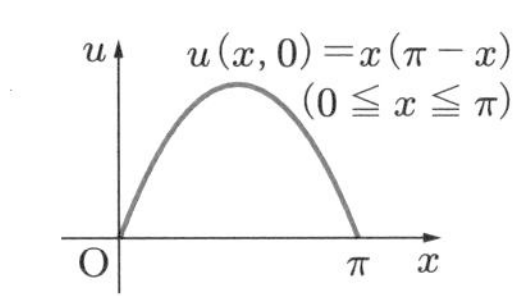

$$\frac{\partial u}{\partial t} = k\frac{\partial^2 u}{\partial x^2} \quad (0 < x < \pi,\ t > 0) \quad \cdots ①$$

の解で，次の条件を満たすものを求めよ．

初期条件：$u(x,0) = x(\pi - x) \quad (0 \leqq x \leqq \pi)$ …… ②

境界条件：$u(0,t) = u(\pi,t) = 0 \quad (t \geqq 0)$ …… ③

解 まず，与えられた偏微分方程式の解のうち，x の関数と t の関数の積として

$$u(x,t) = X(x)T(t)$$

と表されているものを求める．このとき，

$$\frac{\partial u}{\partial t} = X(x)T'(t), \quad \frac{\partial^2 u}{\partial x^2} = X''(x)T(t)$$

であるから，① は

$$X(x)T'(t) = kX''(x)T(t) \quad \text{よって} \quad \frac{T'(t)}{kT(t)} = \frac{X''(x)}{X(x)}$$

となる．右側の式の左辺は x を含まず，右辺は t を含まないから，これらは定数である．この定数を λ とおくと，

$$\frac{T'(t)}{kT(t)} = \frac{X''(x)}{X(x)} = \lambda$$

であるから，$T(t)$, $X(x)$ に関する次の 2 つの微分方程式が得られる．

$$T'(t) - k\lambda T(t) = 0 \quad \cdots\cdots ④$$

$$X''(x) - \lambda X(x) = 0 \quad \cdots\cdots ⑤$$

④ は斉次1階線形微分方程式であり，その一般解は

$$T(t) = Ce^{k\lambda t} \quad (C \text{ は任意定数})$$

となる．$C = 0$ であれば，$T(t) = 0$ から $u(x,t) = 0$ となって，初期条件 ② を満たさない．したがって，$C \neq 0$ であり，このとき，任意の t に対して $T(t) \neq 0$ である．一方，⑤ は定数係数斉次2階線形微分方程式であり，その一般解は，A, B を任意定数として，

$$\lambda > 0 \text{ のとき，} X(x) = Ae^{\sqrt{\lambda}x} + Be^{-\sqrt{\lambda}x} \quad \cdots\cdots ⑥$$

$$\lambda = 0 \text{ のとき，} X(x) = Ax + B \quad \cdots\cdots ⑦$$

$$\lambda < 0 \text{ のとき，} X(x) = A\cos\sqrt{-\lambda}x + B\sin\sqrt{-\lambda}x \quad \cdots\cdots ⑧$$

となる．境界条件 ③ から，

$$u(0,t) = X(0)T(t) = 0, \quad u(\pi,t) = X(\pi)T(t) = 0$$

となるが，$T(t) \neq 0$ であるから，

$$X(0) = X(\pi) = 0 \quad \cdots\cdots ⑨$$

である．条件 ⑨ から，$\lambda \geqq 0$ の場合（⑥，⑦）はともに $A = B = 0$，すなわち，任意の x に対して $X(x) = 0$ となる．このとき，やはり $u(x,t) = 0$ となって，初期条件 ② を満たさない．したがって，$\lambda < 0$ であるから，⑤の一般解は

$$X(x) = A\cos\sqrt{-\lambda}\,x + B\sin\sqrt{-\lambda}\,x$$

である．このとき，条件 ⑨ は，

$$\begin{cases} X(0) = A = 0 \\ X(\pi) = A\cos\sqrt{-\lambda}\pi + B\sin\sqrt{-\lambda}\pi = 0 \end{cases}$$

となるから，

$$A = 0, \quad \sin\sqrt{-\lambda}\pi = 0$$

が成り立つ．2つめの式から，$\sqrt{-\lambda}\pi = n\pi$ $(n = 1, 2, \ldots)$ となり，これから $\lambda = -n^2$ となる．よって，⑤ の1つの解

$$X(x) = \sin nx$$

が得られる．したがって，$X(x)$ と $T(t)$ の積

$$u_n(x,t) = e^{-kn^2t}\sin nx \quad (n = 1, 2, \ldots) \quad \cdots\cdots ⑩$$

は，境界条件 $u(0,t) = u(\pi,t) = 0$ を満たし，与えられた方程式に代入することによって解であることを確かめることができる．このとき，解の線形性によって，⑩ の形の解を定

数倍して加え合わせてできる関数

$$u(x,t)=\sum_{n=1}^{\infty}C_n e^{-kn^2t}\sin nx \quad (C_n \text{ は任意定数}) \qquad \cdots\cdots ⑪$$

も境界条件 $u(0,t)=u(\pi,t)=0$ を満たす解になる．そこで，⑪ が初期条件

$$u(x,0)=\sum_{n=1}^{\infty}C_n\sin nx = x(\pi-x) \quad (0\leqq x\leqq\pi)$$

を満たすように任意定数 C_n を定める．この式は，関数 $x(\pi-x)$ $(0\leqq x\leqq\pi)$ をフーリエ正弦級数で表したものであるから，C_n はフーリエ正弦係数である．例題 1.3 から

$$C_n=\begin{cases}\dfrac{8}{n^3\pi} & (n\text{ が奇数})\\ 0 & (n\text{ が偶数})\end{cases}$$

であるから，求める解は

$$u(x,t)=\frac{8}{\pi}\sum_{n=1}^{\infty}\frac{1}{(2n-1)^3}e^{-k(2n-1)^2t}\sin(2n-1)x$$

となる．

この例題のように，解を $X(x)T(t)$ とおいて求める方法を**変数分離法**という．

例題 1.4 の解をもとにすると，時間の経過とともに温度が変化する様子がわかる．そのグラフは次のようになる．

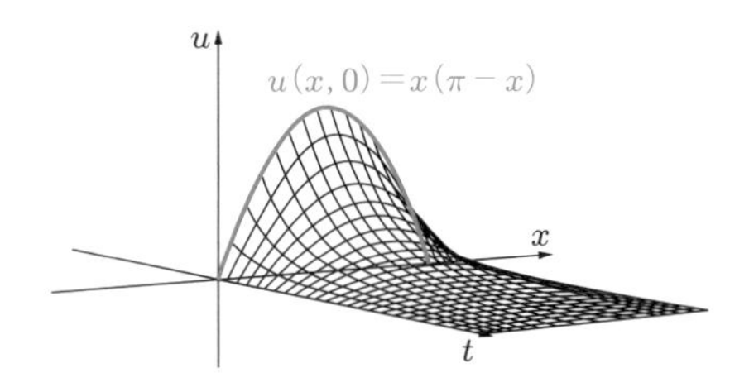

問 1.7　例題 1.4 にならって，次の偏微分方程式を解け．

$$\frac{\partial u}{\partial t} = \frac{\partial^2 u}{\partial x^2} \quad (0 < x < \pi,\ t > 0)$$

$$\text{初期条件}：u(x,0) = f(x) \qquad (0 \leqq x \leqq \pi)$$

$$\text{境界条件}：u(0,t) = u(\pi,t) = 0 \qquad (t \geqq 0)$$

$$f(x) = \begin{cases} x & \left(0 \leqq x \leqq \dfrac{\pi}{2}\right) \\ \pi - x & \left(\dfrac{\pi}{2} < x \leqq \pi\right) \end{cases}$$

なお，$f(x)$ のフーリエ正弦級数は，

$$f(x) = \frac{4}{\pi} \sum_{n=1}^{\infty} \frac{(-1)^{n+1}}{(2n-1)^2} \sin(2n-1)x \quad (0 \leqq x \leqq \pi)$$

である．

練習問題 1

[1] 関数 $f(x) = \begin{cases} \cos x & (-\pi \leqq x < 0) \\ \sin x & (0 \leqq x < \pi) \end{cases}$ に対して，次の値を求めよ．

(1) $\dfrac{1}{2}\{f(-0) + f(+0)\}$　　(2) $\dfrac{1}{2}\left\{f\left(\dfrac{\pi}{2} - 0\right) + f\left(\dfrac{\pi}{2} + 0\right)\right\}$

[2] 次の関数のフーリエ級数を求めよ．

(1) $f(x) = x + 1 \ (-1 \leqq x < 1), \quad f(x+2) = f(x)$

(2) $f(x) = \begin{cases} -x - 2 & (-2 \leqq x < -1) \\ x & (-1 \leqq x < 1) \\ -x + 2 & (1 \leqq x < 2) \end{cases}, \quad f(x+4) = f(x)$

[3] 関数 $f(x) = 1 - |x| \, (-1 \leqq x < 1), \, f(x+2) = f(x)$ のフーリエ級数は

$$f(x) \sim \frac{1}{2} + \frac{4}{\pi^2}\left(\frac{1}{1^2}\cos \pi x + \frac{1}{3^2}\cos 3\pi x + \frac{1}{5^2}\cos 5\pi x + \cdots\right)$$

である．これを用いて，次の等式が成り立つことを証明せよ．

$$\frac{1}{1^2} + \frac{1}{3^2} + \frac{1}{5^2} + \cdots = \frac{\pi^2}{8}$$

[4] 関数 $f(x) = x \ (0 \leqq x \leqq 2)$ のフーリエ余弦級数，およびフーリエ正弦級数を求めよ．

[5] 偏微分方程式

$$\frac{\partial u}{\partial t} = \frac{\partial^2 u}{\partial x^2} \quad (0 < x < 2, \, t > 0)$$

の解 $u(x,t)$ で，次の条件を満たすものを，変数分離法によって求めよ．

初期条件：$u(x,0) = 5\sin \pi x - 3\sin 3\pi x$
境界条件：$u(0,t) = u(2,t) = 0$

2 フーリエ変換

2.1 複素フーリエ級数

複素フーリエ級数　ここでは，$f(x)$ は周期関数で，そのフーリエ級数が $f(x)$ に収束するものとする．

オイラーの公式 $e^{i\theta} = \cos\theta + i\sin\theta$ の θ を $-\theta$ におきかえると，$e^{-i\theta} = \cos\theta - i\sin\theta$ となる．したがって，三角関数 $\cos\theta, \sin\theta$ は指数関数を用いて

$$\cos\theta = \frac{e^{i\theta}+e^{-i\theta}}{2}, \quad \sin\theta = \frac{e^{i\theta}-e^{-i\theta}}{2i}$$

と表すことができる．これらの式を用いると，これまで扱ってきた周期 T の周期関数 $f(x)$ のフーリエ級数を，複素数を用いて表すことができる．

整数 n に対して $\omega_n = \dfrac{2n\pi}{T}$ とおくと，$\omega_{-n} = \dfrac{2(-n)\pi}{T} = -\dfrac{2n\pi}{T} = -\omega_n$ であるから，$f(x)$ のフーリエ級数

$$f(x) = a_0 + \sum_{n=1}^{\infty}\left(a_n\cos\frac{2n\pi x}{T} + b_n\sin\frac{2n\pi x}{T}\right) \quad \cdots\cdots ①$$

の右辺の (　) 内の式は

$$\begin{aligned}
a_n\cos\frac{2n\pi x}{T} + b_n\sin\frac{2n\pi x}{T} &= a_n\cos\omega_n x + b_n\sin\omega_n x \\
&= a_n\cdot\frac{e^{i\omega_n x}+e^{-i\omega_n x}}{2} + b_n\cdot\frac{e^{i\omega_n x}-e^{-i\omega_n x}}{2i} \\
&= \frac{a_n - ib_n}{2}e^{i\omega_n x} + \frac{a_n + ib_n}{2}e^{-i\omega_n x} \\
&= \frac{a_n - ib_n}{2}e^{i\omega_n x} + \frac{a_n + ib_n}{2}e^{i\omega_{-n} x}
\end{aligned}$$

となる．ここで，$e^{i\omega_n x}$ と $e^{i\omega_{-n} x}$ の係数を

$$c_0 = a_0, \quad c_n = \frac{a_n - ib_n}{2}, \quad c_{-n} = \frac{a_n + ib_n}{2} \tag{2.1}$$

と表す．$\omega_0 = 0$ であることに注意すると，① は

$$f(x) = c_0 + \sum_{n=1}^{\infty}\left(c_n e^{i\omega_n x} + c_{-n}e^{i\omega_{-n}x}\right)$$

$$= \sum_{n=-\infty}^{\infty} c_n e^{i\omega_n x} \tag{2.2}$$

と表すことができる．一方，$f(x)$ のフーリエ係数は

$$a_0 = \frac{1}{T}\int_{-\frac{T}{2}}^{\frac{T}{2}} f(x)\,dx$$

$$a_n = \frac{2}{T}\int_{-\frac{T}{2}}^{\frac{T}{2}} f(x)\cos\omega_n x\,dx$$

$$b_n = \frac{2}{T}\int_{-\frac{T}{2}}^{\frac{T}{2}} f(x)\sin\omega_n x\,dx$$

であるから，自然数 n に対して，c_n, c_{-n}, c_0 はそれぞれ

$$c_n = \frac{a_n - ib_n}{2} = \frac{1}{T}\int_{-\frac{T}{2}}^{\frac{T}{2}} f(x)\left(\cos\omega_n x - i\sin\omega_n x\right)\,dx$$

$$= \frac{1}{T}\int_{-\frac{T}{2}}^{\frac{T}{2}} f(x)e^{-i\omega_n x}\,dx \qquad \cdots\cdots ②$$

$$c_{-n} = \frac{a_n + ib_n}{2} = \frac{1}{T}\int_{-\frac{T}{2}}^{\frac{T}{2}} f(x)\left(\cos\omega_n x + i\sin\omega_n x\right)\,dx$$

$$= \frac{1}{T}\int_{-\frac{T}{2}}^{\frac{T}{2}} f(x)e^{i\omega_n x}\,dx$$

$$= \frac{1}{T}\int_{-\frac{T}{2}}^{\frac{T}{2}} f(x)e^{-i\omega_{-n} x}\,dx$$

$$c_0 = a_0 = \frac{1}{T}\int_{-\frac{T}{2}}^{\frac{T}{2}} f(x)\,dx = \frac{1}{T}\int_{-\frac{T}{2}}^{\frac{T}{2}} f(x)e^{-i\omega_0 x}\,dx$$

となる．したがって，② は任意の整数 n に対して成り立つ．

$\omega_n = \dfrac{2n\pi}{T}$ であるから，周期関数 $f(x)$ のフーリエ級数は，複素数を用いて次のように表すことができる．

2.1　周期 T の関数の複素フーリエ級数

周期 T の周期関数 $f(x)$ の**複素フーリエ係数**を，

$$c_n = \frac{1}{T}\int_{-\frac{T}{2}}^{\frac{T}{2}} f(x)e^{-i\frac{2n\pi}{T}x}\,dx \quad (n = 0, \pm 1, \pm 2, \ldots)$$

と定めると，$f(x)$ のフーリエ級数は，

$$f(x) \sim \sum_{n=-\infty}^{\infty} c_n e^{i\frac{2n\pi}{T}x}$$

となる．この式の右辺を $f(x)$ の**複素フーリエ級数**という．

1.2 節で学んだフーリエ係数・フーリエ級数は，実フーリエ係数・実フーリエ級数ということもある．n が自然数のとき，実フーリエ係数と複素フーリエ係数の関係をまとめると，次のようになる．

$$c_n = \frac{a_n - ib_n}{2}, \quad c_{-n} = \frac{a_n + ib_n}{2} \tag{2.3}$$

$$a_n = c_n + c_{-n}, \quad b_n = i(c_n - c_{-n}) \tag{2.4}$$

c_n と c_{-n} は共役複素数であり，$|c_n| = |c_{-n}| = \dfrac{1}{2}\sqrt{a_n^2 + b_n^2}$ である．したがって，周期 T の周期関数 $f(x)$ に含まれる周波数 $\dfrac{n}{T}$ の波 $a_n \cos\dfrac{2n\pi x}{T} + b_n \sin\dfrac{2n\pi x}{T}$ の振幅は，複素フーリエ係数では

$$\sqrt{a_n^2 + b_n^2} = 2|c_n| \tag{2.5}$$

と表される．

例題 2.1　**複素フーリエ級数**

次の関数 $f(x)$ の複素フーリエ級数を求めよ．

$$f(x) = \begin{cases} 1 & (|x| \leqq 1) \\ 0 & (1 < |x| \leqq \pi) \end{cases}, \quad f(x + 2\pi) = f(x)$$

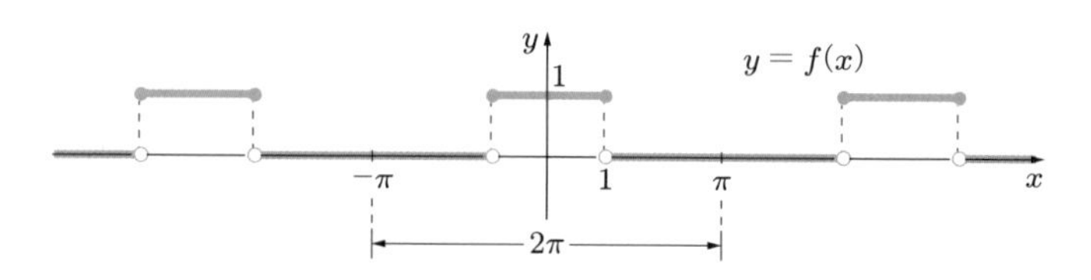

解 $T = 2\pi$ であるから，$\dfrac{2n\pi}{T}x = nx$ である．したがって，複素フーリエ係数は

$$c_n = \frac{1}{2\pi}\int_{-\pi}^{\pi} f(x)e^{-inx}\,dx = \frac{1}{2\pi}\int_{-1}^{1} e^{-inx}\,dx$$

である．ここで，$n = 0$ のとき，

$$c_0 = \frac{1}{2\pi}\int_{-1}^{1} dx = \frac{1}{\pi}$$

となる．また，$n \neq 0$ のときは，

$$c_n = \frac{1}{2\pi}\int_{-1}^{1} e^{-inx}\,dx = \frac{1}{2\pi}\frac{1}{-in}\Big[\,e^{-inx}\,\Big]_{-1}^{1} = \frac{i}{2n\pi}\left(e^{-in} - e^{in}\right)$$

となる．ここで，$e^{i\theta} - e^{-i\theta} = 2i\sin\theta$ を用いると，

$$c_n = \frac{i}{2n\pi}(-2i\sin n) = \frac{1}{n\pi}\sin n$$

となる．したがって，$f(x)$ の複素フーリエ級数は次のようになる．

$$f(x) \sim \frac{1}{\pi} + \frac{1}{\pi}\sum_{\substack{n=-\infty \\ n\neq 0}}^{\infty} \frac{\sin n}{n} e^{inx}$$

シンク関数　$\displaystyle\lim_{x\to 0}\frac{\sin x}{x} = 1$ であるから，関数 $\mathrm{sinc}\ x$ を

$$\mathrm{sinc}\ x = \begin{cases} \dfrac{\sin x}{x} & (x \neq 0) \\ 1 & (x = 0) \end{cases} \tag{2.6}$$

と定めると，$\mathrm{sinc}\ x$ は連続関数になる．この関数を**シンク関数**という．シンク関数を用いると，例題 2.1 の複素フーリエ級数は

$$f(x) \sim \frac{1}{\pi}\sum_{n=-\infty}^{\infty} e^{inx}\,\mathrm{sinc}\ n$$

と表すことができる．シンク関数は，信号処理などの分野で有用な役割を果たす．

問2.1　次の関数の複素フーリエ級数を求めよ．

$$f(x) = x \quad (-\pi \leqq x < \pi), \quad f(x+2\pi) = f(x)$$

2.2 フーリエ変換とフーリエ積分定理

フーリエ変換　周期をもたない関数はフーリエ級数で表すことはできない．そこで，次のようにして，フーリエ級数の考え方を周期をもたない関数に拡張する．

L, T を $T > 2L$ を満たす正の数とし，連続関数 $f(x)$ を，$|x| > L$ のとき $f(x) = 0$ を満たす関数とする（図1）．$f(x)$ は周期関数ではないが，関数 $f_T(x)$ を

$$f_T(x) = f(x) \quad \left(|x| \leqq \frac{T}{2}\right), \quad f_T(x+T) = f_T(x)$$

と定めると，$f_T(x)$ は周期 T の関数となり，$\displaystyle\lim_{T\to\infty} f_T(x) = f(x)$ である（図2）．

（図1）

（図2）

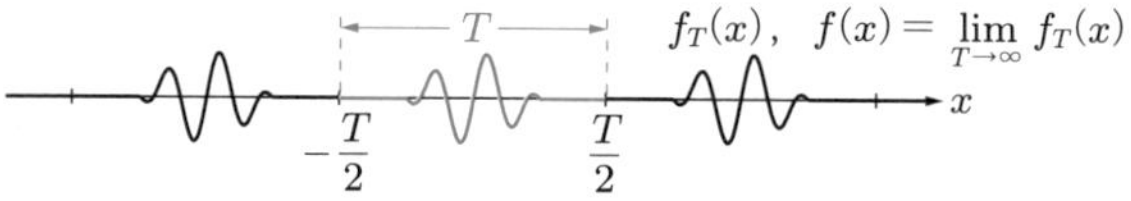

このとき，$f_T(x)$ の複素フーリエ級数は

$$f_T(x) = \sum_{n=-\infty}^{\infty} c_n e^{i\frac{2n\pi}{T}x}, \quad c_n = \frac{1}{T}\int_{-\frac{T}{2}}^{\frac{T}{2}} f_T(x) e^{-i\frac{2n\pi}{T}x}\,dx$$

となる．ここで，$\Delta\omega = \dfrac{2\pi}{T}$ とおくと，$\dfrac{1}{T} = \dfrac{\Delta\omega}{2\pi}$ である．また，$\omega_n = \dfrac{2n\pi}{T}$ とおくと，$\omega_n = n\Delta\omega$ であるから，ω_n $(n = 0, \pm1, \pm2, \ldots)$ は ω 軸上に $\Delta\omega$ ごとの間隔で並んだ点である（下図）．

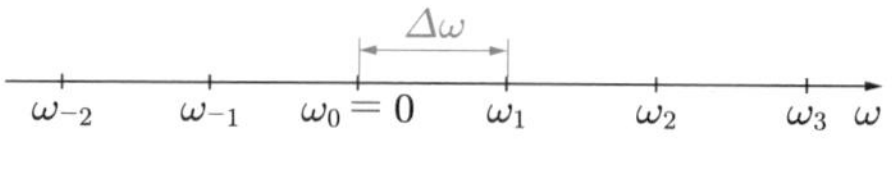

$\dfrac{1}{T} = \dfrac{\Delta\omega}{2\pi}$ であり，$|x| \leqq \dfrac{T}{2}$ のとき $f_T(x) = f(x)$, $|x| > \dfrac{T}{2}$ のとき $f(x) = 0$ であるから，c_n は

$$c_n = \frac{\Delta\omega}{2\pi}\int_{-\frac{T}{2}}^{\frac{T}{2}} f_T(x) e^{-i\omega_n x}\,dx = \frac{\Delta\omega}{2\pi}\int_{-\infty}^{\infty} f(x) e^{-i\omega_n x}\,dx$$

と変形することができる．ここで，ω の関数 $F(\omega)$ を

$$F(\omega) = \int_{-\infty}^{\infty} f(x)e^{-i\omega x}\,dx \tag{2.7}$$

と定めると，$c_n = \dfrac{1}{2\pi}F(\omega_n)\Delta\omega$ となるから，$f_T(x)$ の複素フーリエ級数は

$$f_T(x) = \sum_{n=-\infty}^{\infty} c_n e^{i\frac{2n\pi}{T}x} = \frac{1}{2\pi}\sum_{n=-\infty}^{\infty} F(\omega_n)e^{i\omega_n x}\Delta\omega$$

とかき直すことができる．$T \to \infty$ とすれば $\Delta\omega \to 0$ となるから，積分の定義によって，

$$f(x) = \lim_{T\to\infty} f_T(x) = \frac{1}{2\pi}\int_{-\infty}^{\infty} F(\omega)e^{i\omega x}\,d\omega \tag{2.8}$$

が得られる．

[note]　$\dfrac{1}{T} = \dfrac{\Delta\omega}{2\pi}$ であるから，式 (2.8) は $f(x)$ を周波数 $\dfrac{\omega}{2\pi}$ の波の積分（和の極限）で表したものであり，式 (2.7) は $f(x)$ に含まれる周波数 $\dfrac{\omega}{2\pi}$ の波の振幅の大きさを表すものと考えられる．

一般に，必ずしも $f(x) = 0\ (|x| > L)$ ではないが，区分的に滑らかで，広義積分 $\displaystyle\int_{-\infty}^{\infty} |f(x)|\,dx$ が存在する関数 $f(x)$ に対して，$F(\omega)$ を式 (2.7) のように定めれば，式 (2.8) が成り立つことが知られている．

以上のことをまとめて，次のように定める．

2.2　フーリエ変換

区分的に滑らかで広義積分 $\displaystyle\int_{-\infty}^{\infty} |f(x)|dx$ が存在する関数 $f(x)$ に対して，

$$F(\omega) = \int_{-\infty}^{\infty} f(x)e^{-i\omega x}\,dx$$

を $f(x)$ の**フーリエ変換**という．$F(\omega)$ を $\mathcal{F}[f(x)]$ と表す．

[note]　フーリエ変換はラプラス変換とともに，常微分方程式や偏微分方程式の解法，線形システムの解析などに広く応用されている．

2.3　逆フーリエ変換

関数 $f(x)$ のフーリエ変換 $F(\omega)$ に対して，

$$\frac{1}{2\pi}\int_{-\infty}^{\infty} F(\omega)e^{i\omega x}\,d\omega$$

を $F(\omega)$ の**逆フーリエ変換**といい，$\mathcal{F}^{-1}[F(\omega)]$ で表す．

[note]　$F(\omega)=\dfrac{1}{\sqrt{2\pi}}\displaystyle\int_{-\infty}^{\infty} f(x)e^{-i\omega x}\,dx$ を $f(x)$ のフーリエ変換と定める場合もある．その場合，逆フーリエ変換は $\mathcal{F}^{-1}[F(\omega)]=\dfrac{1}{\sqrt{2\pi}}\displaystyle\int_{-\infty}^{\infty} F(\omega)e^{i\omega x}\,d\omega$ となる．

フーリエ変換と逆フーリエ変換について，次の**フーリエ積分定理**が成り立つことが知られている．

2.4　フーリエ積分定理

関数 $f(x)$ は区分的に滑らかな関数で，広義積分 $\displaystyle\int_{-\infty}^{\infty}|f(x)|\,dx$ が存在するものとする．このとき，$f(x)$ のフーリエ変換の逆変換について

$$\mathcal{F}^{-1}[\,F(\omega)\,]=\frac{1}{2}\{f(x-0)+f(x+0)\} \qquad \cdots\cdots ①$$

が成り立つ．$f(x)$ が連続ならば，①の右辺は $f(x)$ に等しく，$\mathcal{F}^{-1}[\,F(\omega)\,]=f(x)$ である．

① は，フーリエ級数と同じ記号 $\sim$ を用いて，

$$F(\omega)=\int_{-\infty}^{\infty} f(x)e^{-i\omega x}\,dx,\quad f(x)\sim\frac{1}{2\pi}\int_{-\infty}^{\infty} F(\omega)e^{i\omega x}\,d\omega \tag{2.9}$$

と表す．これを**反転公式**という．

例題 2.2　**フーリエ変換**

次の関数 $f(x)$ のフーリエ変換を求めよ．

$$f(x)=\begin{cases}1 & (|x|\leqq 1)\\ 0 & (|x|>1)\end{cases}$$

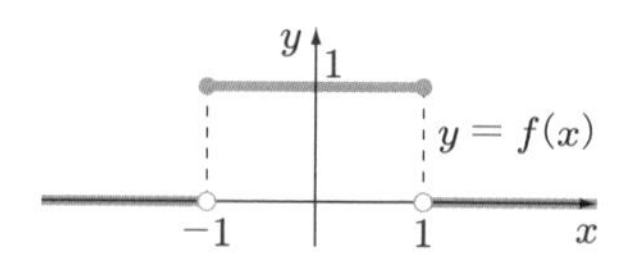

解 フーリエ変換の定義によって，

$$F(\omega) = \int_{-\infty}^{\infty} f(x)e^{-i\omega x}\,dx = \int_{-1}^{1} e^{-i\omega x}\,dx$$

である．$\omega = 0$ のとき，

$$F(0) = \int_{-1}^{1} dx = 2$$

となる．$\omega \neq 0$ のときは，

$$\begin{aligned} F(\omega) &= \frac{1}{-i\omega}\Big[\, e^{-i\omega x} \,\Big]_{-1}^{1} \\ &= \frac{i}{\omega}\left(e^{-i\omega} - e^{i\omega}\right) = \frac{i}{\omega}(-2i\sin\omega) = \frac{2\sin\omega}{\omega} \end{aligned}$$

となる．したがって，$\omega = 0$ のときも含めて，$f(x)$ のフーリエ変換は，シンク関数 $\operatorname{sinc} x$ を用いると次のようになる．

$$F(\omega) = 2\operatorname{sinc}\omega$$

問2.2 次の関数のフーリエ変換 $F(\omega)$ を求めよ．

(1) $f(x) = \begin{cases} 1 & (0 \leqq x < 1) \\ 0 & (x < 0,\ 1 \leqq x) \end{cases}$　　(2) $f(x) = \begin{cases} x & (0 \leqq x < 2) \\ 0 & (x < 0,\ 2 \leqq x) \end{cases}$

スペクトル 例題 2.2 のフーリエ変換 $F(\omega)$ で $\omega = n$（整数）とすれば，$F(n)$ と例題 2.1 のフーリエ係数 $c_n = \dfrac{\sin n}{n\pi}$ との間に

$$|c_n| = \frac{1}{2\pi}|F(n)| \tag{2.10}$$

の関係が成り立つ．$2|c_n|$ は関数 $f(x)$ を構成する周波数 $\dfrac{n}{T}$ の波の振幅であるから，ω が定数のとき $\dfrac{1}{\pi}|F(\omega)|$ は，与えられた関数を構成する周波数 $\dfrac{\omega}{2\pi}$ の波の大きさを表していると考えられる．

関数 $f(x)$ に対して，$f(x)$ を構成する波の周波数に，その波の振幅を対応させる関数を，$f(x)$ の**スペクトル**という．例題 2.1 のように周波数が整数の場合だけ考えたものを**線スペクトル**，例題 2.2 のように周波数が実数の場合を考えたものを**連続スペクトル**という．次の図は，例題 2.1 の線スペクトルと例題 2.2 の連続スペクトルである．

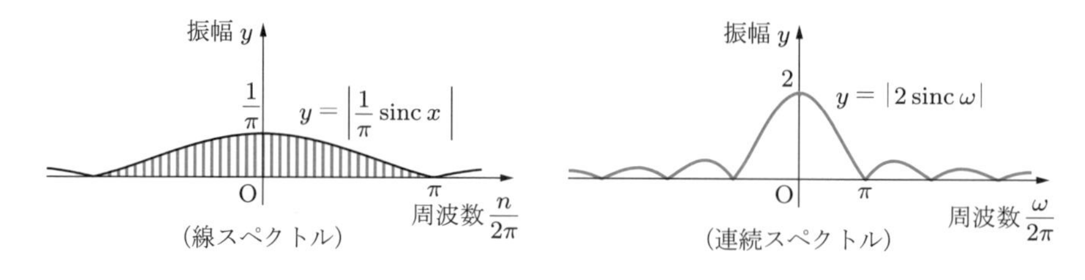

フーリエ余弦変換・正弦変換　オイラーの公式を使うと，反転公式 (2.9) は

$$F(\omega) = \int_{-\infty}^{\infty} f(x)e^{-i\omega x}\,dx = \int_{-\infty}^{\infty} f(x)(\cos\omega x - i\sin\omega x)\,dx$$

$$f(x) \sim \frac{1}{2\pi}\int_{-\infty}^{\infty} F(\omega)e^{i\omega x}\,d\omega = \frac{1}{2\pi}\int_{-\infty}^{\infty} F(\omega)(\cos\omega x + i\sin\omega x)\,d\omega$$

となる．

(i)　$f(x)$ が偶関数のとき $f(x)\cos\omega x$ は偶関数，$f(x)\sin\omega x$ は奇関数であるから，

$$C(\omega) = 2\int_0^{\infty} f(x)\cos\omega x\,dx \tag{2.11}$$

と定めれば，$F(\omega) = C(\omega)$ となる．$C(\omega)$ を**フーリエ余弦変換**という．$C(\omega)$ も偶関数であるから，次が成り立つ．

$$f(x) \sim \frac{1}{2\pi}\int_{-\infty}^{\infty} C(\omega)(\cos\omega x + i\sin\omega x)\,d\omega = \frac{1}{\pi}\int_0^{\infty} C(\omega)\cos\omega x\,d\omega \tag{2.12}$$

(ii)　$f(x)$ が奇関数のとき $f(x)\cos\omega x$ は奇関数，$f(x)\sin\omega x$ は偶関数であるから，

$$S(\omega) = 2\int_0^{\infty} f(x)\sin\omega x\,dx \tag{2.13}$$

と定めれば，$F(\omega) = -iS(\omega)$ となる．$S(\omega)$ を**フーリエ正弦変換**という．$S(\omega)$ も奇関数であるから，次が成り立つ．

$$f(x) \sim \frac{1}{2\pi}\int_{-\infty}^{\infty} \{-iS(\omega)\}(\cos\omega x + i\sin\omega x)\,d\omega = \frac{1}{\pi}\int_0^{\infty} S(\omega)\sin\omega x\,d\omega \tag{2.14}$$

2.5 偶関数・奇関数の反転公式

(1) $f(x)$ が偶関数のとき：

$$f(x) \sim \frac{1}{\pi}\int_0^\infty C(\omega)\cos\omega x\,d\omega, \quad C(\omega) = 2\int_0^\infty f(x)\cos\omega x\,dx$$

(2) $f(x)$ が奇関数のとき：

$$f(x) \sim \frac{1}{\pi}\int_0^\infty S(\omega)\sin\omega x\,d\omega, \quad S(\omega) = 2\int_0^\infty f(x)\sin\omega x\,dx$$

例 2.1 奇関数 $f(x) = \begin{cases} x & (-1 \leqq x \leqq 1) \\ 0 & (|x| > 1) \end{cases}$ のフーリエ正弦変換 $S(\omega)$ は，

$$S(\omega) = 2\int_0^\infty f(x)\sin\omega x\,dx$$

となるから，$S(0) = 0$ である．また，$\omega \neq 0$ のときは，次のようになる．

$$\begin{aligned} S(\omega) &= 2\int_0^1 x\sin\omega x\,dx \\ &= 2\left\{\left[-x\cdot\frac{1}{\omega}\cos\omega x\right]_0^1 - \int_0^1\left(-\frac{1}{\omega}\cos\omega x\right)dx\right\} \\ &= \frac{2(-\omega\cos\omega + \sin\omega)}{\omega^2} \end{aligned}$$

問2.3 $f(x) = \begin{cases} 1 & (0 < x \leqq 1) \\ -1 & (-1 \leqq x < 0) \\ 0 & (x = 0,\ |x| > 1) \end{cases}$ のフーリエ正弦変換を求めよ．

フーリエ積分定理の応用　フーリエ積分定理を応用して，広義積分を求めることができる場合がある．

例題 2.3　フーリエ積分定理の応用

偶関数

$$f(x) = \begin{cases} 1 - |x| & (|x| \leqq 1) \\ 0 & (|x| > 1) \end{cases}$$

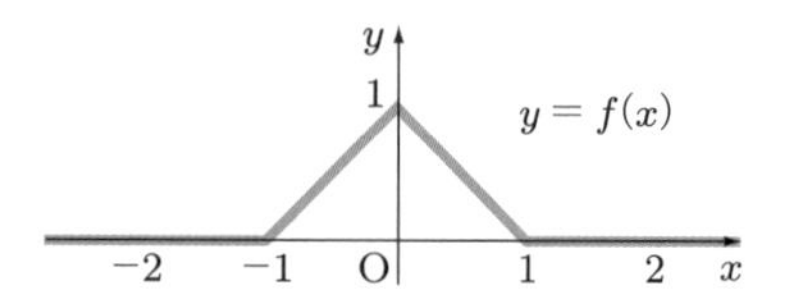

について，次の問いに答えよ．この関数のグラフは右上図のようになる．これを**三角パルス波**という．

(1)　フーリエ余弦変換を求めよ．

(2)　偶関数の反転公式を利用して，次の等式が成り立つことを証明せよ．

$$\int_0^{\infty} \frac{1 - \cos\omega}{\omega^2}\, d\omega = \frac{\pi}{2}$$

解　(1)　$\omega = 0$ のとき

$$C(0) = 2\int_0^1 (1 - x) dx = 1$$

である．また，$\omega \neq 0$ のときには，次のようになる．

$$\begin{aligned} C(\omega) &= 2\int_0^1 (1 - x)\cos\omega x\, dx \\ &= 2\Big[\,(1 - x)\cdot\frac{1}{\omega}\sin\omega x\,\Big]_0^1 - 2\int_0^1 (-1)\cdot\frac{1}{\omega}\sin\omega x\, dx \\ &= \frac{2}{\omega}\Big[-\frac{1}{\omega}\cos\omega x\,\Big]_0^1 = \frac{2(1 - \cos\omega)}{\omega^2} \end{aligned}$$

(2)　$f(x)$ は連続であるから，偶関数の反転公式によって，

$$f(x) = \frac{1}{\pi}\int_0^{\infty} C(\omega)\cos\omega x\, d\omega = \frac{1}{\pi}\int_0^{\infty} \frac{2(1 - \cos\omega)}{\omega^2}\cos\omega x\, d\omega$$

が成り立つ．これに $x = 0$ を代入すれば，$f(0) = 1$ であることから，

$$\frac{2}{\pi}\int_0^{\infty} \frac{1 - \cos\omega}{\omega^2}\, d\omega = 1$$

となる．両辺に $\dfrac{\pi}{2}$ をかければ，求める式が得られる．

問2.4 関数 $f(x)=\begin{cases}1 & (|x|\leqq 1)\\ 0 & (|x|>1)\end{cases}$ は偶関数であり，$C(\omega)=F(\omega)=2\,\mathrm{sinc}\,\omega$ である（例題 2.2）．偶関数の反転公式を用いて，次の等式が成り立つことを示せ．

$$\int_0^\infty \mathrm{sinc}\,\omega\,d\omega=\frac{\pi}{2}$$

フーリエ変換の性質 フーリエ変換の定義から，

$$\mathcal{F}[af(x)+bg(x)]=a\mathcal{F}[f(x)]+b\mathcal{F}[g(x)] \quad (a,\ b \text{ は定数}) \tag{2.15}$$

が成り立つ．これをフーリエ変換の**線形性**という．

さらに，次の性質が成り立つ．フーリエ変換の理論を応用するためには，これらの性質をよく理解しておく必要がある（証明は付録 A4.2 節参照）．

2.6 フーリエ変換の性質

$\mathcal{F}[f(x)]=F(\omega)$ とするとき，次の性質が成り立つ．ただし，c は定数，a は 0 でない定数である．

(1) $\mathcal{F}[f(x-c)]=e^{-ic\omega}F(\omega)$ (2) $\mathcal{F}[e^{icx}f(x)]=F(\omega-c)$

(3) $\mathcal{F}[f(ax)]=\dfrac{1}{|a|}F\left(\dfrac{\omega}{a}\right)$ (4) $\mathcal{F}\left[f'(x)\right]=i\omega F(\omega)$

(5) $\mathcal{F}\left[\displaystyle\int_{-\infty}^{x}f(t)\,dt\right]=\dfrac{1}{i\omega}F(\omega)$

例 2.2 関数 $g(x)=\begin{cases}k & (|x-c|\leqq a)\\ 0 & (|x-c|>a)\end{cases}$ $(a>0)$ のフーリエ変換 $G(\omega)$ を求める．関数 $y=g(x)$ のグラフは，下図のように，例題 2.2 の関数 $y=f(x)$ のグラフ（図左）を y 軸方向に k 倍し，x 軸方向に a 倍したものを，さらに，x 軸方向に c だけ平行移動したものである．

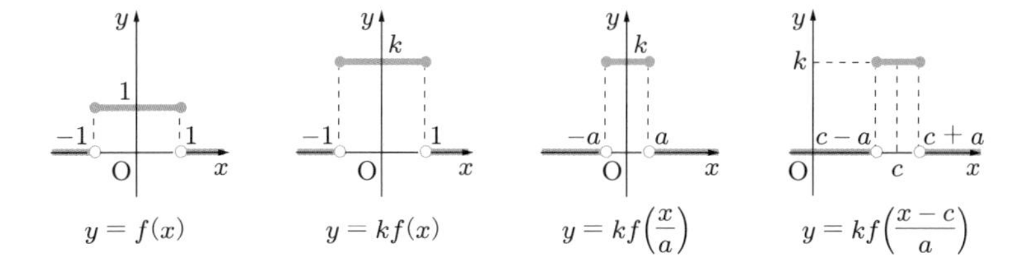

したがって，$g(x)$ は $f(x)$ を用いて，

$$g(x) = kf\left(\frac{x-c}{a}\right)$$

と表すことができる．よって，定理 2.6 を利用すると，

$$\begin{aligned} G(\omega) &= \mathcal{F}\left[kf\left(\frac{x-c}{a}\right)\right] \\ &= k\mathcal{F}\left[f\left(\frac{x-c}{a}\right)\right] && [\text{線形性}] \\ &= k\,e^{-ic\omega}\mathcal{F}\left[f\left(\frac{x}{a}\right)\right] && [\text{定理 } 2.6(1)] \\ &= k\,e^{-ic\omega}\cdot a\,F\,(\omega a) && [\text{定理 } 2.6(3)] \end{aligned}$$

となる．例題 2.2 から $F(\omega) = 2\,\mathrm{sinc}\ \omega$ であるから，次が成り立つ．

$$G(\omega) = ka\,e^{-ic\omega}\,F\,(\omega a) = 2ka\,e^{-ic\omega}\,\mathrm{sinc}\ \omega a$$

問2.5　関数 $f(x)$, $g(x)$ を次のように定めるとき，例 2.2 の結果とフーリエ変換の性質を利用して，$g(x)$ のフーリエ変換を求めよ．

$$f(x) = \begin{cases} 1 & (|x| \leqq 1) \\ 0 & (|x| > 1) \end{cases}, \quad g(x) = \begin{cases} 1 & (0 < x \leqq 1) \\ -1 & (-1 \leqq x < 0) \\ 0 & (x = 0,\ |x| > 1) \end{cases}$$

2.3 離散フーリエ変換

離散的なデータ　音や地震などの振動のデータは，通常，離散的な測定値として得られる．この節では，その測定値を未知の関数 $f(x)$ の値と考えたとき，$f(x)$ にどのような周波数の波が含まれているか，そして，その振幅がどれだけであるかを調べる．

関数 $f(x)$ を連続な，周期 T の周期関数とする．区間 $[0, T]$ を N 等分して，その分割点 x_k と分割幅 Δx を

$$x_k = \frac{kT}{N}\ (k = 0, 1, 2, \ldots, N-1), \quad \Delta x = \frac{T}{N}$$

とする．$f(x)$ の各分割点 x_k での値 $f_k = f(x_k)$ $(k = 0, 1, 2 \ldots, N-1)$ がわかっているとき，$f_k = f(x_k)$ $(k = 0, 1, 2, \ldots)$ のつくる列 $(f_0, f_1, f_2, \ldots, f_{N-1})$ を $f(x)$ のデータという．

離散フーリエ変換　$f(x)$ の周期は T であるから，区間 $\left[-\frac{T}{2}, \frac{T}{2}\right]$ における積分は，$[0,T]$ における積分と同じである．したがって，$f(x)$ の複素フーリエ係数 c_n を区分求積法で近似すると

$$
\begin{aligned}
c_n &= \frac{1}{T}\int_{-\frac{T}{2}}^{\frac{T}{2}} f(x)e^{-i\frac{2n\pi}{T}x}\,dx \\
&= \frac{1}{T}\int_{0}^{T} f(x)e^{-i\frac{2n\pi}{T}x}\,dx \\
&\fallingdotseq \frac{1}{T}\sum_{k=0}^{N-1} f(x_k)e^{-i\frac{2n\pi}{T}x_k}\,\Delta x \\
&= \frac{1}{T}\sum_{k=0}^{N-1} f_k e^{-i\frac{2n\pi}{T}\frac{kT}{N}}\frac{T}{N} = \frac{1}{N}\sum_{k=0}^{N-1} f_k\left(e^{-i\frac{2\pi}{N}}\right)^{kn}
\end{aligned}
$$

が得られる．ここで，

$$
F_n = \frac{1}{N}\sum_{k=0}^{N-1} f_k\left(e^{-i\frac{2\pi}{N}}\right)^{kn} \tag{2.16}
$$

とおき，$(F_0, F_1, F_2, \ldots, F_{N-1})$ を $f(x)$ の**離散フーリエ変換**または**DFT** という．

F_n は c_n の近似値である．2.1 節で学んだように $2|c_n| = \sqrt{a_n^2 + b_n^2}$ であるから，$2|F_n|$ はデータに含まれる周波数 $\frac{n}{T}$ の波の振幅の近似値を表す．

また，$\left(e^{-i\frac{2\pi}{N}}\right)^{kN} = e^{-2k\pi i} = 1$ であるから，任意の整数 n に対して

$$
F_{n+N} = \sum_{k=0}^{N-1}\frac{1}{N}f_k\left(e^{-i\frac{2\pi}{N}}\right)^{k(n+N)} = \sum_{k=0}^{N-1}\frac{1}{N}f_k\left(e^{-i\frac{2\pi}{N}}\right)^{kn} = F_n \tag{2.17}
$$

となる．したがって，F_n は周期性 $F_{n+N} = F_n$ をもつ．

離散フーリエ変換の行列表現　$\alpha = e^{-i\frac{2\pi}{N}}$ とおくと，$F_n = \frac{1}{N}\sum_{k=0}^{N-1} f_k\alpha^{kn}$ であるから，式 (2.16) は，行列を用いて次のように表すことができる．

$$\begin{pmatrix} F_0 \\ F_1 \\ F_2 \\ \vdots \\ F_{N-1} \end{pmatrix} = \frac{1}{N} \begin{pmatrix} 1 & 1 & 1 & \cdots & 1 \\ 1 & \alpha & \alpha^2 & \cdots & \alpha^{N-1} \\ 1 & \alpha^2 & \alpha^4 & \cdots & \alpha^{2(N-1)} \\ \vdots & \vdots & \vdots & \ddots & \vdots \\ 1 & \alpha^{N-1} & \alpha^{2(N-1)} & \cdots & \alpha^{(N-1)^2} \end{pmatrix} \begin{pmatrix} f_0 \\ f_1 \\ f_2 \\ \vdots \\ f_{N-1} \end{pmatrix} \tag{2.18}$$

[note]　$N = 2^m$ (m は自然数) のとき，この行列の積を工夫して計算回数を減らしたものが高速フーリエ変換または **FFT** とよばれるものである．

式 (2.18) の行列を A，左辺と右辺のベクトルをそれぞれ $\boldsymbol{F}, \boldsymbol{f}$ とすると，式 (2.18) は

$$\boldsymbol{F} = \frac{1}{N} A \boldsymbol{f} \tag{2.19}$$

と表すことができる．ここで，行列 A の成分をすべて共役複素数に変えた行列を $\overline{A}$ とすると，$\alpha\overline{\alpha} = 1$, $\alpha^N = 1$ によって，A は正則で $NA^{-1} = \overline{A}$ となることを証明することができる．したがって，$\boldsymbol{f} = NA^{-1}\boldsymbol{F} = \overline{A}\boldsymbol{F}$ となるから，

$$\begin{pmatrix} f_0 \\ f_1 \\ f_2 \\ \vdots \\ f_{N-1} \end{pmatrix} = \begin{pmatrix} 1 & 1 & 1 & \cdots & 1 \\ 1 & \overline{\alpha} & \overline{\alpha}^2 & \cdots & \overline{\alpha}^{N-1} \\ 1 & \overline{\alpha}^2 & \overline{\alpha}^4 & \cdots & \overline{\alpha}^{2(N-1)} \\ \vdots & \vdots & \vdots & \ddots & \vdots \\ 1 & \overline{\alpha}^{N-1} & \overline{\alpha}^{2(N-1)} & \cdots & \overline{\alpha}^{(N-1)^2} \end{pmatrix} \begin{pmatrix} F_0 \\ F_1 \\ F_2 \\ \vdots \\ F_{N-1} \end{pmatrix} \tag{2.20}$$

となる．$\overline{\alpha} = e^{i\frac{2\pi}{N}}$ であるから，

$$\begin{aligned} f_k &= F_0 + F_1\overline{\alpha}^k + F_2\overline{\alpha}^{2k} + \cdots + F_{N-1}\overline{\alpha}^{(N-1)k} \\ &= \sum_{n=0}^{N-1} F_n \overline{\alpha}^{nk} = \sum_{n=0}^{N-1} F_n \left(e^{i\frac{2\pi}{N}}\right)^{nk} \end{aligned} \tag{2.21}$$

である．これを，**逆離散フーリエ変換**という．

2.7 離散フーリエ変換と逆離散フーリエ変換

周期 T の周期関数のデータを $(f_0, f_1, f_2, \ldots, f_{N-1})$ とし，その離散フーリエ変換を $(F_0, F_1, \ldots, F_{N-1})$ とすると，次の関係式が成り立つ．

$$F_n = \frac{1}{N}\sum_{k=0}^{N-1} f_k \left(e^{-i\frac{2\pi}{N}}\right)^{nk}, \quad f_k = \sum_{n=0}^{N-1} F_n \left(e^{i\frac{2\pi}{N}}\right)^{nk}$$

例題 2.4 離散フーリエ変換

4 個のデータ $(2, 2, -2, 2)$ に対して，次の問いに答えよ．

(1) 離散フーリエ変換を求めよ．

(2) (1) で得られたデータを逆離散フーリエ変換して，もとのデータと一致することを確かめよ．

解 (1) $\alpha = e^{-i\frac{2\pi}{4}} = e^{-i\frac{\pi}{2}} = \cos\frac{\pi}{2} - i\sin\frac{\pi}{2} = -i$ であるから，式 (2.18) より，

$$\begin{pmatrix} F_0 \\ F_1 \\ F_2 \\ F_3 \end{pmatrix} = \frac{1}{4}\begin{pmatrix} 1 & 1 & 1 & 1 \\ 1 & -i & (-i)^2 & (-i)^3 \\ 1 & (-i)^2 & (-i)^4 & (-i)^6 \\ 1 & (-i)^3 & (-i)^6 & (-i)^9 \end{pmatrix}\begin{pmatrix} 2 \\ 2 \\ -2 \\ 2 \end{pmatrix}$$

$$= \frac{1}{4}\begin{pmatrix} 1 & 1 & 1 & 1 \\ 1 & -i & -1 & i \\ 1 & -1 & 1 & -1 \\ 1 & i & -1 & -i \end{pmatrix}\begin{pmatrix} 2 \\ 2 \\ -2 \\ 2 \end{pmatrix} = \begin{pmatrix} 1 \\ 1 \\ -1 \\ 1 \end{pmatrix}$$

となる．よって，離散フーリエ変換は $(1, 1, -1, 1)$ である．

(2) $\alpha = -i$ であるから $\overline{\alpha} = i$ となる．したがって，式 (2.20) から

$$\begin{pmatrix} f_0 \\ f_1 \\ f_2 \\ f_3 \end{pmatrix} = \begin{pmatrix} 1 & 1 & 1 & 1 \\ 1 & i & -1 & -i \\ 1 & -1 & 1 & -1 \\ 1 & -i & -1 & i \end{pmatrix}\begin{pmatrix} 1 \\ 1 \\ -1 \\ 1 \end{pmatrix} = \begin{pmatrix} 2 \\ 2 \\ -2 \\ 2 \end{pmatrix}$$

となる．これは最初に与えられたデータと一致している．

問2.6 4 個のデータ $(1, 2, 1, 2)$ に対して，次の問いに答えよ．

(1) 離散フーリエ変換を求めよ．

(2) 得られたデータを逆離散フーリエ変換して，もとのデータと一致することを確かめよ．

離散フーリエ変換を用いた関数の構成　周期 T の周期関数 $f(x)$ に対して，区間 $[0, T]$ を $N = 2m$ 等分して，その分割点 $x_k = \dfrac{kT}{2m}$ $(0 \leqq k \leqq 2m-1)$ におけるデータを $(f_0, f_1, f_2, \ldots, f_{2m-1})$ とする．以下，未知関数 $f(x)$ のデータが与えられたとき，その離散フーリエ変換 $(F_0, F_1, \ldots, F_{2m-1})$ を用いて，$\widetilde{f}(x_k) = f_k$ を満たす関数 $\widetilde{f}(x)$ を構成する．

$f(x)$ の複素フーリエ級数の無限和を $-m+1 \leqq n \leqq m$ の範囲の有限和で近似することを考え，c_n を F_n で近似して

$$
\begin{aligned}
f(x) &= \sum_{n=-\infty}^{\infty} c_n e^{i\frac{2n\pi}{T}x} \\
&\fallingdotseq \sum_{n=-m+1}^{m} c_n e^{i\frac{2n\pi}{T}x} \fallingdotseq \sum_{n=-m+1}^{m} F_n e^{i\frac{2n\pi}{T}x} \qquad \cdots\cdots ①
\end{aligned}
$$

を考える．ここで，①の右辺の関数を

$$
\widetilde{f}_C(x) = \sum_{n=-m+1}^{m} F_n e^{i\frac{2n\pi}{T}x} \tag{2.22}
$$

とおき，次のような 2 つの和に分ける．

$$
\widetilde{f}_C(x) = \sum_{n=-m+1}^{-1} F_n e^{i\frac{2n\pi}{T}x} + \sum_{n=0}^{m} F_n e^{i\frac{2n\pi}{T}x}
$$

右辺の第 1 項は，$F_{-m+k} e^{i\frac{2(-m+k)\pi}{T}x}$ の $k=1$ から $k=m-1$ までの和とみることができる．F_n の周期性から $F_{-m+k} = F_{-m+k+2m} = F_{m+k}$ となり，$\widetilde{f}_C(x)$ は

$$
\widetilde{f}_C(x) = \sum_{n=0}^{m} F_n e^{i\frac{2n\pi}{T}x} + \sum_{k=1}^{m-1} F_{m+k} e^{-i\frac{2(m-k)\pi}{T}x} \tag{2.23}
$$

と離散フーリエ変換 $(F_0, F_1, \ldots, F_{2m-1})$ を係数にもつ式に変形することができる．

例 2.3　$T = 2\pi$, $N = 8$ $(m = 4)$ の場合には，次のようになる．

$$
\begin{aligned}
\widetilde{f}_C(x) &= \sum_{n=0}^{4} F_n e^{inx} + \sum_{k=1}^{3} F_{4+k} e^{-i(4-k)x} \\
&= F_0 + F_2 e^{2ix} + F_3 e^{3ix} + F_4 e^{4ix} + F_5 e^{-3ix} + F_6 e^{-2ix} + F_7 e^{-ix}
\end{aligned}
$$

式 (2.23) の関数 $\widetilde{f}_C(x)$ は，$\widetilde{f}_C(x_k) = f_k$ を満たす周期 T の周期関数であることを証明することができる．$\widetilde{f}_C(x)$ は複素数を値にとる関数であるから，その実部が求める関数 $\widetilde{f}(x)$ である．

例題 2.5

周期 2π の関数の 1 周期分を等間隔で 4 回観測して，データ $(2, 2, -2, 2)$ を得た．このデータの離散フーリエ変換は，例題 2.4(1) により $(1, 1, -1, 1)$ である．これをもとに，元のデータをとる関数 $\widetilde{f}(x)$ を構成せよ．

解 $T = 2\pi, m = 2$ であるから，

$$\begin{aligned}\widetilde{f}_C(x) &= \sum_{n=0}^{2} F_n e^{inx} + \sum_{k=1}^{1} F_{2+k} e^{-i(2-k)x} \\ &= F_0 + F_1 e^{ix} + F_2 e^{2ix} + F_3 e^{-ix} \\ &= 1 + e^{ix} - e^{2ix} + e^{-ix} \\ &= 1 + 2\cos x - \cos 2x - i \sin 2x\end{aligned}$$

となる．求める関数は，この関数の実部をとることで得られ，

$$\widetilde{f}(x) = 1 + 2\cos x - \cos 2x$$

である．

例題 2.5 で構成された関数 $\widetilde{f}(x)$ の値が元のデータ $(2, 2, -2, 2)$ と一致することは，区間 $[0, 2\pi]$ を 4 等分した分点 $0, \dfrac{\pi}{2}, \pi, \dfrac{3\pi}{2}$ における $\widetilde{f}(x)$ の値を見ることで確かめることができる．また，$\widetilde{f}(x)$ の式から，このデータには周期が 2π と π，周波数では $\dfrac{1}{2\pi}$ と $\dfrac{2}{2\pi} = \dfrac{1}{\pi}$ の波が含まれていることもわかる．

[note] 区間 T において大きさ N のデータを観測して，それを有限個の三角関数の和で表して近似したとき，そこに含まれる三角関数の最大の周波数は $\dfrac{N}{2T}$ である（これをサンプリング定理という）から，それ以上の周波数は無視していることになる．

問 2.7 周期 $T = 1$ の関数の 1 周期分を等間隔で 4 回測定してデータ $(2, 2, -2, -2)$ を得た．この離散フーリエ変換は $(0, 1 - i, 0, 1 + i)$ であることを利用して，もとのデータをとる関数 $\widetilde{f}(x)$ を構成せよ．

練習問題 2

[1] 次の関数の複素フーリエ級数を求めよ.

(1) $f(x) = x^2 \ (-\pi \leqq x < \pi), \quad f(x+2\pi) = f(x)$

(2) $f(x) = |x| \ (-\pi \leqq x < \pi), \quad f(x+2\pi) = f(x)$

[2] a を正の定数とするとき，関数 $f(x) = \begin{cases} e^{-ax} & (x \geqq 0) \\ 0 & (x < 0) \end{cases}$ について次の問いに答えよ.

(1) $f(x)$ のフーリエ変換は次の式で与えられることを証明せよ.

$$F(\omega) = \frac{a - i\omega}{a^2 + \omega^2}$$

(2) フーリエ積分定理を適用することによって，次の等式が成り立つことを証明せよ.

$$\int_{-\infty}^{\infty} \frac{1}{a^2 + \omega^2} \, d\omega = \frac{\pi}{a}$$

[3] 次の問いに答えよ.

(1) 関数 $f(x) = e^{-|x|}$ が偶関数であることを利用して，$f(x)$ のフーリエ変換が

$$F(\omega) = \frac{2}{1 + \omega^2}$$

となることを証明せよ.

(2) フーリエ積分定理を利用して，次の等式が成り立つことを証明せよ.

$$\int_{0}^{\infty} \frac{\cos\omega}{1 + \omega^2} \, d\omega = \frac{\pi}{2e}$$

[4] (逆離散フーリエ変換に関する証明)　$\alpha = e^{-i\frac{2\pi}{3}}$ とするとき，

$$\begin{pmatrix} 1 & 1 & 1 \\ 1 & \alpha & \alpha^2 \\ 1 & \alpha^2 & \alpha^4 \end{pmatrix} \begin{pmatrix} 1 & 1 & 1 \\ 1 & \overline{\alpha} & \overline{\alpha}^2 \\ 1 & \overline{\alpha}^2 & \overline{\alpha}^4 \end{pmatrix} = 3 \begin{pmatrix} 1 & 0 & 0 \\ 0 & 1 & 0 \\ 0 & 0 & 1 \end{pmatrix}$$

が成り立つことを証明せよ.

第 5 章の章末問題

1. 次の関数を図示し，フーリエ級数を求めよ．

$$f(x) = \begin{cases} 0 & (-\pi \leqq x < 0) \\ \sin x & (0 \leqq x < \pi) \end{cases}, \quad f(x+2\pi) = f(x)$$

2. $-\dfrac{T}{2} \leqq x < \dfrac{T}{2}$ $(T>0)$ で定義された連続関数 $f(x)$ を，$f(x+nT) = f(x)$（n は整数）によって周期 T の関数に拡張したときのフーリエ係数を $a_0, a_1, a_2, \ldots, b_1, b_2, \ldots$ とするとき，

$$\frac{1}{T}\int_{-\frac{T}{2}}^{\frac{T}{2}} \{f(x)\}^2\, dx = a_0^2 + \frac{1}{2}\sum_{n=1}^{\infty}(a_n^2 + b_n^2)$$

が成り立つことを証明せよ．ただし，無限級数は項別積分可能であるとしてよい．この式を**パーセバルの等式**という．

3. 関数 $f(x) = x$ $(-1 \leqq x < 1)$, $f(x+2) = f(x)$ のフーリエ係数に，パーセバルの等式を用いて，次の式が成り立つことを証明せよ．

$$\frac{1}{1^2} + \frac{1}{2^2} + \frac{1}{3^2} + \cdots = \frac{\pi^2}{6}$$

4. $a > 0$ とするとき，次の関数のフーリエ変換 $F(\omega)$ を求めよ．

$$f(x) = \begin{cases} xe^{-ax} & (x \geqq 0) \\ 0 & (x < 0) \end{cases}$$

5. $\mathcal{F}\left[e^{-\frac{x^2}{2}}\right] = \sqrt{2\pi}e^{-\frac{\omega^2}{2}}$ となる．このことを用いて，次のフーリエ変換を求めよ．

(1) $\mathcal{F}\left[e^{-x^2}\right]$　　(2) $\mathcal{F}\left[xe^{-\frac{x^2}{2}}\right]$　　(3) $\mathcal{F}\left[x^2e^{-\frac{x^2}{2}}\right]$

6. $f(x) = \begin{cases} 0 & (x < -1,\ 1 \leqq x) \\ 1 & (-1 \leqq x < 0) \\ -1 & (0 \leqq x < 1) \end{cases}$

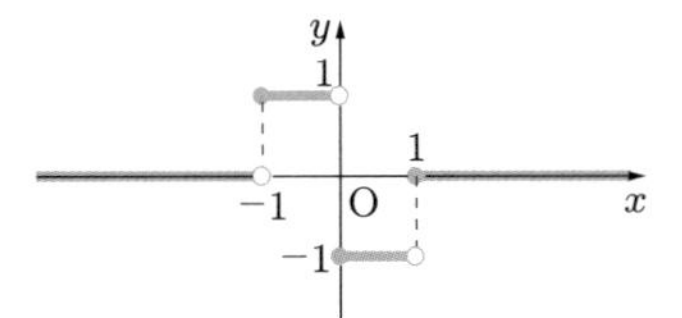

とするとき，次の問いに答えよ．

(1) $f(x)$ のフーリエ変換 $F(\omega)$ $(\omega \neq 0)$ を求めよ．

(2) $g(x) = \displaystyle\int_{-\infty}^{x} f(t)\,dt$ とするとき，$g(x) = \begin{cases} 1-|x| & (|x| \leqq 1) \\ 0 & (|x| > 1) \end{cases}$ となることを示せ．

(3) (2) と定理 2.6(5) を利用して，$g(x)$ のフーリエ変換 $G(\omega)$ $(\omega \neq 0)$ を求めよ．

Appendix

いくつかの補足

A1 区分的に連続，区分的に滑らか

ここでは，関数の連続や，微分可能性に関する定義をまとめておく．

A1.1 区分的に連続

関数 $f(x)$ が，その定義域に含まれる任意の閉区間 $[a,b]$ に対して次の条件をすべて満たすとき，$f(x)$ は**区分的に連続**であるという．

(1) $f(x)$ は有限個の点を除いて連続である．

(2) $x = c$ $(a < c < b)$ で連続でないとき，右側極限値 $f(c+0) = \lim_{x \to c+0} f(x)$ および左側極限値 $f(c-0) = \lim_{x \to c-0} f(x)$ がともに存在する．

(3) 区間の端点で，右側極限値 $f(a+0)$，左側極限値 $f(b-0)$ がともに存在する．

A1.2 滑らか

(1) 関数 $f(x)$ が区間 I で微分可能で，その導関数が連続であるとき，$f(x)$ は区間 I で**滑らか**であるという．

(2) 2 変数関数 $f(x,y)$ が領域 D で偏微分可能で，そのすべての偏導関数が連続であるとき，$f(x,y)$ は領域 D で**滑らか**であるという．

A1.3 区分的に滑らか

区分的に連続な関数 $f(x)$ が，その定義域に含まれる任意の区間 I に対して，有限個の点を除いて滑らかであるとき，$f(x)$ は**区分的に滑らか**であるという．

A2　ガウスの発散定理とストークスの定理の証明

ガウスの発散定理の証明

特別な場合について，ガウスの発散定理の証明を行う．

A2.1　ガウスの発散定理

立体 V の表面を S とし，ベクトル場 $\boldsymbol{a}$ が V を含む領域で定義されているとする．このとき，$\boldsymbol{a}$ の S における面積分は，$\mathrm{div}\,\boldsymbol{a}$ の V における体積分に等しい．すなわち，次が成り立つ．

$$\int_{\mathrm{S}} \boldsymbol{a}\cdot d\boldsymbol{S} = \int_{\mathrm{V}} (\mathrm{div}\,\boldsymbol{a})\,d\omega$$

証明　$\boldsymbol{a} = a_x\,\boldsymbol{i} + a_y\,\boldsymbol{j} + a_z\,\boldsymbol{k}$ とすると，定理の左辺と右辺は，それぞれ

$$\int_{\mathrm{S}} \boldsymbol{a}\cdot d\boldsymbol{S} = \int_{\mathrm{S}} a_x\,\boldsymbol{i}\cdot d\boldsymbol{S} + \int_{\mathrm{S}} a_y\,\boldsymbol{j}\cdot d\boldsymbol{S} + \int_{\mathrm{S}} a_z\,\boldsymbol{k}\cdot d\boldsymbol{S}$$

$$\int_{\mathrm{V}} (\mathrm{div}\,\boldsymbol{a})\,d\omega = \int_{\mathrm{V}} \frac{\partial a_x}{\partial x}\,d\omega + \int_{\mathrm{V}} \frac{\partial a_y}{\partial y}\,d\omega + \int_{\mathrm{V}} \frac{\partial a_z}{\partial z}\,d\omega$$

となるから，それぞれの式の右辺の対応する項が一致することを示せばよい．ここでは，立体 V が，xy 平面上の領域 D を定義域として，

$$\mathrm{V} = \{(x,y,z)\,|\,(x,y)\in\mathrm{D},\ f(x,y) \leqq z \leqq g(x,y)\}$$

と表されている場合に

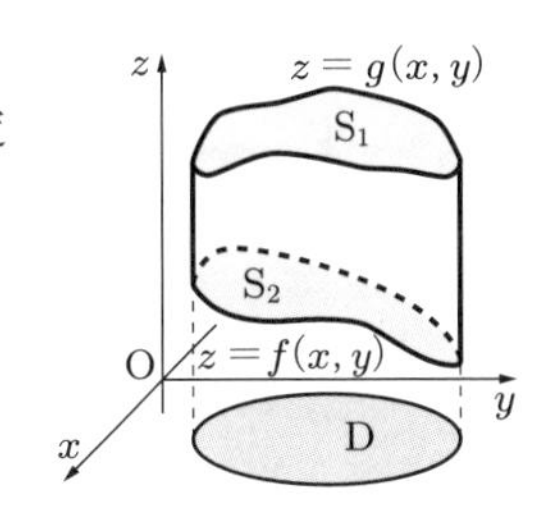

$$\int_{\mathrm{V}} \frac{\partial a_z}{\partial z}\,d\omega = \int_{\mathrm{S}} a_z\,\boldsymbol{k}\cdot d\boldsymbol{S} \qquad \cdots\cdots ①$$

が成り立つことを証明する．このとき，立体 V の上面（$z = g(x,y)$ のグラフ）を S_1，底面（$z = f(x,y)$ のグラフ）を S_2，側面を S_3 とすれば，

$$\int_{\mathrm{S}} a_z\,\boldsymbol{k}\cdot d\boldsymbol{S} = \int_{\mathrm{S}_1} a_z\,\boldsymbol{k}\cdot d\boldsymbol{S} + \int_{\mathrm{S}_2} a_z\,\boldsymbol{k}\cdot d\boldsymbol{S} + \int_{\mathrm{S}_3} a_z\,\boldsymbol{k}\cdot d\boldsymbol{S}$$

となる．右辺の積分のうち第 3 項は，曲面 S_3 の面積ベクトルが $\boldsymbol{k}$ と垂直であるから，その値は 0 である．第 1 項と第 2 項について，

$$\int_{\mathrm{S}_1} a_z\,\boldsymbol{k}\cdot d\boldsymbol{S} = \iint_{\mathrm{D}} a_z(x,y,g(x,y))\boldsymbol{k}\cdot\left(-\frac{\partial g}{\partial x}\boldsymbol{i} - \frac{\partial g}{\partial y}\boldsymbol{j} + \boldsymbol{k}\right)dxdy$$

$$= \iint_{\mathrm{D}} a_z(x,y,g(x,y))\,dxdy \qquad \cdots\cdots ②$$

$$\int_{S_2} a_z \boldsymbol{k} \cdot d\boldsymbol{S} = \iint_D a_z(x, y, f(x, y))\boldsymbol{k} \cdot \left(\frac{\partial f}{\partial x}\boldsymbol{i} + \frac{\partial f}{\partial y}\boldsymbol{j} - \boldsymbol{k}\right) dxdy$$

$$= -\iint_D a_z(x, y, f(x, y))\, dxdy \qquad \cdots\cdots ③$$

が成り立つ．一方，

$$\int_V \frac{\partial a_z}{\partial z}\, d\omega = \iint_D \left\{\int_{f(x,y)}^{g(x,y)} \frac{\partial a_z}{\partial z}\, dz\right\} dxdy$$

$$= \iint_D \left\{\Big[\ a_z(x, y, z)\ \Big]_{f(x,y)}^{g(x,y)}\right\} dxdy$$

$$= \iint_D \{a_z(x, y, g(x, y)) - a_z(x, y, f(x, y))\}\, dxdy \qquad \cdots\cdots ④$$

である．② と ③ の和が ④ と一致するから，① が成り立つ．　証明終

ストークスの定理の証明　特別な場合について，ストークスの定理の証明を行う．

A2.2　ストークスの定理

向きが定められた曲面 S の境界線を C とし，C は正の向きをもつ単一閉曲線であるとする．また，ベクトル場 $\boldsymbol{a}$ が S を含む領域で定義されているとする．このとき，$\boldsymbol{a}$ の C に沿う線積分は，$\mathrm{rot}\,\boldsymbol{a}$ の S における面積分に等しい．すなわち，次が成り立つ．

$$\int_C \boldsymbol{a} \cdot d\boldsymbol{r} = \int_S (\mathrm{rot}\,\boldsymbol{a}) \cdot d\boldsymbol{S}$$

証明　証明は，曲面 S が定義域を D とする関数 $z = f(x, y)$ のグラフであり，S, D とも，$\boldsymbol{k}$ と同じ方向のベクトルが外向きである場合に行う．このとき，$\boldsymbol{a} = a_x\boldsymbol{i} + a_y\boldsymbol{j} + a_z\boldsymbol{k}$ とすると，

$$\int_S (\mathrm{rot}\,\boldsymbol{a}) \cdot d\boldsymbol{S} = \iint_D \left\{\left(\frac{\partial a_z}{\partial y} - \frac{\partial a_y}{\partial z}\right) \cdot \left(-\frac{\partial f}{\partial x}\right)\right.$$

$$\left. + \left(\frac{\partial a_x}{\partial z} - \frac{\partial a_z}{\partial x}\right) \cdot \left(-\frac{\partial f}{\partial y}\right) + \left(\frac{\partial a_y}{\partial x} - \frac{\partial a_x}{\partial y}\right)\right\} dxdy \qquad \cdots\cdots ①$$

となる．一方，曲面 S の正の向きをもつ境界線 C と，領域 D の正の向きをもつ境界線 $\underline{\mathrm{C}}$ は

$$\mathrm{C} \ :\ \boldsymbol{r} = x(t)\boldsymbol{i} + y(t)\boldsymbol{j} + z(t)\boldsymbol{k},\ \ z(t) = f(x(t), y(t))$$

$$\underline{\mathrm{C}} \ :\ \boldsymbol{r} = x(t)\boldsymbol{i} + y(t)\boldsymbol{j} \qquad (\alpha \leqq t \leqq \beta)$$

と表すことができる．ここで，$a_x(t) = a_x(x(t), y(t), f(x(t), y(t)))$ とし，$a_y(t)$, $a_z(t)$ も同様に定めれば，

$$\int_{\mathrm{C}} \boldsymbol{a} \cdot d\boldsymbol{r} = \int_\alpha^\beta \left\{ a_x(t)\frac{dx}{dt} + a_y(t)\frac{dy}{dt} + a_z(t)\frac{dz}{dt} \right\} dt$$

$$= \int_\alpha^\beta \left\{ a_x(t)\frac{dx}{dt} + a_y(t)\frac{dy}{dt} + a_z(t)\left(\frac{\partial z}{\partial x}\frac{dx}{dt} + \frac{\partial z}{\partial y}\frac{dy}{dt}\right) \right\} dt$$

$$= \int_\alpha^\beta \left\{ a_x(t) + a_z(t)\frac{\partial z}{\partial x} \right\} \frac{dx}{dt}\, dt + \int_\alpha^\beta \left\{ a_y(t) + a_z(t)\frac{\partial z}{\partial y} \right\} \frac{dy}{dt}\, dt$$

$$= \int_{\underline{\mathrm{C}}} \left(a_x + a_z\frac{\partial z}{\partial x} \right) dx + \int_{\underline{\mathrm{C}}} \left(a_y + a_z\frac{\partial z}{\partial y} \right) dy$$

となる．最後の式では $a_x = a_x(x, y, f(x, y))$，$a_y = a_y(x, y, f(x, y))$，$a_z = a_z(x, y, f(x, y))$ であるから，被積分関数は x, y の関数である．したがって，この式にグリーンの定理［→第 1 章の定理 4.2］を適用することができるから，

$$\int_{\mathrm{C}} \boldsymbol{a} \cdot d\boldsymbol{r} = \iint_{\mathrm{D}} \left\{ \frac{\partial}{\partial x}\left(a_y + a_z\frac{\partial f}{\partial y} \right) - \frac{\partial}{\partial y}\left(a_x + a_z\frac{\partial f}{\partial x} \right) \right\} dxdy \qquad \cdots\cdots ②$$

とかき直すことができる．合成関数の微分法と関数の積の導関数の公式を使うと，②の右辺第 1 項は

$$\frac{\partial}{\partial x}\left(a_y + a_z\frac{\partial f}{\partial y} \right)$$

$$= \left(\frac{\partial a_y}{\partial x}\frac{\partial x}{\partial x} + \frac{\partial a_y}{\partial y}\frac{\partial y}{\partial x} + \frac{\partial a_y}{\partial z}\frac{\partial z}{\partial x} \right)$$

$$+ \left(\frac{\partial a_z}{\partial x}\frac{\partial x}{\partial x} + \frac{\partial a_z}{\partial y}\frac{\partial y}{\partial x} + \frac{\partial a_z}{\partial z}\frac{\partial z}{\partial x} \right)\frac{\partial f}{\partial y} + a_z\frac{\partial^2 f}{\partial x \partial y}$$

$$= \frac{\partial a_y}{\partial x} + \frac{\partial a_y}{\partial z}\frac{\partial f}{\partial x} + \frac{\partial a_z}{\partial x}\frac{\partial f}{\partial y} + \frac{\partial a_z}{\partial z}\frac{\partial f}{\partial x}\frac{\partial f}{\partial y} + a_z\frac{\partial^2 f}{\partial x \partial y} \qquad \cdots\cdots ③$$

となる．同じようにして②の右辺第 2 項は

$$\frac{\partial}{\partial y}\left(a_x + a_z\frac{\partial f}{\partial x} \right)$$

$$= \frac{\partial a_x}{\partial y} + \frac{\partial a_x}{\partial z}\frac{\partial f}{\partial y} + \frac{\partial a_z}{\partial y}\frac{\partial f}{\partial x} + \frac{\partial a_z}{\partial z}\frac{\partial f}{\partial y}\frac{\partial f}{\partial x} + a_z\frac{\partial^2 f}{\partial y \partial x} \qquad \cdots\cdots ④$$

となるから，③ から ④ を引けば，② の右辺の被積分関数が ① の被積分関数と一致することが確かめられる． 証明終

A3　ローラン展開の証明

ここでは，ローラン展開を証明する．

A3.1　ローラン展開

関数 $f(z)$ が，領域 $0<|z-a|<R$ で正則であるとき，この領域に含まれる任意の z に対して，

$$f(z)=\sum_{n=-\infty}^{\infty}c_n(z-a)^n$$

が成り立つ．このとき，係数 c_n は，r を $0<r<R$ を満たす任意の数として，次の式で表される．

$$c_n=\frac{1}{2\pi i}\int_{|\zeta-a|=r}\frac{f(\zeta)}{(\zeta-a)^{n+1}}\,d\zeta$$

証明　領域 $0<|z-a|<R$ の内部の任意の点を z とし，定数 r_1, r_2 を $r_1<|z-a|<r_2<R$ であるように選ぶ．このとき，a を中心とする半径 r_1, r_2 の 2 つの円をそれぞれ C_1, C_2 とし，C_1, C_2 にはさまれた領域 $r_1<|z-a|<r_2$ を D とする（図 1）．

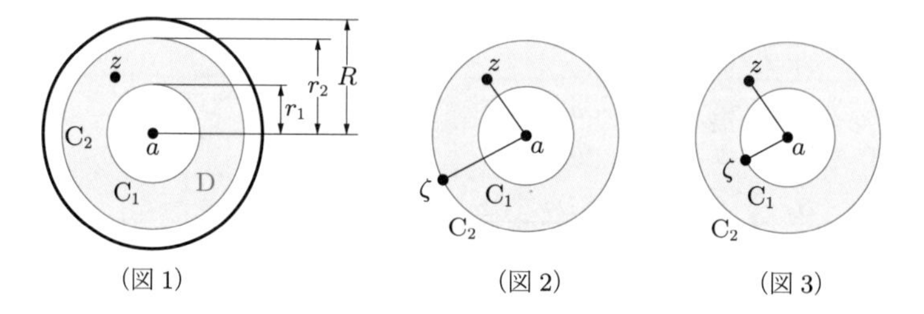

（図 1）　（図 2）　（図 3）

$f(z)$ は領域 D の境界線上およびその内部で正則であるから，コーシーの積分表示 I（第 2 章定理 3.4 (2)）によって，D に含まれる点 z に対して

$$f(z)=\frac{1}{2\pi i}\left\{\int_{\mathrm{C}_2}\frac{f(\zeta)}{\zeta-z}\,d\zeta-\int_{\mathrm{C}_1}\frac{f(\zeta)}{\zeta-z}\,d\zeta\right\}\qquad\cdots\cdots ①$$

が成り立つ．① の第 1 項の C_2 上の積分では，$|z-a|<|\zeta-a|$ であるから（図 2），テイラー展開（定理 4.3）の証明と同じ方法によって，

$$\frac{1}{2\pi i}\int_{\mathrm{C}_2}\frac{f(\zeta)}{\zeta-z}\,d\zeta=\sum_{n=0}^{\infty}\frac{1}{2\pi i}\int_{\mathrm{C}_2}\frac{f(\zeta)}{(\zeta-a)^{n+1}}\,d\zeta\cdot(z-a)^n\qquad\cdots\cdots ②$$

となる．また，① の第 2 項の C_1 上の積分では，$|\zeta-a|<|z-a|$ であるから（図 3），

$$\frac{1}{\zeta - z} = -\frac{1}{(z-a)-(\zeta-a)}$$
$$= -\frac{1}{(z-a)\left(1-\dfrac{\zeta-a}{z-a}\right)} = -\sum_{n=0}^{\infty}\frac{(\zeta-a)^n}{(z-a)^{n+1}}$$

となる．ここで，$k = -(n+1)$ とおくと $n = -(k+1)$ であり，$n = 0$ のとき $k = -1$，$n \to \infty$ のとき $k \to -\infty$ であるから，上の式は

$$\frac{1}{\zeta - z} = -\sum_{k=-\infty}^{-1}(\zeta-a)^{-(k+1)}(z-a)^k$$

とかき直すことができる．この式の k を改めて n におきかえると，①の第 2 項は

$$-\frac{1}{2\pi i}\int_{\mathrm{C}_1}\frac{f(\zeta)}{\zeta - z}\,d\zeta = \sum_{n=-\infty}^{-1}\frac{1}{2\pi i}\int_{\mathrm{C}_1} f(\zeta)(\zeta-a)^{-(n+1)}(z-a)^n\,d\zeta$$
$$= \sum_{n=-\infty}^{-1}\frac{1}{2\pi i}\int_{\mathrm{C}_1}\frac{f(\zeta)}{(\zeta-a)^{n+1}}\,d\zeta\cdot(z-a)^n \qquad \cdots\cdots ③$$

となる．$f(z)$ は $0 < |z-a| < R$ で正則であるから，コーシーの積分定理 II（定理 3.3(1)）によって，$0 < r < R$ を満たす任意の r に対して，

$$\int_{\mathrm{C}_1}\frac{f(\zeta)}{(\zeta-a)^{n+1}}\,d\zeta = \int_{\mathrm{C}_2}\frac{f(\zeta)}{(\zeta-a)^{n+1}}\,d\zeta = \int_{|\zeta-a|=r}\frac{f(\zeta)}{(\zeta-a)^{n+1}}\,d\zeta$$

が成り立つ．ここで，

$$c_n = \frac{1}{2\pi i}\int_{|\zeta-a|=r}\frac{f(\zeta)}{(\zeta-a)^{n+1}}\,d\zeta$$

とおくと，①〜③ から，$f(z)$ は

$$f(z) = \sum_{n=-\infty}^{\infty} c_n(z-a)^n$$

と表すことができる．　証明終

A4　ラプラス変換とフーリエ変換の性質

A4.1　ラプラス変換の基本性質

ここでは，ラプラス変換のいくつかの基本性質を証明する．

A4.1　ラプラス変換の基本性質

$\mathcal{L}[f(t)] = F(s)$ とするとき，次の性質が成り立つ．

(1)　相似法則：　$\mathcal{L}[f(ct)] = \dfrac{1}{c}F\left(\dfrac{s}{c}\right)$　(c は正の定数)

(2)　原関数の積分公式：$\mathcal{L}\left[\displaystyle\int_0^t f(\tau)\,d\tau\right] = \dfrac{1}{s}F(s)$

(3)　像関数の微分公式：$\mathcal{L}[tf(t)] = -F'(s)$

(4)　像関数の積分公式：$\mathcal{L}\left[\dfrac{f(t)}{t}\right] = \displaystyle\int_s^\infty F(\sigma)\,d\sigma$

証明　(1)　$\tau = ct$ とおくと，$d\tau = c\,dt$ であり，

$$t = 0 \text{ のとき } \tau = 0, \quad t \to \infty \text{ のとき } \tau \to \infty$$

であるから，次のように証明できる．

$$\mathcal{L}[f(ct)] = \int_0^\infty e^{-st}f(ct)\,dt = \int_0^\infty e^{-\frac{s\tau}{c}}f(\tau)\cdot\frac{1}{c}\,d\tau = \frac{1}{c}F\left(\frac{s}{c}\right)$$

(2)　$g(t) = \displaystyle\int_0^t f(\tau)\,d\tau$ とおくと，$g'(t) = f(t)$, $g(0) = 0$ である．すると，部分積分法によって，次のように証明できる．

$$\begin{aligned}\mathcal{L}\left[\int_0^t f(\tau)\,d\tau\right] &= \int_0^\infty e^{-st}g(t)\,dt \\ &= \left[\frac{1}{-s}e^{-st}g(t)\right]_0^\infty - \int_0^\infty \frac{1}{-s}e^{-st}g'(t)\,dt \\ &= \frac{1}{s}\int_0^\infty e^{-st}f(t)\,dt = \frac{1}{s}F(s)\end{aligned}$$

(3)　$F(s) = \mathcal{L}[f(t)]$ を微分すれば，次のように証明できる．

$$\begin{aligned}F'(s) &= \frac{d}{ds}\left\{\int_0^\infty f(t)e^{-st}\,dt\right\} \\ &= \int_0^\infty \frac{\partial}{\partial s}\left\{f(t)e^{-st}\right\}dt \\ &= \int_0^\infty \left\{-tf(t)e^{-st}\right\}dt = -\mathcal{L}[tf(t)]\end{aligned}$$

(4)　ここでは，$\displaystyle\lim_{s\to\infty}\frac{1}{-t}e^{-st}f(t) = 0$ を仮定する．このとき，

$$\int_s^\infty e^{-st}f(t)\,ds = \left[\frac{1}{-t}e^{-st}f(t)\right]_s^\infty = e^{-st}\frac{f(t)}{t}$$

となる．これを用いると，次のように証明できる．

$$\int_s^\infty F(\sigma)\,d\sigma = \int_s^\infty \left\{\int_0^\infty e^{-\sigma t} f(t)\,dt\right\} d\sigma$$

$$= \int_0^\infty \left\{\int_s^\infty e^{-\sigma t} f(t)\,d\sigma\right\} dt = \int_0^\infty e^{-st}\frac{f(t)}{t}\,dt = \mathcal{L}\left[\frac{f(t)}{t}\right]$$

証明終

[note]　(3) の証明に用いた微分と積分の計算の入れかえは，$f(t)$ が区分的に連続なら可能であることが知られている．

A4.2 フーリエ変換の性質

ここでは，次のフーリエ変換の性質を証明する．

A4.2　フーリエ変換の性質

$\mathcal{F}[f(x)] = F(\omega)$ とするとき，次の性質が成り立つ．ただし，c は定数，a は 0 でない定数である．

(1)　$\mathcal{F}[f(x-c)] = e^{-ic\omega}F(\omega)$　　(2)　$\mathcal{F}[e^{icx}f(x)] = F(\omega - c)$

(3)　$\mathcal{F}[f(ax)] = \dfrac{1}{|a|}F\left(\dfrac{\omega}{a}\right)$　　(4)　$\mathcal{F}\left[f'(x)\right] = i\omega F(\omega)$

(5)　$\mathcal{F}\left[\displaystyle\int_{-\infty}^{x} f(t)\,dt\right] = \dfrac{1}{i\omega}F(\omega)$

証明　(1)　$x - c = t$ とおくと，$dx = dt$ となるから，次のように証明される．

$$\mathcal{F}[f(x-c)] = \int_{-\infty}^{\infty} f(x-c)e^{-i\omega x}\,dx$$

$$= \int_{-\infty}^{\infty} f(t)e^{-i\omega(c+t)}\,dt$$

$$= e^{-ic\omega}\int_{-\infty}^{\infty} f(t)e^{-i\omega t}\,dt = e^{-ic\omega}F(\omega)$$

(2)　定義から直接，次のように証明される．

$$\mathcal{F}\left[e^{icx}f(x)\right] = \int_{-\infty}^{\infty} e^{icx}f(x)e^{-i\omega x}\,dx$$

$$= \int_{-\infty}^{\infty} e^{-i(\omega - c)x} f(x)\,dx = F(\omega - c)$$

(3)　$a > 0,\ a < 0$ の場合に分けて証明する．どちらも $t = ax$ とおく．

$a > 0$ のとき，$\mathcal{F}[f(ax)] = \displaystyle\int_{-\infty}^{\infty} f(ax) e^{-i\,\omega x}\,dx$

$$= \int_{-\infty}^{\infty} f(t) e^{-i\,\omega \frac{t}{a}} \cdot \frac{1}{a}\,dt = \frac{1}{a} F\left(\frac{\omega}{a}\right)$$

$a < 0$ のとき，$\mathcal{F}[f(ax)] = \displaystyle\int_{\infty}^{-\infty} f(t) e^{-i\,\omega \frac{t}{a}} \cdot \frac{1}{a}\,dt = -\frac{1}{a} F\left(\frac{\omega}{a}\right)$

(4)　部分積分法を用いれば，

$$\mathcal{F}\left[f'(x)\right] = \int_{-\infty}^{\infty} f'(x) e^{-i\,\omega x}\,dx$$

$$= \left[\ f(x) e^{-i\,\omega x}\ \right]_{-\infty}^{\infty} + i\,\omega \int_{-\infty}^{\infty} f(x) e^{-i\,\omega x}\,dx$$

となる．ここで，$\displaystyle\lim_{x \to \pm\infty} f(x) = 0$ を仮定すれば最後の式の第 1 項は 0 となるから，

$$\mathcal{F}\left[f'(x)\right] = i\,\omega F(\omega)$$

が成り立つ．

(5)　$g(x) = \displaystyle\int_{-\infty}^{x} f(t)\,dt$ とおくと，$g'(x) = f(x)$ である．ここで，性質 (4) を $g(x)$ に適用すれば，

$$\mathcal{F}[\,f(x)\,] = \mathcal{F}\left[\,g'(x)\,\right] = i\,\omega \mathcal{F}[\,g(x)\,] = i\,\omega \mathcal{F}\left[\int_{-\infty}^{x} f(t)\,dt\right]$$

となる．したがって，$\mathcal{F}[\,f(x)\,]$ を $F(\omega)$ とかき直せば，次のように証明される．

$$\mathcal{F}\left[\int_{-\infty}^{x} f(t)\,dt\right] = \frac{1}{i\,\omega} F(\omega)$$

証明終

解　答

第1章　ベクトル解析

第1章　第1節の問

1.1 (1) 50 J　(2) 0 J　(3) $-50\sqrt{2}$ J

1.2 (1) $\boldsymbol{a}\times\boldsymbol{b} = 2\boldsymbol{i}+5\boldsymbol{j}-\boldsymbol{k}$,　$\sigma = |\boldsymbol{a}\times\boldsymbol{b}| = \sqrt{30}$,　$\boldsymbol{v} = \pm\dfrac{1}{\sqrt{30}}(2\boldsymbol{i}+5\boldsymbol{j}-\boldsymbol{k})$,

$2x+5y-z=-2$

(2) $\boldsymbol{a}\times\boldsymbol{b} = -\boldsymbol{i}-\boldsymbol{j}-\boldsymbol{k}$,　$\sigma=\sqrt{3}$,

$\boldsymbol{v} = \pm\dfrac{1}{\sqrt{3}}(\boldsymbol{i}+\boldsymbol{j}+\boldsymbol{k})$,　$x+y+z=2$

1.3 (1) 3　(2) -3

1.4 $-55\,\mathrm{m}^3/\mathrm{s}$

第1章　練習問題1

[1] $x=-\dfrac{4}{3}$,　$z=-\dfrac{15}{2}$

[2] $x=1, y=2$　または　$x=2, y=1$

[3] (1) $(\boldsymbol{a}-\boldsymbol{b})\cdot(\boldsymbol{a}+\boldsymbol{b})$

$$= \boldsymbol{a}\cdot\boldsymbol{a}+\boldsymbol{a}\cdot\boldsymbol{b}-\boldsymbol{b}\cdot\boldsymbol{a}-\boldsymbol{b}\cdot\boldsymbol{b}$$

$$= |\boldsymbol{a}|^2-|\boldsymbol{b}|^2$$

(2) $(\boldsymbol{a}-\boldsymbol{b})\times(\boldsymbol{a}+\boldsymbol{b})$

$$= \boldsymbol{a}\times\boldsymbol{a}+\boldsymbol{a}\times\boldsymbol{b}-\boldsymbol{b}\times\boldsymbol{a}-\boldsymbol{b}\times\boldsymbol{b}$$

$$= 2\boldsymbol{a}\times\boldsymbol{b}$$

[4] $\boldsymbol{a}\cdot\boldsymbol{b}=-1$,　$\cos\theta = -\dfrac{1}{2\sqrt{3}}$,

$\theta \fallingdotseq 1.86\,(\fallingdotseq 107^\circ)$

[5] $\overrightarrow{\mathrm{AB}} = 2\boldsymbol{i}+3\boldsymbol{j}+\boldsymbol{k}$ である．

(1) $\boldsymbol{a}\cdot\overrightarrow{\mathrm{AB}} = 6\,[\mathrm{J}]$

(2) $\boldsymbol{a}\cdot\overrightarrow{\mathrm{AB}} = -4\,[\mathrm{J}]$

[6] (1) $\boldsymbol{a}\times\boldsymbol{b} = 2\boldsymbol{i}+3\boldsymbol{j}-\boldsymbol{k}$

(2) $\sigma = |\boldsymbol{a}\times\boldsymbol{b}| = \sqrt{14}$

(3) $\boldsymbol{v} = \pm\dfrac{1}{\sqrt{14}}(2\boldsymbol{i}+3\boldsymbol{j}-\boldsymbol{k})$

(4) $2x+3y-z=0$

[7] (1) -23　(2) 23

[8] $\omega = \left|\overrightarrow{\mathrm{OA}}\cdot(\overrightarrow{\mathrm{OB}}\times\overrightarrow{\mathrm{OC}})\right| = 7$

[9] (1) $\boldsymbol{a}\cdot(\boldsymbol{u}\times\boldsymbol{v}) = -5\ \left[\mathrm{m}^3/\mathrm{s}\right]$

(2) $\boldsymbol{a}\cdot(\boldsymbol{u}\times\boldsymbol{v}) = 6\ \left[\mathrm{m}^3/\mathrm{s}\right]$

第1章　第2節の問

2.1 (1) 平面 $x+2y-3z=k$

(2) 球面 $x^2+y^2+z^2=\dfrac{1}{k}$　$(k>0)$，すなわち，原点を中心とした半径 $\dfrac{1}{\sqrt{k}}$ の球面

2.2 (1)

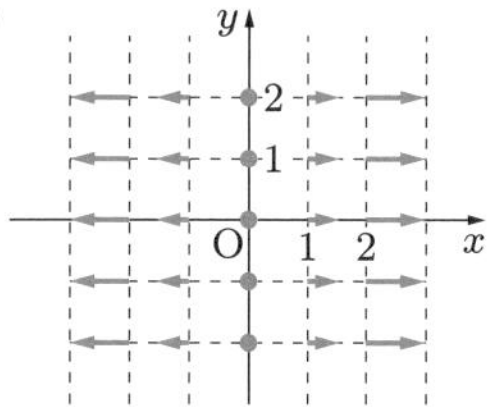

(2)

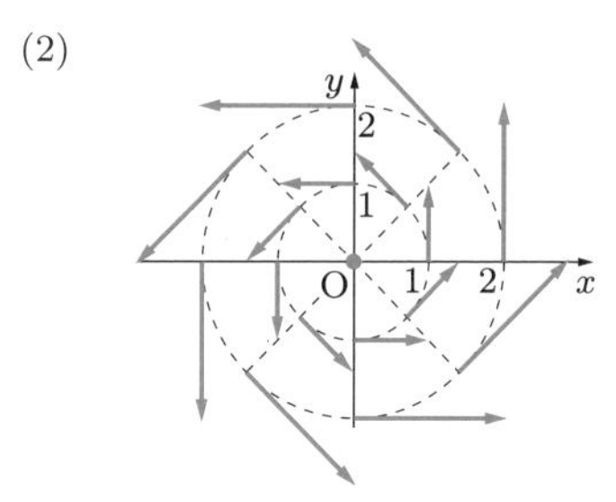

2.3 (1) $\boldsymbol{i}+2\boldsymbol{j}$　(2) $\boldsymbol{i}-2y\,\boldsymbol{j}+3z^2\,\boldsymbol{k}$

(3) $2yz^3\,\boldsymbol{j}+3y^2z^2\,\boldsymbol{k}$

2.4 $\nabla(\varphi\psi)$

$$= \boldsymbol{i}\frac{\partial}{\partial x}(\varphi\psi)+\boldsymbol{j}\frac{\partial}{\partial y}(\varphi\psi)+\boldsymbol{k}\frac{\partial}{\partial z}(\varphi\psi)$$

$$= \left(\frac{\partial\varphi}{\partial x}\psi+\varphi\frac{\partial\psi}{\partial x}\right)\boldsymbol{i} + \left(\frac{\partial\varphi}{\partial y}\psi+\varphi\frac{\partial\psi}{\partial y}\right)\boldsymbol{j} + \left(\frac{\partial\varphi}{\partial z}\psi+\varphi\frac{\partial\psi}{\partial z}\right)\boldsymbol{k}$$

$$= \left(\frac{\partial\varphi}{\partial x}\boldsymbol{i}+\frac{\partial\varphi}{\partial y}\boldsymbol{j}+\frac{\partial\varphi}{\partial z}\boldsymbol{k}\right)\psi + \varphi\left(\frac{\partial\psi}{\partial x}\boldsymbol{i}+\frac{\partial\psi}{\partial y}\boldsymbol{j}+\frac{\partial\psi}{\partial z}\boldsymbol{k}\right)$$

$$= (\nabla\varphi)\psi+\varphi(\nabla\psi)$$

2.5　φ が定数のとき，点 P におけるスカラー場の値 $\varphi(\mathrm{P})$ は，P が移動しても変化しない．したがって，どの方向 $\boldsymbol{u}$ に対しても φ の変化率 $\operatorname{grad}\varphi(\mathrm{P})\cdot\boldsymbol{u}=0$，すなわち，$\operatorname{grad}\varphi=\mathbf{0}$ である．

2.6　(1) $\operatorname{grad}\varphi=-\dfrac{2x}{(x^2+y^2)^2}\boldsymbol{i}-\dfrac{2y}{(x^2+y^2)^2}\boldsymbol{j}$,

$\operatorname{grad}\varphi(\mathrm{P})=-\dfrac{2}{25}\boldsymbol{i}+\dfrac{4}{25}\boldsymbol{j}$

(2) $D_{\boldsymbol{u}}\varphi(\mathrm{P})=\dfrac{\sqrt{2}}{25}$

(3) $\boldsymbol{u}=\dfrac{1}{\sqrt{5}}(-\boldsymbol{i}+2\boldsymbol{j})$

2.7　(1) 3　(2) 0　(3) $3yz+3z^2$

2.8　$\nabla\cdot(\varphi\boldsymbol{a})$

$$
\begin{aligned}
&=\frac{\partial}{\partial x}(\varphi a_x)+\frac{\partial}{\partial x}(\varphi a_y)+\frac{\partial}{\partial x}(\varphi a_z)\\
&=\frac{\partial\varphi}{\partial x}a_x+\varphi\frac{\partial a_x}{\partial x}+\frac{\partial\varphi}{\partial y}a_y+\varphi\frac{\partial a_y}{\partial y}+\frac{\partial\varphi}{\partial z}a_z+\varphi\frac{\partial a_z}{\partial z}\\
&=\left(\frac{\partial\varphi}{\partial x}a_x+\frac{\partial\varphi}{\partial y}a_y+\frac{\partial\varphi}{\partial z}a_z\right)+\varphi\left(\frac{\partial a_x}{\partial x}+\frac{\partial a_y}{\partial y}+\frac{\partial a_z}{\partial z}\right)\\
&=(\nabla\varphi)\cdot\boldsymbol{a}+\varphi\nabla\cdot\boldsymbol{a}
\end{aligned}
$$

2.9　ベクトル場 $\boldsymbol{a}$ が表す流体の速度は至るところ一定である．したがって，流体の中にあるどんな立体でも流入量と流出量は等しいから，発散は 0 である．

2.10　$\dfrac{2xy}{z^3}$

2.11　(1) $-\boldsymbol{i}-\boldsymbol{j}-\boldsymbol{k}$　(2) $z\,\boldsymbol{i}+x\,\boldsymbol{j}+y\,\boldsymbol{k}$　(3) $\mathbf{0}$

2.12

$$
\nabla\times(\varphi\boldsymbol{a})=\begin{vmatrix}\boldsymbol{i} & \dfrac{\partial}{\partial x} & \varphi a_x\\ \boldsymbol{j} & \dfrac{\partial}{\partial y} & \varphi a_y\\ \boldsymbol{k} & \dfrac{\partial}{\partial z} & \varphi a_z\end{vmatrix}
$$

$$
\begin{aligned}
&=\left\{\frac{\partial(\varphi a_z)}{\partial y}-\frac{\partial(\varphi a_y)}{\partial z}\right\}\boldsymbol{i}-\left\{\frac{\partial(\varphi a_z)}{\partial x}-\frac{\partial(\varphi a_x)}{\partial z}\right\}\boldsymbol{j}+\left\{\frac{\partial(\varphi a_y)}{\partial x}-\frac{\partial(\varphi a_x)}{\partial y}\right\}\boldsymbol{k}\\
&=\left(\frac{\partial\varphi}{\partial y}a_z-\frac{\partial\varphi}{\partial z}a_y\right)\boldsymbol{i}-\left(\frac{\partial\varphi}{\partial x}a_z-\frac{\partial\varphi}{\partial z}a_x\right)\boldsymbol{j}+\left(\frac{\partial\varphi}{\partial x}a_y-\frac{\partial\varphi}{\partial y}a_x\right)\boldsymbol{k}\\
&\quad+\varphi\left(\frac{\partial a_z}{\partial y}-\frac{\partial a_y}{\partial z}\right)\boldsymbol{i}-\varphi\left(\frac{\partial a_z}{\partial x}-\frac{\partial a_x}{\partial z}\right)\boldsymbol{j}+\varphi\left(\frac{\partial a_y}{\partial x}-\frac{\partial a_x}{\partial y}\right)\boldsymbol{k}\\
&=\begin{vmatrix}\boldsymbol{i} & \dfrac{\partial\varphi}{\partial x} & a_x\\ \boldsymbol{j} & \dfrac{\partial\varphi}{\partial y} & a_y\\ \boldsymbol{k} & \dfrac{\partial\varphi}{\partial z} & a_z\end{vmatrix}+\varphi\begin{vmatrix}\boldsymbol{i} & \dfrac{\partial}{\partial x} & a_x\\ \boldsymbol{j} & \dfrac{\partial}{\partial y} & a_y\\ \boldsymbol{k} & \dfrac{\partial}{\partial z} & a_z\end{vmatrix}\\
&=(\nabla\varphi)\times\boldsymbol{a}+\varphi(\nabla\times\boldsymbol{a})
\end{aligned}
$$

2.13　$\boldsymbol{a}$ は x 軸に平行な流れであり，y 座標，z 座標が変化しても流れの大きさに変化がない．したがって，回転は生まれない．

第1章　練習問題2

[1]　(1) $2xy\,\boldsymbol{i}+x^2\boldsymbol{j}-3\boldsymbol{k}$

(2) $\dfrac{3}{x^3+y^3+z^3}(x^2\,\boldsymbol{i}+y^2\,\boldsymbol{j}+z^2\,\boldsymbol{k})$

[2]　$\boldsymbol{u}=\dfrac{1}{\sqrt{53}}(6\boldsymbol{i}-4\boldsymbol{j}+\boldsymbol{k})$

[3]　(1) $x+y+z$　(2) $e^x+xe^{xy}+xye^{xyz}$

[4]　(1) $\mathbf{0}$　(2) $-\boldsymbol{i}-\boldsymbol{j}-\boldsymbol{k}$

[5]　(1) $3x^2\,\boldsymbol{i}+\boldsymbol{j}+2z\,\boldsymbol{k}$

(2) $3x^2\,\boldsymbol{i}-(2y-1)\boldsymbol{j}-2z(3x-1)\,\boldsymbol{k}$

[6]　(1) $2y^2z^2+2x^2z^2+2x^2y^2$　(2) 6

[7]　(1) $\nabla\times(\nabla\varphi)$

$$
=\nabla\times\left(\frac{\partial\varphi}{\partial x}\boldsymbol{i}+\frac{\partial\varphi}{\partial y}\boldsymbol{j}+\frac{\partial\varphi}{\partial z}\boldsymbol{k}\right)
=\begin{vmatrix}\boldsymbol{i} & \dfrac{\partial}{\partial x} & \dfrac{\partial\varphi}{\partial x}\\ \boldsymbol{j} & \dfrac{\partial}{\partial y} & \dfrac{\partial\varphi}{\partial y}\\ \boldsymbol{k} & \dfrac{\partial}{\partial z} & \dfrac{\partial\varphi}{\partial z}\end{vmatrix}=\mathbf{0}
$$

(2) $\nabla\cdot(\nabla\times\boldsymbol{a})$

$$
=\nabla\cdot\left\{\left(\frac{\partial a_z}{\partial y}-\frac{\partial a_y}{\partial z}\right)\boldsymbol{i}\right.
$$

$$+\left(\frac{\partial a_x}{\partial z}-\frac{\partial a_z}{\partial x}\right)\boldsymbol{j}$$
$$+\left(\frac{\partial a_y}{\partial x}-\frac{\partial a_x}{\partial y}\right)\boldsymbol{k}\Bigg\}$$
$$=\frac{\partial^2 a_z}{\partial x\partial y}-\frac{\partial^2 a_y}{\partial x\partial z}+\frac{\partial^2 a_x}{\partial y\partial z}-\frac{\partial^2 a_z}{\partial y\partial x}$$
$$+\frac{\partial^2 a_y}{\partial z\partial x}-\frac{\partial^2 a_x}{\partial z\partial y}=0$$

[8]　(1) $r=\sqrt{x^2+y^2+z^2}$ であるから，

$$\nabla r=\frac{x}{\sqrt{x^2+y^2+z^2}}\boldsymbol{i}+\frac{y}{\sqrt{x^2+y^2+z^2}}\boldsymbol{j}+\frac{z}{\sqrt{x^2+y^2+z^2}}\boldsymbol{k}=\frac{\boldsymbol{r}}{r}$$

(2) $\nabla\cdot\boldsymbol{r}=\dfrac{\partial}{\partial x}(x)+\dfrac{\partial}{\partial y}(y)+\dfrac{\partial}{\partial z}(z)=3$

(3) $\nabla\times\boldsymbol{r}=\begin{vmatrix}\boldsymbol{i} & \dfrac{\partial}{\partial x} & x\\ \boldsymbol{j} & \dfrac{\partial}{\partial y} & y\\ \boldsymbol{i} & \dfrac{\partial}{\partial z} & z\end{vmatrix}=\boldsymbol{0}$

第1章　第3節の問

3.1　媒介変数表示の方法は1通りではない．1例を示す．

(1) $\boldsymbol{r}=(1-2t)\boldsymbol{i}+(-2+5t)\boldsymbol{j}+\boldsymbol{k}\quad(0\leqq t\leqq 1)$

(2) $\boldsymbol{r}=5\cos t\,\boldsymbol{i}+\boldsymbol{j}+5\sin t\,\boldsymbol{k}\quad(0\leqq t\leqq 2\pi)$

3.2　(1) $\dfrac{d\boldsymbol{r}}{dt}=3\boldsymbol{i}-5\boldsymbol{j}+7\boldsymbol{k},\quad\left|\dfrac{d\boldsymbol{r}}{dt}\right|=\sqrt{83}$

(2) $\dfrac{d\boldsymbol{r}}{dt}=-6\sin t\,\boldsymbol{j}+6\cos t\,\boldsymbol{k},\quad\left|\dfrac{d\boldsymbol{r}}{dt}\right|=6$

3.3　$2\sqrt{10}\pi$

3.4　線分Cは $\boldsymbol{r}=t\,\boldsymbol{i}+2t\,\boldsymbol{j}-3t\,\boldsymbol{k}\ (0\leqq t\leqq 1)$ と媒介変数表示することができる．

(1) $\dfrac{5\sqrt{14}}{3}$　　(2) $-\dfrac{18\sqrt{14}}{5}$

3.5　(1) $\dfrac{1}{2}$　　(2) $\dfrac{5}{6}$

3.6　π^2

3.7　媒介変数表示の方法は1通りではない．1例を示す．

(1) $\boldsymbol{r}=(1-2u)\boldsymbol{i}+(2-u-v)\boldsymbol{j}+(3-4u-2v)\boldsymbol{k}$

(2) $\boldsymbol{r}=u\,\boldsymbol{i}+3\cos v\,\boldsymbol{j}+3\sin v\,\boldsymbol{k}$

(3) $\boldsymbol{r}=x\,\boldsymbol{i}+y\,\boldsymbol{j}+(x^2-y^2)\boldsymbol{k}$

3.8　(1) $\dfrac{\partial\boldsymbol{r}}{\partial u}=3\boldsymbol{i}+2u\,\boldsymbol{k},\ \dfrac{\partial\boldsymbol{r}}{\partial v}=-\boldsymbol{j}+2v\,\boldsymbol{k},\ \pm\dfrac{1}{\sqrt{4u^2+36v^2+9}}(2u\,\boldsymbol{i}-6v\,\boldsymbol{j}-3\boldsymbol{k})$

(2) $\dfrac{\partial\boldsymbol{r}}{\partial u}=\cos v\,\boldsymbol{i}+\sin v\,\boldsymbol{j}+\boldsymbol{k},\ \dfrac{\partial\boldsymbol{r}}{\partial v}=-u\sin v\,\boldsymbol{i}+u\cos v\,\boldsymbol{j},\ \pm\dfrac{1}{\sqrt{2}}(-\cos v\,\boldsymbol{i}-\sin v\,\boldsymbol{j}+\boldsymbol{k})$

3.9　(1) 2π　　(2) $\dfrac{8\pi}{3}$

3.10　$\boldsymbol{n}=\cos u\,\boldsymbol{i}+\sin u\,\boldsymbol{j}$

3.11　$\boldsymbol{n}=\dfrac{1}{\sqrt{4x^2+4y^2+1}}(2x\,\boldsymbol{i}+2y\,\boldsymbol{j}+\boldsymbol{k})$

3.12　9π

3.13　36

第1章　練習問題3

[1]　(1) $\dfrac{d\boldsymbol{r}}{dt}=2\boldsymbol{i}+3\boldsymbol{j}-\boldsymbol{k},\quad\left|\dfrac{d\boldsymbol{r}}{dt}\right|=\sqrt{14}$

(2) $\dfrac{d\boldsymbol{r}}{dt}=4\cos 2t\,\boldsymbol{i}-4\sin 2t\,\boldsymbol{j},\quad\left|\dfrac{d\boldsymbol{r}}{dt}\right|=4$

[2]　(1) $2\sqrt{6}$　　(2) 3π

[3]　(1) $6\sqrt{10}$　　(2) $\dfrac{\sqrt{2}\,\pi^3}{3}$

[4]　(1) 8　　(2) $\dfrac{5}{2}$

[5]　(1) $\displaystyle\int_{\mathrm{C}_1}\boldsymbol{a}\cdot d\boldsymbol{r}=\int_0^1\left\{(1-t)^2\,\boldsymbol{i}-t^2\,\boldsymbol{j}\right\}\cdot(-\boldsymbol{i}+\boldsymbol{j})\,dt$

(2) $\displaystyle\int_{\mathrm{C}_2}\boldsymbol{a}\cdot d\boldsymbol{r}=\int_0^{\frac{\pi}{2}}(\cos^2 t\,\boldsymbol{i}-\sin^2 t\,\boldsymbol{j})\cdot(-\sin t\,\boldsymbol{i}+\cos t\,\boldsymbol{j})\,dt$

(3) $\varphi(0,1,0)-\varphi(1,0,0)=-\dfrac{2}{3}$

[6]　(1) $-2(\cos v\,\boldsymbol{i}+\sin v\,\boldsymbol{j}),\quad 2$

(2) $\displaystyle\iint_{\mathrm{D}}2u\cos^2 v\cdot 2\,dudv=0$

(3) $\displaystyle\iint_{\mathrm{D}}(2u\cos^2 v\,\boldsymbol{i}+4u^2\sin v\,\boldsymbol{j})\cdot 2(\cos v\,\boldsymbol{i}+\sin v\,\boldsymbol{j})\,dudv=\frac{16\pi}{3}$

[7]　$-\dfrac{8}{15}$

第1章　第4節の問

4.1　$\dfrac{1}{48}$

4.2　$\dfrac{3}{2}$

4.3　$U = 8\pi R^3 \ \left[\mathrm{m^3/s}\right]$

4.4　-1

4.5　$W = \pi \, [\mathrm{J}]$

第1章　練習問題4

[1]　$\mathrm{D} = \left\{(x, y) | x^2 + y^2 \leqq 4\right\}$ とする.

$$\int_{\mathrm{V}} z \, d\omega = \iint_{\mathrm{D}} \left\{ \int_0^{\sqrt{4-x^2-y^2}} z \, dz \right\} dxdy$$
$$= \frac{1}{2} \iint_{\mathrm{D}} (4 - x^2 - y^2) \, dxdy$$

極座標に変換すると，積分領域は

$$0 \leqq r \leqq 2, \quad 0 \leqq \theta \leqq 2\pi$$

であるから，

$$(\text{右辺}) = \frac{1}{2} \int_0^2 \left\{ \int_0^{2\pi} (4 - r^2) r \, d\theta \right\} dr$$
$$= \pi \int_0^2 (4r - r^3) \, dr = 4\pi$$

[2]　$\operatorname{div} \boldsymbol{a} = 2y$ である．三角柱は
$\mathrm{V} = \left\{(x, y, z) | x \geqq 0, y \geqq 0, \dfrac{x}{2} + \dfrac{y}{6} \leqq 1, 0 \leqq z \leqq 1\right\}$ と表される.

$\mathrm{D} = \left\{(x, y) | x \geqq 0, y \geqq 0, \dfrac{x}{2} + \dfrac{y}{6} \leqq 1\right\}$
とすると，ガウスの発散定理により

$$\int_{\mathrm{S}} (\boldsymbol{a} \cdot d\boldsymbol{S}) \, d\omega = \int_{\mathrm{V}} (\operatorname{div} \boldsymbol{a}) \, d\omega$$
$$= \iint_{\mathrm{D}} \left(\int_0^1 2y \, dz \right) dxdy$$
$$= \int_0^2 \left\{ \int_0^{6\left(1-\frac{x}{2}\right)} 2y \, dy \right\} dx$$
$$= 9 \int_0^2 (x^2 - 4x + 4) \, dx = 24$$

[3]　$\operatorname{div} \boldsymbol{a} = 3x^2 + 3y^2$ である.
$\mathrm{D} = \left\{(x, y) | x^2 + y^2 \leqq 4\right\}$ とすると，ガウスの発散定理により

$$\int_{\mathrm{S}} \boldsymbol{a} \cdot d\boldsymbol{S} = \int_{\mathrm{V}} (\operatorname{div} \boldsymbol{a}) \, d\omega$$
$$= \iint_{\mathrm{D}} \left\{ \int_1^2 (3x^2 + 3y^2) dz \right\} dxdy$$
$$= 3 \iint_{\mathrm{D}} (x^2 + y^2) \, dxdy$$

極座標に変換すると，積分領域は $0 \leqq r \leqq 2$, $0 \leqq \theta \leqq 2\pi$ となるから，

$$(\text{右辺}) = 3 \int_0^2 \left\{ \int_0^{2\pi} r^2 r \, d\theta \right\} dr = 24\pi$$

[4]　(1) $\displaystyle\int_0^{2\pi} (R \sin t \, \boldsymbol{i} - R \cos t \, \boldsymbol{j}) \cdot (-R \sin t \, \boldsymbol{i} + R \cos t \, \boldsymbol{j}) \, dt = -2\pi R^2$

(2) $\displaystyle\iint_{\mathrm{D}} (-2\boldsymbol{k}) \cdot \boldsymbol{k} \, dxdy = -2\pi R^2$

$(\mathrm{D} = \{(x, y) | \, x^2 + y^2 \leqq R^2\})$

よって，ストークスの定理が成り立つ.

[5]　(1) $\displaystyle\int_{\mathrm{C}_1} \boldsymbol{a} \cdot d\boldsymbol{r} = 0, \quad \int_{\mathrm{C}_2} \boldsymbol{a} \cdot d\boldsymbol{r} = \frac{10}{3},$
$\displaystyle\int_{\mathrm{C}_3} \boldsymbol{a} \cdot d\boldsymbol{r} = -\frac{8}{3}.$　よって，$\displaystyle\int_{\mathrm{C}} \boldsymbol{a} \cdot d\boldsymbol{r} = \frac{2}{3}$

(2) $\displaystyle\int_{\mathrm{S}} (\operatorname{rot} \boldsymbol{a}) \cdot d\boldsymbol{S} = \frac{2}{3}$

よって，ストークスの定理が成り立つ.

第1章の章末問題

1.　求める平面上に点 $\mathrm{P}(x, y, z)$ をとると，ベクトル $\overrightarrow{\mathrm{AB}}$, $\overrightarrow{\mathrm{AC}}$, $\overrightarrow{\mathrm{AP}}$ は同一平面上にある．よって，

$$\overrightarrow{\mathrm{AB}} \cdot (\overrightarrow{\mathrm{AC}} \times \overrightarrow{\mathrm{AP}}) = \begin{vmatrix} -4 & -1 & x-3 \\ 0 & -2 & y-1 \\ -4 & -1 & z-2 \end{vmatrix}$$
$$= 8z - 8x + 8 = 0$$

が成り立つ．したがって，求める平面の方程式は $x - z = 1$ である.

2.　$\boldsymbol{a} = a_x \boldsymbol{i} + a_y \boldsymbol{j} + a_z \boldsymbol{k}$, $\boldsymbol{b} = b_x \boldsymbol{i} + b_y \boldsymbol{j} + b_z \boldsymbol{k}$, $\boldsymbol{c} = c_x \boldsymbol{i} + c_y \boldsymbol{j} + c_z \boldsymbol{k}$ とすると，
$\boldsymbol{b} \times \boldsymbol{c} = \begin{vmatrix} b_y & c_y \\ b_z & c_z \end{vmatrix} \boldsymbol{i} - \begin{vmatrix} b_x & c_x \\ b_z & c_z \end{vmatrix} \boldsymbol{j} + \begin{vmatrix} b_x & c_x \\ b_y & c_y \end{vmatrix} \boldsymbol{k}$ であるから，

左辺

$$= \left(a_y \begin{vmatrix} b_x & c_x \\ b_y & c_y \end{vmatrix} + a_z \begin{vmatrix} b_x & c_x \\ b_z & c_z \end{vmatrix} \right) \boldsymbol{i}$$

$$- \left(a_x \begin{vmatrix} b_x & c_x \\ b_y & c_y \end{vmatrix} - a_z \begin{vmatrix} b_y & c_y \\ b_z & c_z \end{vmatrix} \right) \boldsymbol{j}$$
$$+ \left(-a_x \begin{vmatrix} b_x & c_x \\ b_z & c_z \end{vmatrix} - a_y \begin{vmatrix} b_y & c_y \\ b_z & c_z \end{vmatrix} \right) \boldsymbol{k}$$
$$= \{a_y(b_x c_y - b_y c_x) + a_z(b_x c_z - b_z c_x)\} \boldsymbol{i}$$
$$+ \{a_x(b_y c_x - b_x c_y) + a_z(b_y c_z - b_z c_y)\} \boldsymbol{j}$$
$$+ \{a_x(b_z c_x - b_x c_z) + a_y(b_z c_y - b_y c_z)\} \boldsymbol{k}$$

右辺の x 成分

$$= (\boldsymbol{a} \cdot \boldsymbol{c}) b_x - (\boldsymbol{a} \cdot \boldsymbol{b}) c_x$$
$$= (a_x c_x + a_y c_y + a_z c_z) b_x - (a_x b_x + a_y b_y + a_z b_z) c_x$$
$$= a_y(b_x c_y - b_y c_x) + a_z(b_x c_z - b_z c_x)$$

右辺の y 成分

$$= (\boldsymbol{a} \cdot \boldsymbol{c}) b_y - (\boldsymbol{a} \cdot \boldsymbol{b}) c_y$$
$$= (a_x c_x + a_y c_y + a_z c_z) b_y - (a_x b_x + a_y b_y + a_z b_z) c_y$$
$$= a_x(b_y c_x - b_x c_y) + a_z(b_y c_z - b_z c_y)$$

右辺の z 成分

$$= (\boldsymbol{a} \cdot \boldsymbol{c}) b_z - (\boldsymbol{a} \cdot \boldsymbol{b}) c_z$$
$$= (a_x c_x + a_y c_y + a_z c_z) b_z - (a_x b_x + a_y b_y + a_z b_z) c_z$$
$$= a_x(b_z c_x - b_x c_z) + a_y(b_z c_y - b_y c_z)$$

以上により，等式が成り立つ．

3. (1) 左辺 $= \dfrac{\partial}{\partial x} f(\varphi)\,\boldsymbol{i} + \dfrac{\partial}{\partial y} f(\varphi)\,\boldsymbol{j} + \dfrac{\partial}{\partial z} f(\varphi)\,\boldsymbol{k}$

$$= \frac{df(\varphi)}{d\varphi}\frac{\partial \varphi}{\partial x}\,\boldsymbol{i} + \frac{df(\varphi)}{d\varphi}\frac{\partial \varphi}{\partial y}\,\boldsymbol{j} + \frac{df(\varphi)}{d\varphi}\frac{\partial \varphi}{\partial z}\,\boldsymbol{k}$$
$$= f'(\varphi)\left(\frac{\partial \varphi}{\partial x}\,\boldsymbol{i} + \frac{\partial \varphi}{\partial y}\,\boldsymbol{j} + \frac{\partial \varphi}{\partial z}\,\boldsymbol{k} \right)$$
$$= f'(\varphi)\nabla\varphi = \text{右辺}$$

(2) 左辺 $= \nabla \cdot \nabla f(\varphi)$

$$= \nabla \cdot \left\{ f'(\varphi)\nabla\varphi \right\}$$
$$= \nabla f'(\varphi) \cdot \nabla\varphi + f'(\varphi)\nabla \cdot \nabla\varphi$$
$$= f''(\varphi)\nabla\varphi \cdot \nabla\varphi + f'(\varphi)\nabla^2\varphi$$
$$= f''(\varphi)|\nabla\varphi|^2 + f'(\varphi)\nabla^2\varphi$$
$$= \text{右辺}$$

4. (1) $\mathrm{grad}\,\varphi = (2x-3y)\boldsymbol{i} - 3x\,\boldsymbol{j} + 4z\,\boldsymbol{k} = \boldsymbol{a}$ であるから，φ は $\boldsymbol{a}$ のスカラーポテンシャルである．

(2) 定理 3.4 による．

$$\int_{\mathrm{C}} \boldsymbol{a} \cdot d\boldsymbol{r} = \int_{\mathrm{C}} \mathrm{grad}\,\varphi \cdot d\boldsymbol{r}$$
$$= \varphi(-3,1,4) - \varphi(5,-2,1)$$
$$= 50 - 57 = -7$$

5. $\mathrm{V} = \left\{ (x,y,z) \mid 0 \leqq x \leqq 6-3y-2z,\ 0 \leqq y \leqq 2 - \dfrac{2z}{3},\ 0 \leqq z \leqq 3 \right\}$ となる．$\mathrm{div}\,\boldsymbol{a} = 3+2+1 = 6$ であるから，ガウスの発散定理によって，

$$\int_{\mathrm{S}} \boldsymbol{a} \cdot d\boldsymbol{S}$$
$$= \int_{\mathrm{V}} (\mathrm{div}\boldsymbol{a}) d\omega$$
$$= 6\int_0^3 \left\{ \int_0^{2-\frac{2z}{3}} \left\{ \int_0^{6-3y-2z} dx \right\} dy \right\} dz$$
$$= 6\int_0^3 \left\{ \int_0^{2-\frac{2z}{3}} (6-3y-2z) dy \right\} dz$$
$$= 6\int_0^3 \left\{ 4(3-z) - 6\left(1-\frac{z}{3}\right)^2 - 4z + \frac{4z^2}{3} \right\} dz$$
$$= 36$$

> [note] V は底面積 $\dfrac{1}{2} \cdot 2 \cdot 6 = 6$，高さ 3 の三角錐であるから，$\displaystyle\int_{\mathrm{V}} (\mathrm{div}\,\boldsymbol{a})\ d\omega = 6\int_{\mathrm{V}} d\omega = 6 \cdot \frac{1}{3} \cdot 6 \cdot 3 = 36$ としてもよい．

6. C の内部の領域を D とすると，$\mathrm{D} = \{(x,y) \mid 0 \leqq x \leqq 1,\ 0 \leqq y \leqq x\}$ と表される．$\boldsymbol{a} = (x^2-y^2)\,\boldsymbol{i} + 2xy\,\boldsymbol{j}$ とすると，$\dfrac{\partial a_y}{\partial x} - \dfrac{\partial a_x}{\partial y} = 2y - (-2y) = 4y$ となるから，グリーンの定理によって，

$$\int_{\mathrm{C}} (x^2-y^2)\,dx + \int_{\mathrm{C}} 2xy\,dy = \iint_{\mathrm{D}} 4y\,dxdy$$
$$= \int_0^1 \left\{ \int_0^x 4y\,dy \right\} dx = \int_0^1 2x^2\,dx = \frac{2}{3}$$

7. S は $\boldsymbol{r}=x\,\boldsymbol{i}+y\,\boldsymbol{j}+(2x+1)\,\boldsymbol{k}\ (x^2+y^2 \leqq 1)$ と表される．$\dfrac{\partial \boldsymbol{r}}{\partial x} \times \dfrac{\partial \boldsymbol{r}}{\partial y} = -2\boldsymbol{i}+\boldsymbol{k}$ は外向きで，$\mathrm{rot}\,\boldsymbol{a} = (2y+1)\,\boldsymbol{k}$ となるので，$\mathrm{D} = \{(x,y) | x^2+y^2 \leqq 1\}$ とすると，$\displaystyle\int_{\mathrm{C}} \boldsymbol{a} \cdot d\boldsymbol{r} = \int_{\mathrm{S}} (\mathrm{rot}\,\boldsymbol{a}) \cdot d\boldsymbol{S} = \iint_{\mathrm{D}} (2y+1)\,dxdy$ である．$x = r\cos\theta$, $y = r\sin\theta$ とすると，$\displaystyle\iint_{\mathrm{D}} (2y+1)\,dxdy = \int_0^{2\pi} \left\{ \int_0^1 r(2r\sin\theta+1)\,dr \right\} d\theta = \pi$ となる．

第2章　複素関数論

第2章　第1節の問

1.1 (1) $-1+4i$　(2) $-3+2i$
(3) $-5+i$　(4) $\dfrac{1}{2}+\dfrac{5}{2}i$

1.2

y　$1+2i$　$(-2-i)+(1+2i)$　O　2　x　$-2-i$　$\overline{1+2i}$　$(-2-i)-(1+2i)$

1.3 (1) $2\sqrt{3}$　(2) 3　(3) 5

1.4 (1) 原点 O を中心とした半径 1 の円
(2) -1 を中心とした半径 1 の円の内部（境界線は含まない）
(3) 直線 $y=\pi$, $y=-\pi$ の間の領域（直線 $y=\pi$ を含み，$y=-\pi$ は含まない）

(1)
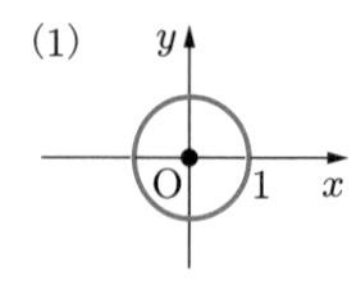

(2)
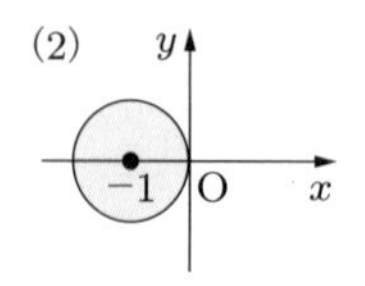

(3)
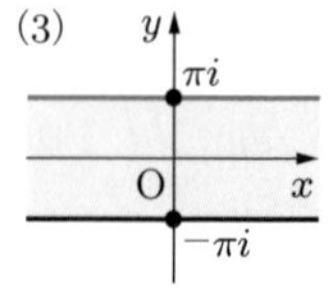

青線の境界は含まれないことを示す．

1.5 (1) $\dfrac{3\pi}{4}$　(2) π　(3) 0　(4) $\dfrac{4\pi}{3}$

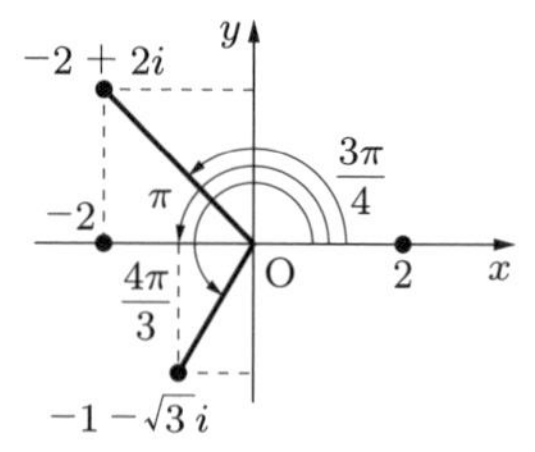

1.6 (1) $2\left(\cos\dfrac{\pi}{6}+i\sin\dfrac{\pi}{6}\right)$
(2) $\sqrt{2}\left(\cos\dfrac{7\pi}{4}+i\sin\dfrac{7\pi}{4}\right)$
(3) $2(\cos\pi+i\sin\pi)$
(4) $3\left(\cos\dfrac{\pi}{2}+i\sin\dfrac{\pi}{2}\right)$

1.7 (1) $\sqrt{2}\left(\cos\dfrac{5\pi}{4}+i\sin\dfrac{5\pi}{4}\right)$
(2) $2\left(\cos\dfrac{\pi}{3}+i\sin\dfrac{\pi}{3}\right)$
(3) $2\sqrt{2}\left(\cos\dfrac{19\pi}{12}+i\sin\dfrac{19\pi}{12}\right)$
(4) $\dfrac{\sqrt{2}}{2}\left(\cos\dfrac{11\pi}{12}+i\sin\dfrac{11\pi}{12}\right)$

1.8 (1) $-16\sqrt{3}+16\,i$　(2) $-\dfrac{1}{4}$

1.9 (1) -1　(2) $\dfrac{\sqrt{2}}{2}+\dfrac{\sqrt{2}}{2}i$　(3) $\sqrt{3}-i$

1.10 (1) $2\,e^{\frac{\pi}{6}i}$　(2) $\sqrt{2}\,e^{\frac{7\pi}{4}i}$
(3) $2\,e^{\pi i}$　(4) $3\,e^{\frac{\pi}{2}i}$

1.11 (1) $1,\ i,\ -1,\ -i$
(2) $\dfrac{1}{2}+\dfrac{\sqrt{3}}{2}i,\ -1,\ \dfrac{1}{2}-\dfrac{\sqrt{3}}{2}i$

(1)
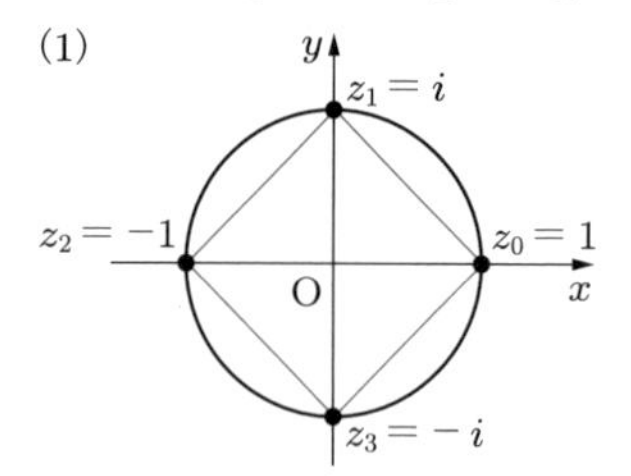

(2)
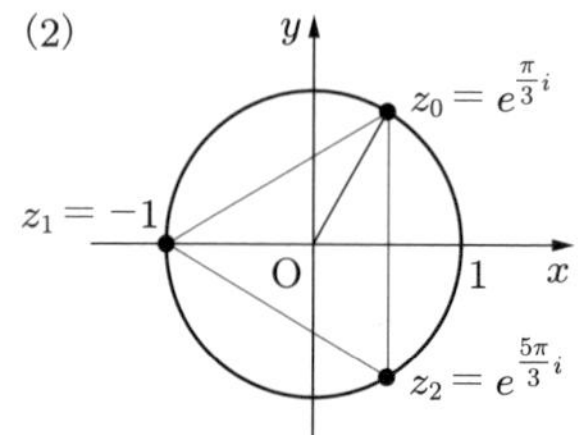

第 2 章　練習問題 1

[1] (1) $4-i$　(2) $2-9i$　(3) $23+7i$
(4) $-1-i$

[2] (1) $\sqrt{3}$　(2) -1　(3) 2
(4) -64　(5) $\dfrac{1}{8}i$

[3] (1) 点 $z=i$ を中心とする半径 2 の円
(2) 点 $z=-1$ を中心とする半径 3 の円の外側（境界を含む）

[4] (1) $\sqrt{2}\left(\cos\dfrac{\pi}{4}+i\sin\dfrac{\pi}{4}\right)$

(2) $2\sqrt{3}\left(\cos\dfrac{5\pi}{6}+i\sin\dfrac{5\pi}{6}\right)$

(3) $4\left(\cos\dfrac{4\pi}{3}+i\sin\dfrac{4\pi}{3}\right)$

(4) $2\left(\cos\dfrac{7\pi}{4}+i\sin\dfrac{7\pi}{4}\right)$

[5] (1) $-1+\sqrt{3}i$　(2) $-1-i$
(3) $-5i$

[6] (1) $\sqrt{2}r\left\{\cos\left(\theta+\dfrac{\pi}{4}\right)+i\sin\left(\theta+\dfrac{\pi}{4}\right)\right\}$

(2) $\dfrac{r^2}{\sqrt{2}}\left\{\cos\left(2\theta-\dfrac{\pi}{4}\right)+i\sin\left(2\theta-\dfrac{\pi}{4}\right)\right\}$

[7] ド・モアブルの公式から，$(\cos\theta+i\sin\theta)^3=\cos 3\theta+i\sin 3\theta$ である．
左辺を展開し，実部と虚部を比較する．

[8]
$$\begin{aligned}\overline{re^{i\theta}} &= \overline{r(\cos\theta+i\sin\theta)}\\ &= r(\cos\theta-i\sin\theta)\\ &= r\{\cos(-\theta)+i\sin(-\theta)\}=re^{-i\theta}\end{aligned}$$

[9] $2e^{\frac{\pi}{8}i}$，$2e^{\frac{5\pi}{8}i}$，$2e^{\frac{9\pi}{8}i}$，$2e^{\frac{13\pi}{8}i}$

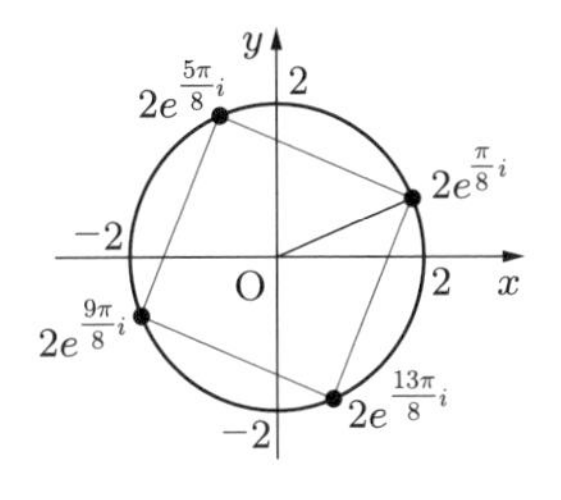

第 2 章　第 2 節の問

2.1
$$w=\frac{1}{z}=\frac{1}{x+iy}=\frac{x-iy}{(x+iy)(x-iy)}=\frac{x}{x^2+y^2}-i\frac{y}{x^2+y^2}$$

である．したがって，$w=\dfrac{1}{z}$ の実部 u，虚部 v は，それぞれ次のようになる．

$$u=\frac{x}{x^2+y^2},\quad v=-\frac{y}{x^2+y^2}$$

2.2 (1) $|w|=r^3$ より，原点を中心とする半径 r^3 の円に対応する．

(2) $\arg w=3\theta$ より，原点を端点として偏角が 3 倍の半直線に対応する．

2.3

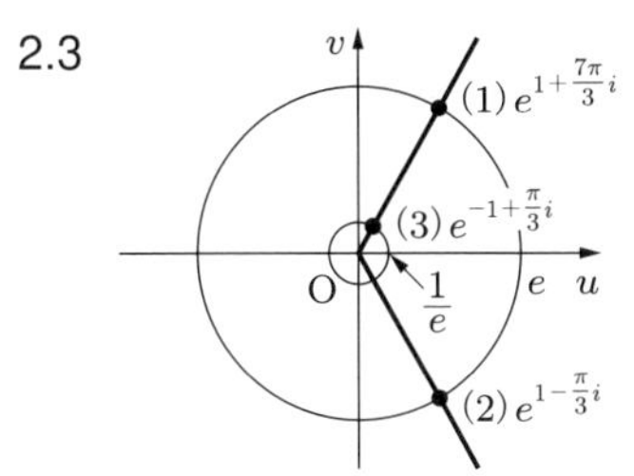

2.4
$$\begin{aligned}&\sin(x+iy)\\ &=\frac{e^{i(x+iy)}-e^{-i(x+iy)}}{2i}\\ &=-\frac{i}{2}\{e^{-y}(\cos x+i\sin x)\\ &\qquad -e^{y}(\cos x-i\sin x)\}\\ &=\frac{1}{2}\{(e^{y}+e^{-y})\sin x\\ &\qquad +i(e^{y}-e^{-y})\cos x\}\\ &=\sin x\cosh y+i\cos x\sinh y\end{aligned}$$

2.5 (1) $\dfrac{1}{2}\left(e^{\frac{\pi}{4}}+e^{-\frac{\pi}{4}}\right)$

(2) $\dfrac{1}{2}\left(e+\dfrac{1}{e}\right)$

2.6
$$\begin{aligned}\sin(z+2\pi)&=\frac{e^{i(z+2\pi)}-e^{-i(z+2\pi)}}{2i}\\ &=\frac{e^{iz}e^{2\pi i}-e^{-iz}e^{-2\pi i}}{2i}\\ &=\frac{e^{iz}-e^{-iz}}{2i}=\sin z\end{aligned}$$

2.7 (1) $\pm\left(\dfrac{\sqrt{6}}{2}+\dfrac{\sqrt{2}}{2}i\right)$

(2) i，$\pm\dfrac{\sqrt{3}}{2}-\dfrac{1}{2}i$　(3) $\pm\sqrt{2}\pm\sqrt{2}i$

2.8 n は整数とする

(1) $\log 3=\ln 3+2n\pi i$，$\mathrm{Log}\,3=\ln 3$

(2) $\log(2i)=\ln 2+\left(\dfrac{\pi}{2}+2n\pi\right)i$，$\mathrm{Log}(2i)$

$= \ln 2 + \dfrac{\pi}{2}i$

(3) $\log(-e) = 1 + (2n+1)\pi i$, $\mathrm{Log}(-e) = 1 + \pi i$

(4) $\log\left(1-\sqrt{3}i\right) = \ln 2 + \left(\dfrac{5}{3}\pi + 2n\pi\right)i$, $\mathrm{Log}\left(1-\sqrt{3}i\right) = \ln 2 - \dfrac{\pi}{3}i$

2.9　n は整数とする．

(1) $e^{2n\pi}\left\{\cos\left(\dfrac{\ln 2}{2}\right) + i\sin\left(\dfrac{\ln 2}{2}\right)\right\}$

(2) $3e^{2n\pi}\{\cos(\ln 3) + i\sin(\ln 3)\}$

(3) $e^{-(\frac{\pi}{4}+2n\pi)}\{\cos(\ln\sqrt{2}) + i\sin(\ln\sqrt{2})\}$

2.10　(1) 発散する．　(2) $2i$ に収束する．

2.11　(1) 正則，$\dfrac{dw}{dz} = 3z^2$．

(2) 正則ではない．

2.12　(1) $\dfrac{dw}{dz} = -2 + 2iz$

(2) $\dfrac{dw}{dz} = -\dfrac{1+i}{(iz-1)^2}$

(3) $\dfrac{dw}{dz} = 1 - \dfrac{1}{z^2}$

(4) $\dfrac{dw}{dz} = \dfrac{2}{(1-z)^3}$

2.13　(1) $\dfrac{dw}{dz} = 6e^{3z} - 9ie^{3iz}$

(2) $\dfrac{dw}{dz} = 3ie^{iz}(1+e^{iz})^2$

2.14　$(\sin z)' = \left(\dfrac{e^{iz}-e^{-iz}}{2i}\right)'$

$$= \frac{ie^{iz}+ie^{-iz}}{2i} = \frac{e^{iz}+e^{-iz}}{2} = \cos z$$

$$(\tan z)' = \left(\frac{\sin z}{\cos z}\right)' = \frac{(\sin z)'\cos z - \sin z(\cos z)'}{\cos^2 z} = \frac{\cos^2 z + \sin^2 z}{\cos^2 z} = \frac{1}{\cos^2 z}$$

第2章　練習問題2

[1]　(1) $u = \dfrac{x(x^2+y^2-1)}{x^2+y^2}$, $v = \dfrac{y(x^2+y^2+1)}{x^2+y^2}$

(2) $u = \dfrac{1-(x^2+y^2)}{(1+x)^2+y^2}$, $v = -\dfrac{2y}{(1+x)^2+y^2}$

[2]　(1) $\dfrac{e^2}{2}(\sqrt{3}-i)$

(2) $\dfrac{1}{\sqrt{2}e^2}(1+i)$

(3) $\dfrac{\sqrt{3}(e+e^{-1})}{4} + \dfrac{e-e^{-1}}{4}i$

(4) $\dfrac{\sqrt{2}(e^2+e^{-2})}{4} + \dfrac{\sqrt{2}(e^2-e^{-2})}{4}i$

[3]　任意の実数 y に対して $|e^{iy}| = 1$ であることに注意．

(1) $|e^z| = |e^{x+iy}| = |e^x e^{iy}| = e^x|e^{iy}| = e^x$

(2) $|e^{iz}| = |e^{ire^{i\theta}}| = |e^{ir(\cos\theta + i\sin\theta)}|$

$= |e^{-r\sin\theta}||e^{ir\cos\theta}| = e^{-r\sin\theta}$

(3) $z = x+iy$ とする．$|e^z| = e^x = 1$ より $x = 0$．よって，$z = iy$（y は実数）

(4) $z = x+iy$ とする．$e^z = e^x e^{iy} = e^x(\cos y + i\sin y) = 1$ より $e^x\cos y = 1$, $e^x\sin y = 0$．$e^x \neq 0$ より $\sin y = 0$ であり，$y = 2n\pi$（n は整数）．このとき，$\cos y = 1$ となるので $e^x = 1$ から $x = 0$．よって，$z = 2n\pi i$（n は整数）

[4]　(1) $-\dfrac{2(z+i)}{z^2(z+2i)^2}$　　(2) $-\dfrac{z+i}{(z-i)^3}$

(3) $\dfrac{4}{(e^{iz}+e^{-iz})^2}$

(4) $3(\cos z + \sin z)^2(-\sin z + \cos z)$

[5]　u, v はコーシー・リーマンの関係式を満たす．したがって，実部 u について

$$\frac{\partial^2 u}{\partial x^2} + \frac{\partial^2 u}{\partial y^2} = \frac{\partial}{\partial x}\left(\frac{\partial v}{\partial y}\right) + \frac{\partial}{\partial y}\left(-\frac{\partial v}{\partial x}\right) = \frac{\partial^2 v}{\partial x \partial y} - \frac{\partial^2 v}{\partial y \partial x} = 0$$

が成り立つから，u は調和関数である．v についても同様である．

[6]　(1) $u = x^4 - 6x^2y^2 + y^4$, $v = 4x^3y - 4xy^3$

$$\frac{\partial^2 u}{\partial x^2} + \frac{\partial^2 u}{\partial y^2} = \frac{\partial}{\partial x}(4x^3 - 12xy^2) + \frac{\partial}{\partial y}(-12x^2y + 4y^3) = (12x^2 - 12y^2) + (-12x^2 + 12y^2) = 0$$

$$\frac{\partial^2 v}{\partial x^2} + \frac{\partial^2 v}{\partial y^2} = \frac{\partial}{\partial x}(12x^2y - 4y^3) + \frac{\partial}{\partial y}(4x^3 - 12xy^2)$$

$= 24xy + (-24xy) = 0$

(2) $u = \dfrac{x}{x^2+y^2}$, $v = -\dfrac{y}{x^2+y^2}$

$$\frac{\partial^2 u}{\partial x^2} + \frac{\partial^2 u}{\partial y^2}$$
$$= \frac{\partial}{\partial x}\frac{-x^2+y^2}{(x^2+y^2)^2} + \frac{\partial}{\partial y}\frac{-2xy}{(x^2+y^2)^2}$$
$$= \frac{2x^3-6xy^2}{(x^2+y^2)^3} + \frac{-2x^3+6xy^2}{(x^2+y^2)^3}$$
$$= 0$$

$$\frac{\partial^2 v}{\partial x^2} + \frac{\partial^2 v}{\partial y^2}$$
$$= \frac{\partial}{\partial x}\frac{2xy}{(x^2+y^2)^2} + \frac{\partial}{\partial y}\frac{-x^2+y^2}{(x^2+y^2)^2}$$
$$= \frac{-6x^2y+2y^3}{(x^2+y^2)^3} + \frac{6x^2y-2y^3}{(x^2+y^2)^3}$$
$$= 0$$

[7] (1) $\dfrac{\partial^2 u}{\partial x^2} = \dfrac{\partial}{\partial x}\left\{\dfrac{\partial}{\partial x}(2xy)\right\} = \dfrac{\partial}{\partial x}(2y) = 0$ である．同様にして，$\dfrac{\partial^2 u}{\partial y^2} = 0$ となるから，$\dfrac{\partial^2 u}{\partial x^2} + \dfrac{\partial^2 u}{\partial y^2} = 0$ である．したがって，$u(x,y) = 2xy$ は調和関数である．

(2) コーシー・リーマンの関係式によって，$\dfrac{\partial v}{\partial y} = \dfrac{\partial u}{\partial x} = 2y$ となるから，これを y で積分すると，x の関数 $g(x)$ を用いて，$v = y^2 + g(x)$ とかくことができる．これを $\dfrac{\partial v}{\partial x} = -\dfrac{\partial u}{\partial y} = -2x$ に代入すれば，$g'(x) = -2x$ となる．したがって，$g(x) = -x^2 + c$（c は実数の定数）であり，$v = -x^2 + y^2 + c$ となる．

第２章　第３節の問

3.1 (1) -1　(2) $(\pi+2)i$

3.2 (1) $2\pi(2+i)$　(2) $6\pi i$

3.3 (1) $6\pi i$　(2) $3\pi i$

3.4 (1) $2\pi i$　(2) $-\pi^2 i$

第２章　練習問題３

[1] (1) $12i$　(2) $4+\pi i$

[2] (1) 0　(2) $2\pi i$　(3) 0

[3] (1) $2\pi i \cdot 2 = 4\pi i$

(2) $2\pi i\, e^{\pi i} = -2\pi i$

(3) $2\pi i \sin i = -\pi\left(e - \dfrac{1}{e}\right)$

(4) $2\pi i\left(\dfrac{-i}{-i-i} + \dfrac{i}{i+i}\right) = 2\pi i$

［定理 3.3(2) も利用する］

[4] (1) $\dfrac{2\pi i}{1!}\left(z^4\right)'\Big|_{z=a} = 8\pi a^3 i$

(2) $\dfrac{2\pi i}{2!}\left(z^4\right)''\Big|_{z=a} = 12\pi a^2 i$

[5] (i) $n \geqq 0$ のとき：$(z-a)^n$ は正則であるから，コーシーの積分定理 I（定理 3.2）によって，$\displaystyle\int_C (z-a)^n\,dz = 0$

(ii) $n = -1$ のとき：コーシーの積分表示 I（定理 3.4）によって，$\displaystyle\int_C \frac{1}{z-a}\,dz = 2\pi i$

(iii) $n \leqq -2$ のとき：$m = 1, 2, \dots$ に対して $n = -(m+1)$ とおく．$f(z) = 1$ とすると $f^{(m)}(z) = 0$ であるから，コーシーの積分表示 II（定理 3.5）によって，$\displaystyle\int_C (z-a)^n\,dz = \int_C \frac{f(z)}{(z-a)^{m+1}}\,dz = \frac{2\pi i}{m!}f^{(m)}(0) = 0$

第２章　第４節の問

4.1 (1) 発散する．　(2) 発散する．

(3) 収束する．極限値は 0.

4.2 (1) 収束する．和は $\dfrac{4+2i}{5}$

(2) 発散する．

4.3 (1) $\dfrac{\cos z}{z^3} = \dfrac{1}{z^3} - \dfrac{1}{2!z} + \dfrac{z}{4!} - \dfrac{z^3}{6!} + \cdots$

(2) $\dfrac{1}{z^2(1-z)} = \dfrac{1}{z^2} + \dfrac{1}{z} + 1 + z + z^2 + \cdots$　$(|z| < 1)$

4.4 (1) なし．除去可能な特異点

(2) $\dfrac{1}{z^3} - \dfrac{1}{3!z}$．位数 3 の極

(3) $\cdots + \dfrac{1}{5!z^3} + \dfrac{1}{4!z^2} + \dfrac{1}{3!z}$．真性特異点

4.5 (1) 0　(2) $-\dfrac{\pi i}{3}$　(3) $\dfrac{\pi i}{3}$

4.6 (1) i　(2) -3　(3) 1

4.7 (1) $\dfrac{4\pi i}{9}$　(2) 0

4.8 $\sin\theta = \dfrac{e^{i\theta}-e^{-i\theta}}{2i}$ より $z=e^{i\theta}$ とおく．$dz = iz\,d\theta$, $\sin\theta = \dfrac{1}{2i}\left(z-\dfrac{1}{z}\right)$ であるから，$I = \displaystyle\int_{|z|=1} \frac{2}{z^2+6iz-1}\,dz$ となる．特異点は $(\pm 2\sqrt{2}-3)i$ であり，単位円の内部にあるのは $(2\sqrt{2}-3)i$ である．$f(z)=2, g(z)=z^2+6iz-1$ とすると，

$$\mathrm{Res}\left[\frac{2}{z^2+6iz-1},(2\sqrt{2}-3)i\right] = \frac{f((2\sqrt{2}-3)i)}{g'((2\sqrt{2}-3)i)} = \frac{1}{2\sqrt{2}i}$$

となるので，求める積分は $I = \dfrac{\pi}{\sqrt{2}}$ である．

4.9 (1) $z = Re^{i\theta}$ とすると，

$$\left|\int_{C_R}\frac{1}{z^2+1}\,dz\right| \leqq \int_0^{\pi}\left|\frac{1}{R^2e^{2i\theta}+1}\right|\left|iRe^{i\theta}\right|d\theta \leqq \int_0^{\pi}\frac{R}{R^2-1}\,d\theta = \frac{R\pi}{R^2-1} \to 0$$
$(R\to\infty)$

(2) 曲線 C の内部にある $\dfrac{1}{z^2+1}$ の特異点は i だけであり，この点における留数は $\dfrac{1}{2i}$ であるから，求める積分は π である．

(3) $R>1$ のとき，

$$\int_{C}\frac{1}{z^2+1}dz = \int_{C_0}\frac{1}{z^2+1}dz + \int_{C_R}\frac{1}{z^2+1}dz$$

である．左辺は (2) より π である．$R\to\infty$ とすると，(1) より

$$\pi = \lim_{R\to\infty}\int_{-R}^{R}\frac{1}{x^2+1}dx = 2\int_0^{\infty}\frac{1}{x^2+1}dx$$

となるから，求める積分は $\dfrac{\pi}{2}$ である．

第2章　練習問題4

[1] $\left|\dfrac{1}{z}\right| < 1$ であればよいから，$|z|>1$

[2] (1) $\dfrac{e^z-1-z}{z^2} = \dfrac{1}{2!}+\dfrac{z}{3!}+\dfrac{z^2}{4!}+\cdots$,
除去可能な特異点,
$\mathrm{Res}\left[\dfrac{e^z-1-z}{z^2},0\right]=0$,
$\displaystyle\int_{|z|=r}\frac{e^z-1-z}{z^2}\,dz = 0$

(2) $z\cos\dfrac{1}{z} = z-\dfrac{1}{2!z}+\dfrac{1}{4!z^3}-\dfrac{1}{6!z^5}+\cdots$,
真性特異点,
$\mathrm{Res}\left[z\cos\dfrac{1}{z},0\right] = -\dfrac{1}{2}$,
$\displaystyle\int_{|z|=r} z\cos\frac{1}{z}\,dz = -\pi i$

[3] (1) 2　(2) 1

[4] (1) -12　(2) $-\dfrac{1}{9}$
(3) $-\dfrac{\pi^2}{2}$　(4) $\dfrac{1}{48}\left(e+\dfrac{1}{e}\right)$

[5] 以下では，被積分関数を $f(z)$ とする．

(1) 円 $|z|=3$ の内部にある $f(z)$ の孤立特異点は $0, 2$ であり，いずれも位数は 1 である．それぞれの留数を求めると $-\dfrac{3}{2}, \dfrac{5}{2}$ であるから，求める積分は次のようになる．

$$2\pi i\left(-\frac{3}{2}+\frac{5}{2}\right) = 2\pi i$$

(2) 円 $|z|=2$ の内部にある $f(z)$ の孤立特異点は $-i, i$ であり，いずれも位数は 1 である．留数はいずれも $\dfrac{\sin i}{2i}$ となるから，求める積分は次のようになる．

$$2\pi i\left(\frac{\sin i}{2i}+\frac{\sin i}{2i}\right) = \pi i\left(e-\frac{1}{e}\right)$$

(3) 円 $|z|=2$ の内部にある $f(z)$ の孤立特異点は $0, i$ であり，それぞれの位数は $1, 2$ である．留数はそれぞれ $-1, \dfrac{2}{e}$ であるから，求める積分は $2\pi i\left(\dfrac{2}{e}-1\right)$ である．

(4) 円 $|z|=2$ の内部にある $f(z)$ の孤立特異点は $0, -i$ であり，それぞれの位数は $2, 3$ である．留数を求めると，それぞれ $-3, 3$ となるので，求める積分は 0 である．

[6] (1) $z = Re^{i\theta}$ とすると，

$$\left|\int_{C_R} \frac{z^2}{z^4+1}\,dz\right| \leqq \int_0^{\pi} \left|\frac{1}{R^4 e^{4i\theta}+1}\right| \left|iRe^{i\theta}\right| d\theta \leqq \int_0^{\pi} \frac{R^3}{R^4-1}\,d\theta = \frac{\pi R^3}{R^4-1} \to 0 \quad (R \to \infty)$$

(2) $R > 1$ のとき曲線 C の内部にある孤立特異点は，$z^2 = \pm i = e^{\pm\frac{\pi}{2}i}$ のときであるから $z = e^{\left(\pm\frac{\pi}{4}+k\pi\right)i}$ $(k = 0, 1)$，すなわち，$k = 0$ のときは $z = \dfrac{1 \pm i}{\sqrt{2}}$，$k = 1$ のときは $z = \dfrac{-1 \pm i}{\sqrt{2}}$ のときである．このうち，曲線 C の内部にあるのは $\dfrac{\pm 1 + i}{\sqrt{2}}$ である．この 2 点を α, β とする．

次に，それぞれの点での留数を求める．$f(z) = z^2, g(z) = z^4 + 1$ とおく．$f(\alpha) = \alpha^2, g(\alpha) = 0, g'(\alpha) = 4\alpha^3$ であるから，

$$\mathrm{Res}\left[\frac{z^2}{z^4+1}, \alpha\right] = \frac{f(\alpha)}{g'(\alpha)} = \frac{1}{4\alpha}$$

である．点 β でも同様に $\dfrac{1}{4\beta}$ である．ここで，$\alpha + \beta = \sqrt{2}i, \alpha\beta = -1$ であることから，求める積分は次のようになる．

$$\int_C \frac{z^2}{z^4+1}\,dz = 2\pi i\left(\frac{1}{4\alpha} + \frac{1}{4\beta}\right) = 2\pi i \cdot \frac{\sqrt{2}i}{-4} = \frac{\sqrt{2}\pi}{2}$$

(3) $R > 1$ のとき，

$$\int_C \frac{z^2}{z^4+1}\,dz = \int_{C_0} \frac{z^2}{z^4+1}\,dz + \int_{C_R} \frac{z^2}{z^4+1}\,dz$$

である．(1)(2) により，$R \to \infty$ のときは

$$\frac{\sqrt{2}\pi}{2} = \lim_{R\to\infty} \int_{C_0} \frac{z^2}{z^4+1}\,dz = \lim_{R\to\infty} \int_{-R}^{R} \frac{x^2}{x^4+1}\,dx = 2\int_0^{\infty} \frac{x^2}{x^4+1}\,dx$$

となるので，求める積分は $\dfrac{\sqrt{2}\pi}{4}$ である．

[7] $(z-a)^m f(z)$ のローラン展開は，次の (i)〜(iii) のいずれかである．

(i) $\dfrac{c_{-k}}{(z-a)^{k-m}}$ $(k > m,\ c_{-k} \neq 0)$ の項を含む．このとき，$\displaystyle\lim_{z\to a}(z-a)^m f(z)$ は存在しない．

(ii) $c_{-m} + c_{-m+1}(z-a) + \cdots$ $(c_{-m} \neq 0)$．このとき，$\displaystyle\lim_{z\to a}(z-a)^m f(z) = c_{-m} \neq 0$．

(iii) $c_{-m+1}(z-a) + \cdots$．このとき，$\displaystyle\lim_{z\to a}(z-a)^m f(z) = 0$．

したがって，$\displaystyle\lim_{z\to a}(z-a)^m f(z)$ が 0 でない極限値をもつのは (ii) だけであり，このとき $z = a$ は $f(z)$ の m 位の極である．

第 2 章の章末問題

1. $$\frac{z_1}{z_2} = \frac{r_1(\cos\theta_1 + i\sin\theta_1)}{r_2(\cos\theta_2 + i\sin\theta_2)} = \frac{r_1(\cos\theta_1 + i\sin\theta_1)\cdot(\cos\theta_2 - i\sin\theta_2)}{r_2(\cos\theta_2 + i\sin\theta_2)\cdot(\cos\theta_2 - i\sin\theta_2)}$$

   ここで，

   $$\begin{aligned}\text{分子} &= r_1\{(\cos\theta_1\cos\theta_2 + \sin\theta_1\sin\theta_2) \\ &\quad + i(\sin\theta_1\cos\theta_2 - \cos\theta_1\sin\theta_2)\} \\ &= r_1\{\cos(\theta_1-\theta_2) + i\sin(\theta_1-\theta_2)\}\end{aligned}$$

   $$\text{分母} = r_2(\cos^2\theta_2 + \sin^2\theta_2) = r_2$$

   これより，$\dfrac{z_1}{z_2} = \dfrac{r_1}{r_2}\{\cos(\theta_1-\theta_2) + i\sin(\theta_1-\theta_2)\}$ となるから，$\left|\dfrac{z_1}{z_2}\right| = \dfrac{r_1}{r_2} = \dfrac{|z_1|}{|z_2|}$，$\arg\dfrac{z_1}{z_2} = \theta_1 - \theta_2 = \arg z_1 - \arg z_2$ が成り立つ．

2. $z = x + iy$ とする．

   (1) $|x + i(y+1)| = |(x-3) + iy|$ であるから，$\sqrt{x^2 + (y+1)^2} = \sqrt{(x-3)^2 + y^2}$ となる．両辺を 2 乗して整理すると，$3x + y - 4 = 0$ となるから，求める図形は次の図のような直線になる．

   (2) $2|(x+1) + iy| = |(x-5) + iy|$ より，$2\sqrt{(x+1)^2 + y^2} = \sqrt{(x-5)^2 + y^2}$ となる．両辺を 2 乗して整理すると，

$(x+3)^2+y^2=16$ となるから，求める図形は次の図のような円になる．

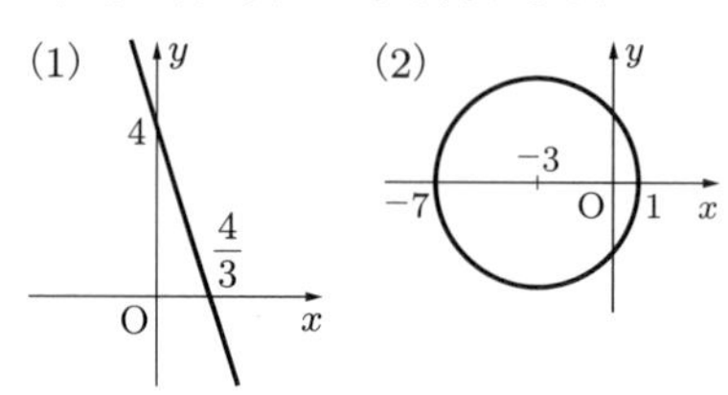

3. (1) コーシー・リーマンの関係式から，$u_x = 3x^2-3y^2 = v_y$ となるので，$v = 3x^2y - y^3 + g(x)$ ($g(x)$ は x の実関数）となる．一方，$v_x = -u_y$ であるから，$6xy + g'(x) = 6xy$ となるので，$g'(x) = 0$ より $g(x) = c$（実定数）．したがって，$v = 3x^2y - y^3 + c$ で，$f(z) = x^3 - 3xy^2 + i(3x^2y - y^3 + c) = (x+iy)^3 + ic = z^3 + ic$ となる．
(2) (1) と同様に，$u_x = -e^{-y}\sin x = v_y$ となるから，$v = e^{-y}\sin x + g(x)$ ($g(x)$ は x の実関数）となる．$v_x = -u_y$ であるから，$e^{-y}\cos x + g'(x) = e^{-y}\cos x$ となるので，$g'(x) = 0$ より $g(x) = c$（実定数）．したがって，$v = e^{-y}\sin x + c$ で，$f(z) = e^{-y}(\cos x + i\sin x) + ic = e^{ix-y} + ic = e^{i(x+yi)} + ic = e^{iz} + ic$ となる．

4. (1) $f(z) = \dfrac{z+3}{(z-2)^3}$ とおくと，$I = \dfrac{2\pi i}{1!}f'(0)$ となる．$f'(z) = \dfrac{-2z-11}{(z-2)^4}$ であるから，$I = 2\pi i\cdot\left(-\dfrac{11}{16}\right) = -\dfrac{11\pi i}{8}$ となる．
(2) $f(z) = \dfrac{z+3}{z^2}$ とおくと，$I = \dfrac{2\pi i}{2!}f''(2)$ となる．$f'(z) = \dfrac{-z-6}{z^3}$，$f''(z) = \dfrac{2z+18}{z^4}$ であるから，$I = \pi i\cdot\dfrac{22}{16} = \dfrac{11\pi i}{8}$ となる．

5. (1) C_1 を実軸上の $x=-1$ から $x=1$ に向かう線分とする．曲線 $\mathrm{C}+\mathrm{C}_1$ およびその内部で $\dfrac{1}{z^2+3}$ は正則であるから，コーシーの積分定理によって，

$$\int_{\mathrm{C}+\mathrm{C}_1}\frac{1}{z^2+3}\,dz = \int_{\mathrm{C}}\frac{1}{z^2+3}\,dz + \int_{\mathrm{C}_1}\frac{1}{z^2+3}\,dz = 0$$

である．したがって，次のようになる．

$$\int_{\mathrm{C}}\frac{1}{z^2+3}\,dz = -\int_{\mathrm{C}_1}\frac{1}{z^2+3}\,dz = -\int_{-1}^{1}\frac{1}{x^2+3}\,dx = -\left[\frac{1}{\sqrt{3}}\tan^{-1}\frac{x}{\sqrt{3}}\right]_{-1}^{1} = -\frac{\pi}{3\sqrt{3}}$$

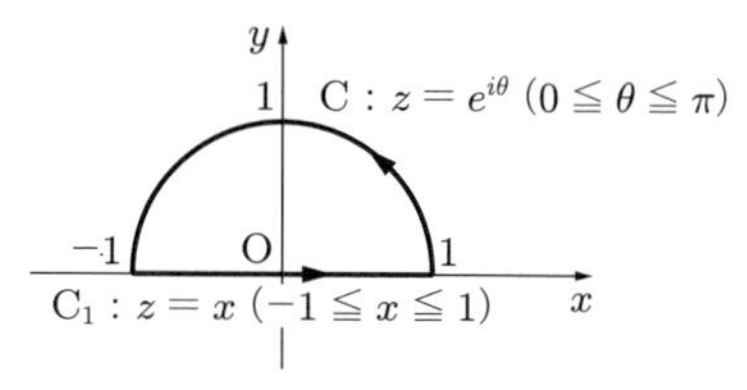

(2) C_1 を実軸上の $x=-\sqrt{3}$ から $x=\sqrt{3}$ に向かう線分とすると，

$$\int_{\mathrm{C}+\mathrm{C}_1}\frac{1}{z^2+1}\,dz = 2\pi i\,\mathrm{Res}\left[\frac{1}{z^2+1},\ i\right]$$

$= 2\pi i\cdot\dfrac{1}{2i} = \pi$ である．したがって，

$$\int_{\mathrm{C}}\frac{1}{z^2+1}\,dz = \pi - \int_{\mathrm{C}_1}\frac{1}{z^2+1}\,dz = \pi - \int_{-\sqrt{3}}^{\sqrt{3}}\frac{1}{x^2+1}\,dx = \pi - \Big[\tan^{-1}x\Big]_{-\sqrt{3}}^{\sqrt{3}} = \pi - \frac{2\pi}{3} = \frac{\pi}{3}$$

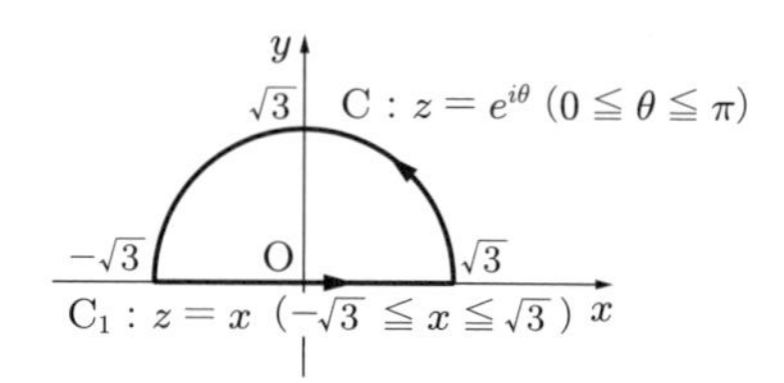

6. (1) $f(z) = \dfrac{z+3}{z(z-2)}$ の $|z| \leqq 1$ における孤立特異点は 0 だけである．
0 は $f(z)$ の位数 1 の極で，留数は $\displaystyle\lim_{z\to 0} \frac{z+3}{z-2} = -\frac{3}{2}$ となるから，

$$\int_{|z|=1} f(z)\,dz = 2\pi i \cdot \left(-\frac{3}{2}\right) = -3\pi i$$

(2) $f(z) = \dfrac{e^{iz}}{z^2}$ の $|z| \leqq 1$ における孤立特異点は 0 だけである．
0 は $f(z)$ の位数 2 の極で，留数は $\displaystyle\lim_{z\to 0} \left(e^{iz}\right)' = \lim_{z\to 0} ie^{iz} = i$ となるから，

$$\int_{|z|=1} f(z)\,dz = 2\pi i \cdot i = -2\pi$$

(3) $f(z) = \dfrac{\sin z}{z^2+1}$ の $|z| \leqq 2$ における孤立特異点は $\pm i$.
i は $f(z)$ の位数 1 の極で，留数は $\displaystyle\lim_{z\to i} \frac{\sin z}{z+i} = \frac{\sin i}{2i}$.
$-i$ は $f(z)$ の位数 1 の極で，留数は $\displaystyle\lim_{z\to -i} \frac{\sin z}{z-i} = \frac{\sin i}{2i}$.

$$\int_{|z|=2} f(z)\,dz = 2\pi i \cdot \frac{\sin i}{2i} \cdot 2$$
$$= 2\pi \sin i = \pi\left(e - \frac{1}{e}\right) i$$

(4) $f(z) = \dfrac{z^2}{z^4+1}$ とする．$z^4+1=0$ の解は，$z = \pm e^{\frac{\pi}{4}i}, \pm e^{\frac{3\pi}{4}i}$ で，このうち $|z-i| = 1$ の内部にあるのは $e^{\frac{\pi}{4}i}$, $e^{\frac{3\pi}{4}i}$ である．どちらも $f(z)$ の位数 1 の極で，$\dfrac{z^2}{(z^4+1)'} = \dfrac{1}{4z}$ であるから，$\mathrm{Res}\left[f(z), e^{\frac{\pi}{4}i}\right] = \dfrac{e^{-\frac{\pi}{4}i}}{4}$, $\mathrm{Res}\left[f(z), e^{\frac{3\pi}{4}i}\right] = \dfrac{e^{-\frac{3\pi}{4}i}}{4}$ となるので，

$$\int_{|z-i|=1} f(z)\,dz = 2\pi i \cdot \frac{e^{-\frac{\pi}{4}i} + e^{-\frac{3\pi}{4}i}}{4}$$
$$= 2\pi i\left(-\frac{\sqrt{2}}{4} i\right)$$
$$= \frac{\sqrt{2}\pi}{2}$$

7. (1) $f(z)$

$$= \left(1 - \frac{2}{z}\right)\left(1 + \frac{1}{z} + \frac{1}{2!z^2} + \frac{1}{3!z^3} + \cdots\right)$$
$$= 1 + \sum_{n=1}^{\infty} \left\{\frac{1}{n!} - \frac{2}{(n-1)!}\right\} \frac{1}{z^n}$$
$$= \sum_{n=0}^{\infty} \frac{1-2n}{n!z^n}$$

(2) $\mathrm{Res}\,[f(z), 0] = -1$ であるから，$\displaystyle\int_{|z|=1} f(z)\,dz = -2\pi i$ となる．

第 3 章　微分方程式

第 3 章では，A, B, C は任意定数とする．

第 3 章　第 1 節の問

1.1 (1) $y' + 2xy = (Ce^{-x^2}+1)' + 2x(Ce^{-x^2}+1) = -2xCe^{-x^2} + 2xCe^{-x^2} + 2x = 2x$

(2) $y' = -e^{-x}(Ax+B) + Ae^{-x} = -e^{-x}(Ax+B-A)$, $y'' = e^{-x}(Ax+B-A) - Ae^{-x} = e^{-x}(Ax+B-2A)$ となるから

$y'' + 2y' + y = e^{-x}\{(Ax+B-2A) - 2(Ax+B-A) + (Ax+B)\} = 0$

(3) $y'' - 2y' - 3y = (e^{3x})'' - 2(e^{3x})' - 3e^{3x} = 9e^{3x} - 6e^{3x} - 3e^{3x} = 0$

(4) $y'' + y = (x\sin x)'' + x\sin x$
$= (\sin x + x\cos x)' + x\sin x$
$= \cos x + \cos x - x\sin x + x\sin x$
$= 2\cos x$

1.2 一般解，特殊解の順に示す．

(1) $y = \dfrac{3}{2}x^2 + C$,　$y = \dfrac{3}{2}x^2 + 5$

(2) $y = \dfrac{1}{2}x^2 + Ax + B$,
$y = \dfrac{1}{2}x^2 + 3x + 2$

1.3 (1) $y' = -\dfrac{y}{x}$　　(2) $y' = \dfrac{y^2 - x^2}{2xy}$

1.4　(1) d　　(2) c　　(3) b

(1)
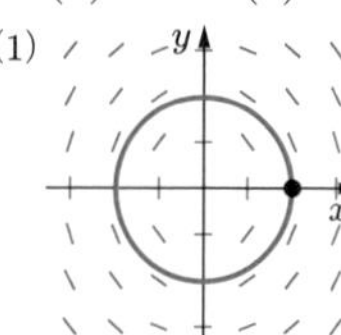

(2)
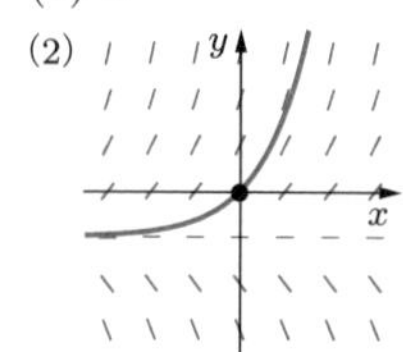

(3)

1.5　(1) $y=3+Ce^{-2x}$　(2) $y^2=e^x+C$
(3) $x^2+\dfrac{y^2}{2}=C$　(4) $y=\dfrac{1}{\cos x+C}$

1.6　(1) $y=C(x+1)$,　$y=2(x+1)$
(2) $\cos y=\sin x+C$,　$\cos y=\sin x$

1.7　(1) $h=\dfrac{1}{4}\left(C-\dfrac{a\sqrt{2g}}{A}t\right)^2$
(2) およそ 28.4 秒

1.8　$\dfrac{y}{x}=u$ とおくと $y'=u+xu'$ である．
(1) $y'=1+\dfrac{2y}{x}$ より，$u'x=1+u$ であるから，$\displaystyle\int\frac{1}{1+u}du=\int\frac{1}{x}dx$ となる．
これより，$\log|1+u|=\log|x|+C_1$ となるので，$\pm e^{C_1}=C$ として $u+1=Cx$ を得る．
$u=\dfrac{y}{x}$ を代入して，一般解は $x+y=Cx^2$
(2) $y'=\dfrac{x}{y}+\dfrac{y}{x}$ より，$xu'=\dfrac{1}{u}$ であるから，$\displaystyle\int u\,du=\int\frac{dx}{x}$ となる．これより，$\dfrac{u^2}{2}=\log|x|+C$ となるので，$u=\dfrac{y}{x}$ を代入して，一般解は $y^2=2x^2(\log|x|+C)$
(3) $y'=\dfrac{\left(\dfrac{y}{x}\right)^2}{\dfrac{y}{x}-1}$ より，$xu'=\dfrac{u}{u-1}$ であるから，$\displaystyle\int\frac{u-1}{u}du=\int\frac{1}{x}dx$ となる．
これより $u-\log|u|=\log|x|+C$ となるので，$u=\log|xu|+C$ を得る．$u=\dfrac{y}{x}$ を代入して変形すれば，一般解は $y=Ce^{\frac{y}{x}}$
(4) $u+xu'=\dfrac{1+2u-4u^2}{1-8u-4u^2}$ より，

$$xu'=\frac{4u^3+4u^2+u+1}{1-8u-4u^2}$$

である．分子を因数分解して変数を分離すると，

$$\int\frac{1-8u-4u^2}{(u+1)(4u^2+1)}du=\int\frac{1}{x}dx$$

である．ここで，

$$\frac{1-8u-4u^2}{(u+1)(4u^2+1)}=\frac{a}{u+1}+\frac{bu+c}{4u^2+1}$$

とおくと，$a=1$, $b=-8$, $c=0$ を得る．したがって，
$\displaystyle\int\left(\frac{1}{u+1}-\frac{8u}{4u^2+1}\right)du=\int\frac{1}{x}dx$ より，
$\log|u+1|-\log|4u^2+1|=\log|x|+C_1$ となるので，$\pm e^{C_1}=C$ として，$\dfrac{u+1}{(4u^2+1)x}=C$ を得る．$u=\dfrac{y}{x}$ を代入して変形すれば，一般解は $x^2+4y^2=C(x+y)$

1.9　(1) $y=Ce^x$　(2) $y=Ce^{4x}$
(3) $y=Ce^{-5x}$

1.10　(1) $y=Ce^{-x^3}$　(2) $y=Cx$
(3) $y=Ce^{\cos x}$

1.11　(1) $y=Ce^{2x}-e^{-x}$
(2) $y=Ce^{-x}+x^2-2x+2$

1.12　(1) $y=\dfrac{C}{x}+x^2$
(2) $y=\dfrac{C}{1+x^2}+3$
(3) $y=C\cos x+\sin x$

1.13　(1) $y=e^{-2x}(e^x+C)$
(2) $y=x(\sin x+C)$

1.14　$y=75e^{-kt}+15$ [℃]

1.15　(1) $P=x^2+y^2$, $Q=2xy$ とすると，$\dfrac{\partial P}{\partial y}=\dfrac{\partial Q}{\partial x}=2y$ より完全微分形である．$\dfrac{\partial f}{\partial x}=x^2+y^2$ とすると，$f(x,y)=\dfrac{1}{3}x^3+xy^2+h(y)$ の形である．$\dfrac{\partial f}{\partial y}=2xy+h'(y)=Q=2xy$ であるか

ら $h'(y) = 0$ であり，$h(y) = C_1$ となる．したがって，$f = \frac{1}{3}x^3 + xy^2 + C_1$ であるから，$-C_1 = C$ として，求める一般解は $x^3 + 3xy^2 = C$

(2) $P = ye^{xy} - 2xy,\ Q = xe^{xy} - x^2 + 6y$ とすると $\frac{\partial P}{\partial y} = \frac{\partial Q}{\partial x} = e^{xy} + xye^{xy} - 2x$ であるから完全微分形である．$\frac{\partial f}{\partial x} = ye^{xy} - 2xy$ とすると $f = e^{xy} - x^2y + h(y)$ であるから，$\frac{\partial f}{\partial y} = xe^{xy} - x^2 + h'(y)$ である．$\frac{\partial f}{\partial y} = Q$ であるから $h'(y) = 6y$ となり，$h(y) = 3y^2 + C_1$ である．したがって，$-C_1 = C$ として，求める一般解は $e^{xy} - x^2y + 3y^2 = C$

1.16 (1) $P = x^3 + 2xy^2, Q = x^2y$ とおく．$\frac{\partial P}{\partial y} - \frac{\partial Q}{\partial x} = 2xy$ より，$\frac{1}{Q}\left(\frac{\partial P}{\partial y} - \frac{\partial Q}{\partial x}\right) = \frac{2}{x}$ となるから，積分因子は $M = e^{\int \frac{2}{x}\,dx} = e^{\log x^2} = x^2$ である．両辺に x^2 をかけた $(x^5 + 2x^3y^2)\,dx + x^4y\,dy = 0$ は完全微分方程式である．これを解いて，求める一般解は $x^6 + 3x^4y^2 = C$ である．

(2) $P = y,\ Q = -(x + y^2e^y)$ とおく．$\frac{\partial P}{\partial y} - \frac{\partial Q}{\partial x} = 2$ であるから，積分因子は $M = e^{-\int \frac{2}{y}\,dy} = e^{\log y^{-2}} = \frac{1}{y^2}$ である．両辺に $\frac{1}{y^2}$ をかけると，$\frac{1}{y}dx - \left(\frac{x}{y^2} + e^y\right)dy = 0$ は完全微分方程式である．これを解いて，求める一般解は $x - ye^y = Cy$ である．

第 3 章　練習問題 1

[1] (1) $y' = Ce^{-\cos x}(-\cos x)'$

$$= Ce^{-\cos x}\sin x = y\sin x$$

(2) $y' + 2xy$

$$= \{(x^2 + C)e^{-x^2}\}' + 2x(x^2 + C)e^{-x^2}$$

$$= 2xe^{-x^2} - 2x(x^2 + C)e^{-x^2} + 2x(x^2 + C)e^{-x^2}$$

$$= 2xe^{-x^2}$$

(3) $y'' + 4y$

$$= (A\cos 2x + B\sin 2x)'' + 4(A\cos 2x + B\sin 2x)$$

$$= -4A\cos 2x - 4B\sin 2x + 4(A\cos 2x + B\sin 2x)$$

$$= 0$$

(4) $y'' - 2y' - 3y$

$$= \left(Ae^{3x} + Be^{-x} + e^{2x}\right)'' - 2\left(Ae^{3x} + Be^{-x} + e^{2x}\right)' - 3\left(Ae^{3x} + Be^{-x} + e^{2x}\right)$$

$$= 9Ae^{3x} + Be^{-x} + 4e^{2x} - 6Ae^{3x} + 2Be^{-x} - 4e^{2x} - 3Ae^{3x} - 3Be^{-x} - 3e^{2x}$$

$$= -3e^{2x}$$

[2] (1) $\lambda = -3,\ 1$　(2) $a = \frac{2}{5}$

[3] (1) $y = C\sqrt{x^2 + 1}$　(2) $y = Ce^{x^3}$

(3) $y = \sin\left(\frac{x^2}{2} + C\right)$

(4) $y^2 = (\log x)^2 + C$

(5) $y' = -\frac{x + y}{x - 2y} = -\frac{1 + \frac{y}{x}}{1 - \frac{2y}{x}}$ となるから同次形である．$u = \frac{y}{x}$ とおくと $y' = u + xu'$ であるから，$u + xu' = -\frac{1 + u}{1 - 2u}$ となり，変数を分離した $\frac{1 - 2u}{1 + 2u - 2u^2}\,du = -\frac{1}{x}\,dx$ を積分すると $\frac{1}{2}\int \frac{(1 + 2u - 2u^2)'}{1 + 2u - 2u^2}\,du = -\int \frac{1}{x}\,dx$ となる．これより，$\frac{1}{2}\log|1 + 2u - 2u^2| = -\log|x| + C_1$ となるので，$\pm e^{2C_1} = C$ とおいて $x^2(1 + 2u - 2u^2) = C$ を得る．$u = \frac{y}{x}$ を代入して，一般解は $x^2 + 2xy - 2y^2 = C$

(6) $y' = \dfrac{2xy^2 - x^3}{3x^2 y} = \dfrac{\dfrac{2y^2}{x^2} - 1}{\dfrac{3y}{x}}$ となるから同次形である．$u = \dfrac{y}{x}$ とおくと $y' = u + xu'$ であるから，$u + xu' = \dfrac{2u^2-1}{3u}$ となる．変数を分離した $\dfrac{3u}{1+u^2}\,du = -\dfrac{1}{x}\,dx$ を積分すると，$\dfrac{3}{2}\displaystyle\int \frac{(1+u^2)'}{1+u^2}\,du = -\int \frac{1}{x}\,dx$ となる．これより $\dfrac{3}{2}\log(1+u^2) = -\log|x| + C_1$ となるので，$\pm e^{2C_1} = C$ とおいて $x^2(1+u^2)^3 = C$ を得る．$u = \dfrac{y}{x}$ を代入して，一般解は $(x^2+y^2)^3 = Cx^4$

(7) $y = Ce^{-x} + x - 1$

(8) $y = Ce^{5x} - \dfrac{1}{4}e^x$

(9) $P = \tan x,\ Q = \sin 2x$ とおくと，$P = \displaystyle\int \tan x\,dx = -\log\cos x$ となるから，求める解は

$$y = e^{\log\cos x}\left(\int \sin 2x\, e^{-\log\cos x}\,dx + C\right)$$
$$= \cos x\left(\int \sin 2x \cdot \frac{1}{\cos x}\,dx + C\right)$$
$$= \cos x\left(\int 2\sin x\,dx + C\right)$$
$$= -2\cos^2 x + C\cos x$$

(10) $P = \dfrac{1}{x}, Q = e^x$ とおくと，$P = \displaystyle\int \frac{1}{x}\,dx = \log x$ となるから，求める解は $y = e^{-\log x}\left(\displaystyle\int e^x e^{\log x}\,dx + C\right)$

$$= \frac{1}{x}\left(\int xe^x\,dx + C\right) = \frac{(x-1)e^x}{x} + \frac{C}{x}$$

(11) $P = \cos y + y\cos x, Q = \sin x - x\sin y$ とおくと，$\dfrac{\partial P}{\partial y} = \dfrac{\partial Q}{\partial x} = -\sin y + \cos x$ となるので，この方程式は完全微分形である．そこで，$\dfrac{\partial f}{\partial x} = P, \dfrac{\partial f}{\partial y} = Q$ を満たす関数 $f(x,y)$ を求める．$\dfrac{\partial f}{\partial x} = \cos y + y\cos x$ を x で積分すると $f = x\cos y + y\sin x + h(y)$ となることから $\dfrac{\partial f}{\partial y} = -x\sin y + \sin x + h'(y)$ となり $h'(y) = 0$ である．したがって，$h(y) = C_1$ であるから，任意定数を置き換えて一般解は $x\cos y + y\sin x = C$

(12) $P = 2xy, Q = x^2 - 2x^2y^2 + 4y$ とおく．$\dfrac{\partial P}{\partial y} - \dfrac{\partial Q}{\partial x} = 4xy^2$ であるので完全微分形ではないが，積分因子は $M = e^{-\int 2y\,dy} = e^{-y^2}$ であるから，両辺に e^{-y^2} を掛けると完全微分形になる．そこで，改めて $P = 2xye^{-y^2}, Q = (x^2 - 2x^2y^2 + 4y)e^{-y^2}$ とおき，$\dfrac{\partial f}{\partial x} = P, \dfrac{\partial f}{\partial y} = Q$ を満たす関数 $f(x,y)$ を求める．$\dfrac{\partial f}{\partial x} = 2xye^{-y^2}$ を x で積分すると，$f = x^2ye^{-y^2} + h(y)$ となるから，$\dfrac{\partial f}{\partial y} = x^2e^{-y^2} - 2x^2y^2e^{-y^2} + h'(y)$ であり，$h'(y) = 4ye^{-y^2}$ が得られる．したがって，$h(y) = \displaystyle\int 4ye^{-y^2}\,dy = -2e^{-y^2} + C_1$ となるから，任意定数を置き換えると $x^2ye^{-y^2} - 2e^{-y^2} = C$ となり，一般解は $x^2y - 2 = Ce^{y^2}$

[4] (1) $I = Ce^{-\frac{R}{L}t} + \dfrac{E}{R}$ [A]

(2) 補助方程式 $\dfrac{dI}{dt} + \dfrac{R}{L}I = 0$ の一般解は $I = Ce^{-\frac{R}{L}t}$ である．非斉次の場合は，$E(t)$ の形から解を $I = a\sin\omega t + b\cos\omega t$ で予想する．$L\dfrac{dI}{dt} + RI = E\sin\omega t$ に代入して整理すると，$(-bL\omega + aR)\sin\omega t + (aL\omega + bR)\cos\omega t = E\sin\omega t$ となり，両辺の係数を比較すると a, b に関する連立方程式 $-bL\omega + aR = E, aL\omega + bR = 0$ が得られる．これを解くことで，求める解は $I = Ce^{-\frac{R}{L}t} + \dfrac{E}{(L\omega)^2 + R^2}(R\sin\omega t - L\omega\cos\omega t)$ [A]

第3章　第2節の問

2.1 (1) $W(e^{\alpha x}, xe^{\alpha x}) = e^{2\alpha x} \neq 0$

(2) $W(\cos\omega x, \sin\omega x) = \omega \neq 0$

(3) $W(e^{\alpha x}\cos\omega x,\ e^{\alpha x}\sin\omega x) = \omega e^{2\alpha x} \neq 0$

2.2 (1) $y = Ae^{x} + Be^{3x}$

(2) $y = e^{3x}(Ax + B)$

(3) $y = e^{2x}(A\cos 3x + B\sin 3x)$

2.3 (1) $y = 2\left(e^{2x} - e^{-2x}\right)$

(2) $y = e^{-x}\sin 3x$

2.4 (1) $y = A\cos x + B\sin x$

(2) $y'' + y = (x^2)'' + x^2 = 2 + x^2$ より 1 つの解である.

(3) $y = A\cos x + B\sin x + x^2$

2.5 (1) $y = Ae^{-2x} + Be^{\frac{x}{3}} - \dfrac{1}{2}x - \dfrac{9}{4}$

(2) $y = Ae^{-2x} + Be^{x} - \dfrac{1}{2}e^{-x}$

(3) $y = Ae^{2x} + Be^{3x} + xe^{3x}$

(4) $y = Ae^{2x} + B + \cos x + 2\sin x$

2.6 (1) $x = 2Ae^{-3t} + Be^{2t},\ y = -Ae^{-3t} + 2Be^{2t}$

(2) $x = Ae^{-t} + Be^{2t},\ y = Ae^{-t} + 4Be^{2t}$

2.7 (1) $\lambda = 2, -1,\ x = 2Ae^{2t} + Be^{-t},\ y = -Ae^{2t} - 2Be^{-t}$, 鞍点, 不安定

(2) $\lambda = \pm i,\ x = A\cos t + B\sin t,\ y = A\sin t - B\cos t$, 渦心点, 安定

(3) $\lambda = -1 \pm 2i,\ x = e^{-t}(A\cos 2t + B\sin 2t),\ y = e^{-t}\{(A - B)\cos 2t + (A + B)\sin 2t\}$, 渦状点, 漸近安定

第 3 章　練習問題 2

[1] (1) $y = Ae^{\sqrt{2}x} + Be^{-\sqrt{2}x}$

(2) $y = Ae^{2x} + B$

(3) $y = A\cos\sqrt{2}x + B\sin\sqrt{2}x$

(4) $y = e^{x}(Ax + B)$

[2] (1) $y = -\dfrac{1}{6}e^{-4x} + \dfrac{1}{6}e^{2x}$

(2) $y = e^{-\frac{x}{3}}(x + 3)$

(3) $y = e^{x}\cos\sqrt{2}\,x$

[3] (1) $y = Ae^{2x} + Be^{x} + \dfrac{1}{2}x^2 + 3x + 4$

(2) $y = Ae^{4x} + Be^{x} + \dfrac{3}{25}\cos 3x - \dfrac{1}{25}\sin 3x$

[4] (1) $y = Ae^{2x} + Be^{x} - 2xe^{x}$

(2) $y = e^{-x}(Ax + B) + \dfrac{1}{2}x^2e^{-x}$

(3) $y = A\cos 2x + B\sin 2x + \dfrac{1}{4}x\sin 2x$

[5] $\theta = A\cos\sqrt{\dfrac{g}{l}}t + B\sin\sqrt{\dfrac{g}{l}}t,\quad T = 2\pi\sqrt{\dfrac{l}{g}}$ [s]

[6] (1) $Q = Ae^{-t} + Be^{-2t}$

(2) $Q = (At + B)e^{-t}$

(3) $Q = e^{-t}(A\cos t + B\sin t)$

[7] 第 2 式より $x = y' + \sin t$ となるので, これを微分して第 1 式に代入し, x を消去すると $y'' + 2y = -2\cos t \cdots$① となる. ①の補助方程式の一般解は $y = A\cos\sqrt{2}t + B\sin\sqrt{2}t$ であり, $y = -2\cos t$ は①の 1 つの解となるから, ①の一般解は, $y = A\cos\sqrt{2}t + B\sin\sqrt{2}t - 2\cos t$. これを第 2 式に代入して, $x = y' + \sin t = -\sqrt{2}A\sin\sqrt{2}t + \sqrt{2}B\cos\sqrt{2}t + 3\sin t$. 与えられた初期条件から $A = 1, B = \dfrac{\sqrt{2}}{2}$ となるので, 求める解は次のようになる.

$$x = -\sqrt{2}\sin\sqrt{2}t + \cos\sqrt{2}t + 3\sin t,$$

$$y = \cos\sqrt{2}t + \frac{\sqrt{2}}{2}\sin\sqrt{2}t - 2\cos t$$

第 3 章の章末問題

1. (1) $y = Ce^{-0.03t}$

(2) 半減期 T は $Ce^{-0.03(t+T)} = \dfrac{1}{2}Ce^{-0.03t}$ を満たす. よって, $e^{-0.03T} = \dfrac{1}{2}$ より $T = \dfrac{1}{-0.03}\cdot\log\dfrac{1}{2} \fallingdotseq 23.1$

2. (1) $z = \dfrac{1}{y}$ とおくと $z' = -\dfrac{y'}{y^2}$ となるから, 与えられた微分方程式 $\dfrac{y'}{y^2} + \dfrac{1}{y} = x$ は 1 階線形微分方程式 $z' - z = -x$ に変換できる. これを解くと $z = Ce^{x} + x + 1$ であるから, 求める一般解は $y = \dfrac{1}{Ce^{x} + x + 1}$ となる.

(2) $z = \dfrac{1}{y^2}$ とおくと $z' = -\dfrac{2y'}{y^3}$ となるから, 与えられた微分方程式 $\dfrac{2x^2y^1}{y^3} - \dfrac{2x}{y^2} = 1$ は 1 階線形微分方

程式 $z' + \dfrac{2}{x}z = -\dfrac{1}{x^2}$ に変換できる．これを解くと $z = \dfrac{-x+C}{x^2}$ であるから，求める一般解は $y^2 = \dfrac{x^2}{-x+C}$ となる．

3. 曲線の方程式を $y = f(x)$ とすると，点 $\mathrm{P}(x_0, y_0)$ における法線の方程式は

$$y = -\frac{1}{f'(x_0)}(x - x_0) + f(x_0)$$

と表される．x 軸との交点 Q の x 座標は $y = 0$ とすることにより，$x = x_0 + f(x_0) \cdot f'(x_0)$ となる．条件より点 Q の x 座標は $-x_0$ であるから，$-x_0 = x_0 + f(x_0) \cdot f'(x_0)$ となる．これが曲線上の任意の点について成り立つから，微分方程式 $-x = x + y \cdot y'$ が得られる．整理すると $y \cdot y' + 2x = 0$ となり，これは変数分離形である．これを解くと，$x^2 + \dfrac{y^2}{2} = C$ となる．

4. (1) 一般解は

$$y = Ae^x + Be^{4x} + 2x^2 + 3x + 4$$

となる．$y(0) = 4$ より $A + B + 4 = 4$，$y'(0) = 0$ より $A + 4B + 3 = 0$ となる．これより $A = 1, B = -1$ となるから，求める特殊解は $y = e^x - e^{4x} + 2x^2 + 3x + 4$ である．

(2) 一般解は

$$y = A\cos 2x + B\sin 2x + 2\cos x$$

となる．$y(0) = 3$ より $A + 2 = 3$，$y\left(\dfrac{\pi}{4}\right) = 0$ より $B + \sqrt{2} = 0$ となるから，$A = 1, B = -\sqrt{2}$ である．これより，求める特殊解は $y = \cos 2x - \sqrt{2}\sin 2x + 2\cos x$ である．

5. (1) $(x)' = 1$, $(x)'' = 0$ より，$y = x$ は与えられた微分方程式を満たすから，特殊解である．そこで，$y = ux$ として代入し，整理すると，$u'' + \dfrac{1}{x}u' = 0$ を得る．$u' = p$ とおくと，$p = u' = \dfrac{A}{x}$ となる．したがって，$u = A\log|x| + B$ となるから，一般解は $y = Ax\log|x| + Bx$ である．

(2) $\left(e^{-x}\right)' = -e^{-x}$, $\left(e^{-x}\right)'' = e^{-x}$ より，$y = e^{-x}$ は与えられた微分方程式を満たすから，特殊解である．そこで，$y = ue^{-x}$ とおいて代入し，整理すると，$xu'' - (x+1)u' = 0$ を得る．$u' = p$ とおくと，$p = u' = Axe^x$ である．したがって，$u = A\left(xe^x - e^x\right) + B$ であるから，一般解は $y = A(x-1) + Be^{-x}$ である．

6. (1) x^m を代入すると，$x^2\left(x^m\right)'' - x\left(x^m\right)' - 8x^m = 0$ より，$m^2 - 2m - 8 = 0$ となるから，x^m が特殊解になるのは $m = 4$, -2 のときである．$W\left(x^4, x^{-2}\right) = -6x$ であるから，これらは線形独立な解である．したがって，求める一般解は $y = Ax^4 + \dfrac{B}{x^2}$ である．

(2) x^m を代入すると，$x^2\left(x^m\right)'' - 7x\left(x^m\right)' + 16x^m = 0$ より，$m^2 - 8m + 16 = 0$ となるから，$m = 4$ となる．したがって，x^4 が特殊解である．もう 1 つの解を $y = x^4u$ として代入すると，$u''x + u' = 0$ となる．$u' = p$ とおくと $xp' + p = 0$ であるから，$p = u' = \dfrac{A}{x}$ である．したがって，$u = A\log|x| + B$ となるから，もう 1 つの解は $y = ux^4 = Ax^4\log|x| + Bx^4$ である．これは任意定数を 2 つ含むので，一般解である．

第4章　ラプラス変換

第4章　第1節の問

1.1 $\mathcal{L}\left[t^3\right] = \displaystyle\int_0^\infty t^3 e^{-st}\,dt$

$$= \frac{3}{s}\int_0^\infty t^2 e^{-st} = \frac{3}{s}\mathcal{L}\left[t^2\right] = \frac{3!}{s^4}$$

1.2 (1) $\mathcal{L}[f(t)] = \dfrac{2}{s}$

(2) $\mathcal{L}[f(t)] = \dfrac{3}{s^2} + \dfrac{2}{s}$

(3) $\mathcal{L}[f(t)] = \dfrac{1}{s^3} - \dfrac{1}{s^2}$

1.3 (1) $\mathcal{L}[\sinh\omega t]$

$$= \mathcal{L}\left[\frac{e^{\omega t} - e^{-\omega t}}{2}\right]$$

$$= \frac{1}{2}\left(\mathcal{L}\left[e^{\omega t}\right] - \mathcal{L}\left[e^{-\omega t}\right]\right)$$
$$= \frac{1}{2}\left(\frac{1}{s-\omega} - \frac{1}{s+\omega}\right)$$
$$= \frac{\omega}{s^2-\omega^2}$$

(2) $\mathcal{L}[\cosh \omega t]$

$$= \frac{1}{2}\left(\mathcal{L}\left[e^{\omega t}\right] + \mathcal{L}\left[e^{-\omega t}\right]\right)$$
$$= \frac{1}{2}\left(\frac{1}{s-\omega} + \frac{1}{s+\omega}\right)$$
$$= \frac{s}{s^2-\omega^2}$$

1.4　(1) $\mathcal{L}[f(t)] = \dfrac{2}{(s-2)^3}$

(2) $\mathcal{L}[f(t)] = \dfrac{6}{(s+1)^4}$

1.5　$\mathcal{L}[\cos \omega t] = -\dfrac{1}{s}\left[e^{-st}\cos \omega t\right]_0^\infty$

$$-\frac{\omega}{s}\int_0^\infty e^{-st}\sin \omega t\, dt$$
$$= \frac{1}{s} - \frac{\omega}{s}\cdot\frac{\omega}{s^2+\omega^2}$$
$$= \frac{s}{s^2+\omega^2}$$

1.6　(1) $\mathcal{L}[f(t)] = \dfrac{2}{(s-3)^2+4}$

(2) $\mathcal{L}[f(t)] = \dfrac{s+2}{(s+2)^2+25}$

1.7　(1) 3　　(2) $2-4e^{3t}$　　(3) $\dfrac{t^4e^t}{4}$

(4) $2\cos 3t + \dfrac{1}{3}\sin 3t$

1.8　(1) $\mathcal{L}^{-1}\left[\dfrac{3s+1}{s^2+2s-3}\right]$

$$= \mathcal{L}^{-1}\left[\frac{1}{s-1}\right] + \mathcal{L}^{-1}\left[\frac{2}{s+3}\right]$$
$$= e^t + 2e^{-3t}$$

(2) $\mathcal{L}^{-1}\left[\dfrac{s+4}{s(s-2)^2}\right]$

$$= \mathcal{L}^{-1}\left[\frac{1}{s}\right] - \mathcal{L}^{-1}\left[\frac{1}{s-2}\right] + \mathcal{L}^{-1}\left[\frac{3}{(s-2)^2}\right]$$
$$= 1 - e^{2t} + 3te^{2t}$$

1.9　$\mathcal{L}[x(t)] = X(s)$ とおく．

(1) 微分方程式をラプラス変換すると，

$$sX(s) - 1 - 3X(s) = \frac{1}{s-1}$$

となるから，$X(s)$ は

$$X(s) = \frac{s}{(s-1)(s-3)} = -\frac{1}{2(s-1)} + \frac{3}{2(s-3)}$$

となる．これを逆ラプラス変換して，求める解は $x(t) = -\dfrac{1}{2}e^t + \dfrac{3}{2}e^{3t}$ である．

(2) 微分方程式をラプラス変換すると，

$$sX(s) + 3 + X(s) = \frac{3}{s^2} + \frac{2}{s}$$

となるから，

$$X(s) = -\frac{3}{s+1} + \frac{3}{s^2(s+1)} + \frac{2}{s(s+1)} = -\frac{2}{s+1} + \frac{3}{s^2} - \frac{1}{s}$$

となる．これを逆ラプラス変換して，求める解は $x(t) = -2e^{-t} + 3t - 1$ である．

1.10　$\mathcal{L}[x(t)] = X(s)$ とおく．

(1) 微分方程式をラプラス変換すると，

$$\{s^2X(s) - s - 4\} - X(s) = \frac{1}{s^2}$$

となるから，

$$X(s) = \frac{s+4}{s^2-1} + \frac{1}{s^2(s^2-1)} = -\frac{1}{s^2} + \frac{3}{s-1} - \frac{2}{s+1}$$

となる．これを逆ラプラス変換して，求める解は $x(t) = -t + 3e^t - 2e^{-t}$ である．

(2) 微分方程式をラプラス変換すると，

$$\{s^2X(s) - 2\} + 2sX(s) = \frac{5s}{s^2+1}$$

となるから，

$$X(s) = \frac{2}{s^2+2s} + \frac{5s}{(s^2+2s)(s^2+1)} = \frac{1}{s} - \frac{s}{s^2+1} + \frac{2}{s^2+1}$$

となる．これを逆ラプラス変換して，求める解は $x(t) = 1 - \cos t + 2\sin t$ である．

第 4 章　練習問題 1

[1]　(1) $\dfrac{6}{s^3} - \dfrac{2}{s^2}$　　(2) $\dfrac{24}{s^5} - \dfrac{4}{s^3} + \dfrac{1}{s}$

(3) $\dfrac{1}{s+3}+\dfrac{2}{s-2}$　(4) $\dfrac{5}{s^2+25}$

(5) $\dfrac{s}{s^2-5}$　(6) $\dfrac{2}{(s-3)^2+4}$

[2] (1) $\dfrac{1}{\sqrt{3}}\sin\sqrt{3}t$　(2) $e^t\cos t$

(3) $2\sinh t$　(4) $\dfrac{1}{4}e^{3t}-\dfrac{1}{4}e^{-t}$

(5) $\cos 2t+\dfrac{1}{2}\sin 2t-1$

(6) $e^t+3t\,e^t-e^{3t}$

[3] $\mathcal{L}[x(t)]=X(s)$ とおく．

(1) 微分方程式をラプラス変換すると，

$$sX(s)-1+X(s)=\frac{4}{(s-1)^2}$$

となるから，

$$\begin{aligned}X(s)&=\frac{1}{s+1}+\frac{4}{(s+1)(s-1)^2}\\&=\frac{2}{s+1}-\frac{1}{s-1}+\frac{2}{(s-1)^2}\end{aligned}$$

となる．これを逆ラプラス変換して，求める解は $x(t)=2e^{-t}-e^t+2te^t$ である．

(2) 微分方程式をラプラス変換すると，

$$sX(s)-1+3X(s)=\frac{6}{s^2+9}$$

となるから，

$$\begin{aligned}X(s)&=\frac{1}{s+3}+\frac{6}{(s+3)(s^2+9)}\\&=\frac{4}{3(s+3)}+\frac{1}{s^2+9}-\frac{s}{3(s^2+9)}\end{aligned}$$

となる．逆ラプラス変換すると，求める解は $x(t)=\dfrac{4}{3}e^{-3t}+\dfrac{1}{3}\sin 3t-\dfrac{1}{3}\cos 3t$ である．

(3) 微分方程式をラプラス変換すると，

$$\{s^2X(s)-s-1\}-\{sX(s)-1\}-6X(s)=0$$

となるから，

$$\begin{aligned}X(s)&=\frac{s}{s^2-s-6}\\&=\frac{3}{5(s-3)}+\frac{2}{5(s+2)}\end{aligned}$$

となる．これを逆ラプラス変換して，求める解は $x(t)=\dfrac{3}{5}e^{3t}+\dfrac{2}{5}e^{-2t}$ である．

(4) 微分方程式をラプラス変換すると，

$$s^2X(s)-3sX(s)+2X(s)=\frac{1}{s-1}$$

となるから，

$$\begin{aligned}X(s)&=\frac{1}{(s-2)(s-1)^2}\\&=-\frac{1}{(s-1)^2}-\frac{1}{s-1}+\frac{1}{s-2}\end{aligned}$$

となる．これを逆ラプラス変換して，求める解は $x(t)=-te^t-e^t+e^{2t}$ である．

(5) 微分方程式をラプラス変換すると，

$$\{s^2X(s)-1\}-4sX(s)+4X(s)=\frac{2}{s-2}$$

となるから，

$$X(s)=\frac{1}{(s-2)^2}+\frac{2}{(s-2)^3}$$

となる．これを逆ラプラス変換して，求める解は $x(t)=te^{2t}+t^2e^{2t}$ である．

第4章　第2節の問

2.1 (1) $\dfrac{6e^{-s}}{s^4}$

(2) $U(t-2)\cos 3(t-2)$

$$=\begin{cases}0 & (t<2)\\ \cos 3(t-2) & (t\geqq 2)\end{cases}$$

2.2 (1) 27　(2) $\dfrac{1}{e}$

2.3 (1) e^t-t-1　(2) $\dfrac{1}{2}(\sin t-t\cos t)$

2.4 (1) $\dfrac{1}{4}e^{2t}-\dfrac{1}{2}t-\dfrac{1}{4}$

(2) $\dfrac{1}{2}(t\cos t+\sin t)$

[(1) は $t*e^{2t}$，(2) は $\cos t*\sin t$]

2.5 (1) $\dfrac{1}{3}\sin 3t$

(2) $\begin{cases}0 & (t<5)\\ \cos 3(t-5) & (t\geqq 5)\end{cases}$

2.6 $F(s)=\dfrac{1}{s^2+1}$，　$f(t)=\sin t$，

$x(t)=t^2+2\cos t-2$

2.7 $f(t)=\dfrac{1}{4}(e^{-t}-e^{-5t})$，

$g(t)=\dfrac{1}{20}(-5e^{-t}+e^{-5t}+4)$

第 4 章　練習問題 2

[1]　$f(t) = U(t-a) - U(t-b)$ となるから，

$$\mathcal{L}[\,f(t)\,] = \mathcal{L}[\,U(t-a)\,] - \mathcal{L}[\,U(t-b)\,] = \frac{e^{-as}}{s} - \frac{e^{-bs}}{s}$$

[2]
$$\begin{cases} 0 & (t < 2) \\ \dfrac{1}{3}e^{-(t-2)} + \dfrac{1}{15}e^{5(t-2)} - \dfrac{2}{5} & (t \geqq 2) \end{cases}$$

[3]
$$x(t) = \begin{cases} 0 & (t < 1) \\ \dfrac{1}{2}\left\{e^{2(t-1)} - 1\right\} & (t \geqq 1) \end{cases}$$

[4]　微分方程式をラプラス変換すると

$$X(s) = \frac{1}{s^2+1}\cdot\frac{s}{s^2+1} + \frac{2s}{s^2+1} + \frac{3}{s^2+1}$$

となるので，

$$x(t) = \sin t * \cos t + 2\cos t + 3\sin t = \frac{1}{2}t\sin t\cos t + 2\cos t + 3\sin t$$

となる．

[5]　$F(s) = \dfrac{1}{s^2 - s - 2}$,

$f(t) = \dfrac{1}{3}\left(e^{2t} - e^{-t}\right)$,

$g(t) = \dfrac{1}{6}(e^{2t} + 2e^{-t} - 3)$

(1)　$\dfrac{1}{9}e^{2t} - \dfrac{1}{9}e^{-t} - \dfrac{1}{3}t\,e^{-t}$

(2)
$$\begin{cases} 0 & (t < 3) \\ \dfrac{1}{3}\left\{e^{2(t-3)} - e^{-(t-3)}\right\} & (t \geqq 3) \end{cases}$$

第 4 章の章末問題

1.　(1) $\mathcal{L}\left[\,te^{-2t}\sin t\,\right] = -\left\{\dfrac{1}{(s+2)^2+1}\right\}' = \dfrac{2s+4}{(s^2+4s+5)^2}$

(2) $\mathcal{L}\left[\,t^2\sin\omega t\,\right] = \left(\dfrac{\omega}{s^2+\omega^2}\right)'' = \left\{\dfrac{-2\omega s}{(s^2+\omega^2)^2}\right\}' = \dfrac{2\omega(3s^2-\omega^2)}{(s^2+\omega^2)^3}$

2.　$\mathcal{L}\left[\displaystyle\int_0^t f(\tau)\,d\tau\right] = \dfrac{1}{s}F(s)$ であるから，

$\mathcal{L}^{-1}\left[\dfrac{1}{s}F(s)\right] = \displaystyle\int_0^t f(\tau)\,d\tau$ となる．

(1) $\mathcal{L}^{-1}\left[\dfrac{1}{s^2-4}\right] = \sinh 2t$ であるから，

$$\mathcal{L}^{-1}\left[\frac{1}{s(s^2-4)}\right] = \frac{1}{2}\int_0^t \sinh 2\tau\,d\tau = \frac{1}{4}(\cosh 2t - 1)$$

(2) $\mathcal{L}^{-1}\left[\dfrac{1}{(s-3)^2}\right] = te^{3t}$ であるから，

$$\mathcal{L}^{-1}\left[\frac{1}{s(s-3)^2}\right] = \int_0^t \tau e^{3\tau}\,d\tau = \frac{1}{3}te^{3t} - \frac{1}{9}e^{3t} + \frac{1}{9}$$

3.　(1)（i）$\Gamma(1) = \displaystyle\int_0^\infty e^{-t}\,dt = 1$

（ii）$\Gamma(s+1) = \displaystyle\int_0^\infty e^{-t}t^s\,dt = \left[-\frac{t^s}{e^t}\right]_0^\infty + \int_0^\infty se^{-t}t^{s-1}\,dt = s\Gamma(s)$

（iii）$\Gamma(n+1) = n\Gamma(n) = n(n-1)\Gamma(n-1) = \cdots = n!\Gamma(1) = n!$

(2) ガンマ関数の定義から，$\Gamma\left(\dfrac{1}{2}\right) = \displaystyle\int_0^\infty \frac{1}{\sqrt{t}}e^{-t}\,dt$ である．ここで，$x = \sqrt{t}$ とおくと $dx = \dfrac{1}{2\sqrt{t}}\,dt$ であり，$t = 0$ のとき $x = 0$，$t \to \infty$ のとき $x \to \infty$ であるから，$\Gamma\left(\dfrac{1}{2}\right) = \displaystyle\int_0^\infty e^{-t}\cdot\frac{1}{\sqrt{t}}\,dt = 2\int_0^\infty e^{-x^2}\,dx = \sqrt{\pi}$ が得られる．

4.　$\mathcal{L}[\,t^a\,] = \displaystyle\int_0^\infty e^{-st}t^a\,dt$ である．ここで，$x = st$ とおくと $dx = s\,dt$ であるから，

$$\mathcal{L}[\,t^a\,] = \int_0^\infty e^{-x}\left(\frac{x}{s}\right)^a\frac{1}{s}dx = \frac{1}{s^{a+1}}\int_0^\infty e^{-x}x^a\,dx = \frac{\Gamma(a+1)}{s^{a+1}}$$

となる．

(1) $\mathcal{L}\left[\dfrac{1}{\sqrt{t}}\right]=\mathcal{L}\left[t^{-\frac{1}{2}}\right]=\dfrac{\Gamma\left(\frac{1}{2}\right)}{s^{\frac{1}{2}}}$

$=\sqrt{\dfrac{\pi}{s}}$

(2) $\mathcal{L}\left[\sqrt{t}\right]=\mathcal{L}\left[t^{\frac{1}{2}}\right]=\dfrac{\Gamma\left(\frac{3}{2}\right)}{s^{\frac{3}{2}}}$

$=\dfrac{\frac{1}{2}\Gamma\left(\frac{1}{2}\right)}{\sqrt{s^3}}=\dfrac{1}{2}\sqrt{\dfrac{\pi}{s^3}}$

5. $\mathcal{L}[x(t)]=X(s)$ とする．
(1) 両辺をラプラス変換すると，$s^2X(s)-2-X(s)=e^{-s}$ であるから，$X(s)=\dfrac{2}{s^2-1}+\dfrac{e^{-s}}{s^2-1}$ となる．したがって，

$$\begin{aligned}&x(t)\\&=2\sinh t+U(t-1)\sinh(t-1)\\&=\begin{cases}2\sinh t & (t<1)\\ 2\sinh t+\sinh(t-1) & (t\geqq 1)\end{cases}\end{aligned}$$

(2) 両辺をラプラス変換すると，$s^2X(s)-2-X(s)=\dfrac{e^{-s}}{s^2}$ であるから，$X(s)=\dfrac{2}{s^2-1}+\dfrac{e^{-s}}{s^2(s^2-1)}=\dfrac{2}{s^2-1}+e^{-s}\left(\dfrac{1}{s^2-1}-\dfrac{1}{s^2}\right)$ となる．したがって，

$$\begin{aligned}&x(t)\\&=2\sinh t+U(t-1)\{\sinh(t-1)-(t-1)\}\\&=\begin{cases}2\sinh t & (t<1)\\ 2\sinh t+\sinh(t-1)-t+1 & (t\geqq 1)\end{cases}\end{aligned}$$

6. $f(t)=-\dfrac{a}{k}(t-k)U(t)+\dfrac{a}{k}(t-k)U(t-k)$ となる．

$$\mathcal{L}[f(t)]=\frac{a}{s^2}\left(s-\frac{1-e^{-ks}}{k}\right)$$

7. $\mathcal{L}[x(t)]=X(s)$ とする．両辺をラプラス変換すると，$s^2X(s)-2s+X(s)=\dfrac{1}{s^2+1}$ となるから，

$$X(s)=\frac{1}{(s^2+1)^2}+\frac{2s}{s^2+1}$$

となる．したがって，

$$\begin{aligned}x(t)&=\mathcal{L}^{-1}\left[\frac{1}{(s^2+1)^2}+\frac{2s}{s^2+1}\right]\\&=\sin t*\sin t+2\cos t\\&=-\frac{1}{2}t\cos t+\frac{1}{2}\sin t+2\cos t\end{aligned}$$

となる．

8. 与えられた積分方程式は，合成積を用いて

$$x(t)+x(t)*1=e^t$$

と表すことができる．この式の両辺をラプラス変換し，$X(s)=\mathcal{L}[x(t)]$ について解くと，

$$X(s)+X(s)\cdot\frac{1}{s}=\frac{1}{s-1}$$

よって　$X(s)=\dfrac{s}{s^2-1}$

となる．したがって，これを逆ラプラス変換すれば，次が得られる．

$$x(t)=\mathcal{L}^{-1}\left[\frac{s}{s^2-1}\right]=\cosh t$$

第5章　フーリエ級数とフーリエ変換

第5章　第1節の問

1.1　周期，周波数の順に示す．

(1) $8\pi,\ \dfrac{1}{8\pi}$　　(2) $\dfrac{2\pi}{3},\ \dfrac{3}{2\pi}$

(3) $\dfrac{1}{4},\ 4$　　(4) $\dfrac{3}{25},\ \dfrac{25}{3}$

1.2　(1)

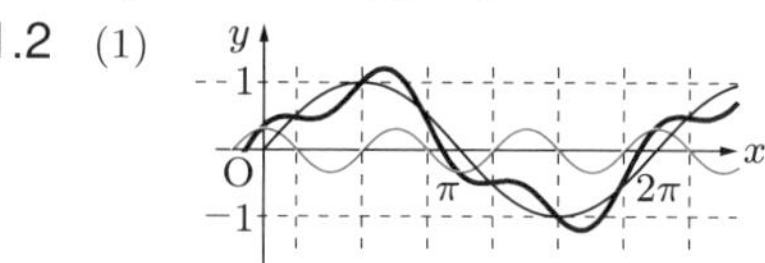

(2)

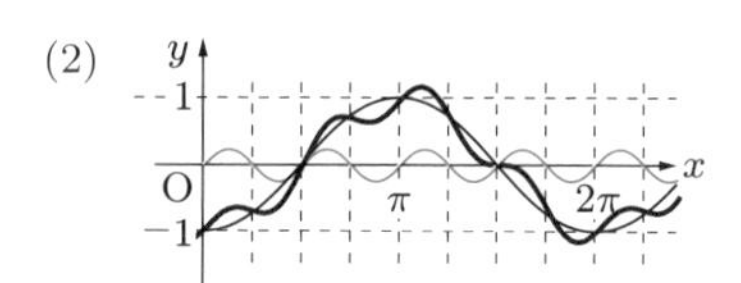

1.3　(3) $n\neq m$ のとき

$$\begin{aligned}&\int_{-\pi}^{\pi}\cos nx\cos mx\,dx\\&=\frac{1}{2}\int_{-\pi}^{\pi}\{\cos(n+m)x+\cos(n-m)x\}\,dx\end{aligned}$$

$$= 0$$

$n = m$ のとき

$$\int_{-\pi}^{\pi} \cos nx \cos mx \, dx = \int_{-\pi}^{\pi} \cos^2 nx \, dx$$
$$= \int_{-\pi}^{\pi} \frac{1+\cos 2nx}{2} \, dx$$
$$= \pi$$

(4) $\sin x$ は奇関数，$\cos x$ は偶関数であるから，$\sin x \cos x$ は奇関数である．したがって，

$$\int_{-\pi}^{\pi} \sin nx \cos mx \, dx = 0$$

1.4　グラフは下図のとおり．

(1)　$f(x) \sim \dfrac{1}{2} + \dfrac{2}{\pi}\left(\dfrac{1}{1}\sin x + \dfrac{1}{3}\sin 3x + \dfrac{1}{5}\sin 5x + \dfrac{1}{7}\sin 7x + \cdots\right)$

(2)　$f(x) \sim 1 - \dfrac{8}{\pi^2}\left(\dfrac{1}{1^2}\cos\dfrac{\pi x}{2} + \dfrac{1}{3^2}\cos\dfrac{3\pi x}{2} + \dfrac{1}{5^2}\cos\dfrac{5\pi x}{2} + \dfrac{1}{7^2}\cos\dfrac{7\pi x}{2} + \cdots\right)$

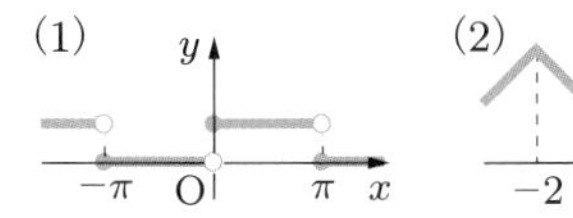

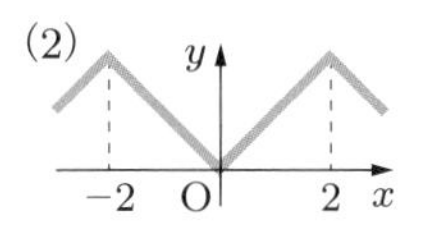

1.5　$f\left(\dfrac{1}{2}\right) = 1$ であるから，等式

$$1 = \frac{4}{\pi}\left(\frac{1}{1} - \frac{1}{3} + \frac{1}{5} - \frac{1}{7} + \cdots\right)$$

が成り立つ．この式の両辺に $\dfrac{\pi}{4}$ をかければ，求める式が得られる．

1.6　$a_0 = \dfrac{\pi^2}{6}$, $a_n = -\dfrac{2\{(-1)^n + 1\}}{n^2}$

$$= \begin{cases} 0 & (n \text{ が奇数}) \\ -\dfrac{4}{n^2} & (n \text{ が偶数}) \end{cases}$$

$$x(\pi - x) = \frac{\pi^2}{6} - \left(\frac{1}{1^2}\cos 2x + \frac{1}{2^2}\cos 4x + \frac{1}{3^2}\cos 6x + \cdots\right) \quad (0 \leqq x \leqq \pi)$$

1.7　$u(x,t)$

$$= \frac{4}{\pi}\sum_{n=1}^{\infty} \frac{(-1)^{n+1}}{(2n-1)^2} e^{-(2n-1)^2 t} \sin(2n-1)x$$

第５章　練習問題１

[1]　(1) $\dfrac{1}{2}$　　(2) 1

[2]　(1) $f(x) \sim 1 + \dfrac{2}{\pi}\left(\dfrac{1}{1}\sin \pi x - \dfrac{1}{2}\sin 2\pi x + \dfrac{1}{3}\sin 3\pi x - \cdots\right)$

(2) $f(x) \sim \dfrac{8}{\pi^2}\left(\dfrac{1}{1^2}\sin\dfrac{\pi x}{2} - \dfrac{1}{3^2}\sin\dfrac{3\pi x}{2} + \dfrac{1}{5^2}\sin\dfrac{5\pi x}{2} - \cdots\right)$

[3]　$f(x)$ のフーリエ級数に $x = 0$ を代入すれば $f(0) = 1$ であるから，

$$1 = \frac{1}{2} + \frac{4}{\pi^2}\left(\frac{1}{1^2} + \frac{1}{3^2} + \frac{1}{5^2} + \cdots\right)$$

が成り立つ．これを整理すれば，求める等式が得られる．

[4]　フーリエ余弦級数：$a_0 = 1$，$a_n = \dfrac{4\{(-1)^n - 1\}}{\pi^2 n^2}$ より

$$x = 1 - \frac{8}{\pi^2}\left(\frac{1}{1^2}\cos\frac{\pi x}{2} + \frac{1}{3^2}\cos\frac{3\pi x}{2} + \frac{1}{5^2}\cos\frac{5\pi x}{2} + \cdots\right) \quad (0 \leqq x \leqq 2)$$

フーリエ正弦級数：$b_n = \dfrac{4(-1)^{n+1}}{\pi n}$ より，

$$x = \frac{4}{\pi}\left(\frac{1}{1}\sin\frac{\pi x}{2} - \frac{1}{2}\sin\frac{2\pi x}{2} + \frac{1}{3}\sin\frac{3\pi x}{2} - \cdots\right) \quad (0 \leqq x \leqq 2)$$

[5]　$u(x,t) = 5e^{-\pi^2 t}\sin \pi x - 3e^{-9\pi^2 t}\sin 3\pi x$

第５章　第２節の問

2.1　$T = 2\pi$ より $\dfrac{2n\pi}{T}x = nx$ である．

$$c_n = \frac{1}{2\pi}\int_{-\pi}^{\pi} x e^{-inx} \, dx$$
$$= \frac{1}{2\pi}\left\{\left[-\frac{1}{in} x e^{-inx}\right]_{-\pi}^{\pi}\right.$$

$$+\frac{1}{in}\int_{-\pi}^{\pi} e^{-inx}\,dx\Bigg\}$$

$$= \frac{1}{2\pi}\left\{-\frac{\pi}{in}\left(e^{-in\pi}+e^{in\pi}\right)\right.$$

$$\left.-\frac{1}{(in)^2}\left[e^{-inx}\right]_{-\pi}^{\pi}\right\}$$

$$= \frac{1}{2\pi}\left(-\frac{2\pi}{in}\cos n\pi + \frac{2i}{(in)^2}\sin n\pi\right)$$

$$= i\frac{(-1)^n}{n}$$

$$f(x) \sim i\sum_{\substack{n=-\infty \\ n\neq 0}}^{\infty}\frac{(-1)^n}{n}e^{inx}$$

2.2　(1) $\omega \neq 0$ のとき $F(\omega) = \dfrac{i}{\omega}(e^{-i\omega} - 1)$, $F(0)=1$

(2) $\omega \neq 0$ のとき $F(\omega) = \dfrac{e^{-2i\omega}-1}{\omega^2} + \dfrac{2ie^{-2i\omega}}{\omega}$, $F(0)=2$

2.3　$\omega \neq 0$ のとき $S(\omega) = \dfrac{2(1-\cos\omega)}{\omega}$, $S(0)=0$

2.4　偶関数の反転公式から,

$$f(x) \sim \frac{1}{\pi}\int_0^{\infty} 2\,\mathrm{sinc}\ \omega\cdot\cos\omega x d\omega$$

が成り立つ．$f(x)$ は $x=0$ では連続であるから，この式に $x=0$ を代入することにより，求める等式が得られる．

2.5　$g(x)$ は，関数 $f(x)$ を x 軸方向に 2 倍して $\dfrac{1}{2}$ 平行移動した関数と，x 軸方向に 2 倍して $-\dfrac{1}{2}$ 平行移動し，さらに y 軸方向に -1 倍した関数の和であるから,

$$g(x) = f\left(2\left(x-\frac{1}{2}\right)\right) - f\left(2\left(x+\frac{1}{2}\right)\right)$$

である．$F(\omega) = \mathcal{F}[f(x)] = 2\,\mathrm{sinc}\ \omega$ であるから，フーリエ変換の性質により,

$$G(\omega) = \mathcal{F}\left[f\left(2\left(x-\frac{1}{2}\right)\right) - f\left(2\left(x+\frac{1}{2}\right)\right)\right]$$

$$= \mathcal{F}\left[f\left(2\left(x-\frac{1}{2}\right)\right)\right] - \mathcal{F}\left[f\left(2\left(x+\frac{1}{2}\right)\right)\right]$$

$$= e^{-\frac{i\omega}{2}}\mathcal{F}[f(2x)] - e^{\frac{i\omega}{2}}\mathcal{F}[f(2x)]$$

$$= e^{-\frac{i\omega}{2}}\frac{1}{2}F\left(\frac{\omega}{2}\right) - e^{\frac{i\omega}{2}}\frac{1}{2}F\left(\frac{\omega}{2}\right)$$

$$= e^{-\frac{i\omega}{2}}\,\mathrm{sinc}\ \frac{\omega}{2} - e^{\frac{i\omega}{2}}\,\mathrm{sinc}\ \frac{\omega}{2}$$

$$= -\left(e^{\frac{i\omega}{2}} - e^{-\frac{i\omega}{2}}\right)\mathrm{sinc}\ \frac{\omega}{2}$$

$$= -2i\sin\frac{\omega}{2}\,\mathrm{sinc}\ \frac{\omega}{2}$$

2.6　(1) $\left(\dfrac{3}{2},\ 0,\ -\dfrac{1}{2},\ 0\right)$

(2) 例題 2.5(2) と同様にして確認できる．

2.7　$\widetilde{f}(x) = 2\cos 2\pi x + 2\sin 2\pi x$

第5章　練習問題2

[1]　(1) $f(x) \sim \dfrac{\pi^2}{3} + \displaystyle\sum_{\substack{n=-\infty \\ n\neq 0}}^{\infty}\frac{2(-1)^n}{n^2}e^{inx}$

(2) $f(x) \sim \dfrac{\pi}{2} - \dfrac{2}{\pi}\displaystyle\sum_{n=-\infty}^{\infty}\frac{1}{(2n+1)^2}e^{i(2n+1)x}$

[2]　(1) $F(\omega) = \displaystyle\int_0^{\infty} e^{-(a+i\,\omega)x}\,dx$

$$= \left[-\frac{1}{a+i\omega}e^{-(a+i\,\omega)x}\right]_0^{\infty} = \frac{1}{a+i\omega}$$

$$= \frac{a-i\omega}{a^2+\omega^2}$$

(2) フーリエ積分定理から

$$\frac{1}{2\pi}\int_{-\infty}^{\infty}\frac{(a-i\,\omega)e^{i\,\omega x}}{a^2+\omega^2}\,d\omega = \begin{cases} e^{-ax} & (x>0) \\ \dfrac{1}{2} & (x=0) \\ 0 & (x<0) \end{cases}$$

が成り立つ．$x=0$ として実部を比べると，$\dfrac{1}{2\pi}\displaystyle\int_{-\infty}^{\infty}\frac{a}{a^2+\omega^2}\,d\omega = \frac{1}{2}$ となって，求める式が得られる．

[3]　(1) $F(\omega)$

$$= 2\int_0^{\infty} e^{-x}\cos\omega x\,dx$$

$$= \frac{2}{1+\omega^2}\left[e^{-x}(\omega \sin \omega x - \cos \omega x) \right]_0^\infty$$

$$= \frac{2}{1+\omega^2} \quad \left[\begin{array}{r} |e^{-x} \sin \omega x| \leqq e^{-x} \to 0 \\ (x \to \infty) \end{array} \right]$$

(2) 反転公式によって，$\frac{1}{\pi}\int_0^\infty \frac{2\cos \omega x}{1+\omega^2}\,d\omega = e^{-|x|}$ が成り立つ．この式で $x=1$ とすると，求める等式が得られる．

[4]　$\alpha = e^{-i\frac{2\pi}{3}}$ のとき $\overline{\alpha} = e^{i\frac{2\pi}{3}}$ であり，$|\alpha| = |\overline{\alpha}| = 1$, $\alpha^3 = \overline{\alpha}^3 = 1$ であるから，

$$\alpha\overline{\alpha} = |\alpha|^2 = 1,$$
$$1+\alpha+\alpha^2 = \frac{1-\alpha^3}{1-\alpha} = 0,$$
$$1+\overline{\alpha}+\overline{\alpha}^2 = \frac{1-\overline{\alpha}^3}{1-\overline{\alpha}} = 0$$

となる．したがって，

$$\begin{pmatrix} 1 & 1 & 1 \\ 1 & \alpha & \alpha^2 \\ 1 & \alpha^2 & \alpha^4 \end{pmatrix}\begin{pmatrix} 1 & 1 & 1 \\ 1 & \overline{\alpha} & \overline{\alpha}^2 \\ 1 & \overline{\alpha}^2 & \overline{\alpha}^4 \end{pmatrix}$$
$$= \begin{pmatrix} 3 & 1+\overline{\alpha}+\overline{\alpha}^2 & 1+\overline{\alpha}^2+\overline{\alpha}^4 \\ 1+\alpha+\alpha^2 & 1+\alpha\overline{\alpha}+\alpha^2\overline{\alpha}^2 & 1+\alpha\overline{\alpha}^2+\alpha^2\overline{\alpha}^4 \\ 1+\alpha^2+\alpha^4 & 1+\alpha^2\overline{\alpha}+\alpha^4\overline{\alpha}^2 & 1+\alpha^2\overline{\alpha}^2+\alpha^4\overline{\alpha}^4 \end{pmatrix}$$
$$= \begin{pmatrix} 3 & 0 & 1+\overline{\alpha}^2+\overline{\alpha} \\ 0 & 1+1+1 & 1+\overline{\alpha}+\overline{\alpha}^2 \\ 0 & 1+\alpha+\alpha^2 & 1+1+1 \end{pmatrix}$$
$$= \begin{pmatrix} 3 & 0 & 0 \\ 0 & 3 & 0 \\ 0 & 0 & 3 \end{pmatrix} = 3\begin{pmatrix} 1 & 0 & 0 \\ 0 & 1 & 0 \\ 0 & 0 & 1 \end{pmatrix}$$

第 5 章の章末問題

1.

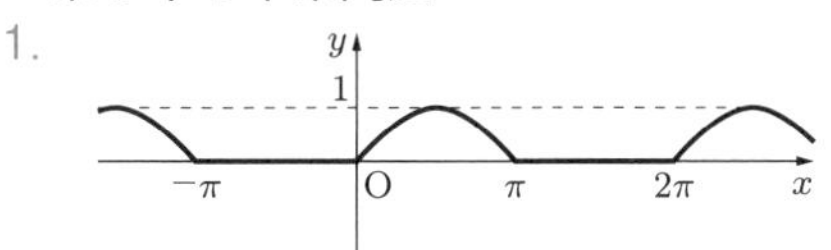

$$\frac{1}{\pi} + \frac{1}{2}\sin x - \frac{2}{\pi}\left(\frac{1}{1\cdot 3}\cos 2x + \frac{1}{3\cdot 5}\cos 4x + \frac{1}{5\cdot 7}\cos 6x + \cdots\right)$$

2.　$\left(-\frac{T}{2}, \frac{T}{2}\right)$ で

$$f(x) = a_0 + \sum_{n=1}^{\infty}\left(a_n \cos\frac{2n\pi x}{T} + b_n \sin\frac{2n\pi x}{T}\right)$$

が成り立つ．両辺に $f(x)$ をかけて，$-\frac{T}{2}$ から $\frac{T}{2}$ まで積分すると，

$$\int_{-\frac{T}{2}}^{\frac{T}{2}} \{f(x)\}^2\,dx$$
$$= \int_{-\frac{T}{2}}^{\frac{T}{2}} \left\{a_0 f(x) + \sum_{n=1}^{\infty}\left(a_n f(x)\cos\frac{2n\pi x}{T} + b_n f(x)\sin\frac{2n\pi x}{T}\right)\right\}dx$$
$$= a_0\int_{-\frac{T}{2}}^{\frac{T}{2}} f(x)\,dx + \sum_{n=1}^{\infty}\left\{a_n\int_{-\frac{T}{2}}^{\frac{T}{2}} f(x)\cos\frac{2n\pi x}{T}\,dx + b_n\int_{-\frac{T}{2}}^{\frac{T}{2}} f(x)\sin\frac{2n\pi x}{T}\,dx\right\}$$
$$= Ta_0^2 + \frac{T}{2}\sum_{n=1}^{\infty}(a_n^2 + b_n^2)$$

したがって，等式が成り立つ．

3.　パーセバルの等式より，$\frac{1}{2}\int_{-1}^{1} x^2\,dx = \frac{1}{2}\sum_{n=1}^{\infty}\frac{4}{\pi^2 n^2}$ が成り立つ．

左辺 $= \frac{1}{2}\left[\frac{x^3}{3}\right]_{-1}^{1} = \frac{1}{3}$，右辺 $= \frac{2}{\pi^2}\left(\frac{1}{1^2}+\frac{1}{2^2}+\frac{1}{3^2}+\cdots\right)$ より，

$$\frac{1}{3} = \frac{2}{\pi^2}\left(\frac{1}{1^2}+\frac{1}{2^2}+\frac{1}{3^2}+\cdots\right)$$

となるので，求める等式を得る．

4.　$F(\omega) = \int_0^\infty xe^{-(a+i\omega)x}\,dx$

$$= \left[-\frac{x}{a+i\omega}e^{-(a+i\omega)x}\right]_0^\infty + \int_0^\infty \frac{1}{a+i\omega}e^{-(a+i\omega)x}\,dx$$
$$= -\frac{1}{a+i\omega}\lim_{x\to\infty}\frac{x}{e^{(a+i\omega)x}}$$

$$-\frac{1}{(a+i\omega)^2} \cdot \left\{\lim_{x\to\infty} e^{-(a+i\omega)x} - 1\right\}$$

ここで，$a>0$ であるから，

$$\lim_{x\to\infty}\left|\frac{x}{e^{(a+i\omega)x}}\right| = \lim_{x\to\infty}\frac{x}{e^{ax}} = \lim_{x\to\infty}\frac{1}{ae^{ax}} = 0,$$

$$\lim_{x\to\infty}\left|e^{-(a+i\omega)x}\right| = \lim_{x\to\infty}\frac{1}{e^{ax}} = 0 \text{ である．}$$

したがって，$F(\omega) = \dfrac{1}{(a+i\omega)^2}$ となる．

5. $f(x) = e^{-\frac{x^2}{2}}$，$F(\omega) = \sqrt{2\pi}e^{-\frac{\omega^2}{2}}$ とする．

(1) $e^{-x^2} = f(\sqrt{2}x)$ であるので，

$$\mathcal{F}\left[e^{-x^2}\right] = \mathcal{F}\left[f(\sqrt{2}x)\right] = \frac{1}{\sqrt{2}}F\left(\frac{\omega}{\sqrt{2}}\right) = \sqrt{\pi}e^{-\frac{\omega^2}{4}}$$

(2) $f'(x) = -xe^{-\frac{x^2}{2}}$ であるので，

$$\mathcal{F}\left[xe^{-\frac{x^2}{2}}\right] = \mathcal{F}\left[-f'(x)\right] = -i\omega F(\omega) = -\sqrt{2\pi}i\omega e^{-\frac{\omega^2}{2}}$$

(3) $\left(xe^{-\frac{x^2}{2}}\right)' = e^{-\frac{x^2}{2}} - x^2e^{-\frac{x^2}{2}}$ であるので，

$$\begin{aligned}
&\mathcal{F}\left[x^2e^{-\frac{x^2}{2}}\right]\\
&=\mathcal{F}\left[e^{-\frac{x^2}{2}}\right]-\mathcal{F}\left[\left(xe^{-\frac{x^2}{2}}\right)'\right]\\
&=\sqrt{2\pi}e^{-\frac{\omega^2}{2}}-i\omega\mathcal{F}\left[xe^{-\frac{x^2}{2}}\right]\\
&=\sqrt{2\pi}e^{-\frac{\omega^2}{2}}+\sqrt{2\pi}i^2\omega^2e^{-\frac{\omega^2}{2}}\\
&=\sqrt{2\pi}(1-\omega^2)e^{-\frac{\omega^2}{2}}
\end{aligned}$$

6. (1) $f(x)$ は奇関数であるので，フーリエ正弦変換 $S(\omega)$ を求めると，$\omega\neq 0$ のとき，

$$S(\omega)=\frac{2}{\omega}(\cos\omega-1)$$

となる．よって，$F(\omega)=-iS(\omega)=\dfrac{2i}{\omega}(1-\cos\omega)$ となる．

(2) $x<-1$ のとき，$\displaystyle\int_{-\infty}^{x} f(t)dt=0$

$-1\leqq x<0$ のとき，$\displaystyle\int_{-\infty}^{x} f(t)dt=\int_{-1}^{x} dt=1+x$

$0\leqq x\leqq 1$ のとき，$\displaystyle\int_{-\infty}^{x} f(t)dt=1-\int_{0}^{x} dt=1-x$

$1<x$ のとき，$\displaystyle\int_{-\infty}^{x} f(t)dt=1-1=0$

以上により，$g(x)=\begin{cases} 1-|x| & (|x|\leqq 1)\\ 0 & (|x|>1)\end{cases}$

(3) $G(\omega)=\dfrac{1}{i\omega}F(\omega)=\dfrac{2}{\omega^2}(1-\cos\omega)$

索　引

英数字

あ　行

か　行

さ　行

た　行

な　行

は　行

ま 行

ら 行

工学系数学教材研究会

執筆者（五十音順）
阿蘇　和寿　石川工業高等専門学校名誉教授
梅野　善雄　一関工業高等専門学校名誉教授
栗原　博之　茨城大学教授
小中澤聖二　東京工業高等専門学校教授
佐藤　義隆　東京工業高等専門学校名誉教授
長岡　耕一　旭川工業高等専門学校名誉教授
長水　壽寛　福井工業高等専門学校教授
波止元　仁　東京工業高等専門学校准教授
松田　修　津山工業高等専門学校教授
馬渕　雅生　八戸工業高等専門学校教授
森本　真理　秋田工業高等専門学校准教授
柳井　忠　新居浜工業高等専門学校名誉教授
（所属および肩書きは 2023 年 12 月現在のものです）

監修者
上野　健爾　京都大学名誉教授・四日市大学関孝和数学研究所長
　　　　　　理学博士

編集委員（五十音順）
阿蘇　和寿　石川工業高等専門学校名誉教授［執筆代表］
梅野　善雄　一関工業高等専門学校名誉教授
佐藤　義隆　東京工業高等専門学校名誉教授
長水　壽寛　福井工業高等専門学校教授
馬渕　雅生　八戸工業高等専門学校教授
柳井　忠　　新居浜工業高等専門学校名誉教授

工学系数学テキストシリーズ
応用数学（第 2 版）

2015 年 11 月 27 日　第 1 版第 1 刷発行
2023 年 8 月 10 日　第 1 版第 6 刷発行
2024 年 1 月 16 日　第 2 版第 1 刷発行
2024 年 8 月 30 日　第 2 版第 2 刷発行

編者　　工学系数学教材研究会

編集担当　太田陽喬（森北出版）
編集責任　上村紗帆（森北出版）
組版　　ウルス
印刷　　丸井工文社
製本　　　同

発行者　森北博巳
発行所　森北出版株式会社
〒102–0071　東京都千代田区富士見 1–4–11
03–3265–8342（営業・宣伝マネジメント部）
https://www.morikita.co.jp/

ISBN978–4–627–05742–5